冶金环境工程

主　编　陈　津　王克勤

副主编　唐道文　王　皓

参　编　林万明　宋秀安

李香萍　于永波

中南大学出版社

网址：www.csupress.com.cn

前 言......

　　冶金企业污染物具有排放量大、成分复杂等特点，治理的技术难度很大，因此冶金环境保护及废弃物处理不仅需要国家有关环境保护政策和法规的保证，更需要环境工程技术的支撑，需要一大批既懂得环境科学知识和熟悉环保政策法规、又精通冶金与环境工程的技术人才。为此在高等冶金院校或冶金工程系设立环境工程专业模块并讲授冶金环境工程课程是很有必要的。但目前有关冶金环境工程的教材非常稀少。早在 20 世纪 90 年代初，原中南工业大学出版社（现中南大学出版社）曾经出版过一本《有色冶金环境工程学》教材，但这十几年来再没有新版教材出现。目前已有不少大专院校新设冶金专业和冶金环境工程学科，并讲授冶金环保专业课程，其中中南大学还招收冶金环境工程硕士研究生，为此广大冶金环境工程专业师生迫切需要一本新版的冶金环境工程教材。本书就是为了满足这种需求，受中南大学出版社委托编写的金属材料与冶金工程专业教学指导委员会的规划教材。

　　由于冶金环境工程是环境科学、环境工程学和冶金工程学的交叉学科，所以本书内容不仅包括环境科学、环境工程学、环境生态学基础知识以及冶金企业废气、废水、固体废弃物的处理方法和综合利用，而且包括了冶金工艺概述、钢铁冶金和有色金属冶金环境工程实例及冶金环境保护的一些新技术，还有冶金工业节能减排、冶金清洁生产与资源再生利用、可持续发展的政策及实施途径、环境质量监测与评估网的建立等。全书内容较为宽广、翔实、丰富，如能适合于各冶金院校师生以及其他行业环境工作者使用和阅读，我们将感到非常高兴。

　　本书不仅可作为高等院校冶金工程专业（包括钢铁冶金、有色金属冶金和冶金环境工程等)专业教材,亦可供铸造、化工、材料等专业本科生使用和参考。

本书由太原理工大学材料科学与工程学院冶金工程系陈津(第1章)、林万明(第2章)、宋秀安(第3章、第4章、第5章5.6)、王克勤(第5章5.1~5.3、第6章)、李香萍(第7章)、王皓(第8章),贵州大学材料科学与冶金工程学院唐道文(第9章、第10章)等共同完成。全书由林万明、于永波校对,由陈津教授主编并整理出版。

本书在编写过程中还引用了部分文献资料,在此谨对文献作者及所有关心、支持本书出版的全体同仁和工作人员一并表示衷心的感谢。

由于冶金环境工程属于新型学科,加之作者知识有限,书中不妥之处在所难免,恳请广大教师和学生批评指正。

作 者

2008 年 12 月于太原

目　录

第1章　绪　论 ……………………………………………………………… (1)

1.1　环境的概念 …………………………………………………………… (1)

1.2　冶金环境工程 ………………………………………………………… (4)

第2章　环境生态学基础知识 ……………………………………………… (6)

2.1　生态系统和生态平衡 ………………………………………………… (6)

2.2　现代生态学的发展趋势与体系 ……………………………………… (8)

2.3　生态环境问题 ………………………………………………………… (11)

第3章　冶金工业及其污染源 ……………………………………………… (15)

3.1　冶金工艺概述 ………………………………………………………… (15)

3.2　冶金工业废气 ………………………………………………………… (38)

3.3　冶金工业废水 ………………………………………………………… (59)

3.4　冶金固体废物 ………………………………………………………… (72)

第4章　冶金废气的治理和利用 …………………………………………… (77)

4.1　概述 …………………………………………………………………… (77)

4.2　烟气除尘方法 ………………………………………………………… (79)

4.3　冶金气态污染物的净化方法 ………………………………………… (90)

4.4　二氧化硫烟气的净化回收 …………………………………………… (97)

4.5　其他烟气治理技术 …………………………………………………… (113)

第5章　冶金工业废水处理 ………………………………………………… (131)

5.1　概述 …………………………………………………………………… (131)

5.2　废水的物理处理法 …………………………………………………… (133)

5.3　废水的化学处理法 …………………………………………………… (143)

5.4　废水的物理化学处理法 ……………………………………………… (154)

5.5　废水的生物化学处理法 ……………………………………………… (165)

5.6　冶金废水净化工艺 …………………………………………………… (175)

第6章　冶金固体废物的处理与利用 ……………………………………… (197)

6.1　概论 …………………………………………………………………… (197)

6.2　矿山固体废物的处理 ………………………………………………… (204)

6.3 火法冶炼渣的处理与利用 ……………………………………………… (205)

6.4 赤泥的综合利用 ………………………………………………………… (226)

6.5 粉煤灰的综合利用 ……………………………………………………… (234)

6.6 煤矸石的综合利用 ……………………………………………………… (239)

6.7 污泥的处理和利用 ……………………………………………………… (244)

第7章 冶金工业清洁生产的主要途径 ……………………………………… (247)

7.1 概述 …………………………………………………………………… (247)

7.2 清洁生产的理论基础和实施清洁生产的主要途径 …………………… (250)

7.3 冶金行业中清洁生产的实施 …………………………………………… (253)

7.4 冶金工业环境管理 ……………………………………………………… (264)

第8章 环境质量评价 ………………………………………………………… (268)

8.1 环境问题与环境质量评价 ……………………………………………… (268)

8.2 环境质量评价的目的、作用和类型 …………………………………… (270)

第9章 钢铁冶金工业的节能减排 …………………………………………… (277)

9.1 钢铁冶金的节能减排方向、途径 ……………………………………… (277)

9.2 钢铁冶金的先进的节能技术 …………………………………………… (279)

9.3 钢铁冶金先进的减排技术及措施 ……………………………………… (281)

第10章 有色冶金工业的节能减排 ………………………………………… (285)

10.1 氧化铝工业的节能减排 ……………………………………………… (285)

10.2 电解铝工业的节能减排 ……………………………………………… (287)

10.3 铅锌工业的节能减排 ………………………………………………… (289)

10.4 海绵钛工业的节能减排 ……………………………………………… (292)

10.5 工业硅的节能减排 …………………………………………………… (293)

10.6 国家有色行业推荐的清洁生产技术 ………………………………… (295)

参考文献 ……………………………………………………………………… (297)

第1章 绪 论

1.1 环境的概念

1.1.1 环境

环境(environment)一般是指生物有机体周围一切的总和,它包括空间以及其中可以直接或间接影响有机体生活和发展的各种因素,包括物理、化学和生物环境。环境必须相对于某一中心或主体才有意义,不同的主体相应有不同的环境范畴。若以地球上的生物为主体,环境的范畴包括大气、水、土壤、岩石等;若以人为主体,还应包括整个生物圈(biosphere),除了这些自然因素,还有社会因素和经济因素。

对于环境科学而言,"环境"的含义是"以人类社会为主体的外部世界的总体"。这里所说的外部世界主要指:人类已经认识到的直接或间接影响人类生存与发展的周围事物。它既包括未经人类改造过的自然界众多要素,如阳光、空气、陆地(山地、平原等)、土壤、水体(河流、湖泊、海洋等)、森林、草原和野生生物等;又包括经过人类加工改造过的自然界,如城市、村落、水库、港口、公路、铁路、航空港、园林等。它既包括这些物质的要素,又包括由这些要素所构成的系统及其所呈现出的状态。《中华人民共和国环境保护法》给环境所下的定义也具有上述含义。

1.1.2 环境的分类

环境是一个非常复杂的体系,目前尚未形成统一的分类方法。通常是根据下述原则对环境进行分类。

按照环境的主体来分类,目前有两种体系:一种是以人或人类作为主体,其他的生命物体和非生命物质都被视为环境要素即环境就指人类生存的环境或称人类环境。在环境科学中,多数人采用这种分类法。另一种是以生物体(界)作为环境的主体,不把人以外的生物看成环境要素。在生态学中,往往采用这种分类法。

按照环境的范围大小来分类,此分类比较简单。如把环境分为特定空间环境(如航空、航天的密封舱环境等)、车间环境(劳动环境)、生活区环境(如居室环境、院落环境等)、城市环境、区域环境(如流域环境、行政区域环境等)、全球环境和星际环境等。

按照环境要素进行分类,此分类则较复杂。如按环境要素的属性可分成自然环境和社会环境两类。目前地球上的自然环境,虽然受到人类活动的影响而发生了很大变化,但其仍按自然的规律发展着。在自然环境中,按其主要的环境组成要素,可再分为大气环境、水环境(如海洋环境、湖泊环境等)、土壤环境、生物环境(如森林环境、草原环境等)、地质环境等。社会环境是人类社会在长期的发展中,为了不断提高人类的物质和文化生活而创造出来的,社会环境常依人类对环境的利用或环境的功能再进行下一级的分类，分为聚落环境（如院落环境、村落环境、城市环境）、生产环境（如工厂环境、矿山环境、农场环境、林场环境、果园环境等）、交通环境（如机场环境、港口环境）、文化环境（如学校及文化教育区、文物古迹保护区、风景旅游区和自然保护区）等。

1.1.3　环境要素

环境要素是指构成环境整体的各个独立的、性质不同而又服从总体演化规律的基本物质组分，亦称环境基质。它可分为自然环境要素和社会环境要素两种。环境科学所讲的环境要素通常是指自然环境要素，主要包括水、大气、生物、土壤、岩石和阳光等要素。这些要素可组成环境的结构单元，环境的结构单元又组成环境整体或环境系统。如由水组成水体，全部水体总称为水圈；由大气组成大气层，全部大气层总称为大气圈；由土壤构成农田、草地和林地等，由岩石构成岩体，全部岩石和土壤构成的固体壳层—岩石圈或土壤—岩石圈；由生物体组成生物群落，全部生物群落集称为生物圈，阳光则提供辐射能为其他要素所吸收。

环境要素不仅制约着各环境要素间互相联系、互相作用的基本关系，而且是认识环境、评价环境、改造环境的基本依据。

1.1.4　环境结构与环境系统

环境要素的配置关系称为环境结构。总体环境（包括自然环境和社会环境）的各个独立组成部分在空间上的配置，是描述总体环境的有序性和基本格局的宏观概念。通俗地说，环境结构表示环境要素是怎样结合成一个整体的。环境的内部结构和相互作用直接制约着环境的物质交换和能量流动的功能。人类赖以生存的环境包括自然环境和社会环境两大部分，各自具有不同的结构和特点。

自然环境结构可分为大气、陆地和海洋三大部分。聚集在地球周围的大气层，约占地球总质量的百万分之一，约为 5×10^{15} t。陆地是地球表面未被海水浸没部分，总面积约 14 900 万 km^2，约占地球表面积29.29%。海洋是地球上广大连续水体的总称。其中，广阔的水域称为洋，大洋边缘部分称为海。海洋的面积有 36 100 万 km^2，占地表面积的70.8%左右。海和洋沟通组成了统一的世界大洋。

社会环境结构则可分为城市、工矿区、村落、道路、农田、牧场、林场、港口、旅游胜地及其他人工环境。

从全球环境而言，环境结构的配置及其相互关系具有圈层性、地带性、节律性、等级性、稳定性和变异性等特点。

1.1.5　环境的现状及对人类的影响

1. 环境问题

人类环境问题（environmental problem）按成因的不同，又分为自然的和人为的两类。前者是指自然灾害问题，如火山爆发、地震、台风、海啸、洪水、旱灾、沙尘暴、地方病等所造成的环境破坏问题，这类问题在环境科学中称为原生环境问题（original environmental problem）或第一环境问题（primal environmental problem）。后者是指由于人类不恰当的生产活动所造成的环境污染、生态破坏、人口急剧增加和资源的破坏与枯竭等问题，这类问题称为次生环境问题(secondary environmental problem)或第二环境问题。

环境问题自人类诞生以来就存在，但真正的环境问题出现在18世纪中叶开始的工业革命以后。由于生产力的大幅度提高和新型生产关系建立，扩大并强化了人类利用、改造环境的能力，从而破坏了原有的生态平衡，产生了新的环境问题。一些工业化的先驱城市和工矿企业区，排出大量污染环境的废弃物，出现了一系列污染环境的事件。如：英国伦敦在1873—1892年间，由于大量排放煤烟型有害废气，多次发生可怕的有毒烟雾事件；19世纪后期，日本足尾铜矿区排出的废水污染了大片农田。但此时的环境污染尚属局部、暂时的，其造成的危害也有限。因此，环境问题未能引起人们的足够重视。

环境问题引起人们重视的规模性爆发和逐步的恶化发展始于20世纪40年代，并在80年代前出现了环境问题的第一次高潮，形成第一代环境问题。在这个时期，发生了震惊世界的"八大公害事件"，其中四件发生在"二战"后经济以惊人速度重新崛起的日本，其他发生在工业化起步最早的国家和地区，如英国、欧洲、美国。日本人民在得到物质享受同时也尝到了环境污染的苦果，并为此付出了沉痛的代价，创造了"公害"这个名词，公害是指环境污染对公众所造成的伤害。

2．环境现状及对人类的影响

世界范围的环境危机正使人类面临空前严峻的挑战。环境污染、臭氧层破坏、酸雨危害、全球变暖、生物物种多样性锐减等问题严重威胁着世界经济的发展、人类的健康和社会的安定。由于现代工业的迅速发展，工业污染已成为环境恶化的重要原因。

目前环境污染主要由冶金、化工等工业过程引起，包括大气污染、水污染、土地污染、噪声污染等。

大气污染主要是煤、石油、天然气等燃烧所致，而排入大气中的主要污染物有烟尘、硫氧化物、氮氧化物、CO_2和碳氢化物等。大气污染引起酸雨、气候变异、温室效应、臭氧层破坏等现象。

（1）水污染

随着工业的发展和人口的增长，将产生越来越多的工业废水和城市生活污水，这样势必造成水资源的严重污染。目前水体污染主要包括有机污染物污染和无机污染物污染。

①有机污染物污染：主要是由于各种工业废水排入水体，以及农药的农田径流、大气沉降、降水等面源污染物进入水体，使地表水源遭受多种有机污染物的污染。当人们饮用这种被污染的水时会得各种疾病。近年来河流、湖泊的"富营养化"引起各方面专家的重视，它主要是排入江河、湖泊的氮、磷等营养物质造成的。

②无机污染物污染：主要指重金属污染。在采矿、冶炼及金属表面精加工等工业中产生的重金属废水是其主要污染源。重金属(如汞、镉、铅、铬等)在水体中不能被微生物降解，但能发生多种状态之间的相互转化以及分散、富集过程。在物质循环过程中，通过食物链进入人体，给人类身体健康造成严重危害。

（2）土地污染

土地是人类赖以生存的物质基础，但是随着人类文明的发展对土地也产生了污染。土地污染主要有以下几个方面：

①农业生产中农药、化肥对土地的污染；

②酸雨造成土壤酸化，肥力下降；

③废水、废渣、污水灌溉。

（3）噪声污染

噪声污染是另一种重要的环境污染。研究表明，45 dB 时影响睡眠，65 dB 时对工作和学习有影响。噪声也影响呼吸系统、血液循环系统和神经系统，噪声达到 165 dB 时动物就会死亡，达到 175 dB 时，人就会丧命。噪声主要来源于交通、运输、工业生产、建筑施工等。

此外，还有一些污染，如放射性污染、电磁辐射污染、热污染和光污染等。

环境污染使环境中某些化学物质增加，或出现原来没有的新合成物质，破坏了人与环境的对立统一关系，引起人机体的疾病，甚至死亡。主要表现为急慢性中毒；致癌、致突变等作用；引起人的寿命缩短；引起人体生理和生化变化等。

空气、水、土壤及食物是环境中与人类相关的四大要素，这些要素遭到污染后，它们将直接或间接地对人体健康产生影响。这种能对人体健康产生影响并发生病理变化的环境因素，称为环境致病因素。人类的疾病是由生物的、化学的和物理的致病因素引起的，如由大气污染产生的有毒气体、化肥、农药、重金属及其他有机或无机化合物称为化学的致病因素；虫卵、细菌、病毒等为生物的致病因素；噪声、振动、放射性和热污染等为物理的致病因素。

1.2 冶金环境工程

1.2.1 冶金环境工程的定义

近几十年来，冶金工业得到迅速发展，对环境的污染也愈来愈严重，冶金工业所造成的环境问题日益引起人们重视。冶金企业污染物具有排放量大、成分复杂等特点，治理的技术难度很大。这不仅需要国家有关环境保护政策和法规的保证，更需要环境工程技术的支撑。因此建立冶金环境工程学科，从工程学角度研究和探索冶金企业环境污染控制和治理的有效手段非常必要。

关于冶金环境工程，目前还没有确切和广泛使用的定义，但根据环境工程学的一般概念，冶金环境工程是环境科学、环境工程学和冶金工程学的交叉学科，是研究冶金工业环境污染防治技术的原理和方法的学科，即对冶金废气、废水、固体废物、车间噪声、放射性物质、热、电磁波等的防治技术和工艺；还包括冶金工业环境系统工程、环境影响评价、环境工程经济和环境监测技术等方面的研究。冶金环境工程的任务就是通过工程技术措施，控制冶金工业环境污染，改善冶金工厂内外环境质量，极大限度地减轻对厂内外人与生物的危害，并保护和合理利用冶金资源，达到清洁化生产的最高目标。

1.2.2 冶金环境工程学的主要内容

冶金环境工程为新型学科，对其研究内容目前还没有明确的划定，但从环境工程学发展的现状来看，其基本内容应包括冶金工业大气污染防治工程、水污染防治工程、固体废物的处理和利用、环境污染综合防治、环境系统工程等几个方面。

①冶金工业大气污染控制工程。它的主要任务是研究冶金工厂废气、烟气、荒煤气等的净化工艺，预防和控制其对大气的污染、保护和改善厂内外大气质量的工程技术措施。

②冶金工业水污染控制工程。它的主要任务是研究冶金工厂废水及污水治理和净化、保

护和改善水环境质量、合理利用水资源以及提供不同用途和要求的用水工艺技术和工程措施。

③冶金工业固体废弃物处置与利用。主要任务是研究冶金工业废渣、尾矿、放射性及其他有毒有害固体废弃物的处理、处置和回收利用资源化等的工艺技术措施。

④冶金工业车间噪声、振动与其他公害防治技术。主要研究冶金工业车间声音、振动、电磁辐射等对人类的影响及消除这些影响的技术途径和控制措施。

⑤冶金工业车间环境规划、管理和环境系统工程。主要任务是利用系统工程的原理和方法，对区域性的环境问题和防治技术措施进行整体的系统分析，以求取得综合整治的优化方案，进行合理的环境规划、设计整理，它也研究环境工程单元过程系统的优化工艺条件，并用计算机技术进行设计、运行管理。

⑥环境监测与环境质量评价。主要任务是研究冶金工业环境中污染物的性质、成分、来源、含量和分布、状态、变化趋势以及对环境的影响，在此基础上，按一定的标准和方法对环境质量进行定量的判定、解释和预测。此外，它还研究某项冶金工程建设或资源开发所引起的环境质量变化及对人类生活的影响。

冶金环境工程学是一个庞大而复杂的技术体系。它不仅研究防治冶金环境污染和公害的措施、而且还研究自然资源的保护和合理利用、探讨冶金废物资源化技术、改革生产工艺、发展少害或无害的闭路生产系统，以及按区域环境进行运筹学管理，以获得较大的环境效果和经济效益，这些都成为冶金环境工程学的重要发展方向。

第 2 章　环境生态学基础知识

当今世界面临的 5 大问题：粮食、人口、能源、自然资源和环境保护，它们正在向生态学家提出挑战，要求科学家们依据生态学的理论提出解决这些问题的途径。现代科学技术的新成就已经渗透到生态学领域，赋予它以新的生命和动力，使生态科学成为当代最活跃的科学领域之一。

2.1　生态系统和生态平衡

2.1.1　生态系统

德国动物学家黑格尔（Ernst Haeckel）1866 年在《有机体普通形态学》一书中所提出的定义指出"生态学是研究生物有机体与无机环境之间相互关系的科学"。许多教科书中至今仍然沿用着这样的定义。但事实上，这个传统的定义已经不能反映当今生态学的丰富内容了。比较确切的现代生态学定义的解释应该是"生态学是一门多学科性的自然科学，它研究生命系统与环境系统之间相互作用的规律及其机理"。这种建立在生态学最新理论基础之上的解释，自然对生态科学本身也提出了更高的标准。

传统的生态学基本上局限于研究生物与环境之间的相互关系，隶属于生物学的一个分支学科。随着现代科学技术的不断发展，生态学突破了原来纯生物科学的范畴，向微观与宏观两极发展。例如，微观研究已深入到细胞与基因的水平，而宏观研究已从生物群落与环境条件的统一，发展为生物圈与非生物因素之间相互作用的地球系统，即全球生态学。

根据生态系统的环境性质和形态特征，可分为陆地生态系统、淡水生态系统和海洋生态系统等类型。陆地生态系统又可以根据它们的组成成分和特性，再分为森林、草原、荒漠、山地等自然生态系统和农田、城市、工矿区等人工生态系统。淡水生态系统包括湖泊、河流、水库等。海洋生态系统则分为海岸、河口、浅海、大洋及海底等。此外，还可以按照它的结构和对外界进行物质与能量交换的关系，再分为闭环系统和开环系统。

2.1.2　生态平衡

在每个生态系统中，都具有由一定生物群体和生物栖居的介质所组成的结构，并进行着物质流动和能量交换。在一定的时间和相对稳定条件下，生态系统各部分的结构与功能处于相互适应与协调的动态平衡之中，即通常我们所说的生态平衡。

生态平衡的体现是随处都存在的，如池塘里大鱼吃小鱼，小鱼吃浮游生物；而鱼死亡的尸体被微生物分解，又成为浮游生物的珍味佳肴。这样鱼类、浮游生物与微生物之间保持着往返不息的物质循环的营养关系，这就是生态平衡。

在一个生态系统中，植物是初级生产者，它通过光合作用，把无机元素合成为有机化合物,维持着地球上的生命。动物是物质与能量转换者,也是物质的再生产者,它利用植物制造的有机物质进行能量转换和物质生产,所以被称为消费者或次级生产者。微生物在生态系统中,能把动、植物尸体复杂的有机分子还原为简单的化合物或元素,再由植物吸收,被称为分解者。这种生产、消费、分解的过程,构成了生态系统的平衡。基本代谢功能是生态系统动态平衡形成的基础。所以细分起来,生态平衡实际上包括三个方面,这就是结构上的平衡,功能上的平衡,以及输出和输入物质在质量上的平衡(图2-1)。

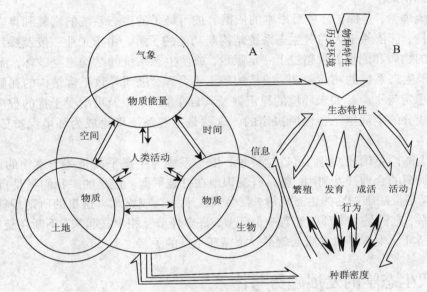

图 2 - 1　生物种群的系统生态学基础

A. 现时环境系统；B. 生物种群调节系统

2.1.3　生态系统与环境的关系

自然生态系统是在长期历史发展中形成的。组成一个生态系统的生命系统和环境系统中的各种因素,基本上是协调的。加进来一个新的因素,或者减少某个重要成分,使物质和能量的输出与输入发生变化,或超过一定的限度,就可能使生态系统的平衡遭到破坏。因而,改变生态系统结构,无论出于提高农林牧渔的生产力,或是在某种地理环境中建设工厂,都必须充分了解该地区的生态地理环境特点,根据当地生态地理所具有的特殊规律采取措施。以往在西北干旱地区,由于废牧改农等不合理的土地利用,造成了局部草原荒漠化;在西南亚热带地区,由于不顾当地自然地理条件,毁掉原有茂密的森林植被,以致出现严重的土壤冲刷和生产力的大幅度下降,以及在某些隐蔽的地理环境中建造化工厂或发电厂,设计时忽视了当地水、热、气流的自然运行规律,建厂后不久就发生了环境污染问题,影响了人、畜健康和农业生产这都是由于没有按照生态学原理办事所造成的恶果,值得我们引以为戒。

对于自然资源的开发利用,生态学更是大有用武之地。按照自然资源的性质可分再生资源、自然恒定资源和非再生资源三大类。生物资源与土壤资源都是再生资源矿物资源是非再生资源,来自太阳的光、热等动力资源,是属于不以人类意志为转移的自然恒定资源,又可称为区域性的生态地理资源。对生物资源的合理管理，可以取之不尽，用之不竭。因为生物资源依赖于环境源源不断供给生物所需要的营养物质及适宜的空间，生物得以持续地生长、发育和繁衍。至于生长发育的快慢和繁殖数量的多少，还决定于环境条件质量和生物自身的基本数量。在基本数量中，生物的年龄及性别比例，都直接影响着生物的繁殖速率。因此，合理利用生物资源，必须保持生物的基本数量及一定的年龄和性别的比例，这已成为森林采伐、渔业捕捞、草场放牧和经济鸟兽狩猎等须遵循的基本生态学原则。违背了这个原则，就可能造成资源枯竭。

生态系统理论，是保护环境最根本的依据。被污染了的生态系统的恢复和再建，以及环境质量的保持，都依赖于人们对生态系统结构与功能的了解。由于工业三废及噪声，环境系统中所增加的物质和能量因素超过了一定限量，或使生态系统的结构遭受破坏，而导致功能失调；或由于生态系统的功能失调，使结构趋于不合理，进而导致正常结构的瓦解，破坏了生态系统的稳定与平衡。关于环境的稳定性及其自净能力，以及可耐受干扰的程度，则是由系统内生物成分的生理生态特性所决定的。这就是生态系统理论成为环境保护依据的基本原因。

基于以上的简单论述，我们可以这样说，生态系统与生态平衡是一个事物的两个侧面。人类对自然资源的合理开发利用，就是有意识地在打破平衡。但是如果我们只是盲目追求滥用资源，而又不设法维护它的生态规律，就会失去平衡造成灾难。这里的所谓规律，就是生态系统的关系，它们是一个环节连着一个环节，许多环节互相串联起来，不断在交换和转化，进行着往返循环。生态平衡实质上就是一个循环不已的关系。

2.2 现代生态学的发展趋势与体系

2.2.1 现代生态学的发展趋势

正是由于生态学在解决人类面临的许多重大问题方面所发挥出来的作用，而日益受到重视，现代科学技术又为生态学进一步发展开拓了道路，原来就是以多学科为基础的生态学，20世纪60年代以来，分支学科相继形成。这是现代生态学的一个重要发展趋势。

以系统工程学与生态学的结合所形成的系统生态学，属于生态学领域中方法论的发展，这种趋势贯穿在整个生态学的观点中(见图2-2)。大系统的兴起，正在受到人们的普遍注意，这类系统的性能如有所改善，预测其经济效益将是非常大的。

生态学与数学的结合，产生了数学生态学这样一门交叉科学。它不仅对认识及阐明各种复杂的生态系统提供了有效的工具，如系统分析、模型应用等，而且数学的抽象概念及推导方法将对未来的生态学起显著作用。此外，计算科学和计算技术的应用，有可能帮助人们进一步认识和解释生态系统中的复杂现象，并从中找出规律。近年来，数学模型已逐渐在害虫控制、益虫利用、鱼群捕捞、森林管理、牧场改良中得到应用，提供了一系列最优管理策略和预测方法。数学生态学的迅速发展，必将导致生态学新理论、新方法的出现，使人类在了解自然、利用自然和改造自然的斗争中更加主动。

近代工业及城镇都市化的发展，使生态学和社会科学的结合更加突出了，生态-经济系统及都市生态学，就是20世纪70年代为适应这种形势而迅速发展起来的生态学分支。

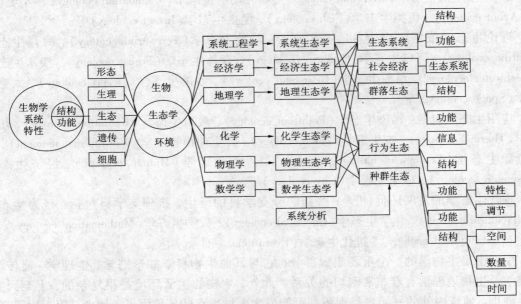

图2-2 生态学的多学科及其与分支学科的关系

模拟自然生态系统物质和能量代谢的基本结构与过程,以保护工矿区及大城市的环境质量的研究工作,在某些技术先进国家也已有若干成功的事例。

生态学与社会学及经济学结合,从而产生了社会科学和自然科学之间的杂交科学——自然生态-社会经济系统。早在20世纪初期,就有学者提出了经济生态学的概念,认为在精确的经济学分析中不可能不考虑生态学因素。因为生态学和经济学有许多共性,例如这两门科学都有平衡作用问题——在经济学上称为经济平衡,在生态学上称为生态平衡;都有个体之间和种群间的交换系统关系,在生态学中有发育、演替问题,在经济学中则有人口累积生长、同种货物大数量的资本类型积累等问题。正是因为这样,才使得它们的规律可以相互引用,难解难分地结合到一起了。

生态学与地理学相结合而建立的地理生态学,已由过去的描述定性阶段过渡到精确的定量阶段。结合能源调查等问题,进而发展了经济地理生态学,用经验模型和数学模型来表达区域性的经济地理生态学特征,已经成为自然资源的开发利用和经济建设规划的理论根据。

化学生态学的发展,不仅在揭示种内和种间关系的物质基础方面开辟了一条新的途径,使我们有可能去认识有机体与环境之间相互作用关系的实质,而且已经在有害生物的防治等方面开始了实际应用的探索。

2.2.2 生态学的分支学科及与其他学科的关系

生态学是一门综合性很强的科学,一般可分为理论生态学和应用生态学两大类。

理论生态学中的普通生态学(General ecology)是概括性最强的一门生态学,它阐述生态学的一般原则和原理,通常包括个体生态、种群生态、群落生态和生态系统生态四个研究层次。

理论生态学依据生物类别可区分为:动物生态学(Animal ecology)、植物生态学(Plant

ecology)、微生物生态学(Microbial ecology)、哺乳动物生态学(Mammalian ecology)、鸟类生态学(Avian ecology)、鱼类生态学(Fish ecology)、昆虫生态学(Insect ecology)等。

理论生态学依据生物栖息地可区分为：陆地生态学(Terrestrial ecology)、海洋生态学(Marine ecology)、河口生态学(Estuarine ecology)、森林生态学(Forest ecology)、淡水生态学(Freshwater ecology)、草原生态学(Grassland ecology)、沙漠生态学(Desert ecology)、太空生态学(Space ecology)等。

应用生态学包括：污染生态学(Pollution ecology)、放射生态学(Radiation ecology)、热生态学(Thermal ecology)、古生态学(Paleo ecology)、野生动物管理学(Wildlife management)、自然资源生态学(Ecology of natural resources)、人类生态学(Human ecology)、经济生态学(Economic ecology)、城市生态学(City ecology)等。

现代生态学的发展还促使了一些新的分支学科的诞生，新分支学科包括：行为生态学(Behavioural ecology)、化学生态学(Chemical ecology)、数学生态学(Mathematical ecology)、物理生态学(Physical ecology)、进化生态学(Evolutional ecology)等。

生态学是生物学的一个重要组成部分，它与其他生物科学如形态学、生理学、遗传学、分类学及生物地理学有着非常密切的关系。此外，生物的生活环境是很复杂的，上至天文，下至地理，地球内外的一切自然现象都可能成为生物生存的环境因子。因此，深入地研究生态学必然会涉及数学、化学、自然地理学、气象学、地质学、古生物学、海洋学和湖泊学等自然科学以及经济学、社会学等人文科学。作为一个生态学家应当具有广博的学识。

2.2.3　生态学的一般规律

生态学的一般规律大致可从种群、群落、生态系统和人与环境的关系四个方面说明。

(1)在环境无明显变化的条件下，种群数量有保持稳定的趋势

一个种群所栖环境的空间和资源是有限的，只能承载一定数量的生物，承载量接近饱和时，如果种群数量(密度)再增加，增长率则会下降乃至出现负值，使种群数量减少；而当种群数量(密度)减少到一定限度时，增长率会再度上升，最终使种群数量达到该环境允许的稳定水平。对种群自然调节规律的研究可以指导生产实践。例如，制定合理的渔业捕捞量和林业采伐量，可保证在不伤及生物资源再生能力的前提下取得最佳产量。

(2)一个生物群落中的任何物种都与其他物种存在着相互依赖和相互制约的关系

常见的有：①食物链。居于相邻环节的两物种的数量比例有保持相对稳定的趋势，如捕食者的生存依赖于被捕食者，其数量也受被捕食者的制约；而被捕食者的生存和数量也同样受捕食者的制约，两者间的数量保持相对稳定。

②竞争。物种间常因利用同一资源而发生竞争，如植物间争光、争空间、争水、争土壤养分；动物间争食物、争栖居地等。在长期进化中，竞争促进了物种的生态特性的分化，结果使竞争关系得到缓和，并使生物群落产生出一定的结构。例如森林中既有高大喜阳的乔木，又有矮小耐阴的灌木，各得其所；林中动物或有昼出夜出之分，或有食性差异，互不相扰。

③互利共生。如地衣中菌藻相依为生，大型草食动物依赖胃肠道中寄生的微生物帮助消化，以及蚁和蚜虫的共生关系等，都表现了物种间的相互依赖的关系。以上几种关系使生物群落表现出复杂而稳定的结构，即生态平衡，平衡的破坏常可能导致某种生物资源的永久性消失或灭绝。

（3）生态系统的代谢功能就是保持生命所需的物质不断地循环再生

阳光提供的能量驱动着物质在生态系统中不停地循环流动，既包括环境中的物质循环、生物间的营养传递和生物与环境间的物质交换，也包括生命物质的合成与分解等物质形式的转换。

（4）物质循环的正常运行，要求一定的生态系统结构

随着生物的进化和扩散，环境中大量无机物质被合成为生命物质形成了广袤的森林、草原以及繁衍生息其中的飞禽走兽。一般说，发展中的生物群落的物质代谢是进多出少，而当群落成熟后代谢趋于平衡，进出大致相当。

人们在改造自然的过程中须研究物质代谢的规律。一方面，在生产中只能因势利导，合理开发生物资源，而不可只顾一时，竭泽而渔。目前世界上已有大面积农田因肥力减退未得到及时补偿而减产。另一方面，还应控制环境污染，由于大量有毒的工业废物进入环境，超越了生态系统和生物圈的降解和自净能力，因而造成毒物积累，损害了人类与其他生物的生活环境。

生物进化就是生物与环境交互作用的产物。生物在生活过程中不断地由环境输入并向其输出物质，而被生物改变的物质环境反过来又影响或选择生物，二者总是朝着相互适应的协同方向发展，即通常所说的正常的自然演替。随着人类活动领域的扩展，对环境的影响也越加明显。

在改造自然的活动中，人类自觉或不自觉地做了不少违背自然规律的事，损害了自身利益。如对某些自然资源的长期滥伐、滥捕、滥采造成资源短缺和枯竭，从而不能满足人类自身需要；大量的工业污染直接危害人类自身健康等，这些都是人与环境交互作用的结果，是大自然受破坏后所产生的一种反作用。

2.3　生态环境问题

全球变化、生物多样性保护、可持续发展等几个与人类生存密切相关的问题，是当前生态学研究的热点。生态问题的产生在于人类无节制地索取资源，对环境造成了严重的破坏，出现了温室气体增加、生物多样性减少、土地荒漠化等一系列的环境问题。保护环境，保护资源，真正保证可持续发展战略的实现，是需要世界各国共同维护的原则。

2.3.1　生物多样性锐减

生物多样性是指一定空间范围所有生物有规律地结合在一起的总称。一般从物种多样性、遗传多样性和生态系统多样性三个方面来研究和分析生物多样性的基本特点。生物多样性以及由此而形成的生物资源构成了人类赖以生存的生命支持系统，具有维持生态平衡的功能，是一种不可缺少的自然遗产和重要资源。物种多样性锐减表现为物种灭绝和消失，前者是指一个物种在整个地球上不可逆转的消失；后者则是指一个物种仅在某些地域存活，而在大部分分布区消失，但在一定条件下可以恢复。

生物多样性锐减，将导致生物圈内食物链的破碎，引起人类生存基础的坍塌，威胁人类生存与发展机会的选择，其后果是灾难性的。人类活动造成生物多样性锐减主要原因有：①大面积森林采伐，过度放牧引起草场退化；②工业、旅游、城市的无控制发展，生物资源的

过分利用；③大气、水体、土壤等环境污染；④各种干扰的累加效应。

改善和恢复生态系统的环境以及建立各种生物保护区是保护生物多样性的主要途径。我国为保护生物的多样性建立了各类形式的保护区，截至2001年底，中国自然保护区达1 551个，总面积为12 989万hm²，占全国国土面积的12.9%。

2.3.2 森林和草原植被减少

森林和草原植被是一种可再生的自然资源，是整个陆地生态系统的重要组成部分，它们的减少与破坏是生态环境破坏的最典型特征之一。历史上，地球森林广阔，但到1985年，全世界森林面积仅为41.47亿hm²。目前，地球森林面积的覆盖率约为27%。

我国占世界森林面积的3% ~4%。中国森林减少与破坏的现象曾经比较严重，森林覆盖率从1949年的13%曾一度下降到11.5%。20世纪的最后十几年，我国采取了天然林资源保护工程、防护林体系建设工程、退耕还林工程等措施，取得了成效。到2001年底，我国森林面积15 900万hm²，森林覆盖率为16.55%，仍比世界平均水平低10.45个百分点；人均占有森林面积为0.128 hm²，相当于世界人均森林面积的1/5。我国天然草原的面积每年减少约0.17%，90%存在不同程度的退化。其中"三化"（退化、沙化、碱化）草原面积已达34.4%，并且每年还以200万hm²的速度增加。

草原把太阳能转化为化学能及生物能，是一个巨大的绿色能源库和宝贵的生物基因库，为人类活动提供丰富的生产和消费资源，具有重要的经济价值。它覆盖面积大、适应性强、更新速度快，具有调节气候、保持水土、防风固沙、净化大气环境等重要的生态功能。

保护森林和草原植被的措施有：①强化植被管理，推行规范化、科学化、法制化管理机制；②改变植被经营思想，发挥植被的多种功能和多种效益，利用好现有植被资源；③实施生态建设规划，坚持不懈地植树造林，优化、调整林业生产布局，重视和发展草地产业，加快草地的恢复和建设；④加强林区保护，防治森林和草原植被的病虫鼠害。

2.3.3 土地退化

土地退化主要有水土流失和荒漠化两种现象。水土流失是土地资源的不合理利用，特别是毁林造田、过度放牧所带来的不良后果。据统计，全世界水土流失面积达25亿hm²，占全球陆地面积的16.8%，以及占全球耕地和林草地总面积的29%。如果以土壤层平均厚1 m计算，经过几百年全球耕地土壤将被侵蚀殆尽。

中国是世界上水土流失最严重的国家之一。目前全国水土流失总面积3.56亿hm²，约占我国领土面积的37%。黄土高原地区的水土流失现象最为严重，流失面积占该区总面积的83%。水土流失的直接后果是导致土地退化、地力衰退，严重破坏了土地资源和农业生产，削弱人类赖以生存和发展的基础。我国每年损失表土约50亿t，相当于全国耕地每年剥去1 cm的肥土层，流失的氮、磷、钾估计为4 000万t左右，与一年化肥用量相当，折合经济损失达24亿元。此外，流失土壤还会造成水库、湖泊和河道淤积。例如，由于黄河上游水土流失严重，下游河床平均每年抬高达10 cm。

荒漠化是包括气候变异和人类活动在内的种种因素所造成的土地退化。目前世界上受荒漠化威胁的面积已达45亿hm²，其中有21亿hm²完全丧失生产能力。每年有500 ~700万hm²的耕地被沙化，损失达100亿美元。荒漠化受害面涉及到全世界，全球陆地面积的1/3、超过

60%的国家和地区、世界约20%的人口受到荒漠化的危害和直接影响。最为严重的是非洲大陆，其次是亚洲。

我国的沙漠化现象也比较严重。我国有1.68亿hm^2土地为荒漠地貌，约占国土面积的17.5%，比10个山东省的面积还要大。其中1.1亿hm^2目前尚无可以治理的有效方法，并且荒漠化的扩张速度达到每年24万hm^2。若考虑潜在的荒漠化面积，受荒漠化影响的土地面积约占国土总面积的1/3，近4亿人口受到荒漠化的威胁。

荒漠化扩大主要是由于森林面积减少、过度耕作和放牧、天然草场退化、水土流失、水体和土壤污染等人为过度的经济活动，破坏生态平衡所引起的一种土地退化过程。联合国对荒漠化地区的调查结果发现，由于自然变化引起的荒漠化占13%，其余87%均为人为因素所致。中国科学院的调查也表明，我国北方地区现代荒漠化土地中的94.5%为人为因素所致。

2.3.4　海洋生态问题

海洋总面积3.6亿km^2，覆盖71%的地球表面，占地球总水量的97%。海洋具有浩瀚水域、独自的潮汐和洋流系统、比较稳定和较高的盐度(约3.5%)。海洋以其巨大的容量消纳着一切来自自然源和人为源的污染物，是大部分污染物的最终归宿地。随着人为活动的加剧，海洋已经遭受日益严重的人为污染，其中主要的是海洋石油污染。

造成海洋石油污染的主要原因是石油的海上运输事故，油轮将大量原油泄入海洋，以及其他正常输油船只的冲洗排放和近海采油平台及输油管的泄漏；其次是排入江河的来自陆地油田、机动车辆、船只或其他机器的散溢的石油和润滑油，这些废油最终流入近海。据估计，每年在海运过程中流失的原油估计达150万t，其他途径流入海洋的原油及石油产品的总量达200~2 000万t。

海洋石油污染给海洋生态带来一系列有害影响：首先，海面被油膜覆盖后降低海洋植物光合作用的效率，阻止大气中氧气向海水中的扩散，而使海水中的溶解氧下降，导致海洋水生动物难以生存；其次，原油在海水中扩散、乳化、溶解产生剧毒，进入并破坏鱼类的循环系统，轻则使鱼类富集有毒物质失去食用价值，重则大批鱼类死亡；还有，油污阻止海洋浮游植物的细胞分裂而致其大量死亡，石油污染海兽和海鸟皮毛而破坏其隔热保护作用，石油通过鸟类用嘴整理羽毛时进入肠胃导致病亡等。高浓度石油对近海水域生态系统的破坏是局部的，但低浓度、长时间对整个海洋的危害也已日渐显露。

近海赤潮是另一种常见的海洋污染现象，它主要是由氮和磷引起的污染，农田退水和洗涤废水中富含这两种元素。当海水中无机氮浓度超过0.3 $\mu g/g$、无机磷浓度超过0.01 $\mu g/g$时，藻类群落就会因环境的富营养化而"爆发"地增长，形成"藻花"，并因不同藻类的不同颜色而被称为"赤潮"、"褐潮"或"绿潮"。茂密的藻花遮蔽了阳光，使下层水生植物不能生长；大量藻类死亡腐化消耗水中氧气，造成局部海域的厌氧环境，产生H_2S等还原性有毒气体，给海洋渔业、水产业和旅游业带来巨大损失。

2001年，中国大部分海域环境质量基本保持良好状态，但近岸海域局部污染仍然较重。近岸海域水质主要受到活性磷酸盐和无机氮的影响，部分海域主要污染物是化学需氧量、石油类和铅，近岸海水以水质二类四类为主。中国海域赤潮发生次数增多，发生时间提前，主要赤潮生物种类增多，总次数和累计影响面积均比往年有大幅度增加。

海洋污染的特点是：①污染源广。人类活动产生的废物在各种因素的影响下，最后都进入海洋。②持续性强。未溶解的和不易分解的污染物质长期在海洋中蓄积着，并且随着时间的推移，越积越多。③扩散范围大。污染物质排入海洋后，通过海流把混入海水中的污染物质带到很远的海域去。④控制复杂。由于污染源和海洋系统的复杂多变性决定了海洋污染控制的复杂性。

第3章 冶金工业及其污染源

3.1 冶金工艺概述

3.1.1 金属及其分类

人类社会的历史是和冶金的发展密切相关的。早在远古时代，人类就开始利用金属及其合金，不过那时是利用自然存在的少数几种金属，如金、银、铜及陨石铁，后来才逐渐发现了从矿石中提取金属的方法。首先得到的是铜及其合金——青铜，随后又冶炼出了铁。人类利用的金属种类日益增多，到了19世纪末叶，可利用的金属已达到50多种。而在20世纪初及中叶，冶金获得了特别迅速的发展。现在元素周期表中有92种是金属元素，而具有工业意义的元素有75种。对于这些金属元素，各国有不同的分类方法。有的分为铁金属和非铁金属两大类，前者系指铁及其合金；后者则指除了铁及其合金以外的金属元素。有的分为黑色金属和有色金属两大类，而有色金属则是指除铁、铬、锰三种金属以外的所有金属。铁及其合金就其生产规模和利用数量来说占金属中的主导地位，其产量占全世界金属产量的90%以上。

有色金属可分为有色金属纯金属和有色金属合金。有色金属纯金属分为重金属、轻金属、贵金属、半金属和稀有金属五类；有色金属合金分为重有色金属合金、轻有色金属合金、贵金属合金、稀有金属合金等；按合金用途则可分：变形(压力加工用合金)、铸造合金、轴承合金、印刷合金、硬质合金、焊料、中间合金、金属粉末等。有色金属材按化学成分分类：铜和铜合金材、铝和铝合金材、铅和铅合金材、镍和镍合金材、钛和钛合金材、镁和镁合金材。按形状分类可分为：板、条、带、箔、管、棒、线、型等品种。

(1)有色轻金属：指密度小于 $4.5~g/cm^3$ 的有色金属，有铝、镁、钙等及其合金；

(2)有色重金属：指密度大于 $4.5~g/cm^3$ 的有色金属、有铜、镍、铅、锌、锡、锑、钴、铋、镉、汞等及其合金；

(3)贵金属：指矿源少、开采和提取比较困难、价格比一般金属贵的金属，如金、银和铂族元素及其合金；

(4)半金属：指物理化学性质介于金属与非金属之间的硅、硒、碲、砷、硼等，也有人将硼、碳、砹、钋划入半金属，所有半金属元素都呈现金属光泽；

(5)稀有金属：指在自然界中含量很少、分布稀散或难以提取的金属，稀有金属又分为钛、铍、锂、铷、铯等稀有轻金属；钨、钼、铌、钽、锆、钒等稀有高熔点金属；镓、铟、铊、锗等稀有分散金属；钪、钇和镧系元素等稀土金属；镭、锕系元素等稀有放散性元素。

3.1.2 冶金及冶金方法

从矿石中提取金属及金属化合物的生产过程称为提取冶金(extractive metallurgy),简称冶金。矿石的主要成分是金属的氧化物及硫化物(少数卤化物)。由于在冶金生产过程中,离不开化学反应,所以又称为化学冶金(chemical metallurgy)。

按提取金属工艺过程的不同,区分为火法冶金、湿法冶金及电冶金。电冶金包括电炉冶炼、熔盐电解及水溶液电解。

火法冶金(pyrometallurgy)是在高温下从冶金原料提取或精炼金属的冶炼工艺,是物理化学原理在高温化学反应中的应用。在火法冶金过程中,天然矿石或人工精矿中的部分或全部矿物在高温下经过一系列物理化学变化,生成另一种形态的化合物或单质,分别富集在气体、液体或固体产物中,达到所要提取的金属与脉石及其他杂质分离的目的。实现火法冶金过程所需热能,通常是依靠燃料燃烧来供给,也有依靠过程中的化学反应来供给的,比如,硫化矿的氧化焙烧和熔炼就无需由燃料供热;金属热还原、氧气转炉炼钢等过程均为自热进行的过程。

湿法冶金(hydro - metallurgy)是利用浸出剂将矿石、精矿、焙砂及其他物料中有价金属组分溶解在溶液中或以新的固相析出,进行金属分离、富集和提取的冶金工艺,它是水溶液化学及电化学原理的应用。由于这种冶金过程大都是在水溶液中进行,故称湿法冶金。湿法冶金温度不高,一般低于100℃,现代湿法冶金中的高温高压过程,温度也不过200℃左右,极个别情况温度可达300℃。

湿法冶金的历史可以追溯到公元前200年,中国的西汉时期就有用胆矾法提铜的记载。但湿法冶金近代的发展与湿法炼锌的成功、拜尔法生产氧化铝的发明以及铀工业的发展和20世纪60年代羟肟类萃取剂的发明并应用于湿法炼铜是分不开的。随着矿石品位的下降和对环境保护要求的日益严格,湿法冶金在有色金属生产中的作用越来越大。

电冶金是利用电能提取金属的冶金工艺。根据电能作用的不同,电冶金分为电热冶金和电化冶金两类。电热冶金是利用电能转变为热能进行冶炼的方法,其物理化学变化本质与火法冶金差别不大,主要区别是冶炼时热能来源不同,故电热冶金也可列入火法冶金。电化冶金(电解和电积)是利用电化学反应,使金属从含金属盐类的溶液或熔体中析出。前者为溶液电解,一般在低温下进行,如铜的电解精炼和锌的电积,可列入湿法冶金;后者为熔盐电解,在高温下进行,如铝电解,可列入火法冶金。

冶金过程虽可分为火法和湿法,但火法是主要的。因为大多数的金属主要是通过高温冶金反应取得的。即使某些采用湿法的有色金属提取中,也仍然要经过某些火法冶炼过程作为原料的初步处理,如焙烧。这是因为火法冶金生产率高,流程短,设备简单及投资省,但却不利于处理成分结构复杂的复合矿或贫矿。

从矿石或精矿中提取金属的生产工艺流程,常常是既有火法过程,又有湿法、电冶金过程,即便是以火法为主的工艺流程,比如,硫化铜精矿的火法冶炼,最后还须有电解精炼过程;而在湿法炼锌中,硫化锌精矿还需要用高温氧化焙烧对原料进行炼前处理。

3.1.3 火法冶金工艺

火法冶金一般包括三大过程:①原料准备;②熔炼吹炼;③精炼。其中进行的化学反应则有热分解、还原、氧化、硫化、卤化、蒸馏等。过程中的产物除金属或金属化合物之外,还有炉渣、烟气和烟尘(包括荒煤气)。烟气由高温的粉尘、烟雾及气体组成,通过对烟气处理和烟尘综合利用来回收其中的热量、有价组分以及把对环境有害的气体转化为有用产品。

1. 原料准备

原料准备一般包括采矿、选矿、原料贮存、配料、混合、干燥、制粒(造球)、制团、焙烧、煅烧、烧结(造块)、焦化等工序。有些火法工艺并不要求制粒(制团)或焙烧,精矿可以直接冶炼。焦化虽然是化工过程,但它是钢铁冶金的重要组成部分。

2. 熔炼

熔炼是指炉料在高温熔炼炉内发生一定的物理、化学变化,产出粗金属或金属富集物和炉渣的冶金过程。炉料除精矿、焙砂、烧结矿、球团矿、块矿等外,有时还需添加为使炉料易于熔融的熔剂(如石灰、萤石、石英等),以及为进行某种反应而加入的还原剂(如焦炭、煤粉、天然气、石油等)。此外,为提供必要的温度,往往需加入燃料燃烧,并送入空气、富氧空气或纯氧气。粗金属或金属富集物由于与熔融炉渣互溶度很小和密度的差异而分层得以分离。它们尚需进一步吹炼或用其他方法处理才能得到金属。

熔炼可以分为还原熔炼和氧化熔炼,此外还有其他的熔炼方法,如还原硫化熔炼、挥发熔炼、沉淀和反应熔炼,由于种种原因后几种已不多用。

(1)还原熔炼

还原熔炼是金属氧化物料在高温熔炼炉还原气氛下被还原成熔体金属的熔炼方法,即金属氧化物(焙砂、烧结矿、球团矿)→ 还原气氛熔炼 → 粗金属。还原熔炼采用碳质还原剂,如煤、焦炭;金属热还原则采用硅、铝等还原剂。碳质还原剂往往也是燃料。在高温条件下碳质还原剂与金属氧化物发生的主要反应有:

$$MeO + C \rightarrow Me + CO$$
$$MeO + CO \rightarrow Me + CO_2$$
$$CO_2 + C \rightarrow 2CO$$

高炉炼铁、鼓风炉熔炼铅、反射炉熔炼锡、铋和锑、锌冶金及镁的热还原等均属还原熔炼过程。

(2)氧化熔炼

氧化熔炼是以氧化反应为主的熔炼过程,如硫化铜、镍矿物原料(包括硫化矿和氧化矿)的造锍熔炼、锍的吹炼、硫化锑精矿鼓风炉熔炼、炼钢过程等。炼钢实际上是将高炉铁水中的杂质元素(碳、硅、磷、硫等)氧化去除的过程,因此也可看做是熔池吹炼的氧化精炼过程。熔炼过程中发生的主要反应是:

$$MeS_{(s, l)} + O_2 \rightarrow Me_{(l)} + SO_2$$
$$MeS_{(s, l)} + 1.5O_2 \rightarrow MeO_{(s, l, g)} + SO_2$$
$$[Me'S] + (MeO) \rightarrow [MeS] + [Me'O]$$
$$[Me'] + (FeO) \rightarrow [Fe] + [Me'O]$$

式中的 Me、Me′分别代表主体金属和杂质,"[ ]"代表主金属熔体,"( )"代表熔渣。

有色金属氧化熔炼是一个富集和分离过程,如铜、镍硫化精矿,在熔炼时将 Cu、Ni 富集到锍中,同时被氧化后和杂质金属(如 Fe)与脉石一道造渣除去而分离。熔炼按所用设备分为鼓风炉熔炼、反射炉熔炼、电炉熔炼;按工艺特征则分为闪速熔炼、熔池熔炼、漩涡熔炼、富氧熔炼、热风熔炼和自热熔炼等。

①闪速熔炼。

闪速熔炼是将硫化精矿(铜、镍精矿)、熔剂与氧气或富氧空气或预热空气一起喷入赤热的反应塔内，使炉料在飘悬状态下迅速氧化和熔化的熔炼方法。闪速熔炼的优点是：细颗粒物料悬浮于紊流中，气－固－液三相的传质传热条件好，化学反应速度快；喷入的细颗粒干精矿具有大的表面积，硫化物的氧化反应速度随接触面积增大而显著提高；反应速度快，单位时间内放出热量多，使燃料消耗降低，从而减少因燃料燃烧带入的废气量，结果提高了烟气中的 SO_2 含量，为烟气综合利用创造了条件。

属闪速熔炼范畴的有：奥托昆普(Outokumpu)型、国际镍公司因科(Inco)型、基夫赛特(Kivcet)法和氧气喷洒熔炼(OSS)法等。

②熔池熔炼。

熔池熔炼是将炉料直接加入鼓风翻腾的熔池中迅速完成气、液、固相间主要反应的强化熔炼方法。该方法适用于有色金属原料熔化、硫化、氧化、还原、造锍和烟化等冶金过程。鼓风炉熔炼、反射炉熔炼、电炉熔炼为传统的熔池熔炼方法。现代熔池熔炼新方法有：诺兰达法(1973)、三菱法(1974)、特尼思特法(1977)、白银炼铜法(1980)、氧气底吹炼铅法(1981)、瓦纽科夫熔炼法(1984)、顶吹旋转转炉法(TBRC)、艾萨熔炼法炼铅和转炉直接炼铜法等。这些方法主要用于铜(镍)精矿造锍熔炼、铜(镍)锍吹炼、硫化精矿直接熔炼(包括连续炼铜和直接炼铅)以及含铅锌氧化物料和炉渣的还原和烟化。

③漩涡熔炼。

漩涡熔炼是将细粒炉料和粉状燃料随高速气流沿漩涡室的切线方向进入，产生高速旋转流，细颗粒物料迅速完成焙烧和熔炼反应，而粗颗粒由离心力作用加速到达炉壁，并形成熔融状黏膜，缓慢向下流入沉淀池，黏膜的缓慢流动不仅延长炉料停留时间，有利于反应完成，而且也起到保护炉壁的作用。由于炉料成分和气相间的反应速度快，因而是一种能强化冶金过程的熔炼方法，其生产能力比常规的鼓风炉熔炼大得多。

④热风熔炼。

热风熔炼是将预热空气或预热富氧空气鼓入冶金炉以强化冶金过程的熔炼方法。预热鼓风用于高炉炼铁已有一个多世纪的历史。但对有色金属冶炼应用热风还仅仅是 20 世纪中叶的事，目前已广泛地应用于铜、镍闪速熔炼，鼓风炉炼锌和铅。

⑤富氧熔炼。

这是一种利用工业氧气部分或全部取代空气以强化冶金过程的熔炼方法。20 世纪中叶制氧技术的出现，使氧气炼钢和富氧鼓风炼铁得到广泛应用。与此同时，在有色金属熔炼中也开始用富氧开发新的熔炼方法和改造传统的熔炼方法。

从硫化矿熔炼获得金属的过程也是氧化过程，富氧使硫化矿的氧化速度显著增加。氧化矿或氧化物料的还原熔炼大多使用固体碳质燃料作发热剂和还原剂，采用富氧可以强化冶炼过程。

1952 年加拿大国际镍公司(Inco)首先采用工业氧气(含氧95%)闪速熔炼铜精矿，熔炼过程不需再添加任何燃料，烟气 SO_2 浓度可达 80%，这是富氧熔炼的最早一例。随后奥托昆普(Outokumpu)型闪速炉以及随后开发的熔池熔炼方法，如诺兰达法、三菱法、白银炼铜法、氧气底吹炼铅法相继都应用富氧进行熔炼。

⑥硫化精矿自热熔炼。

这是一种主要由精矿中硫化物的氧化及氧化亚铁造渣等反应热来维持高温熔炼过程的熔炼方法。因不必补加或补加很少的燃料故称自热熔炼。

因为制氧技术和喷射冶金的发展及能源紧缺,充分利用精矿自身氧化反应热、造渣反应热的热量和富氧进行喷射熔炼,经强化熔炼而减少热损失,实现自热熔炼。自热熔炼不仅可以降低熔炼过程的能耗,而且减少了烟气量,提高了烟气 SO_2 浓度,有利于减少对环境的污染。因此自热熔炼应是今后的发展方向。

3. 精炼

精炼是粗金属去除杂质的提纯过程。对于高熔点金属,精炼还具有致密化作用。精炼分化学精炼和物理精炼两大类。

(1)化学精炼

利用杂质和主金属的某些化学性质不同而实现其分离的过程。化学精炼可分为氧化精炼、硫化精炼、氯化精炼、碱性精炼等类型。

①氧化精炼。

利用氧化剂将粗金属中的杂质氧化造渣或氧化挥发除去的精炼方法。铜的火法精炼、氧气转炉炼钢等均属氧化精炼。

②硫化精炼。

加入硫或硫化物以除去粗金属中杂质的火法精炼方法。反应的必要条件是主金属硫化物在给定条件下的离解压大于杂质硫化物的离解压。粗铅、粗锡和粗锑加硫除铜、铁是硫化精炼的典型例子。

③氯化精炼。

氯化精炼是通入氯气或加入氯化物使杂质形成氯化物而与主金属分离的火法精炼方法。该方法的前提条件是氯对杂质的亲和力大于主金属,而生成的氯化物不溶或少溶于主金属。氯化精炼在粗铅除锌,粗铝除钠、钙、氢,粗铋除锌,粗锡除铅等方面都有广泛应用。例如粗铅氯化精炼时往铅液中通入氯气,使锌形成 $ZnCl_2$ 进入浮渣而与铅分离,铅液中其他杂质,如砷、锑、锡也形成氯化物挥发而与铅分离。

④碱性精炼。

在粗金属熔体中加入碱,使杂质氧化与碱结合成渣而被除去的火法精炼方法。方法的实质是在精炼过程中用氧或其他氧化剂(如 $NaNO_3$)使杂质氧化,然后与加入的碱金属或碱土金属化合物熔剂反应,生成更为稳定的盐(渣),从而加速反应的进行,并使反应进行更加完全。碱性精炼用于粗铜除镍,粗铅除砷、锑、锡,粗锑除砷等过程。

(2)物理精炼

利用主体金属和杂质元素的物理性质不同,将杂质分离并脱除的精炼方法。如精馏精炼、真空精炼、熔析精炼、区域精炼等。

①精馏精炼。

利用物质沸点的不同,交替进行多次蒸发和冷凝除去杂质的火法精炼方法。精馏精炼包括蒸馏和分凝回流两个过程。

精馏通常在精馏塔中进行,气液两相通过逆流接触,进行相际传热传质。液相中的易挥发组分进入气相,于是在塔顶冷凝得到几乎纯的易挥发组分,塔底得到几乎纯的难挥发组分。塔顶一部分分凝液作为回流液从塔顶返回精馏塔,塔顶回流入塔的液体量和塔顶产品量之比称之为回流比,其大小影响精馏操作的分离效果和能耗。

精馏精炼适用于相互溶解或部分溶解的金属液体,不适用于两种具有恒定沸点的金属熔体。在有色金属冶金中,精馏成功地用于粗锌的精炼。

②真空精炼。

在低于或远低于常压下脱除粗金属中杂质的火法精炼方法。真空精炼除能防止金属与空气中氧、氮反应和避免气体杂质的污染外,更重要的是对许多精炼过程(特别是脱气)还能创造有利于金属和杂质分离的热力学和动力学条件。真空精炼主要包括真空蒸馏(升华)和真空脱气。

真空蒸馏(升华)是在真空条件下利用各种物质在同一温度下蒸气压和蒸发速度不同,控制适当的温度使某种物质选择性挥发和冷凝来获得纯物质的方法。这种方法主要用来提纯某些沸点较低的金属,如汞、锌、硒、碲、钙等。

真空脱气是在真空条件下脱除气体杂质,包括通过化学反应而使某些杂质以气体形态的脱除。真空脱气过程的作用主要是降低气体杂质在金属中的溶解度。炼钢过程中也广泛采用真空精炼手段进行脱气。

③熔析(凝析)精炼。

利用杂质或其化合物在主金属中的溶解度随温度变化的性质,通过改变精炼温度将其脱除的火法精炼方法。熔析精炼利用了熔化－结晶相变规律,即利用均匀二元系或多元系液体,在相变温度下开始凝固时,会变成两个或几个组成不同的平衡共存相,杂质将富集在其中的某些固相或液相中,从而达到金属提纯的目的。如粗铅除铜,从 Cu－Pb 二元系状态图得知,共晶温度 599℃,析出含铜的理论值为铜 0.06%;一般控制温度为 613℃,铅含铜要大于 0.06%,但尚有砷、锑存在时,则它们与铜生成不溶于铅的化合物－固溶体,可使铅中铜降至理论值以下 0.02%~0.03%。

3.1.4 湿法冶金工艺

湿法冶金主要包括浸出、液固分离、溶液净化、溶液中金属提取及废水处理等单元操作过程。

1. 浸出

浸出是利用溶剂(浸出剂)选择性地从矿石、精矿、焙砂等固体物料中提取某些可溶性组分的湿法冶金单元过程。

根据浸出剂的不同可分为酸浸出、碱浸出和盐浸出;根据浸出化学过程分为氧化浸出和还原浸出;根据浸出方式分为堆浸、就地浸、渗滤浸、搅拌浸出、热球磨浸出、管道浸出、流态化浸出;根据浸出过程的压力可分为常压浸出和加压浸出。

(1)酸浸出

用酸作溶剂浸出有价金属的方法。常用的酸有无机酸和有机酸,工业上采用硫酸、盐酸、硝酸、亚硫酸、氢氟酸和王水等。硫酸的沸点高,来源广,价格低,腐蚀性较弱,是使用最广泛的酸浸出剂。硫酸常用于氧化铜矿的浸出、锌焙砂浸出、镍锍和硫化锌精矿的氧压浸出等。盐酸的反应能力强，能浸出多种金属、金属氧化物和某些硫化物，如用来浸出镍锍、钴渣等。但盐酸及生成的氯化物腐蚀性较强，设备防腐要求较高。硝酸是强氧化剂，价格高，且反应析出有毒的氮氧化物，只在少数特殊情况下才使用。

（2）碱浸出

用碱性溶液作溶剂的浸出方法。常用的碱有氢氧化钠、碳酸钠和硫化钠。铝土矿加压碱浸出是碱浸出最重要的应用实例。碱浸出还用于浸出黑钨矿、铀矿（Na_2CO_3 浸出 UO_3）、硫化和氧化锑矿（$Na_2S + NaOH$ 浸出）等。碱性溶液的浸出能力一般较酸性溶液弱，但浸出的选择性较好，浸出液较纯，对设备的腐蚀性小，不需特殊防腐，工艺设备的材质较易解决。

（3）盐浸出

以盐作溶剂浸出有价金属的过程。如硫化矿用硫酸铁浸出铜：

$$CuS + Fe_2(SO_4)_3 \rightarrow CuSO_4 + 2FeSO_4 + S$$

氯化钠浸出铅：

$$PbSO_4 + 2NaCl \rightarrow Na_2SO_4 + PbCl_2$$

$$PbCl_2 + 2NaCl \rightarrow Na_2[PbCl_4]$$

氰化钠浸出矿石中的金和银：

$$2Au + 4NaCN + O_2 + 2H_2O \rightarrow 2Na[Au(CN)_2] + 2NaOH + H_2O_2$$

（4）氧化浸出

加入氧化剂使矿石、精矿或其他固体物料中的有价组分在浸出过程中发生氧化反应的浸出方法。工业上常用的氧化剂有空气、氧、Fe^{3+}、MnO_2 和 Cl_2 等。

（5）还原浸出

加入还原剂使被浸出固体物料中的有价组分在浸出过程中发生还原反应的浸出方法。工业中常用的还原剂有 SO_2、$FeSO_4$ 等。

（6）堆浸

就地浸出（溶液采矿）和渗滤浸出，尽管浸出的方式有所不同，但基本上可归于一类。处理的对象都是比较贫的氧化矿、表外矿和地表矿。矿石浸出之前一般不作深度加工，即使稍作加工，也只是停留在粗碎，处理的规模除渗滤外一般都比较大，有的沉出块，规模可以达到几百万吨，浸出的速度不很快，提取率相对较低，但投资省，加工费用低。

（7）常压和加压搅拌浸出

管道化浸出、流态化浸出和热球浸出方式可归为一类。它们的共同点：浸出之前矿石都需要深加工，为浸出创造良好的热力学和动力学条件，不仅把搅拌、加热和化学反应结合起来，还把破碎和机械活化有机地结合起来，如热球磨浸出。溶液中颗粒分布均匀，反应速度快，金属提取率高。浸出过程强化，使设备单位生产能力提高，管道化浸出目前已成为处理铝土矿制取氧化铝的标准方法。

2．固液分离

将浸出液分离成液相和固相的过程，常用的固液分离方法有沉降分离和过滤两种方法，过滤通常又有离心分离和过滤分离。

（1）沉降分离

借助于重力作用将浸出矿浆分离为含固体量较多的底流和清亮的溢流的液固分离方法。提高底流浓度的工业设备称之为浓缩槽或澄清槽。为了提高其容量，节省占地面积，则采用多层浓缩槽。

当处理含极细物料的矿浆时，可利用离心力代替重力以加速颗粒沉降。如水力旋流器和螺旋离心机来强化沉降过程。或借助化学试剂－聚凝剂或絮凝剂促进矿浆中分散的、不凝聚的颗粒转化成澄清溢流和浓密底流。聚凝剂（如石灰）可使颗粒互相凝聚，絮凝剂可使细颗粒形成絮团来强化沉降过程。

（2）过滤分离

利用多孔介质拦截浸出矿浆中的固体粒子，用压强差或其他外力为推动力，使液体通过微孔的液固分离方法。拦截固体粒子的介质可分为编织物、多孔陶瓷、多孔金属、纸浆及石棉等多种类型。常用的过滤器有回转筒真空过滤机、带式过滤机、板框式过滤机等。

3. 溶液净化

溶液净化是除去溶液中杂质的湿法冶金过程。工业上常用的有结晶、蒸馏、沉淀、置换、溶剂萃取、离子交换、电渗析和膜分离等净化方法。为获得纯净溶液，往往多种方法综合使用。

（1）结晶

物质从溶液、熔融物或蒸气中以晶体状态析出的过程叫结晶。在湿法冶金中，结晶操作主要是从溶液中析出晶体，以制取纯净的固体产品。

物质从溶液中结晶析出主要依赖于它的过饱和度，产生过饱和度的方法可分为以下四种：

　　　降温结晶：将溶液冷却使之变为过饱和溶液而发生结晶的过程。
　　　蒸发结晶：将溶液在常压或减压下蒸发掉部分溶剂，使之变为过饱和溶液而发生的
　　　　　　　　结晶过程。
　　　真空结晶：将溶液在真空和外界绝热的条件下闪急蒸发，由于部分溶剂移除和固溶剂
　　　　　　　　快速蒸发时吸收热量则造成溶液冷却的双重作用，使溶液变为过饱和而发
　　　　　　　　生的结晶过程。
　　　盐析结晶：向溶液中加入溶解度大的盐类，以降低被结晶物的溶解度，使之达到过
　　　　　　　　饱和而发生的结晶过程。

（2）蒸馏

使物料的某成分蒸发并冷凝以提取或纯化物质的过程。主要利用液体混合物中各组合蒸气压的差异，加热混合物至一定的温度使蒸气压大的组分蒸发，或使由矿物中还原出来的组分以气态挥发，然后再使其冷凝成液体或固体的过程。蒸馏的效果取决于提取或纯化物与混合物的蒸气压的差异，差异越大效果越好。

蒸馏的方法很多，有简单蒸馏、真空蒸馏、分子蒸馏等。蒸馏是有色金属提取冶金的重要过程之一，常用于锌、镉、汞、硒、镓、锂、铷、铯的合金分离和精炼。

（3）沉淀

使水溶液中金属离子生成难溶固体化合物从溶液中析出的过程叫沉淀，主要有如下

方法：

水解沉淀：金属盐类和水发生复分解反应生成氢氧化物或碱式盐沉淀的过程。

中和水解

稀释水解

中和沉淀：向酸性溶液中加入碱或向碱性溶液中加入酸使溶液中的金属离子水解成氢氧化物或碱性盐沉淀的过程。

硫化沉淀：向溶液中加入硫化剂生成难溶的金属硫化物沉淀的过程。常用的硫化剂有 H_2S、Na_2S。

成盐沉淀：使水溶液中的金属离子生成某种难溶盐并沉淀析出的过程。常用的难溶盐：硫酸盐（如 $CaSO_4$、$BaSO_4$、$SrSO_4$ 等）、卤盐（如 CaF_2、$AgCl$、$PbCl_2$ 等）、碳酸盐（如 $BaCO_3$）、草酸盐（如 CoC_2O_4），还有 $CaWO_4$、$Ca(AsO_3)_2$、$(NH_4)_2PtCl_6$、$(NH_4)_2PdCl_6$、$(NH_4)_2IrCl_6$ 和复盐 $MeFe_3(SO_4)_2 \cdot (OH)_6$ 等。

离子浮选：用捕集剂（表面活性物质）与溶液中的金属离子形成一种难溶疏水化合物，粘附于气泡上浮而得以分离的过程。根据不同情况，可采用阳离子捕集剂如胺型的 $R-RH_2$、$R-NH_3^+$、$RR-NH_2^+$ 等和阴离子捕集剂如脂肪酸型的 $R-COO^-$、$R-SO_3^-$ 等。特别适合从稀溶液中提取有价元素或消除废水中有害组分。

共沉淀：溶液中的几种物质同时发生沉淀的现象。共沉淀广泛用于放射性同位素的分离。在湿法炼锌中利用 Fe 以 $Fe(OH)_3$ 形态吸附溶液中的砷、锑、锗等杂质而共沉淀除去，达到净化溶液的目的。

（4）溶剂萃取

利用水溶液中某些金属在有机溶剂和水溶液中分配比例的不同，当有机相和水相充分接触时，水相中某些金属会选择性地转移到有机相，金属的这种转移过程被称为萃取。在湿法冶金中，常用于水溶液提取有价金属或作为溶液净化的一种手段。因为接触的水溶液和有机溶液都是液相，因而常把溶剂萃取称为液-液萃取。

萃取体系通常由互不溶解的有机相和水相组成。有机相由萃取剂和稀释剂组成，水相常含一种或多种被提取或分离的金属离子。被萃取物从有机相转移到水溶液的过程被称为反萃取。

与其他分离法如沉淀法、离子交换法相比，溶剂萃取法具有提取和分离效率高、免除过滤、试剂消耗少、回收率高、生产能力大、易实现自动化和连续化等优点。近年来在湿法冶金、石油、化工、环保等行业得到广泛应用。

（5）离子交换法

它是离子交换剂功能基中的阳离子或阴离子与溶液中的同性离子进行可逆交换的过程，离子交换法在湿法冶金中常用于从水溶液提取有价金属或作为溶液净化的一种手段。

除以上方法外还有电渗析、膜分离技术等方法。

4．从溶液中提取金属

将净化后水溶液中所含的金属离子以金属或其化合物形式析出回收的过程。可分为电解法和化学法两种，而腈法冶金则是介于两者之间的一种特殊冶金方法。电解提取可归入电冶金中进行介绍。

（1）化学提取

化学提取是用还原剂把水溶液中的金属离子还原成金属的过程。

用还原剂把水溶液中的金属离子还原为金属而析出的湿法冶金过程。工业上常用的还原剂有氢气、SO_2气体、亚铁离子、铁、锌、铝、铜等金属以及草酸和联胺等。常用的方法有加压氢还原法、二氧化硫还原法、亚铁还原法、置换法、联胺还原法和歧化沉淀法等。

（2）腈法冶金（nitrile metallurgy）

腈法冶金是利用乙腈浸取固体物料中的金属，然后用歧化沉淀从含乙腈液中提取金属的湿法冶金方法。乙腈又名甲基腈，是生产丙烯腈的一种副产品。乙腈对 Cu^+ 和 Ag^+ 有很强的配合力。此法是由澳大利亚人帕克（A. J. Parkel）在 20 世纪 70 年代提出的。

常温反应 $Cu^0 + Cu^{2+} \rightarrow 2Cu^+$ 向右进行的平衡常数 $K = 10^{-6}$，但当有乙腈时，以上反应的 $K = 10^8 \sim 10^{22}$，并随乙腈浓度的增加，K 值继续增大，说明 Cu^0 容易氧化成 Cu^+ 而进入溶液。

该法只适用于提取铜、银和金等少数几种金属，主要用于从含铜的固体物料（粗铜粉、置换铜、废杂铜屑以及氧化铜离析产物）、氧化铜矿和硫化铜中提取铜。

由于该法投资少，总处理费用低，产品质量高，所以是一种很有前途的方法，但目前还处在试验阶段，真正用于工业生产还需做大量的工作。

3.1.5 电冶金

电冶金是以电能为能源进行提取和处理金属的工艺过程。根据电能转化形式的不同分为电化冶金和电热冶金两种。

1. 电化冶金

电化冶金（又称电解）是将直流电通入电解槽，发生电极反应使金属离子还原成金属的过程，其本质是将电能转化为化学能。根据电解液不同，电化冶金分为水溶液电解和熔盐电解；根据阳极不同又分为不溶阳极电解和可溶阳极电解。前者又称电解提取，后者又称电解精炼。熔盐电解亦可看做是一种不溶阳极电解精炼。

（1）水溶液电解

水溶液电解是以金属的浸出液作为电解液，使用不溶性电极作阳极，对溶解于电解液中的金属离子进行还原、分解，主体金属在阴极表面上析出的冶金过程。它简称电解提取或电解沉积，又称不溶阳极电解。该方法的优点是：不经过粗金属的中间阶段，一次得到高纯度的金属；伴随电解的进行，电解液可以再生并循环用于浸出。其缺点是：由于使用不溶阳极，槽电压必须高于电解液的分解电压；一般电流效率较低，耗电量较大等。

（2）电解精炼

以粗金属做阳极，水溶液为电解液，通过电极反应使阳极溶解，目的金属在阴极上析出的电化冶金方法。又称为电解精炼或可溶性阳极电解。阴极析出金属多以固态存在。主要用于电极电位较正的金属，如铜、镍、钴、金、银等，电解液多为酸液。

（3）熔盐电解

熔盐电解是在高温下以熔融盐类为电解质进行金属提取或金属提纯的电化学冶金过程。被提取金属在电解质中，也可采用不溶阳极。阴极析出的纯金属依电解温度和被提纯金属的熔点，可以是液态（如铝）或固态（如钛、钽、铌等）。对于那些电位比氢负得多、氢的超电压也小、而不能从水溶液中电解析出的金属和用氢或碳难以还原的金属，常用熔盐电解法制取。目前已有30多种金属是用该法生产，其中包括全部碱金属和铝、大部分镁以及各种稀有金属（钛、铍、锂、钽、铌等）。按所用电解质不同，一般分为氟化物熔盐电解、氯化物熔盐电解和氟氯化物熔盐电解。

熔盐电解由于在高温下进行，金属溶解损失严重，热损失也较大，故电流效率及电能效率比水溶液电解低。

2. 电热冶金

电热冶金是在电炉内利用电能转变为热能进行提取或处理金属的过程。按电能转变为热能的方法即加热的方法不同，分为电弧熔炼、电阻熔炼、感应熔炼、电子束熔炼和等离子熔炼等。

和一般火法冶金相比，电热冶金具有加热速度快、控温准确、温度高（可到2 000℃）、可在各种气氛、各种压力或真空中作业以及金属烧损少等优点，成为冶炼普通钢、铁合金、镍、铜、锌、锡等重有色金属、钨、钼、钽、铌、钛、锆等稀有高熔点金属以及某些其他稀有金属、半导体材料等的一种主要方法。但电热冶金消耗电能较多，只有在电源充足的条件下才能发挥优势。

（1）电弧熔炼

电弧熔炼是利用电能在电极与电极或电极与被熔炼物之间产生电弧来熔炼金属的冶金过程。电弧可以用交流电或直流电产生，当使用交流电时，两极之间会出现瞬间的零电压。在真空熔炼的情况下，由于两极之间气体密度很小，容易导致电弧熄灭，所以真空电弧熔炼一般都采用直流电源。工业用电弧炉有直接加热式三相电弧炉、直接加热式真空自耗电弧炉和间接加热式电弧炉三种。

（2）电阻炉熔炼

电阻熔炼是在电阻炉内利用电流通过导体电阻所产生的热量来熔炼金属的冶金过程。按电热产生的方式，电阻炉分为直接加热和间接加热两种。在直接加热电阻炉中，电炉直接通过物料，因电热物料本身，所以物料加热很快，且可以加热到很高温度，例如碳素石墨化电炉，能将物料加热到2 500℃，直接加热电阻炉可做成真空或通保护气体的熔炼炉。为使物料加热均匀，要求物料各部位的导电截面和导电率一致。但大部分电阻炉是间接加热的，其中装有专门的电热体，最常用的电热体是铁铬铝材料、碳化硅棒和二硅化钼棒。根据熔炼需要，炉内气氛可以是真空或保护性气氛。对于品种单一、批量大的物料，宜采用连续式加热炉加热，炉温低于700℃时，多数还装有鼓风机，以强化炉内传热，保证均匀加热。

（3）电阻－电弧熔炼

电阻－电弧熔炼是利用电极与炉料之间产生的电弧和电流通过炉料产生的电阻热来熔炼金属的冶金过程，是有色金属冶炼中应用广泛的一种电热冶金方法。其炉子的主体结构与电弧熔炼炉相似，熔炼时电极都插入炉料中。熔炼中的热量除来自电极和炉料之间的电弧外，电流通过炉料所产生的电阻热也占相当大的份额。在加热方式这一点上，与电弧熔炼有很大区别，矿石或烧结矿是电阻－电弧熔炼的主要原料，因此又称为矿热熔炼。成套的电阻－电弧炉主要由炉体、电极装置和电源设备三部分组成。有石墨电极（或碳素电极）和自焙电极两种。自焙电极是一种用无烟煤、焦炭和沥青煤焦油拌和成的电料在电炉工作过程中自行烧结而成的。大多数电阻－电弧熔炼都采用自焙电极。电阻－电弧炉熔炼主要用于生产铁合金、电石、铜锍、镍锍、黄磷等冶金及化工产品。

3.1.6 冶金工艺实例

1. 钢铁冶金工艺

现代钢铁联合企业是一个庞大而复杂的综合生产部门，包括采矿、选矿、烧结（球团）、焦化、炼铁、炼钢和各种轧钢等过程。高炉—铁水预处理—转炉顶底复合吹炼—炉外精炼—连铸连轧，已成为大型现代化钢铁企业钢铁生产的普遍模式。图 3–1 为钢铁联合企业生产工艺流程。

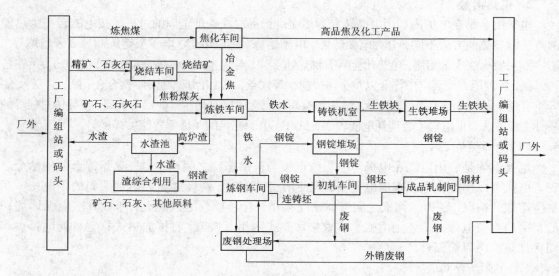

图 3–1　钢铁生产工艺流程

钢铁冶金多采用火法过程，一般分为三个工序。

①炼铁：从铁矿石或铁精矿粉中提取粗金属，主要是用焦炭作燃料及还原剂，在高炉内的还原条件下，矿石被还原得到粗金属——生铁，生铁含碳（4% ~5%），还含有硅、锰、硫、磷等杂质元素，脉石成分与石灰形成高炉渣。炼铁原为、燃料准备包括配料、混合、烧结、球团、焦化等工序，炼铁为还原熔炼过程，炼铁的主要设备是高炉。

②炼钢：将生铁中过多的元素（C、Si、Mn）及杂质（S、P）通过氧化作用及熔渣参与的化学反应去除，达到无害于钢种性能的限度，同时还要除去由氧化作用引入钢液中的氧（脱氧），并调整钢液的成分，最后把成分合格的钢液浇铸成钢锭或钢坯，便于轧制成材。炼钢为氧化熔炼或一次精炼过程。目前主要的炼钢方法是转炉炼钢和电炉炼钢，转炉钢占总钢产量的比例已经超过 80%。

③二次精炼（炉外精炼）：为了提高一次炼钢方法的生产率及钢液的质量（进一步降低杂质和气体的含量），而将炼钢过程的某些精炼工序转移到炉外盛钢桶或特殊反应炉（RH、LF、AOD、VOD、CAS 等）中继续完成或深度完成的冶炼过程。

上述的钢铁生产过程是复杂的多相反应，含有气、液、固三相的多种物质的相互作用，形成了十分复杂的冶金过程。其中既有物理过程，如蒸发、升华、熔化、凝固、溶解，以及热的传递、物质的扩散、流体的流动等；又伴随有化学反应，如焙烧、烧结、还原、氧化等。

2. 铜冶金工艺

有色重金属包括铜、镍、铅、锌、钴、镉、锡、锑、铋、汞 10 种元素，根据其矿物种类和金属特性的不同，可以采用火法冶金、湿法冶金和电冶金等冶炼方法，冶金工艺包括焙烧、烧结、熔炼、精炼等过程。表 3-1 为 10 种有色重金属的冶炼工艺。铜是最常用的有色重金属。

表 3-1 10 种有色重金属的冶炼工艺

金属	原　料	预处理	金属生产	精炼	主要回收元素
Cu	硫化矿、氧化矿	焙烧、造锍熔炼 浸出-萃取	转炉吹炼 电积	电解	S、Au、Se、Te、Bi、Co、Pb、Zn、Ag
Ni	硫化矿 氧化矿 混合矿	造锍熔炼-磨浮 造锍熔炼、焙烧 加压、氨浸	炭还原 还原 加压氢还原	电解 电解	Co、Pt、Pt 族、S、Cu
Co	铜镍矿伴生	硫酸化焙烧-浸出	还原	电解	Co
Zn	硫化矿	烧结 焙烧-浸出-净化	炭还原 电积	精馏	S、Cd、In、Ge、Ga、Co、Cu、Pb、Ag、Hg
Cd	烟尘 净化渣	浸出-净化	锌置换 电积	精熘	Tl
Pb	硫化矿	烧结	炭还原	电解 火法精炼	S、Ag、Bi、Tl、Sn、Sb、Se、Te、Cu、Zn
Bi	硫化矿 铅铜伴生物		铁还原 炭还原	电解 火法精炼	Pb、Cu、Ag、Tc
Sn	氧化矿	精选-浸出-焙烧	炭还原	火法精炼 电解	Cu、Pb、Bi
Sb	硫化矿	焙烧 浸出	炭还原 电积	火法精炼	Ag、S、Se、Te
Hg	硫化矿	焙烧	热分解		Hg

炼铜以火法熔炼为主，火法炼铜占铜生产量的 90%，主要是处理硫化矿。火法炼铜出现最早，工艺成熟，应用普遍，生产规模大，可以综合回收自然资源。缺点是建设投资和生产费用大，能源消耗高，难以处理低品位氧化矿、复杂难选矿等含铜原料。

火法炼铜时，都是将铜精矿熔炼成冰铜，然后将冰铜吹炼成粗铜。采用这种方法的优点是得到的粗铜比较纯，损失于炉渣中的铜比较少，热能消耗少，而铜的生产率和回收率比较高。火法炼铜的流程如图 3-2 所示。

火法炼铜工艺过程一般包括预干燥、干燥、焙烧、烧结、熔炼、冰铜吹炼、火法精炼、电解精炼、贵金属回收(阳极泥处理)和制酸等几大部分，其中电解精炼、贵金属回收(阳极泥处理)为湿法过程，制酸为烟气净化处理过程。

传统的熔炼方法主要有鼓风炉、反射炉、电炉熔炼，但这些方法存在能耗高、烟气难治理、环境污染严重、劳动强度大，操作条件差等缺点。而闪速熔炼、诺兰达法、白银法、奥斯麦特法等则是炼铜新工艺。

湿法炼铜是用酸性或碱性溶剂从含铜物料中浸取铜，再从浸出液中还原制取金属铜或铜的化合物产品。根据含铜物料的铜矿物形态、铜品位、脉石成分的不同，主要有以下三种生产工艺：①硫化铜精矿—硫酸化焙烧—废电解液浸出—浸出液净化—不溶阳极电解（图3-3）；②氧化铜矿石、含铜废石—分层堆浸—溶液净化—有机溶剂萃取—废电解液反萃取—净液—不溶阳极电解（图3-4）；③高 MgO、CaO 氧化铜矿或硫化矿氧化焙砂—加压氨浸—溶剂萃取—废电解液反萃取—电积产出电积铜，或

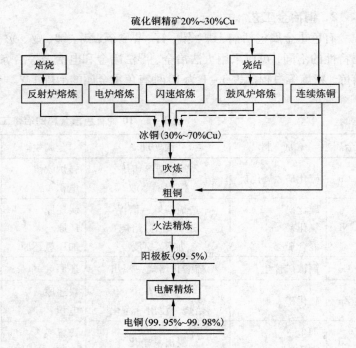

图 3-2　火法炼铜工艺流程

反萃液蒸氨后生产硫酸铜，或氨浸液直接蒸氨煅烧生产 CuO 粉。铜矿石和二次含铜料的矿浆电解法目前也通过了半工业试验。

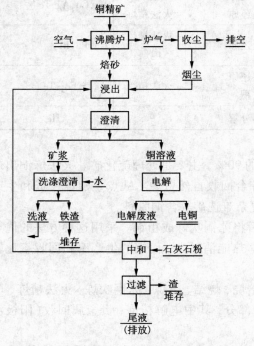

图 3-3　硫化铜精矿湿法炼铜工艺流程

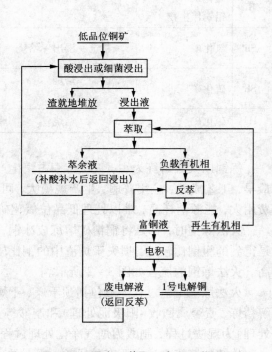

图 3-4　浸出—萃取—电积工艺流程

湿法炼铜因其生产成本低，环境污染轻，可处理火法不能处理的低品位铜矿或难选矿，近十多年来得到很快的发展。

3．镍冶金工艺

地壳中平均含镍0.008%。镍矿床分为硫化矿和氧化矿两大类，硫化矿约占13%，氧化矿约占87%。硫化矿的火法冶炼占硫化矿提镍的86%，其处理方法是预先焙烧和熔炼制取冰镍或铜冰镍，然后吹炼，类似于火法炼铜的工艺。

（1）硫化镍精矿的火法冶炼

炉料的准备包括干燥、焙烧脱硫和造块，以保证满足熔炼要求和获得高品位的冰镍。我国分别采用回转窑焙烧同时制粒或回转窑干燥—碾压制团—竖炉干燥两种方法。熔炼过程可以在鼓风炉、反射炉、电炉和闪速炉中进行。熔炼产物为铜冰镍，采用普通空气转炉吹炼铜冰镍时，得不到金属镍，只能得到高铜冰镍，然后用磨浮分离和硫酸选择性浸出方法进行处理。前者产出二次镍精矿、二次铜精矿和铜镍合金，后者产出可供电积提镍的含镍浸出液和含铜浸出渣。二次镍精矿可熔铸成阳极，以纯镍为阴极，进行电解制取金属镍。图3－5为硫化镍精矿火法炼镍工艺流程。

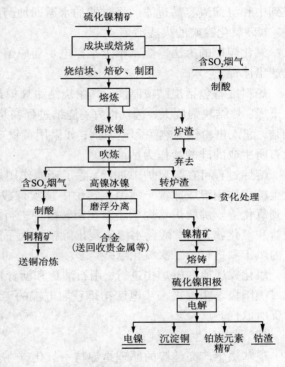

图3－5 硫化镍精矿火法炼镍工艺流程

但采用氧气顶吹转炉时，由于氧气吹炼反应速度快，热效应大，能够达到1 500℃高温，故可以在吹炼的第二阶段得到金属镍。

我国镍熔炼过程大多采用电炉熔炼。金川集团有限公司于20世纪90年代建设的炼镍闪速炉工艺是目前世界上最先进的工艺之一。与电炉炼镍工艺相比较，具有节能、降耗、减少SO_2污染等清洁工艺的特征。

加拿大INCO公司所有原矿为硫化镍矿，采用闪速炉富氧炼镍工艺，冶炼过程进行在线控制，装备自动化程度高。其工艺过程是镍精矿在闪速炉经富氧熔炼、转炉吹炼获得高冰镍，经磨浮分离铜、镍。分离的铜

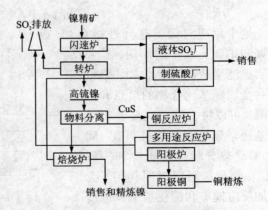

图3－6 加拿大INCO公司炼镍原则工艺流程

硫化物经阳极炉熔炼生产阳极铜，经电解获得电解铜。分离的镍经熔炼生产低冰镍进行销售或进一步电解精炼。其工艺流程见图3－6。

闪速炉熔炼烟气SO_2浓度为60%，制备液体SO_2和H_2SO_4两种产品，冶炼SO_2烟气制液

体二氧化硫供应给造纸厂。制硫酸采用二转二吸制酸工艺。硫酸有 93% H_2SO_4、98% H_2SO_4、104% 发烟 H_2SO_4 3 种产品，年产量 68 万 t。关于 SO_2 烟气的排放，国家规定 INCO 镍厂允许排放 2 615 万 t/a，2003 年实际排放 2 217 万 t/a；到 2007 年，国家要求排放量减至 1 715 万 t/a，企业计划做到 5 万 t/a。主要措施是将目前直接排放的转炉和焙烧炉的烟气进行回收并制酸。制酸尾气经 400 m 烟囱高空达标排放。

冶炼废水主要是制酸过程中的酸性废水，每小时约 60 m³，中和剂采用氢氧化镁，主要考虑到中和沉淀渣容易过滤。经过滤的水返回加药罐重新使用，沉淀池出水送尾矿库。

（2）氧化镍矿的火法冶炼

氧化镍矿的火法冶炼基本上是以电炉还原熔炼镍铁为主，少数用鼓风炉还原硫化熔炼使之产出冰镍。

炉料准备包括烧结或制团，其中烧结法规模最大，应用较普遍。因为它不需要将矿石预先干燥，烧结块强度大，透气性好，烧结过程在烧结机上进行。氧化镍矿的烧结主要是还原烧结，配入焦粉作为热源和还原剂；如果用黄铁矿作为硫化剂时，也可在烧结时配入。依靠脉石所生成的硅酸盐作为粘结剂。

熔炼过程可在鼓风炉中进行，除了还原作用外，还加入石膏或黄铁矿作硫化剂，在炉内发生硫化作用形成冰镍。冰镍在转炉中被吹炼成高冰镍，通过沸腾炉焙烧氧化脱硫和除铜，得到氧化镍。沸腾炉焙烧矿还需在回转窑中进行氯化硫酸化焙烧，使铜转变为可溶于水的硫酸盐和氯化物，用微酸性水溶液浸出除铜。为了进一步脱硫，浸出过的焙烧矿再在一台回转窑内烘干和进行第二次氧化焙烧。

氧化镍还原在电炉中进行，用石油焦和沥青焦作还原剂，根据不同要求可得到镍块、镍粒或镍阳极。粗镍进一步电解精炼获取电镍的工艺，目前很少采用，现已被高冰镍直接电解精炼所取代。

（3）羰基法生产高纯镍

羰基法生产高纯镍的原理是镍与一氧化碳在 40 ~ 120℃ 条件下生成气态的 Ni(CO)₄，其反应为：

$$Ni_{(s)} + 4CO \rightarrow Ni(CO)_{4(g)}$$

这个反应对镍的选择性很高，对铜和铂族元素不起作用，铁和钴虽然也能生成羰基化合物，但根据这些金属羰基化合物的熔点和沸点不同，可以将它们分离并获得纯的羰基镍。羰基镍气体又可在 150 ~ 300℃ 受热分解成金属镍和一氧化碳，一氧化碳可以返回利用。为了增加反应速率和简化羰基镍的冷凝液化过程，现今常压羰基法已被高压羰基法所代替。羰基法生产高纯镍的生产过程包括合成、分馏和分解三部分。

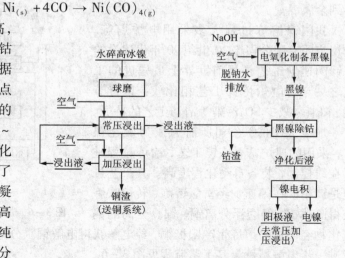

图 3-7 高镍锍湿法精炼工艺流程

（4）高镍锍湿法精炼

在水溶液中从高镍锍提取金属镍的炼镍方法，工艺流程见图 3-7。该技术是北京矿冶研究总院等单位共同开发的，并已在新疆阜康建成冶炼厂。同常规流程相比，该技术铜镍分离彻底，流程简短，不产生有害废水、废气和废渣，有利于资源的综合利用。

4. 铅冶金工艺

铅在地壳中的平均含量为 0.0016%，主要有硫化矿和氧化矿，其中硫化矿分布最广。铅矿石一般含铅不高，必须进行选矿富集，得到适合冶炼要求的铅精矿。现代铅的生产方法多为火法，湿法用的较少。

在我国已工业应用的火法炼铅方法有 3 种：①铅精矿烧结焙烧-鼓风炉还原熔炼（图 3-8）；②铅锌混合精矿烧结焙烧-密闭鼓风炉还原熔炼；③QSL 法（图 3-9）。方法 ①工艺成熟、操作简单、生产能力大、对原料适应性强、铅回收率高；缺点是能耗高、对环境有污染。方法②可以熔炼混合精矿同时产出金属铅和锌，生产能力大；不足之处也是能耗高、有污染。方法③不需要繁琐的烧结焙烧作业，流程简化；粉尘污染少，烟气 SO_2 浓度高，有利于制硫酸；能充分利用原料的反应热，不用优质焦炭，生产费用低；此法冶金控制要求严格、产品铅的回收率较低。此外，我国开发了水口山炼铅法，该法流程简短、熔炼强度大、烟气 SO_2 浓度高（>10% SO_2）、燃料率低、环保效果好。

火法炼铅一般包括原料准备（配料、制粒、烧结焙烧）、还原熔炼制取粗铅和粗铅精炼三大工序。烟气制酸、烟尘综合回收以及从阳极泥回收金银等贵金属也是火法炼铅工艺的重要组成部分。

铅鼓风炉还原熔炼过程是使铅烧结块中的含铅化合物还原成金属铅，并将金银等贵金属富集在铅中，使铁氧化物从高价变低价，再与其他脉石成分造渣而与铅分离。

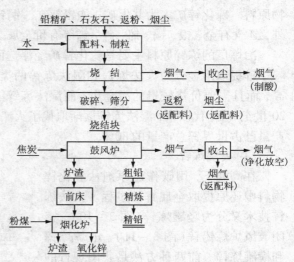

图 3-8 铅精矿烧结焙烧-鼓风炉还原熔炼工艺流程

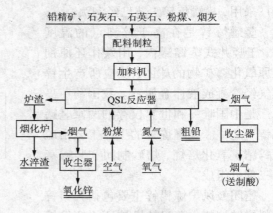

图 3-9 QSL 法炼铅工艺流程

QSL 法即氧气底吹直接炼铅法。该法是在 P. E. Queneau 和 R. Schuhman JR 已发明的连续炼铜 QS 法基础上，又与德国 Lurgi 公司进一步开发出的一种炼铅新工艺。

熔炼产出的粗铅纯度在 96%～99% 范围，其余 1%～4% 为贵金属金银、硒、碲等稀有金属以及铜、镍、硒、锑和铋等杂质。粗铅中的贵金属的价值有时要超过铅的价值，必须提取出来；而杂质成分对铅的展性和抗蚀性产生有害影响，必须除去，因此要对粗铅进行精炼。

粗铅精炼有火法精炼和电解精炼两种。中国和日本的炼铅厂一般采用电解精炼，世界其他国家均采用火法精炼法。火法精炼工艺与设备简单，建厂费用较低，能耗低，生产周期短；其缺点是过程繁杂，中间产物品种多，均需单独处理，金属回收率较低；电解精炼生产率高，金属回收率高，易于机械化和自动化，可一次产出高纯度精铅；但建设投资大，生产周期较长。

火法精炼通常由熔析和加硫除铜—氧化精炼除砷锑锡—加锌提银—氧化或真空除锌—加钙镁除铋等工序组成。我国西北铅锌冶炼厂等采用此法。

5. 锌冶炼工艺

自然界的主要含锌矿物是硫化矿和氧化矿，硫化矿储量远大于氧化矿，是炼锌的主要矿物原料。硫化锌矿多为共生矿，如铅锌矿、铜锌矿、铜铅锌矿。这些矿石中除含铜、铅、锌外，还含有金、银、镉、铋、砷、锑等有价金属。

冶炼厂的炼锌原料主要是硫化锌矿经浮选而得的锌精矿，其次是含铅锌的混合精矿。

锌提取冶金分为火法炼锌和湿法炼锌两类。火法炼锌历史较久，工艺成熟，但能耗较高，而且需要价格较贵的冶金焦；而湿法炼锌能耗相对较低，生产易于机械化和自动化，自20世纪70年代以来，湿法炼锌逐渐取代了火法炼锌，生产能力不断扩大。目前，湿法炼锌总产量已占世界锌总产量的80%。

(1)火法炼锌

在高温下，用碳作还原剂从氧化锌物料中还原提取金属锌的过程。火法炼锌技术又分为竖罐炼锌(图3-10)、密闭鼓风炉炼铅锌(图3-11)、电炉炼锌和横罐炼锌。前两种方法是我国现行的主要炼锌方法，而电炉炼锌仅为中小炼锌厂采用，横罐炼锌工艺已经淘汰。

竖罐炼锌是在高于锌沸点的温度下，于竖井式蒸馏罐内，用碳作还原剂还原氧化锌矿物的球团，反应所产生锌蒸气经冷凝成液体金属锌。我国葫芦岛锌厂是中国唯一和世界仅存的两家竖罐炼锌厂之一。竖罐炼锌的生产工艺由硫化锌精矿氧化焙烧、焙砂制团和竖罐蒸馏三部分组成。

密闭鼓风炉炼铅锌主要包括含铅锌物料烧结焙烧、密闭鼓风炉还原挥发熔

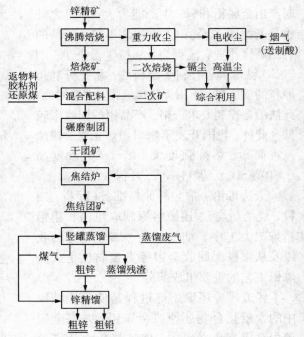

图3-10 竖罐炼锌工艺流程

炼和铅雨冷凝器冷凝三部分。用碳质还原剂从铅锌精矿烧结块中还原出锌和铅，锌蒸气在铅雨冷凝中冷凝成锌，铅与炉渣进入炉缸，经中热前床使渣与铅分离。此方法是英国帝国熔炼公司(Imperial Smelting Carp, Let.)研究成功的，简称ISP。该工艺对原料适应性强，既可以处理原生硫化铅锌精矿，也可以熔炼次生含铅锌物料，能源消耗也比竖罐炼锌法低。

(2)湿法炼锌

用酸性溶液从氧化锌焙砂或其他物料中浸出锌，再用电解沉积技术从锌浸出液中制取金

返粉、混合精矿、熔剂

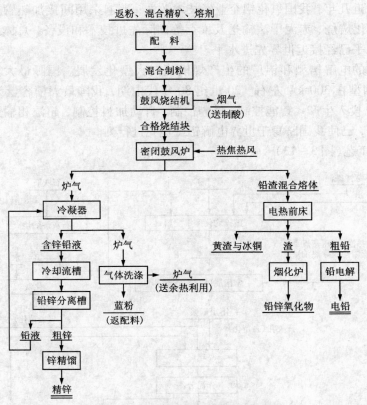

图 3−11　密闭鼓风炉炼铅锌工艺流程

属锌的方法。该法于 1916 年开始工业应用，到 1998 年全世界产锌 802 万 t 中的 70% 以上是由湿法炼锌工艺所生产，发展速度很快。中国年产锌万吨以上的湿法炼锌厂有 15 家，生产能力约为火法炼锌的 2 倍多，湿法炼锌产量超过 100 万 t。该工艺包括硫化锌精矿焙烧、锌焙砂浸出、浸出液净化除杂质和锌电解沉积四个主要工序。工艺流程见图 3−12。

6. 铝冶金工艺

金属铝生产原料主要是铝土矿。金属铝生产分为两大步骤：一是以铝土矿为原料生产氧化铝，二是将氧化铝进行熔盐电解生产金属铝。

国外 90% 以上的氧化铝生产采用

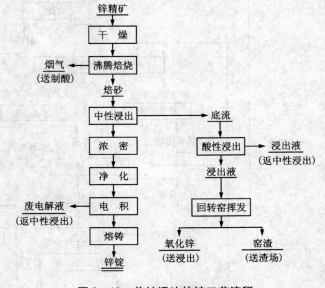

图 3−12　传统湿法炼锌工艺流程

能耗低、污染小的拜耳法工艺生产。因为矿石类型和品位的原因，我国普遍采用烧结法和联合法生产工艺。近几年，我国氧化铝企业经技术改造，普遍采用间接加热管道化溶出、多效降膜蒸发、流态化焙烧、赤泥干法输送及堆存等国际先进技术和设备，总体上说，我国氧化铝厂技术装备水平已经接近世界先进水平。

我国及世界的电解槽型和铝厂的生产规模正向大型化发展。国际最大槽容量已达 500 kA 以上，主流槽型在 300 kA 左右。20 世纪 80 年代中期，我国最大槽容量为 160 kA，目前 350 kA 电解槽已投入生产。智能控制、模糊控制、自动加料控制、超浓相输送、烟气干法净化技术等的采用，已使我国跻身于世界电解铝工业先进行列。

（1）拜耳法工艺（图 3 – 13）

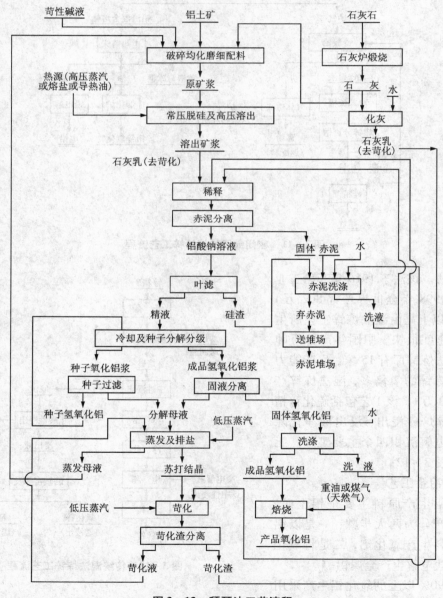

图 3 – 13　拜耳法工艺流程

　　铝矿石按比例与蒸发母液及液碱、石灰等同时送入矿浆磨中,磨制成原矿浆。原矿浆经预脱硅后送至溶出工序,矿石中的氧化铝与碱作用生成铝酸钠转入溶液。溶出后产生的赤泥(残渣)中含矿石中不溶杂质和反应生成的沉淀物。铝酸钠溶液经稀释和赤泥分离后,送叶滤机进一步除去溶液中的残留固体物,所得精液中加入氢氧化铝晶种进行搅拌分解,溶液中的氧化铝呈氢氧化铝结晶析出,溶液与固体分离后,细粒返回作晶种,粗粒经热水多次洗涤去掉附着碱,然后送氢氧化铝焙烧炉在高温下烧去附着水及结晶水,得成品氧化铝。与氢氧化铝分离的种分母液用蒸汽蒸发浓缩后返回工艺处理下一批矿石。分离的赤泥经洗涤回收附碱后,送赤泥堆场集中堆放。

　　(2)碱石灰烧结法(图3-14)

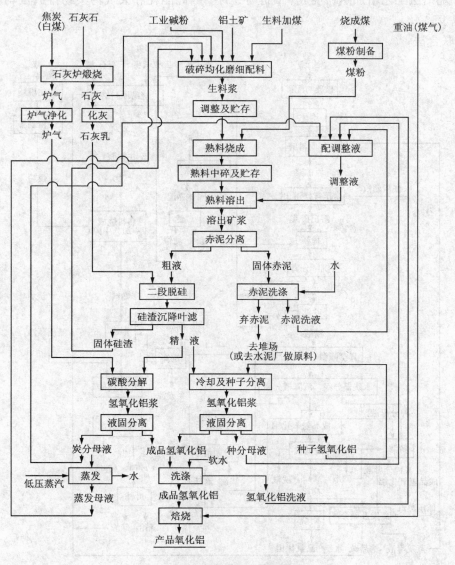

图3-14　烧结法工艺流程

　　铝土矿与石灰、碱粉、无烟煤以及生产返回的硅渣浆及炭分蒸发母液按比例磨制成生料浆。生料浆送烧成窑烧成熟料。熟料破碎后与后面工序返回的调整液按比例加入溶出磨进行磨细、溶出。溶出料浆经沉降进行赤泥分离，赤泥经洗涤后送往赤泥堆场堆存。分离溢流加温、加压处理进行脱硅和钠硅渣分离，钠硅渣及附液返回矿浆磨配料。分离溢液一部分经过滤后送去种分槽进行种子分解，析出氢氧化铝结晶经过热水洗涤、过滤后送去焙烧系统，用焙烧得合格的氧化铝，种分母液送溶出系统作调整液。另外一部分加石灰乳深度脱硅，分离出的钙硅渣及附液返回矿浆磨制系统配料，二次精液通入二氧化碳气进行碳酸化分解。分解浆液分离后，氢氧化铝送去洗涤。碳分母液分别送去母液蒸发和溶出系统作调整液，经蒸发的碳分蒸发母液送去矿浆磨制系统配料。

　　由于烧结法工艺增加熟料烧成、脱硅等工序，因此能耗和大气污染物排放量均较拜耳法高 1 倍以上。

　　(3)联合法

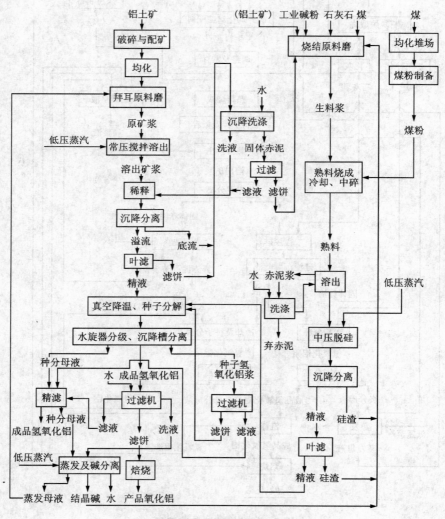

图 3－15　串联法工艺流程

联合法又分串联法、并联法和混联法，联合法由拜耳法和烧结法两部分组成。串联法工艺(图3-15)中，烧结法系统不使用原矿，而是利用拜耳法产生的固体废物-赤泥作生产原料，提高氧化铝回收率。并联法可处理高、低两种不同 A/S 的矿石，其拜耳系统和烧结系统各自处理矿石原料，在种分工序后合成同一生产线。混联法的烧结系统既处理拜耳系统的赤泥，又新加入铝土矿，加入量据熟料配方中的铝硅比要求确定。因此，混联法组织生产灵活，氧化铝回收率较高，其能耗和大气污染物排放量较烧结法低，是我国氧化铝厂采用较多的工艺方法。

(4)铝电解工艺(图3-16)

金属铝生产采用的冰晶石-氧化铝熔盐电解法，是目前工业生产金属铝的唯一方法。金属铝主要生产原料是氧化铝、氟化盐(冰晶石、氟化铝等)、炭素阳极。

电解槽导入强大直流电，氧化铝、氟化盐在 950℃ 左右高温条件下熔融(电解质)，电解质在电解槽内经过复杂的电化学反应，氧化铝被分解，在槽底阴极析出液态金属铝，定期用真空抬包抽出运至铸造部经混合炉除渣后由连续铸造机浇铸成铝锭，冷却、打捆后即为成品。

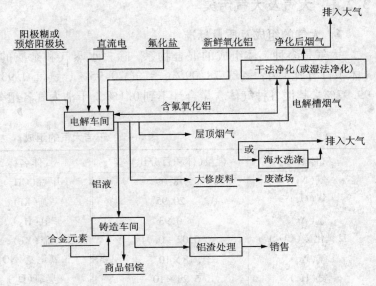

图3-16 电解铝工艺流程

电解过程中，炭素阳极与氧反应生成 CO_2 和 CO 而不断消耗，通过定期更换阳极块进行补充。电解槽散发的烟气中含有大量氟化物、粉尘、沥青烟(自焙槽)及 SO_2 等大气污染物，是铝厂最主要的大气污染源。

铝用阳极的原料为石油焦和煤沥青，生产工序包括：原料贮运破碎、煅烧、沥青熔化、生阳极制造、焙烧及炭块贮存和残极处理等。

石油焦经破碎后输送至回转窑(或罐式炉)煅烧。煅后焦经计量后由输送设施送至生阳极车间贮槽。固体沥青经破碎和沥青熔化装置熔化后，泵至沥青贮槽贮存待用。

煅后焦进行粒度分级、破碎、筛分和部分料磨粉，处理后的残极碎料也经分级、破碎后进入不同配料仓。不同粒度的物料经配料、预热并加入液体沥青搅拌捏合的糊料冷却后，经振动成型得生阳极块，合格生阳极块送敞开式环式焙烧炉进行焙烧(炭块的装出炉作业用焙烧多功能天车完成)，得阳极成品-预焙阳极块。

焙烧炉烟气中含有沥青烟、炭尘、氟化物和 SO_2 等大气污染物是阳极系统的主要大气污染源，应设烟气净化系统。阳极组装工段残极压脱机落下的残极，经破碎后送入残极料仓。从残极压碎机运来的大块残极与焙烧废品、阳极组装废品以及成型废品等分别破碎后，供下道工序使用。

由于自焙槽存在工艺落后、集气效率低、烟气中含沥青烟而治理困难等诸多缺点，我国绝大部分自焙槽铝厂烟气均未得到有效治理，污染物大部分排入环境，厂区周围环境空气污染严重，氟化物、粉尘、BaP 浓度均超过环境标准。全国只有少数几个自焙槽铝厂采用干法或湿法进行烟气净化，但与预焙槽烟气治理相比，净化效率较低、排污量大。

3.2 冶金工业废气

3.2.1 大气及大气污染

1. 大气的组成及质量标准

大气是多种气体组成的混合物系，除去水蒸气和杂质的空气叫做干洁空气，主要成分（体积百分比）为：氮气 78.09%，氧气 20.95%，氩气 0.93%，三者共计约占大气总量的 99.97%，其他各种气体含量合计不到 0.1%。干洁大气各组分的比例见表 3 - 2。

表 3 - 2 干洁大气的组成

气体名称	含量(体积百分比)/%	气体名称	含量(体积百分比)/%
氮(N_2)	78.09	甲烷(CH_4)	$1.0 \times 10^{-4} \sim 1.2 \times 10^{-4}$
氧(O_2)	20.95	氪(Kr)	1.0×10^{-4}
氩(Ar)	0.93	氢(H_2)	0.5×10^{-4}
二氧化碳(CO_2)	$0.02 \sim 0.04$	氙(Xe)	0.08×10^{-4}
氖(Ne)	18×10^{-4}	二氧化氮(NO_2)	0.02×10^{-4}
氦(He)	5.24×10^{-4}	臭氧(O_3)	0.01×10^{-4}

由氮、氧、氩三种气体加上微量的氖、氦、氪、氙等稀有气体构成了大气中的恒定组分。在大约 90km 的高度范围以内，氮、氧两种组分的比例几乎没有什么变化。

大气中的二氧化碳和水蒸气常称为可变组分，它们的含量受季节、气象以及人类活动的影响而变化。正常情况下，二氧化碳含量为 0.02% ~0.04%，水蒸气含量一般在 4% 以下，热带地区有时达 4%，而在南北两极则不到 0.1%。由恒定组分及正常情况下的可变组分所组成的大气叫做洁净大气。

大气中的煤烟、粉尘、硫氧化物(SO_x)，氮氧化物(NO_x)等常称为不定组分。不定组分的来源主要有两个：一是自然界火山爆发、森林火灾、海啸、地震等灾难引起的，如尘埃、硫、硫化氢、硫氧化物、氮氧化物、盐类及恶臭气体等，常会造成局部和暂时性污染；二是由于人类生产和工业化、人口密集、城市工业布局不合理和环境设施不完善等人为因素造成的，如煤烟、粉尘、硫氧化物和氮氧化物等，这些物质是目前大气污染的主要根源。

理论上讲，只有洁净大气才是最高质量的大气，但不定组分的加入也是不可避免的，因此绝对的洁净大气是不存在的。大气总是会被污染，只是在不同地区污染程度不同而已。目前，我国使用的大气环境质量标准仍然是 1996 年制定的 GB3095—1996 标准(见表 3 - 3)。

一级标准为保护自然生态和人群健康，在长期接触情况下不发生任何危害影响的空气质量要求；二级标准为保护人群健康和城市、乡村的动、植物，在长期和短期接触情况下，不发生伤害的空气质量要求；三级标准为保护人群不发生急、慢性中毒和城市一般动、植物（敏感者除外）正常生长的空气质量要求。共限定了六种污染物的浓度值：SO_2、TSP、PM_{10}、NO_x、NO_2、CO、O_3、Pb、B[a]P、F。

根据各地区的地理、气候、生态、政治、经济和大气污染程度，确定大气环境质量功能区分为三类：

一类区为自然保护区、风景名胜区和其他需要特殊保护的地区；二类区为城镇规划中确定的居住、商业交通居民混合区、文化区、一般工业区和农村地区；三类区为特定工业区，即大气污染程度比较重的城镇和工业区以及城市交通枢纽、干线等。一类区由国家确定，二、三类区以及适用区域的地带范围由当地人民政府划定。

表3-3 各项污染物的浓度限值（GB3095—1996）

污染物名称	取值时间	浓度限值			
		一级标准	二级标准	三级标准	浓度单位
二氧化硫 SO_2	年平均 日平均 1小时平均	0.02 0.05 0.15	0.06 0.15 0.50	0.10 0.25 0.70	
总悬浮颗粒物 TSP	年平均 日平均	0.08 0.12	0.20 0.30	0.30 0.50	
可吸入颗粒物 PM_{10}	年平均 日平均	0.04 0.05	0.10 0.15	0.15 0.25	
氮氧化物 NO_x	年平均 日平均 1小时平均	0.05 0.10 0.15	0.05 0.10 0.15	0.10 0.15 0.30	mg/m^3（标准状态）
二氧化氮 NO_2	年平均 日平均 1小时平均	0.04 0.08 0.12	0.04 0.08 0.12	0.08 0.12 0.24	
一氧化碳 CO	日平均 1小时平均	4.00 10.00	4.00 10.00	6.00 20.00	
臭氧 O_3	1小时平均	0.12	0.16	0.20	
铅 Pb	季平均 年平均		1.50 1.00		
苯并[a]芘 B[a]P	日平均		0.01		
氟化物	日平均 1小时平均		7[①] 20[①]		$\mu g/m^3$（标准状态）
F	月平均 植物生长季平均		1.8[②] 1.2[②]	3.0[③] 2.0[③]	$\mu g/(dm^2 \cdot d)$

注：① 适用于城市地区；
② 适用于牧业区和以牧业为主的半农半牧区，蚕桑区；
③ 适用于农业和林业区。
总悬浮颗粒物（TSP）：指能悬浮在空气中，空气动力学当量直径≤100 μm的颗粒物；
可吸入颗粒物（PM10）：指悬浮在空气中，空气动力学当量直径≤10 μm的颗粒物；

氮氧化物(以 NO_2 计):指空气中主要以一氧化氮和二氧化氮形式存在的氮的氧化物;

铅(Pb):指存在于总悬浮颗粒物中的铅及其化合物;

苯并[a]芘(B[a]P):指存在于可吸入颗粒物中的苯并[a]芘;

氟化物(以 F 计):以气态及颗粒态形式存在的无机氟化物;

年平均:指任何一年的日平均浓度的算术均值;

季平均:指任何一季的日平均浓度的算术均值;

月平均:指任何一月的日平均浓度的算术均值;

日平均:指任何一日的平均浓度;

一小时平均:指任何一小时的平均浓度;

植物生长季平均:指任何一个植物生长季月平均浓度的算术均值;

环境空气:指人群、植物、动物和建筑物所暴露的室外空气;

标准状态:指温度为 273 K,压力为 101.325 kPa 时的状态。

各类大气环境质量区执行标准的级别规定如下:一类区一般执行一级标准,二类区一般执行二级标准,三类区一般执行三级标准,凡位于二类区内的工业企业,应执行二级标准,凡位于三类区内的非规划的居民区,应执行三级标准。

2. 大气污染的成因

大气污染是指大气中污染物(不定组分)的浓度及持续时间超过大气环境质量标准,达到了有害程度,以致破坏生态系统和人类正常生存和发展的条件,对人和动物造成危害的现象。根据大气组成知道,大气中痕量组分含量极少,但是在一定条件下,大气中出现了原来没有的微量物质,其数量和持续时间,对人的舒适感、健康和对设施或环境产生不利影响和危害时,这时的大气状况就认为是被污染了。

大气污染的成因可分为两类:一类来自大自然的地壳运动,为天然污染源,在目前的科学技术条件下,还无法预测也无法防治与控制,但它相对于人类的生产活动所造成的大气污染来说程度较小,污染物的平均浓度较低,在一定时间内由于沉积,氧化,吸收而进入海洋和泥土,因而大气能自然得到净化。另一类是由于人类的生产活动和日常生活过程中人为产生的污染源,往往集中在一个比较小的地理区域内,且往往又是在人口稠密的都市,所产生的大气污染物及其对人类的危害远远超过了自然过程发生的大气污染。

(1)天然污染源

森林火灾。火灾是森林的大敌,森林火灾是许多微量气体的来源,严重地影响了受灾地区及邻近地区的大气环境。主要污染物为 NO_x、CO、CO_2、烃类、颗粒物等。

火山爆发:向大气喷洒出大量气体和颗粒物质,其数量最多的物体是 SO_2、HCl 和 HF 气体。硫化物来源于熔岩中存在的硫酸盐。

地热流:地热使蕴藏在地球内部的热能,是由岩石中放射性元素在衰变过程中所释放出的能量。有地热流释放出的气体中负有硫化物、甲烷、氨气等。

油田和天然气:开采油田和天然气,又微量气体对大气产生污染,主要是有机硫化物、硫化氢、甲烷等各种烃类化合物。

其他:各种类型的植物产生几百种烃类化合物,如陆地和海洋水体中大量生物的腐烂分解产生 CO_2、NH_3、H_2S、CH_4、HCHO 等。

(2)人为污染源

燃料燃烧:即煤,原油,天然气的燃烧,燃烧过程主要产物为烟气流,由固体、液体和气体物质组成,其主要成分为:空气中未参与燃烧反应的氧和氮,燃烧过程的最终产物 CO_2,H_2O 和 SO_x;不完全燃烧的产物 CO,NO 和残余燃料;燃烧中的灰分,残渣,燃烧后生成的烟尘;燃烧反应生成的有机碳氢化合物。

工农业生产过程。工农业生产是产生工业废气的主要来源,控制大气污染主要是控制工农业生产产生的废气污染。各种生产过程都需要有能量和动力供应,而这些都来自于化学燃料的燃烧。全球范围内燃料的燃烧每年释放出的 CO_2 量估计可高达 10^9 t,成为大气中 CO_2 历年上升的主要原因之一。表 3-4 列出了几种主要工业企业产生的大气污染物。

表 3-4 几种主要工业企业产生的大气污染物

工业部门	企业名称	排出的主要污染物
电力	火力发电厂	烟尘、SO_2、NO_x、CO
	核发电厂	放射性尘埃及放射性气体
冶金	钢铁厂	尘埃、SO_2、CO、CO_2、氧化铁粉尘,氧化钙粉尘,锰尘
	选矿厂	金属氧化物粉尘、CO_2、CO
	矿山采矿场	金属氧化物粉尘、SO_2
	有色金属冶炼厂	各种有色金属粉尘、汞蒸气、SO_2、CO_2、CO
	焦化厂	烟尘、SO_2、CO_2、CO、H_2S、苯、酚、萘、烃类
石油化工	炼油厂	烟尘、SO_2、苯、酚、烃类、SO_2、CO_2、CO
	石油化工厂	烟尘、SO_2、苯、酚、烃类、SO_2、CO_2、CO、氰化物、氯化物、H_2S
	化肥厂	粉尘、烟尘、CO、NH_3、酸雾、HF、SO_2、NO_x、As、硫酸气溶胶
建材	水泥厂	粉尘、烟尘、CO、CO_2
	陶瓷厂	粉尘、烟尘、CO、CO_2
	砖瓦厂	粉尘、烟尘、CO、CO_2

交通运输,城市垃圾焚烧等行业也是造成空气污染的主要原因之一,见表 3-5。表 3-6 为全国近年废气中主要污染物排放量。

表 3-5 燃料燃烧产生的污染物

污染物	垃圾燃烧烟气(g/kg 垃圾)		未作处理汽车尾气(g/kg 燃料)	
	露天燃烧	多室燃烧炉	汽油	柴油
CO	50		165.0	
SO_2	1.5	1.0	6.8	7.5
NO_2	2.0	1.0	16.5	16.5
醛酮	3.0	0.5	0.8	1.6
总烃	7.5	0.5	33	30.0
总颗粒物	11	11	0.05	18.0

表 3 - 6　全国近年废气中主要污染物排放量(万 t)

项目 年度	二氧化硫排放量			烟尘排放量			工业粉尘排放量
	合计	工业	生活	合计	工业	生活	
2001	1 947.8	1 566.6	381.2	1 069.8	851.9	217.9	990.6
2002	1 926.6	1 562.0	364.6	1 012.7	804.2	208.5	941.0
2003	2 158.7	1 791.4	367.3	1 048.7	846.2	202.5	1 021.0
2004	2 254.9	1 891.0	363.5	1 095.0	886.5	208.5	904.8
2005	2 549.3	2 168.4	380.9	1 182.5	948.9	233.6	911.2
2006	2 588.8	2 234.8	354.0	1 078.4	854.8	223.6	807.5

3. 大气的污染物分类

大气污染物种类很多,按其存在状态可概括为两大类:气溶胶状态污染物和气体状态污染物。

(1)气溶胶状态污染物

在大气污染中,气溶胶状态污染物通常指固体粒子、液体粒子或它们在气体介质中的悬浮物。

降尘:直径大于 10 μm 的粒子,在大气中因自身的重力,易于自然沉降到地面称为降尘。

飘尘:直径小于 10 μm 的粒子,因它在大气中长时间漂浮而不易沉降而称为飘尘。

浮尘:粒径小于 0.1 μm。

云尘:粒径在 0.25 ~ 10 μm。

粉尘:在工业生产中由于燃料的破碎、筛分、堆放、转运或其他机械处理方面产生直径介于 1 ~ 100 μm 之间的固体微粒称为粉尘或灰尘。煤燃烧时产生直径大于 1 μm 的微粒称为煤尘;直径小于 0.1 μm 的微粒称为煤烟。

烟尘:由于燃烧、熔融、蒸发、升华、冷凝等过程所形成的固体或液体悬浮微粒,其粒径大于 1 μm,称为烟尘。

烟雾:其原意是空气中的煤烟和自然界的雾相结合的产物。进而,人们把环境中类似于上述产物的现象通称为烟雾。

烟气:含有粉尘、烟雾及有害有毒气体成分的废气统称为烟气。

(2)气体状态污染物

气体状态污染物的种类也很多,按其成分可分为无机物和有机物两部分。

无机污染物有:

硫化物:二氧化硫、三氧化硫、硫化氢

碳的氧化物:一氧化碳、二氧化碳

氮氧化物:氧化亚氮、氧化氮、二氧化氮等

卤素及卤化物:氟化氢、氯化氢、氯、氟、四氟化硅

光化学产物:臭氧、光化学氧化剂

氰化物:氰化氢

氨化物:氨

有机污染物有：

碳氢化合物：即甲烷、乙烷、辛烷、乙烯、丁二烯、乙炔、苯、甲苯、苯并芘

脂类氧化物：即甲醛、丙酮

有机酸类

醇类

有机卤化物：氯化氰、溴苯甲腈

有机硫化物：二甲硫

有机氢过氧化物：过氧酰基亚硝酸盐或过氧酰基硝酸盐(PAN)

3.2.2 冶金工业废气源

1. 废气的来源与种类

冶金工业涉及到多种金属和非金属矿产，钢铁厂的烧结、球团、炼焦、炼铁、炼钢、轧钢、锻压、金属制品与铁合金、耐火材料、炭素制品以及动力等生产环节，有色金属冶炼厂的原料准备、烧结、焙烧、制粒制团、熔炼、吹炼、精炼等环节，拥有排放大量烟尘的各种窑炉。冶炼加工过程中，消耗大量的矿石、燃料和其他辅助原料，产生大量的废物，特别是废气，几乎所有的冶金窑炉都会产生废气。每生产 1 t 钢需要消耗 6~7 t 原料，其中包括铁矿石、燃料、石灰石、锰矿等，这些原料的 80%，即 5 t 左右变为废物。全国钢铁企业每年废气排放量可达 12 000 亿 m^3 左右。二氧化硫排放量仅次于电力工业，居全国第二位，钢铁工业在各工业部门中是废气污染环境的大户之一。

钢铁及多数有色金属主要是通过火法冶金方法提取的，因此火法冶金是冶金工业废气的主要污染源。

火法冶金废气大体可分为三类：第一类是生产工艺过程化学反应中排放的废气，如采矿、选矿、烧结、焙烧、焦化、金属冶炼、化工产品和钢材酸洗过程中产生的烟气(煤气)和有害气体；第二类是燃料在炉、窑中燃烧产生的烟气；第三类是原料、燃料运输、装卸和加工(凿岩、爆破、矿石破碎、筛分)等过程产生的粉尘。表 3-7 和表 3-8 分别为钢铁冶金和有色金属冶金废气的种类和来源，表 3-9 为 2001—2005 年有色金属工业主要废气排放情况。

表 3-7 钢铁冶金工业烟尘、粉尘、二氧化硫的主要来源简表

主要来源	主要污染物	主要排放源
1.原料	粉尘	原料堆场
	粉尘	原料运输转运
	粉尘	原料破碎筛分
2.烧结	烟尘、SO_2	烧结过程
	烟尘、SO_2	球团过程
3.炼铁	粉尘	铁前系统
	烟尘	出铁
	烟尘	高炉煤气放散

主要来源	主要污染物	主要排放源
4. 炼钢	烟尘	铁水预处理过程
	烟尘	混铁炉
	烟尘	转炉冶炼过程
	烟尘	电炉冶炼过程
	烟尘	钢水精炼过程
	烟尘	钢水连铸过程
5. 轧钢	烟尘、SO_2	加热炉
	粉尘	钢坯火焰清理
	烟尘	连轧
6. 铁合金	粉尘	粉料造块
	烟尘	矿热炉冶炼
7. 炼焦	烟尘	焦炉装煤
	烟尘	焦炉
	烟尘	出焦过程
	烟尘	熄焦过程
	烟尘	焦炭的粉碎、筛分与转运
8. 耐火材料	粉尘	原料的破碎、筛分、转运
	烟尘	窑炉(竖炉、回转窑、隧道窑等)
9. 炭素制品	烟尘	窑炉(煅烧炉、焙烧炉、石墨化炉、浸焙炉)
	粉尘	原料的破碎、筛分与转运
10. 冶金辅料	烟尘	石灰窑
11. 动力	烟尘、SO_2	锅炉
12. 机修	烟尘、SO_2	化铁炉

钢铁冶金主要处理的是氧化铁矿，冶炼环节主要产生含 CO、CO_2、N_2 的烟气或荒煤气，但烧结和焦化过程亦产生 SO_2、氮氧化物烟气，有色金属冶金主要处理的是硫化矿，冶炼过程包含氧化、氯化等化学反应，冶炼环节主要产生含 SO_2、氮氧化物、氟、氯、铅、锌、汞等一种或多种成分的烟气。

在废气中，对冶炼炉窑产生的含污染物质的气体，通称之为"烟气"；当烟气中有利用价值的生产原料经过净化回收后排放的气体，称之为"尾气"。例如，冶炼厂含硫烟气，通常把它叫做"二氧化硫烟气"，二氧化硫浓度在 2% 以上的烟气，经过净化回收制成硫酸后排放的气体，叫做"二氧化硫尾气"。

表3-8 有色金属工业废气的种类和来源

主要来源		主要污染物	主要排放源
采选工业废气	采矿场	粉尘、柴油机尾气	采矿爆破、装运
	选矿厂	粉尘	矿石破碎、筛分、运输
冶炼废气	轻金属冶炼厂	粉尘、烟尘、含硫烟气、沥青烟、含硫废气等	原料制备、熟料烧结、氢氧化铝煅烧和铝电解、炭素材料和氟化盐制渣
	重金属冶炼厂	粉尘，烟尘，含硫烟气，含汞、砷、镉废气等	原料制备、精矿烧结和焙烧、熔炼、吹炼和精练、含硫烟气回收、制硫酸过程
	稀有金属（半金属）冶炼厂	粉尘、烟尘、含氯烟气	原料制备、精矿焙烧和氯化、还原和精制过程
有色金属加工废气		粉尘、烟尘、含酸、碱和油雾烟气等	原料准备、金属熔化和轧制、洗涤和精制过程

表3-9 2001—2005年有色金属工业主要废气排放情况

年份	废气排放量(亿 m³/a)			SO₂排放量(t/a)			工业烟尘排放量(t/a)	工业粉尘排放量(t/a)
	燃料燃烧废气	生产工艺废气	合计	燃料燃烧废气	生产工艺废气	合计		
2001	725.77	3 533.08	4 537.90	97 928	212 349	310 277	63 238	52 783
2002	764.75	4 068.33	4 833.18	69 626	345 938	415 564	53 326	51 672
2003	835.24	4 265.27	5 100.51	75 126	302 775	377 901	47 923	53 598
2004	947.00	7 046.86	7 993.86	105 039	295 571	400 610	48 830	39 398
2005	1 196.57	6 938.95	8 035.52	144 427	317 442	461 869	51 811	37 539

2. 含二氧化硫烟气

由于工业的迅速发展，排放的硫化物量日益增大，尤其是SO₂量破坏了自然界硫化合物的自然平衡。所以，对于所排放的SO₂控制，已成为人们十分关心的问题。我国是一个以煤为主要能源的国家，2006年原煤产量为23.25亿t，煤炭占商品能源总消费的73%，燃煤造成严重的大气污染。

据资料统计，2006年，全国废气中二氧化硫排放量2 588.8万t，比上年增加1.5%。其中，工业二氧化硫排放量为2 234.8万t，占二氧化硫排放总量的86.4%，比上年增加3.1%；生活二氧化硫排放量354.0万t，占二氧化硫排放总量的13.6%，比上年减少7.1%。工业燃料燃烧二氧化硫排放达标率和工业生产工艺二氧化硫排放达标率分别为82.3%和81.0%，分别比上年增加1.4%和10.0%。有色金属冶炼属SO₂烟气污染大户，虽经多年努力，有色金属冶炼SO₂的排放强度有所降低，但仍在五大重污染行业中排名第三。

由于大多数有色金属矿为硫化矿，所以在有色金属冶炼的焙烧、烧结、熔炼、精炼、钢铁冶炼的烧结、焦化过程等环节中均有含二氧化硫烟气排出。烟气中SO₂一般用于制酸，所以要求烟气SO₂浓度尽可能高。表3-10列出某些冶炼工序或设备的烟气SO₂浓度。

表 3 – 10　某些冶炼工序或设备的烟气 SO₂ 浓度

冶炼工序或设备	烟气 SO₂ 浓度（%）
敞开式鼓风炉炼铜	SO₂ 浓度低,环境十分恶劣,烟气无法制酸
反射炉炼铜	0.5% ~1.0%,难以回收利用,污染环境严重,烟尘率达 2%
电炉炼铜	SO₂ 浓度低,应用日渐萎缩
密闭鼓风炉熔炼	>3.5%,炉子漏风少,烟气 SO₂ 浓度显著提高,可以经济地生产硫酸,消除烟气污染,但能耗高,原料中硫利用率低以及环境污染问题仍未彻底解决
白银炼铜法	3.0%（双室炉）和 3.0% ~4.0%（单室炉）
奥托昆普闪速炉	8% ~11%,烟尘率7%,烟气 SO₂ 浓度高,有利于生产硫酸,机械自动化水平高,生产能力大,可实现清洁生产,缺点是设备庞大,原料准备复杂,烟尘率高,炉渣含铜高,须进行贫化处理
大冶冶炼厂诺兰达炉	19%
铅精矿烧结焙烧	3.0% ~4.5%
水口山炼铅法	>10%
氧化焙烧锌精矿（沸腾焙烧炉）	10% 以上
金川公司硫化镍电炉熔炼	7% 左右

3. 含氟和沥青烟气

氟元素位于周期表中第二周期第ⅦA族,于 1813 年发现。1886 年,Moissan 首次成功地在白金容器中对熔融酸性氟化钾进行电解,并在阳极分离得到了气体氟。氟的外层电子构型为 $2s^2 2p^5$,电负性极强,很容易从其他元素获得一个电子而成为 –1 价氧化态 F^-,也可与另一个原子的未成对电子配对成共价键。

氟化物的溶解度差别很大,20℃时,氟化钙的溶解度只有 40 mg/L,而氟化钠则达到 40 540 mg/L。氟化物较高的溶解度使它广泛存在于土壤,水体和动植物体中,是生物必需的微量元素。当其浓度超过一定临界浓度时,成为生物的有毒污染元素。

空气平均含氟为 3.4×10^{-5} mg/m³,水平均含氟 0.1 ~1 mg/L,植物平均含氟 1 ~15 mg/kg,海洋含氟 0.4 ~0.9 mg/L,陆地动物软组织含氟约 5 mg/kg,其骨骼含氟 1 000 mg/kg 左右。

环境中氟化物的主要来源是钢铁,铝电解,化学化工,玻璃,陶瓷,氟化工等工业和燃煤过程中排放出含氟废物。工业过程排放主要是使用冰晶石（Na_3AlF_6）,萤石（CaF_2）,磷矿石 $3Ca(PO_4)_2$,CaF_2 和 HF 的企业排放的。如电解铝企业主要使用冰晶石为电解质,以 NaF、CaF_2、AlF_3 为添加剂,在高温电解过程中产生 HF 气体及含氟粉尘。每生产 1 t 铝要排放 15 kg HF 气体。某些稀有金属的冶炼过程也有含氟气体的排出。氟和氟化物主要来源于精矿中所含的氟及采用氢氟酸作为反应剂的过程。如包头精矿氯化废气中含氟 6.45 kg/m³,稀土精矿用硫酸焙烧时焙烧窑尾气产生的含氟废气达 14 g/m³。在钽铌冶炼中氟化氢为主要的污染物。煤中含氟约 0.034 ~0.26 mg/m³,煤燃烧时有 78% ~100% 的氟排出。

气态氟化物主要是氟化氢（HF）,还有四氟化碳（CF_4）以及微量四氟化硅（SiF_4）等,主要是由氟化盐类水解产生;固态氟化物包括氟粉尘、冰晶石、单冰晶石、亚冰晶石和氟化铝升华物等，主要是粒径小于 $1\ \mu m$ 的凝聚物。

在电解温度下，氟化物遇水分解，生成氟化氢：

$$2Na_3AlF_6 + 3H_2O \rightarrow Al_2O_3 + 6NaF + 6HF$$

$$2AlF_3 + 3H_2O \rightarrow Al_2O_3 + 6HF$$

$$2NaF + H_2O \rightarrow Na_2O + 2HF$$

水解作用的水分来源：(1)原料带入的水分；(2)空气中的水分；(3)碳氢化合物燃烧生成的水分。

将后两项忽略，如按原料中的水分计算，生产 1 t 铝由氧化铝，冰晶石和氟化铝带入的水分总量约为 21.7 kg，在槽面预热时，约有 70% 的水分蒸发掉或不起作用，只有 30% 的水升与氟化盐发生水解作用、按上述反应式计算，将产生氟化氢 14.5 kg，严格地说，后两项水分来源是不应当忽略的，实际上氟化氢的发生量可能高于此计算值。自焙槽烟气中氟化氢量之所以比预焙槽烟气中氟化氢量多，就是因为阳极糊含有水分和碳氢化合物的缘故。自焙槽烟气中氟化氢占氟化物总量的 70% ~90%，预焙槽烟气中氟比氢只占 50% ~70%。

烟气中的四氟化碳多是由于阳极效应时析出的初生态氟与炭素阳极相互作用而生成的：

$$C + 4[F] = CF_4$$

或者由于氟氧络合物热解而生成：

$$2COF_4 = CF_4 + CO_2$$

四氟化碳的生成量很难进行计算，必须依靠实测。

烟气中四氟化硅量极微，并不是产生不多，而是由于四氟比硅具有极易水解的特性，遇水分即变成二氧化硅和氟化氢：

$$SiF_4 + 2H_2O = 4HF + SiO_2$$

四氟化硅来源于阳极和电解原料所含的少量硅杂质。生产 1 t 铝由阳极和原料带入的二氧化硅量约为 1.9 kg。在电解温度下，二氧化硅和冰晶石、氟比铝作用：

$$4Na_3AlF_6 + 3SiO_2 = 2Al_2O_3 + 12NaF + 3SiF_4$$

$$4AlF_3 + 3SiO_2 = 2Al_2O_3 + 3SiF_4$$

按此计算，可产生四氟化硅 3.3 kg 左右，遇水分解转变为 2.5 kg 氟化氢。

自焙槽的烟气中还有大量沥青挥发物，沥青物质的成分十分复杂，主要是沥青质和树脂。自焙槽烟气中的沥青挥发物，是阳极糊在烧结过程中随着温度的升高而逐渐析出的：

170℃ 以下析出轻油馏分；

170 ~270℃ 析出中油馏分；

230 ~270℃ 析出重油馏分；

270 ~360℃ 析出蒽油馏分；

400℃ 以上全部焦化。

焦化时，生成游离碳和结焦炭，游离碳无黏结作用，起黏结作用的是结焦炭从而形成阳极椎体。

阳极糊中的焦粒含挥发分 0.3%，沥青含挥发分 60% ~65%。如以阳极糊单耗 550 kg 计算，生产 1 t 铝产生挥发物 108 kg 左右。

电解烟气中硫化物来源于阳极、氧化铝和氟化盐。制备阳极的石油焦含硫 0.5% ~1.5%，沥青焦含硫 0.5%，粘结剂含硫 0.8%。生产 1 t 铝，由阳极带入的硫分总量约为 3.3

~7.1 kg。在电解过程中可能生成二氧化硫、硫化氢和二硫化碳等：

$$S + O_2 = SO_2$$
$$2S + C + 2H_2O = 2H_2S + CO_2 \uparrow$$
$$2S + C = CS_2$$

如全部以生成二氧化硫计算，则可生成 6.5 ~ 14.1 kg。

氧化铝和氟化盐含有少量硫酸盐杂质，这些杂质在电解温度下可以分解冰晶石，释放出二氧化硫：

$$2Na_3AlF_6 + 3Na_2SO_4 + 3C = 12NaF + Al_2O_3 + 3SO_2 \uparrow + 3CO \uparrow$$

生产 1 t 铝由原料带入电解槽的硫酸根（SO_4^{2-}）约为 2.1 kg，照此计算可以产生二氧化硫 1.4 kg 左右；因此，产生的二氧化硫总量约为 7.9 ~ 15.5 kg，实际上小于此值，因为阳极糊在焙烧时有一部分硫化物挥发，并不是全部留在阳极中。同时电解质中硫酸盐也不是全部参与上述反应转化成二氧化硫，而是有一部分留在电解质中或进入铝液中。

烟气中的二氧化碳和一氧化碳是电解过程的阳极气体产物。如阳极气体中 CO_2 和 CO 分别占 60% ~ 70% 和 40% ~ 30%，按照电解反应式计算，生产 1 t 铝约产生二氧化碳 1 000 kg，一氧化碳 330 kg。

烟气中微量氯化物，是在电解条件下由于某些杂质金属的催化作用使空气中的氮与氧或电解质成分发生反应的结果。

此外电解烟气中还含有氮化物和羰基铁以及少量萘、蒽和酚类，还有某些光感性物质和高沸点矿物油等。

在生产中，因为各种生产工具直接接触电解质，特别是上插自焙槽的裙式集气罩，长期受电解质的侵蚀作用，以及原料带入少量的氧化铁杂质。

综上所述，生产 1 t 铝所产生的各种气体量列于表 3 - 11 中（表中数值是计算值）。

表 3 - 11　铝电解废气产生量计算值

成分	HF	CO_2	CO	SO_2	沥青挥发物	总计
kg/t 铝	17	1 000	330	7.9 ~ 15.5	108.4	1 470
m^3/t 铝	19	510	264	2.8 ~ 5.4		800

4. 含铅烟气

铅加热熔化时产生大量铅蒸气，它在空气中可生成铅的氧化物微粒。废气中含有铅蒸气极细小的氧化铅微粒成为铅烟。铅的氧化物包括以氧化二铅、一氧化铅、二氧化铅、三氧化二铅、和四氧化铅。

铅烟气产生的主要原因是人类活动所产生的铅烟、铅尘，发生铅污染的原因是：①含铅矿石的开采和冶炼，使铅尘铅烟进入空气；②燃烧煤和油所产生的飘尘中含铅；③铅的二次熔化和加工产生铅烟、铅尘；④汽油燃烧时所含的烷基铅排入大气；⑤含铅油漆、涂料在生产和使用中产生烟、尘，油漆脱落使铅进入空气中；⑥铅化合物与铅合金生产中产生含铅烟尘。

铅精炼废气中的颗粒物则主要是铅熔化所产生的蒸气冷凝形成的铅烟，颗粒微细，对人体危害性较大，而其产生浓度一般不大，在 1 000 mg/m^3 以下。

5．含汞烟气

常温下汞为银白色的液态金属，密度为 13.596 g/cm^3，熔点为 -38.87℃，沸点为 356.9℃。汞在常温下能挥发。蒸汽压为 0.159 Pa(20℃)。汞在空气中的饱和浓度为 13.2 $\mu g/m^3$。自然界进入大气中的汞主要是由岩石风化和火山爆发等产生的，每年达 15 万 t。

人为来源主要是层砂采矿，汞冶炼和使用汞的生产过程，由于设备不严密而漏失的汞分裂成极小的颗粒并渗入地面缝隙或土壤中，且随着温度升高，汞的气化速率急剧增加，从而造成汞蒸气污染。汞精矿电热回转窑焙烧中，蒸馏出的汞蒸气除尘冷凝后排出的冷凝废气含汞约 15 mg/m^3，沸腾炉炼汞烟气量约为 420~570 m^3/t 矿，出炉烟气成分为(%)：Hg 0.024、SO_2 0.8、H_2O 14、$CO_2$15、$O_2$2.1、其余为 N_2，高炉还原炼汞亦排出含汞烟气，另外在混汞法提金过程中也有汞的挥发与泄漏。根据资料介绍，人为排出汞每年约为 5 000 t。

6．煤气

煤气主要来源于碳作还原剂的还原熔炼过程(如高炉炼铁，铅、锌、镍氧化焙砂还原)以及炼钢过程，高炉炼铁产出大量含 CO、CO_2 的荒煤气，高炉冶炼每吨生铁可产生 1 600~3 500 m^3煤气，煤气量随着焦比水平和鼓风含氧量的不同而变化。焦化过程则产生焦炉煤气，每吨干精煤可产生焦炉煤气 290~350 m^3。煤气中除含有可燃成分外，还含有大量炉尘，需进行煤气除尘。表 3-12 为高炉冶炼不同铁种煤气及焦炉煤气成分及发热值。

表 3-12　高炉冶炼不同铁种煤气及焦炉煤气成分及发热值

成　分	种　类	炼钢生铁	铸造生铁	锰铁	焦炉煤气
体积/%	CO	21~26	26~30	33~36	5~8
	CO_2	14~21	11~14	4~6	2~4
	H_2	1.0~2.0	1.0~2.0	2.0~3.0	50~60
	CH_4	0.2~0.8	0.3~0.8	0.2~0.5	20~30
	N_2	55~57	58~60	57~60	3~8
kJ/m^3	低位发热值	3 200~3 800	3 600~4 200	4 600~5 000	16 700~18 800

7．氮氧化物烟气

氮氧化物的种类很多，总称，包括 NO、N_2O、NO、NO_3、NO_2、N_2O_3、N_2O_4、N_2O_5 等，造成大气污染的主要是 NO 和 NO_2。

一氧化氮是无色、无臭、不活泼的气体，在标准状况下密度为 1.3403 kg/m^3；二氧化氮是棕红色、有刺激性臭味的气体，在标准状况下密度为 2.05665 kg/m^3；二氧化氮能溶于水、碱液和二氧化碳中。

自然界的雷电、森林和枯草的失火都会产生氮氧化物。人为来源主要由重油、煤、和天然气的燃烧以及空气中的氮被氧化而产生，如热风炉煤气高温燃烧过程会产生氮氧化物。

3.2.3　冶金工业废气的危害

1．烟粉尘的危害

冶金工业烟尘—般多为极细的微粒，能在空中飘浮较长时间并做布朗运动，容易进入人的呼吸系统。由于飘尘几乎不能被上呼吸道表面体液截留并随痰排出，所以很容易直接进入肺部并在肺泡内沉积，因此对人体的危害最大。

侵入肺部没有被溶解的沉积物会被细胞所吸收，损伤并破坏细胞，最终侵入肺组织而引起尘肺，如吸入煤灰形成的煤肺，吸入金属粉尘形成的铁肺、铝肺，吸入硅酸盐粉尘形成矽肺等。如果沉积物被溶解，则会侵入血液，并送至全身，造成血液系统中毒。例如妨碍血红蛋白生成的铅烟尘可以引起急性中毒或慢性中毒，其症状是精神迟钝、大脑麻痹、癫痫，甚至死亡。仅钢铁企业内部，每年就要增加"矽肺"患者 1 800 ~ 2 000 人，死亡人数每年达数百人，高于同期生产事故死亡人数。

烟粉尘危害程度取决于固体颗粒物的粒径、种类、溶解度以及吸附的有害气体的性质等。烟粉尘颗粒物的毒性随粒径减小而增大。粒径大于 10 μm 的颗粒物因其自身的重力作用而易于沉降，被吸入呼吸道的几率减小、对人类健康的不利影响相对较小；而粒径小于 10 μm 的烟粉尘颗粒物一般不易重力沉降，可以被吸入呼吸道，对人类健康的不利影响比较大；一些粒径在 2 μm 左右或小于 2 μm 的颗粒物，90% ~ 100% 可以到达肺泡区，对人体健康的不利影响最大。经过布袋除尘器净化后排放的烟粉尘粒径都在 10 μm 以下、2 μm 左右或小于 2 μm 颗粒物占相当的比例，从影响人类健康环境毒理学角度考虑也要求对这类污染物严加控制。

烟尘还具有很强的吸附力，很多有害气体，如二氧化硫、氟等都能以烟尘微粒为载体被带入人的肺部，沉积于肺泡中或被吸收到血液、淋巴液中，促成急性或慢性病的发生。

烟尘最终沉积到植物表面或土壤中，积累一定程度也会造成污染。

2. 有害气体的危害

（1）一氧化碳的危害

一氧化碳为无色、无臭、难溶于水、毒性很大的气体。CO 在空气中的体积分数为 0.06 即有害于人体，0.2 时可使人知去知觉，0.4 时可致人死亡，也就是所谓煤气中毒。空气中允许的 CO 浓度为 $0.02\ g/m^3$。

CO 与血液中血红蛋白也有较强的亲合力，比氧与血红蛋白的亲和力大 200 ~ 300 倍。由呼吸道吸入并进入血液的 CO 与血红蛋白结合后，生成碳氧血红蛋白，降低了血液输送氧气的功能。而碳氧血红蛋白的分解速度非常慢，不到氧合血红蛋白的万分之三，这更加剧了血液中的缺氧程度，所以 CO 中毒会出现各种缺氧的症状。当血液中碳氧血红蛋白占总血红蛋白的百分比浓度浓度为 2% ~ 5% 时，中枢神经受到影响，出现眩晕、头痛等症状，降低人对各种意识（如时间、视觉、亮度等）的运动和分辨能力；浓度超过 5%，则影响心肺功能，可能引起心血管痉挛；超过 10% 会出现昏迷、呼吸困难，甚至导致窒息死亡。

（2）氮氧化物的危害

一氧化氮是一种无色、无刺激的不活泼气体。而二氧化氮则是棕红色、有刺激性臭味的气体。NO 和 NO_2 都是有毒气体，其中 NO_2 比 NO 的毒性高 4 ~ 5 倍。

NO 与血液中血红蛋白的亲合力非常强，生成亚硝基血红蛋白或亚硝基铁血红蛋白，降低血液输氧能力，引起组织缺氧和中枢神经麻痹。一般正常人的 NO 容许最高体积百分数为 25×10^{-6}。

NO_2 刺激呼吸系统后会引起急性或慢性中毒，主要表现为对肺的损害，此外还对心、肝、肾及造血组织等均有影响。由于 NO_2 不易溶于水，因而能进入呼吸道深部组织，溶解成亚硝酸或硝酸后产生刺激和腐蚀作用。若发生高浓度 NO_2 的急性中毒，则会迅速产生肺水肿，甚至导致窒息死亡；慢性中毒引发的是慢性支气管炎和肺水肿。

与 SO_2 相似，NO_2 与气溶胶颗粒物具有协同作用。NO_2 与 SO_2 和悬浮颗粒物共存时，其对人体的危害远大于 NO_2 单独存在时，而且也大于各自污染物的影响之和。

自然环境中的 NO_2 除了与碳氢化物反应形成光化学烟雾外，还能抑制植物的光合作用，使植物发育受阻，生长受到损害，并可能是人体致癌的有关因素。

氧化亚氮（N_2O）还是温室气体，能引起温室效应。

氮氧化物还形成酸性降雨，即酸雨。

（3）二氧化硫的危害

二氧化硫是一种无色不可燃的有毒气体，具有强烈的辛辣、刺激性气味。通常大气对流层中 SO_2 的平均本底体积分数约为 0.2×10^{-9}，当空气中 SO_2 的体积分数达到 $(1 \sim 5) \times 10^{-6}$ 时，就会对人体健康产生明显危害，鼻腔和呼吸道黏膜都会出现刺激感；若体积分数超过 10×10^{-6} 时，能够引起支气管收缩与声带痉挛，进而还会发生鼻腔出血、呼吸困难等现象，还会诱发支气管炎、肺水肿、肺硬化等疾病，甚至死亡。此外，SO_2 还可增强致癌物苯并[a]芘的致癌作用。

SO_2（SO_3）能形成硫酸雾和硫酸盐，直接危害人体健康和农作物生长，并腐蚀金属器材和建筑物。硫酸雾还形成酸性降雨，即酸雨。通常，在酸雨形成过程中，硫酸占 60% ~ 70%，硝酸占 30%，盐酸占 5%，有机酸占 2%。NO_x 和 SO_2 是形成酸雨的大气污染物的主要成分。硫酸烟雾在降水过程中造成土壤和水体酸化，影响植物和水生生物的生长，腐蚀金属和建筑材料，并对生物有强烈的刺激和伤害作用。

SO_2 氧化为 SO_3 的速度在清洁干燥的大气中非常慢，但在潮湿、有多种微粒和光的作用下，反应速度会大大加快。SO_2 的化学氧化机理有：①液相催化反应。当大气湿度较高时，游离在大气中颗粒状的金属盐（锰铁、铜等的硫酸盐或氯化物）作为凝结核可使水分子聚集成小水滴，水滴吸收 SO_2 和 O_2 后，在这些金属盐的催化作用下，液相中的 SO_2 将迅速氧化为 H_2SO_4。②光氧化反应。直接光氧化反应是在光的作用下处于激化状态的 SO_2，与 O_2 碰撞发生形成 SO_3；间接光氧化反应是处于基态的 SO_2，与由其他分子光解产生的自由基如 HO、HO_2 等碰撞而发生热化学反应形成 SO_3，SO_3 再与 H_2O 化合成 H_2SO_4。NO 的氧化途径有两种：NO 与 O_3 反应氧化成 NO_2，或与自由基 OH、HO_2 等反应形成 HNO_2、HNO_3。NO_2 的氧化途径也有两种：NO_2 与 O_3 和 NO_3 反应形成 N_2O_5，再与 HO_2 反应转化成 HNO_3，或与过 HO_2 反应转化为 HO_2NO_2（过氧硝酸）。

酸雨的危害极大，主要表现在：①酸雨使水生生态系统酸化，浮游植物和动物减少，影响鱼类繁殖、生存。当 pH 小于 5.5 时，大部分鱼类难以生存；当 pH 小于 4.5 时，水生生物大部分死亡；②酸雨使陆生生态系统酸化，土壤中的营养元素钾、镁、钙、硅等不断流失和有毒元素溶出，抑制了微生物固氮和分解有机质的活动，加速了土壤贫瘠化过程，影响各种绿色植物的生存及产量；③酸雨腐蚀建筑材料和金属制品等各种材料，尤其对主要化学成分为 $CaCO_3$ 的大理石所构建的文物古迹，如古代建筑、雕刻、绘画等，由酸雨溶解下来的 $CaSO_4$ 部分侵入颗粒间缝隙，大部分被雨水冲走或以宜于脱落的结壳形式沉积于大理石表面，造成无法挽回的损失；④酸雨间接影响和危害人体健康，如饮用由于酸雨的溶侵作用，使地下水中 Al、Cu、Gd 等金属元素的浓度超出正常值几十、上百倍的水，食用酸性水体中被食物链的富集作用污染的鱼类等，必然对人体健康造成伤害。

（4）氟污染

氟污染，主要来自矿石、萤石和冰晶石。包钢的白云鄂博铁矿，其矿石含氟量高达4%左右，冶炼过程中排出大量氟化氢和尘氟，对当地大气有较大影响。铝电解车间亦排出含氟烟气。氟化氢对人体的危害比SO_2大20倍，对植物的危害比SO_2大10～100倍。氟化氢由废气排放进入大气后，可在环境中积蓄，通过食物影响人体和动物，造成骨骼、牙齿病变、骨质疏松、变形，也影响植物的生长。

（5）二噁英及多环芳烃

二噁英是毒性很强的一类三环芳香族有机化合物。主要是以烟尘形式进入大气，部分沉降到排放源的下风处地表。研究表明，二噁英在环境中有很强的"持久性"，难以被生物降解，可能以数百年的时间存在于环境中。因此存在各种机会被人体所吸收。二噁英微量摄入人身不会立即引起病变，但由于其稳定性极强，一旦摄入不易排出，如长期食用含二噁英的食品，这种有毒成分会蓄积下来逐渐增多，最终对人身造成危害。

焦化厂、碳素厂、炼钢厂的焦油砖车间、叠轧薄板厂、焦油加工、沥青加工等生产过程产生的多环芳烃是强烈致癌物质，经常接触煤焦油、沥青和某些焦化溶剂等类物质的人员，患皮肤癌、阴囊癌、喉癌、肺癌的比率相当高。据中华全国总工会劳动保护部提出的报告，有些重点钢厂的焦化厂，在生产过程中大量排放苯并芘，其职工癌症发病率比一般地区高几十倍。

（6）硫化氢的危害

硫化氢是无色、具有浓厚腐蛋气味的有毒气体，易溶于水。空气中H_2S的体积分数为0.04时便有害于人体健康，0.1时就可致人死亡，大气中允许的硫化氢浓度为0.01 g/m^3。H_2S的刺激性作用能引起眼结膜炎；如果侵入血液中能与血红蛋白结合，生成硫化血红蛋白而使人缺氧，窒息死亡。

（7）二氧化碳

二氧化碳（CO_2）虽然没有毒性，但却是温室气体，特别是以焦炭为主要冶金能源和还原剂的钢铁冶金企业每年排出大量CO_2，从而造成地球温室效应。

环境污染物往往不是单一的，而对人体的作用又往往受多种物理、化学因素的作用，如CO和H_2S同时对人体作用是促进毒性相加。

除粉尘及有害气体之外，水蒸气凝结后易造成车间金属构件生锈，物料潮湿；酸碱雾易腐蚀金属器材和建筑物，还会被人体吸收，影响人体健康。

（8）汞

汞能引起植物神经功能紊乱，使人易怒、心悸、出汗、出现皮肤花纹症，也容易出现肌肉颤抖、手指颤抖和颜面痉挛。而经过呼吸道吸入的汞蒸气或汞化合物比其他途径进入人体的汞要吸收的快，而且以较高的沉积速率积累于脑神经中，从而对神经系统、呼吸系统和生殖系统产生影响。

3. 温室效应与臭氧层破坏

二氧化碳（CO_2）、甲烷（CH_4）、氧化亚氮（N_2O）、臭氧（O_3）氟氯烃类（CFC_S）等同时还是温室气体，特别是以焦炭为主要冶金能源和还原剂的钢铁冶金企业每年排出大量CO_2，从而造成地球温室效应。这些气体能够吸收来自太阳的少量长波辐射，所以到达地表的主要短波辐射。地表由于吸收短波辐射被加热而升温，再以长波向外辐射，这样，大部分长波辐射被这些气体吸收并阻留在地表和大气层下部，从而引起地球表面温度升高。这种作用类似于种菜或养花的玻璃温室，所以称其为"温室效应"。在这些温室气体中，CO_2在大气中的丰度仅次于O_2、N_2和惰性气体，因此它的温室效应最为明显。从1850年以来的一百多年，地球大气中CO_2的含量已由290×10^{-6}增加到330×10^{-6}。

研究表明，过去100年间，人类通过化石燃料的燃烧，把4 150亿t的CO_2排入大气，结果使大气中的CO_2含量增加了15%，全球平均气温上升了$0.2 \sim 0.5℃$，全球海平面上升了$10 \sim 25$ cm，全球陆地降雨量增加了1%。如果对目前的温室气体排放不加以有效控制的话，预计到2010年，全球气温将升高$1 \sim 3℃$，全球海平面将上升$15 \sim 100$ cm，降雨强度可能会进一步增加。

由于全球气候变暖，这将导致全球环境的重大变化，带来一系列的影响。气温升高会使极地或高山上的冰川融化，引起海平面上升，以致淹没沿海大量的城市、低地和海岛。全球气候变暖也可能影响到降雨和大气环流的变化，使气候反常，易造成旱涝灾害，这些都可能导致生态系统发生变化和破坏。

尽管仍有人对温室效应提出种种怀疑，然而，由于CO_2等气体的浓度增长是无可辩驳的事实，所以其影响已引起了全球的普遍关注。1992年6月，有154个国家参加了在巴西里约热内卢召开的联合国环境与发展大会，并通过了《气候变化框架公约》。1997年12月，170多个国家的政府首脑在日本东京，就人类密切关注的全球气候变化问题达成了一个世界性的协议，希望共同采取一致的行动，控制CO_2的排放量以及气候变化的发展趋势。

臭氧层破坏会使其吸收紫外辐射的能力大为减弱，导致到达地球表面的紫外线强度明显增加。造成臭氧层破坏的原因也与人为气体排放物有关。据研究，人工合成的一些含氯和含溴的物质是造成南极臭氧洞的元凶。最典型的物质是氟氯碳化合物，即氟里昂（CFC_s）和含溴化合物哈龙（Halons）。也就是说，氯和溴在平流层通过催化化学过程破坏臭氧是造成南极臭氧洞的根本原因。

研究表明，平流层中臭氧浓度减少10%，地球表面的紫外线强度将增加20%，这将对人类健康和生态环境带来严重的危害。实验证明，紫外线辐射能破坏生物蛋白质和基因物质脱氧核糖核酸，造成细胞死亡；引起人类皮肤癌发病率增高；引发和加剧眼部疾病，如白内障、眼球晶体变形等。据分析，如果平流层臭氧减少1%，全球白内障的发病率将增加$0.6\% \sim 0.8\%$，由此引发的眼睛失明的人数将增加10 000 $\sim$ 15 000人；如果照射到地面上的紫外线强度增加1%，美国恶性黑色瘤的死亡率将上升$0.8\% \sim 1.5\%$。紫外线的增加会影响陆地和水体的生物地球化学循环，从而改变地球–大气系统中一些重要物质在地球各圈层中的循环。另外，臭氧层的减薄还会引起地面光化学反应加剧，使对流层臭氧浓度增高、光化学烟雾污染加重。臭氧也能吸收部分的红外线，使大气层加热。所以，臭氧浓度的变化也影响到全球气候的变化。

为了保护臭氧层，1987年9月16日世界各国在加拿大蒙特利尔通过了《关于消耗臭氧层物质的蒙特利尔议定书》，并于1989年1月1日生效。该议定书对氯氟碳物质提出了停止生产、使用和控制的具体时间表。据预测，如果各国都能按照所规定的控制和削减受控物质的使用量，则到2010年，臭氧层的耗损将趋于稳定。

3.2.4 冶金工业废气排放标准

1. 钢铁工业大气污染排放标准

2006年5月至2007年9月期间，国家有关部门对《钢铁工业污染物排放标准》初稿、征求意见稿第一稿、征求意见稿第二稿进行了审查、修改、补充和完善，最终形成《钢铁工业污染物排放标准》(征求意见稿第三稿)并报国家环保总局科技标准司标准处。新标准包括采选矿、烧结(球团)、炼铁、炼钢、轧钢、铁合金大气污染物排放标准和水污染物排放标准。新标准从 2008 年 7 月 1 日起开始实施。新标准出台后将取代已实行十几年的旧标准,并且和国际接轨。表 3-13 至表 3-15 参照以上新标准列出了钢铁企业主要系统大气污染物排放标准。现有企业自 2008 年 7 月 1 日实施之日起执行标准中现有企业排放限值,自 2010 年 7 月 1 日起执行新建企业排放限值。新建企业自标准实施之日起执行标准中新建企业排放限值。

表 3-13 采选矿、烧结(球团)、炼铁和铁合金生产大气污染物排放标准

污染源			污染物	最高允许排放浓度(mg/m³) 现有企业/新建企业	吨产品排放限值(kg/t) 现有企业/新建企业	污染监控位置
采选矿	矿石:运输、转载、破碎、筛分、选矿	矽尘	颗粒物	40/30² * /2 *	0.03/0.02	排气筒
		低矽矿尘	颗粒物	50/40⁶ * /4 *	0.04/003	排气筒
烧结球团	烧结(球团)设备		颗粒物	90/50	0.5/0.25	除尘器排气筒出口
			二氧化硫	600/100	2.0/0.35	除尘器排气筒出口
			氮氧化物	500/300	1.40/0.80	除尘器排气筒出口
			氟化物	5/3.5	0.016/0.011	除尘器排气筒出口
			二噁英类	1.0/0.5 ng - TEQ/m³	—	除尘器排气筒出口
	其他生产设备		颗粒物	70/30	0.5/0.25	除尘器排气筒出口
	无组织排放源	原料场	颗粒物	1/1		无组织排放源下风向
		有车间厂房	颗粒物	10/10		车间厂房的门窗、屋顶、气楼等处
		露天(或有顶无围墙)	颗粒物	5/5		距无组织排放源5m,最低高度1.5m 处任意点
炼铁	热风炉		颗粒物	50/20	0.40/0.12	除尘器排气筒出口
			二氧化硫	250/150	0.10/0.05	除尘器排气筒出口
			氮氧化物(以 NO₂)	350/350	0.10/0.10	除尘器排气筒出口
	原料、煤粉系统		颗粒物	60/30	0.40/0.12	除尘器排气筒出口
	高炉出铁场		颗粒物	100/30	0.40/012	除尘器排气筒出口
	无组织排放源 **		颗粒物	10/5		
铁合金	半封闭炉、敞口炉、精炼炉		颗粒物	80/80	4.2/4.2	除尘器排气筒出口
	无组织排放 ***		颗粒物	25/5		

注:1. * 表示采选矿无组织排放最高允许排放值;

2. ** 表示高炉炼铁无组织排放源:高炉出铁场出铁和原料、煤粉系统(有车间厂房/露天或有顶无围墙);

3. *** 表示铁合金生产无组织排放源:出铁期、原料系统破碎、筛分(有车间厂房/露天或有顶无围墙);

4. 吨产品指 1 t 矿石、烧结矿或球团矿、生铁、铁合金;

5. 高炉炼铁合金产品执行高炉炼铁标准,矿热炉炼电石产品执行此排放标准,铁合金全封闭炉同步运转率要求为94%。

表3-14　炼钢大气污染物排放标准

序号	污染源	颗粒物（mg/m³）	氟化物（mg/m³）	二噁英 ng - TEQ/Nm³	污染物监控位置
		现有企业/新建企业	现有企业/新建企业	现有企业/新建企业	
1	混铁炉	35/20	—	—	除尘器排气筒出口
2	铁水预处理（含扒渣）	35/20	—	—	除尘器排气筒出口
3	转炉一次烟气	100/80	—	—	除尘器排气筒出口
4	转炉二次烟气	35/20	—	—	除尘器排气筒出口
5	电炉	35/20	—	- /0.2	除尘器排气筒出口
6	精炼炉	35/20	—	—	除尘器排气筒出口
7	中间罐倾翻和修砌	35/20	—	—	除尘器排气筒出口
8	连铸火焰清理和切割	40/30	—	—	除尘器排气筒出口
9	石灰窑焙烧烟气	40/30	—	—	除尘器排气筒出口
10	石灰焙烧原料及成品系统	35/20	—	—	除尘器排气筒出口
11	其他含尘废气（废钢加工、炼钢辅料加工、钢渣处理）	35/20	—	—	除尘器排气筒出口
12	特钢企业含氟废气（以总F计）	35/20	6.0/3.0	—	除尘器排气筒出口
无组织排放源	有车间厂房 冶炼炉窑	8/5			
	其他炉窑或设施	5/5			
	露天及有顶无围墙 工业炉窑、设施等	5/5			

注：二噁英指排放废气（含烟尘）中的测定均值。

表3-15　轧钢大气污染排放标准

污染物	污染源	最高允许排放浓度（mg/m³）	污染物排放监控位置
		现有企业/新建企业	
颗粒物	热轧精轧机	50/30	净化装置排气筒
	拉矫、精整、抛丸、修磨机	35/20	净化装置排气筒
	焊接机	35/20	净化装置排气筒
	酸再生	35/20	净化装置排气筒
	无组织排放：车间厂房（板坯加热、磨辊作业、钢卷精整、酸再生下料等）	10/5	
二氧化硫	工业炉	250/150	净化装置排气筒
氮氧化物	工业炉	250/150	净化装置排气筒
铬酸雾（以Cr计）	酸洗机组	0.070/0.070	净化装置排气筒
氯化氢（盐酸雾）	酸洗机组	20/10	净化装置排气筒
	废盐酸再生	50/30	净化装置排气筒
硫酸雾	酸洗机组	20/10	净化装置排气筒
碱雾	酸洗机组	20/10	净化装置排气筒

2. 有色金属工业大气污染物排放标准

2003 年至 2007 年期间,有关部门和科研院所对有色金属工业污染物排放标准进行了一系列工作,最终形成了新标准,包括《铜镍钴工业污染物排放标准》、《铅、锌工业污染物排放标准》、《锡、锑、汞工业污染物排放标准》、《铝工业污染物排放标准》、《镁钛工业污染物排放标准》。新标准从 2008 年 1 月 1 日起实施。表 3 – 16 至表 3 – 20 参照以上标准列出了铜、镍、钴、铅、锌、锡、锑、汞、铝、镁、钛工业大气污染物排放标准。现有企业自 2008 年 1 月 1 日执行现有企业标准,2010 年 1 月 1 日起执行新建企业标准,新建企业则从 2008 年 1 月 1 日执行新建企业标准。

表 3 – 16　铜镍钴工业大气污染物排放标准

生产过程	污染物排放设施	最高允许排放值(mg/m^3)(现有企业/新建企业)				
		二氧化硫	颗粒物	硫酸雾	氯气	氯化氢
烟气制酸	一转一吸	960/800	50/50	45/40	65/60	100/80
	两转两吸	860/500				
铜冶炼	物料干燥炉窑	800/700	100/80	45/40	65/60	100/80
	环境集烟引风装置	960/600				
	其他	900/900	100/80	45/40	65/60	100/80
镍钴冶炼	烧结炉、熔炼炉、转炉、其他	900/860	150/100	45/40	65/60	
采选	破碎筛分引风装置	—	100/80			
	其他	—	0.8	10.0	0.3	0.15
企业边界		0.3				

注:污染物排放监控位置:污染物净化设施排放口。

表 3 – 17　铅锌工业大气污染物排放标准

污染物	适用范围	最高允许排放浓度(mg/m^3)		
		现有企业	新建企业	企业边界处
颗粒物	采选矿	100	70	0.5
	粗铅冶炼	100	70	
	铅精炼	50	20	
	锌冶炼	100	70	
	干燥窑	200	70	
	其他	100	70	
二氧化硫	制酸	960	800	0.9
	其他	1 000	600	
硫酸雾	所有	45	35	0.3

注:污染物排放监控位置:污染物净化设施排放口。

表 3-18 锡锑汞工业大气污染物排放标准

企业类型	生产过程	污染物排放设施或流程	排放控制指标及排放浓度限值(mg/m³)								
			二氧化硫	颗粒物	硫酸雾	总锡	总锑	总汞	总镉	总铅	总砷
现有企业	烟气制酸	一转一吸	960	50	45	—					
		两转两吸	860								
	锡冶炼	熔炼	310	120	—	60	10	0.015	1.0	0.9	3.0
		烟化	650								
	锑冶炼	全部	500	30	—	10	24	0.015	1.0	0.9	3.0
	汞冶炼	全部	960	100	—			0.015	1.0	0.9	3.0
	采选	破碎、筛分	—	150	—	10	10	0.015	1.0	0.9	3.0
		其他		100							
新建企业	烟气制酸	—	800	50	40	—	—	—	—	—	—
	锡冶炼	熔炼	260	100	—	50	10	0.012	0.85	0.7	2.5
		烟化	550								
	锑冶炼	全部	425	30	—	8.5	24	0.012	0.85	0.7	2.5
	汞冶炼	全部	815	85	—			0.012	0.85	0.7	2.5
	采选	破碎、筛分	—	120	—	8.5	8.5	0.012	0.85	0.7	2.5
		其他	—	85							
企业边界处	锡工业		0.3	0.8	1.0	0.24	0.025		0.05	0.06	0.045
	锑工业		0.3	0.8	1.0	0.24	0.025		0.05	0.06	0.045
	汞工业		0.3	0.8	1.0	—		0.012	0.05	0.06	0.045

注:污染物排放监控位置:污染物净化设施排放口。

表 3-19 铝工业大气污染物排放标准

生产系统及设备		排放控制指标(mg/m³)(现有企业/新建企业单位产品大气污染物最高排放限值)				
		颗粒物	二氧化硫	氟化物(F)	沥青烟	苯并(a)芘
矿山	破碎筛分转运	120/50	—	—	—	—
氧化铝厂	熟料烧成窑	200/100 0.35kg/t 熟料	850/400 1.2 kg/t 熟料	—	—	—
	氢氧化铝焙烧窑	100/50 0.12kg/t 氧化铝	850/400 0.9 kg/t 氧化铝	—	—	—
	石灰炉	100/50	850/400	—	—	—
	原料加工运输	120/50	—	—	—	—
	氧化铝贮运	100/30	—	—	—	—
	其他	120/50	850/400	—	—	—

续表 3-19

生产系统及设备		排放控制指标(mg/m³)(现有企业/新建企业单位产品大气污染物最高排放限值)				
		颗粒物	二氧化硫	氟化物(F)	沥青烟	苯并(a)芘
电解铝厂	电解槽烟气净化	30/20 2.2kg/t 铝	150/150 15 kg/t 铝	4.0/3.0 其中气氟≤2.0/1.5 0.90 kg/t 铝	—	—
	氧化铝、氟化盐贮运	50/30	—	—	—	—
	电解质破碎	100/50	—	—	—	—
	其他	100/50	850/400	—	—	—
铝用碳素厂	阳极焙烧炉	100/30 0.33kg/t 炭块	850/400 4.0 kg/t 炭块	6.0/3.0 0.04 kg/t 炭块	40/20 0.22 kg/t 炭块	0.12/0.06
	阴极焙烧炉	—	850/400	—	50/30	0.15/0.09
	煅烧窑(炉)	200/100	850/400	—	—	—
	沥青熔化	—	—	—	40/30	0.12/0.09
	生阳极制造	120/50	—	—	40*/20*	0.12*/0.06*
	阳极组装及残极破碎	120/50	—	—	—	—
	其他	120/50	850/400	—	—	—
企业边界处		1.0	0.4	20		0.008μg/m³

注：1. * 表示混捏成型系统加测项目；

2. 污染物排放监控位置：净化设施后的排气管道；

3. 排气筒最低高度限值(m)：熟料烧成窑 60、氢氧化铝焙烧炉 40、铝电解槽 40、阳极焙烧炉 50。

表 3-20　镁钛工业大气污染物排放标准

生产系统及设备		最高允许排放浓度(现有企业/新建企业)(mg/m³)			
		烟(粉)尘	二氧化硫	氯气	氯化氢
镁冶炼厂（硅热法）	原料准备	100/50	—	—	—
	煅烧	200/150	850/700	—	—
	还原	100/80	850/700	—	—
	精炼	100/80	850/700	—	100/80
钛冶炼厂	原料制备	100/50	—	—	—
	高钛渣电炉	100/80	850/700	—	—
	氯化系统	—	—	65/50	100/80
	精制系统	—	—	—	100/80
	电解槽	—	—	65/50	100/80
矿山	开采破碎	100/70	—	—	—
企业边界处		0.8	0.3	0.3	0.15

3.3 冶金工业废水

3.3.1 水及水污染

1. 水资源状况

水是地球表面最主要的天然组成物质,是生物产生、发育和繁衍的基本条件,也是人类生活、生产的最重要的自然资源。

地球上约有 $13.4 \times 10^{17} m^3$ 水,其中咸水占97.3%,淡水仅占2.7%。我国的水资源,居世界第六位。年地表径流量为 $2.6 \times 10^{12} m^3$。地下水资源据估算为 $(0.7 \sim 0.8) \times 10^{17} m^3$,但是人均占有量(27 000 m^3),只相当于世界的1/40。而且我国90%的地表径流和70%以上的地下径流分布在面积不到全国50%的南方,现有耕地面积的2/3却在北方,这就造成我国北方17个省市干旱地区地下水资源短缺。

我国有154个城市存在着供水不足的问题,估算全国每天缺水880万t。由于地下水资源短缺及其开发利用不合理,已在全国许多地区出现了区域性地下水位下降现象。例如,河北平原主要开采的含水层,其地下水位每年下降 $3 \sim 4 m$,已形成22个区域降落漏斗,总面积达 $2 \times 10^{10} m^2$。漏斗中心水位一般下降 $20 \sim 30 m$,沧州地区竟达 $70 m$ 之多,漏斗区已更换了四次水泵,报废了许多水井。沈阳市地下水开采区的降落漏斗范围在1980年已扩展为175 km^2,现在仍继续扩大。

虽然水资源可以通过水的循环和更新加以补充,但由于人类过度地开采利用水资源和水资源不断地被人类污染,使可供人类使用的水资源日益枯竭。目前,世界上许多国家,甚至连拥有9%世界水流量,而人口仅为世界0.7%的加拿大都感到供水紧张,水荒已经成为严重的社会问题。人类解决水问题的有效途径,就是节约用水、清洁生产和废水的综合治理,其中废水的治理水平和利用程度将成为21世纪社会发展和社会文明的重要指标。

2. 水污染

水在循环过程中,不可避免地会混入许多杂质(溶解的、胶态的和悬浮的)。在自然循环(图3-17)中,由非污染环境混入的物质称为自然杂质或本底杂质。社会循环中,在使用过程中混入的物质称为污染物。但是,目前由于环境普遍地受到污染,污染环境和非污染环境的界限有时很难区分。

自然水体受到来自废水、大气、固体废料中污染物的污染,叫水污染。废水对水体、大气、土壤、生物的污染,叫做废水污染。

水污染有两类:一类是自然污染,另一类是人为污染,而后者是主要的。自然污染主要是由自然因素所造成,如特殊的地质条件使某些地区的某些或某种化学元素大量富集,天然植物在腐烂过程中产生某种毒物,以及降雨淋洗大气和地面后夹带各种物质流入水体,都会影响该地区的水质。人为污染是人类生活和生产活动中产生的废水对水体的污染,包括生活污水、工业废水、农田排水和矿山排水等。

生活污水的成分虽然因生活水平高低而有所不同,但总的看来还是大致相同的。工业废水则不然,随着现代工业的发展,工业废水种类繁多。生产所用的原料、动力不同,生产工艺也有极大差异,水量、水质的变化极大,水污染程度也就不同,因此在环境污染中,工业废

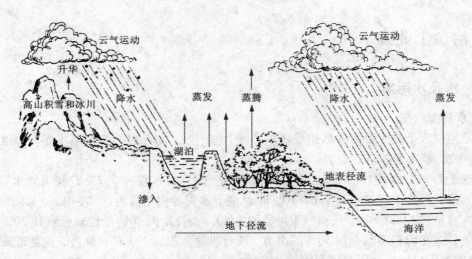

图 3 – 17　水的自然循环示意图

水的污染影响最大。

3. 工业废水污染物种类

工业废水中含有大量污染物，大致可分为固体污染物、耗氧污染物、营养性污染物、酸碱污染物、有毒污染物、油类污染物、生物污染物、感官性污染物、热污染等。水体中的污染物大致分类见表 3 – 21。

表 3 – 21　水体中的污染物大致分类

分　类	主要污染物
无机有害物	水溶性氯化物、硫酸盐、酸、碱等无机酸、碱、盐中无毒物质、硫化物
无机有毒物	铝、汞、砷、镉、铬、氟化物、氰化物等重金属元素及无机有毒化学物质
有机有毒物	酚类、有机磷农药、有机氯农药、多环芳烃、苯等
耗氧有机物	碳水化合物、蛋白质、油脂、氨基酸等
植物营养物	铵盐、磷酸盐和磷、钾等
病原微生物	病菌、病毒、寄生虫等
放射性污染	铀、锶、铯等
热　污　染	含热废水

（1）固体污染物

固体物质在水中有三种存在状态：溶解态（直径小于 1 nm）、胶体态（直径介于 1～100 nm）、悬浮态（直径大于 100 nm）。但在水处理技术中，分离直径介于 100～1 000（甚至 2 000）nm 的固体微粒同样采用分离胶体微粒的凝聚法，故可把胶体微粒的上限扩大到 1 000～2 000 nm。此外，水质分析中习惯于把固体微粒分为两部分：能透过滤膜（孔径因材料不同而异，约为 3～10 μm）的叫溶解性固体（DS），不能透过者叫悬浮固体或悬浮物（SS）。两者合称为总固体（TS）。

在紊流中，悬浮物能悬浮于水中。但悬浮是有条件的和暂时的，一旦维持悬浮的条件

(水的紊流)消失，它就从水中分离出来，比重大于1的沉于水底，比重小于1的浮于水面。通常把前者叫做沉降性悬浮物，后者叫做漂浮性悬浮物。沉降性悬浮物中能在技术操作时间（一般不大于2 h）内从标准沉降管沉降分离的，叫可沉物；难于沉降分离的，叫难沉物。

(2)耗氧有机物

水体污染物中有一类属于耗氧有机物，它们是来自于城市生活污水及食品、造纸、印染等工业废水中含有的大量羟类化合物、蛋白质、脂肪、纤维素等有机物质，本身无毒性，但在分解时需消耗水中的溶解氧，故称为耗氧(或需氧)有机物。

(3)富营养化污染物

氮和磷是植物和微生物的主要营养物质。废水中含有大量的氮和磷(特别是磷)，如氮磷的浓度分别超过0.2 mg/L 和0.02 mg/L 时，就会引起水体的富营养性变化，促进藻类大量繁殖，在水面上积成大片水华(湖泊)或赤潮(海洋)。当其在冬季大量死亡时，水中的BOD值猛增，导致腐败、恶化环境卫生，危害水产业。含氮废水主要来自氮肥厂、洗毛厂、制革厂、造纸厂、印染厂、食品厂和饲养厂。含磷废水来源于磷肥厂、含磷洗涤厂等。生活污水经生物处理后，含氮、磷的有机物转化为无机氮和磷，也是造成营养性污染的重要途径。

此外，BOD、温度、维生素类物质，也能触发和促进富营养性污染。

(4)无机无毒物质(酸、碱、盐污染物)

无机无毒物质主要指排入水体中的酸、碱及一般的无机盐类。酸性废水来自化工厂、矿山、冶炼厂等，危害表现在对金属及混凝土结构材料的腐蚀上。碱性废水来自制碱厂、印染厂、化纤厂等，它易产生泡沫，使土壤盐碱化。酸碱废水的水质标准以pH来反映。酸性废水和碱性废水可相互中和产生各种盐类；酸性、碱性废水亦可与地表物质相互作用，生成无机盐类。所以，酸性或碱性废水造成的水体污染必然伴随着无机盐的污染。酸性和碱性废水使水体的pH发生变化，破坏了水体的自然缓冲能力，抑制了微生物的生长，妨碍了水体的自净，使水质恶化、土壤酸化或盐碱化。此外，酸性废水也对金属和混凝土材料造成腐蚀。同时，还因其改变了水体的pH，增加了水中的一般无机盐类和水的硬度等。

(5)有毒污染物

废水中能对生物引起毒性反应的化学物质称为有毒污染物。工业上使用的有毒化学物质已超过2 000 种，而且每年以500 种以上速度递增，因此已成为人们最关注的污染物。工业上使用的有毒化学物质毒性是重要的水质指标，各种水质标准对主要的毒物都规定了限值。毒物对生物的效应有急性中毒和慢性中毒两种。急性中毒的初期效应十分明显，严重时会导致死亡。慢性中毒的初期效应很不明显，但长期积累可引起突变、致畸、致癌、致死，甚至引起遗传性畸变。对微量毒物尚缺乏合理的判定标准。废水中的毒物有三大类：无机化学毒物、有机化学毒物、放射性物质。

①无机有毒物质。

这类物质具有强烈的生物毒性，它们排入天然水体，常会影响水中生物，并可通过食物链危害人体健康，这类污染物都具有明显的蓄积性，可使污染影响持久和扩大。无机有毒物质包括金属和非金属两类。

重金属污染物的特点是因其某些化合物的生产与应用的广泛，在局部地区可能出现高浓度污染。此外，重金属污染物一般具有潜在危害性。重金属不能被生物降解为无害物。重金属废水排入水体后，除部分为水生物、鱼类吸收外，其他大部分均沉积于水体底部。水中浓度随水温、pH 等不同而变化。冬季水温低，重金属盐类在水中溶解度小，水体底部的沉积量大，水中浓度减小；夏季水温升高，重金属盐类溶解度增大，水中浓度高，故水体经重金属污染后，危害的持续时间将很长。

无机污染物中的氰化物（KCN 及 NaCN）的毒性是很强的，氰化物以各种形式存在水中。慢性中毒时能引起细胞内窒息、组织缺氧、脑部受损等，终因呼吸中枢麻痹而导致死亡。氰化物是剧毒物，一般人误服 0.1 g 左右的氰化物或氰化钾就会死亡。当水中含氰量超过 0.3 ~0.5 mg/L 时鱼类就会死亡。含氰废水来源于电镀车间、选矿厂、冶炼厂、农药厂、制药厂和有机玻璃厂，以及焦炉发生炉，高炉等煤气洗涤水中。

②有机有毒物质。

主要包括有机氯农药、多氯联苯、多环芳烃、高分子聚合物（塑料、人造纤维、合成橡胶）、染料等有机化合物。它们的共同特点是大多数为难降解有机物或持久性有机物。它们在水中的含量虽不高，但因在水体中残留时间长，有蓄积性，可造成人体慢性中毒、致癌、致畸、致突变等生理危害。

多氯联苯（PCB）是联苯分子中一部分或全部氢被氯取代后所形成的各种异构体混合物的总称。PCB 的废水来源于电力工业和塑料工业。它能引起面部肉瘤、骨节肿胀、全身性皮炎、肝损伤等，并有致癌作用。在鱼及鸟体中蓄积量极高，通过食物链使人中毒。PCB 在天然水和生物体内都很难降解，是一种很稳定的环境污染物。

近年来，石油对水体的污染也十分严重，特别是海湾及近海水域。石油对水体污染的主要污染物是各种烃类化合物——烷烃、环烷烃、芳香烃等。在石油的开采、炼制、储运、使用过程中，原油和各种石油制品进入环境而造成污染。当前，石油对海洋的污染已成为世界性的环境问题。

③放射性物质。

放射性是指原子核衰变而释放射线的物质属性。主要包括 X 射线、α 射线、β 射线、γ 射线及质子束等。废水中的放射性物质主要来自含有铀、镭、钍、钇等稀有金属的生产物使用过程中，如核试验的降落物、原子反应堆和核燃料的再处理过程、医疗单位和试验室、原料冶炼厂等，放射线在短时间内大量照射人体，会引起急性辐射受伤。人体吸收电离辐射能量会使细胞分裂受到抑制，影响正常的新陈代谢，细胞损伤尤以对增殖旺盛的细胞为显著，在射线刺激下还可能发生癌变。但是，在一般情况下，这种外部放射源的照射是很少的。

放射性物质在动、植物内部能蓄积富集，并通过食物链转移，对生态系统造成长期的、潜在的影响。对于进入环境的放射性污染用一般的处理方法无法将其分解破坏，因为无法改变其衰变放射的固有特性，只有通过自然衰变等降低或消失其放射性。因此对放射性污染物的危害决不能忽视。

④油类污染物。

油类污染物包括"石油类"和"动植物油类"两项。沿海及河口石油的开发、油轮运输、炼油工业废水的排放以及生活废水的大量排放等，都会导致水体受到油污染。油类污染物除易引起火灾外，漂浮在水面或覆盖在土壤颗粒表面的油还能阻碍复氧过程，危及生物的生命。另外，石油等还具有毒性。

⑤生物污染物。

生物污染物主要指废水中的致病性微生物及其他有害的有机体。废水中的绝大多数微生物是无害的，但有时却能含有各类致病微生物。例如，生活污水中可能含有能引起肝炎、伤寒、霍乱、痢疾、脑炎的病毒和细菌，以及蛔虫卵和钩虫卵等。除致病体外，废水中生长有铁菌、藻类、水草或贝壳类动物时，会堵塞管道和通水设备等，也属于生物污染系列。生物污染物污染的特点是数量大、分布广、存活时间长、繁殖速度快，必须予以高度重视。

⑥感官性污染物。

废水中能引起异色、浑浊、泡沫、恶臭等现象的物质，虽无重大危害，但能引起人们感官上的极度不快，被称为感官性污染物。对于供游览和文体活动的水体而言，感官污染造成的污染更为严重。各类水质标准中，对色度、臭味、浊度、漂浮物等指标都作了相应的规定。

⑦热污染。

废水温度过高引起的危害，叫做热污染。其危害表现在：融化和破坏管道接头，破坏生物处理过程，危害水生物和农作物，加速水体的富营养化过程。

4．水质标准

为了表征废水水质，规定了许多水质指标，分为物理性水质指标、化学（生化）性水质指标和水生物水质指标。主要有有毒物质、有机物质、悬浮物、细菌总数、pH、色度、温度等。一种水质指标可以包括几种污染物、而一种污染物又可以属于几种水质指标。

物理性水质指标包括温度、色度、臭、味、悬浮物、盐量等；化学（生化）性指标包括pH、CODcr、BOD、氨氮、氰化物、氟化物、锌、铬、镉、镍、汞、铅、酚、石油类等；水生物水质指标包括细菌、病毒等，如大肠杆菌。

（1）悬浮物和浊度

固体污染物常用悬浮物和浊度两个指标来表示。

悬浮物是一项重要的水质指标。悬浮物的主要危害是造成沟渠管道和抽水设备的阻塞、淤积和磨损，造成接纳水体的淤积和土壤孔隙的堵塞，造成水生动物的呼吸困难，造成给水水源的混浊。由于大多数废水中都有悬浮物，因此去除水中的悬浮物是废水处理的一项基本任务。

浊度是对水的光传导性能的一种测量，其值可表征废水中胶体和悬浮物的含量。主要是水体中含有泥沙、有机质胶体、微生物以及无机物质的悬浮物和胶体物，产生的混浊现象，导致水的透明度降低，从而影响感官甚至影响水生生物的活动。

（2）生化指标

水体污染物中有一类属于耗氧有机物，它们是来自于城市生活污水及食品、造纸、印染等工业废水中含有的大量羟类化合物、蛋白质、脂肪、纤维素等有机物质，本身无毒性，但在分解时需消耗水中的溶解氧，故称为耗氧（或需氧）有机物。

耗氧有机物种类繁多，组成复杂，因而难以分别对其进行定性、定量分析。没有特殊要求，一般不对它们进行单项定量测定，而是利用其共性，间接地反映其总量或分类含量。常采用以下几个综合水质污染指标来描述。

①生化需氧量（BOD）。

生化需氧量系指由于水中好氧微生物的繁殖或呼吸作用而消耗的溶解氧（DO）量。换言之，就是水中有机物在微生物的作用下，进行生物化学氧化，使之分解为简单化合物的过程而达到某种程度稳定状态所消耗的DO量。通常是以20℃培养5日后1L水中消耗的DO的mg数来表示，亦称5日生化需氧量（BOD_5）。BOD值越高，间接说明水体受有机物污染的程度越高。

如采用20℃和20天，测定值常用BOD_{20}表示：$BOD_{20} > BOD_5$。

生化需氧量的优点是能真实地反映生物降解的规律及其耗氧量，其缺点是完成检验所需的时间较长，某些工业废水不能做或者很难做BOD检验。所以有时用另一个指标—化学需氧量（COD）来代替它。

②化学需氧量（COD）。

化学需氧量是指用适当的氧化剂处理水样时，以水中被氧化的物质（指所需污染物）所消耗的氧化剂量相对应的氧量（mg/L）来表示，简称COD。COD值越高，则说明水体污染程度越高。

在一定条件下，强氧化剂能氧化有机物为二氧化碳和水。是否有机物都被氧化，决定于有机物的性质和检验方法（采用何种氧化剂及操作步骤等）。据研究，重铬酸钾能较快地氧化天然有机物和许多合成有机物，故一般用重铬酸钾法测定COD。如氧化剂采用高锰酸钾，测定值较低，一般用OC表示。但应注意到，重铬酸钾能氧化直连脂肪族化合物，但不能分解芳香族化合物和吡啶等杂环化合物。

BOD和COD的单位以mg/L（水）表示。

就一定的废水而言，几个测定值之间的关系如下：

$$COD > BOD_{20} > BOD_5 > OC$$

③总有机碳量（TOC）。

总有机碳量表示废水中所含有的全部有机碳数量，这个指标补充测定了废水中即被生物降解，又不易发生化学氧化的那部分有机物。为测定废水水样中的总有机碳浓度，常将有机物氧化，产生二氧化碳和水，然后用滴定法测定被释放出收集在标准苛性钠溶液中的气体。

利用碳分析仪测定水样中总有机碳更为简便快捷。对组成较固定的废水，TOC和BOD，COD之间有下列关系：

$$1/2COD \leqslant TOC \leqslant 2COD$$
$$1/2BOD \leqslant TOC \leqslant 2BOD$$

④总需氧量（TOD）。

在900℃的高温下，以铂为催化剂，使水样汽化燃烧，然后测定气体载体中氧的减少量，作为有机物完全氧化所需要的氧量，称为总需氧量。如在相同条件下，测定气体中CO_2增量，从而确定水样中碳元素的含量，用以判定有机物含量，称为总有机碳。测定迅速，但设备较复杂，而且TOD和TOC与BOD和COD之间没有固定的相关性，实际应用时，尚需建立其相关式。

（3）pH

酸碱废水的水质标准之一。

$$pH = -lg[H^+]$$

$[H^+]$为酸碱废水中H^+的摩尔浓度。可见pH < 7为酸性废水，pH > 7为碱性废水。

世界卫生组织规定的国际饮用水标准中，pH的含量范围是7~8.5。在渔业水体中，pH一般认为不应低于6或高于9.2。对于农业用水允许pH在5.4~9.0之间。

3.3.2　冶金工业废水源

2006年，全国废水排放总量为536.8亿t，比上年增加2.3%。其中，工业废水排放量

240.2 亿 t，占废水排放总量的 44.7%，比上年减少 1.1%；城镇生活污水排放量 296.6 亿 t，占废水排放总量的 55.3%，比上年增加 5.8%。废水中化学需氧量排放量 1 428.2 万 t，比上年增加 1.0%。其中，工业废水中化学需氧量排放量 541.5 万 t，占化学需氧量排放总量的 37.9%，比上年减少 2.4%；城镇生活污水中化学需氧量排放量 886.7 万 t，占化学需氧量排放总量的 62.1%，比上年增加 3.2%。废水中氨氮排放量 141.3 万 t，比上年减少 5.7%。其中，工业氨氮排放量 42.5 万 t，占氨氮排放量的 30.0%，比上年减少 19.0%；生活氨氮排放量 98.8 万 t，占氨氮排放量的 70.0%，比上年增加 1.6%。工业废水排放达标率 92.1%，比上年下降 0.5 个百分点，工业用水重复利用率 80.6%，比上年提高 4.5 个百分点。

工业废水的来源主要集中在三大部门：冶金、化学、电力 6 大企业类型：火电厂、钢铁厂、炼油厂、石油化工厂、有色金属厂、造纸厂。

无论是钢铁冶金还是有色金属冶金，也无论是火法冶金还是湿法冶金，都会产生大量工业废水。有色冶金工业排出的废水中含有多种重金属，为水体金属主要来源。冶金过程产生的熔渣和浸出渣和矿山产出的尾矿，经雨水淋溶，将各种重金属带入地表水和地下水中。

冶金工业水污染源是指冶金工业在采矿、选矿、冶炼和烟气制酸生产过程中产生的污水。根据污水的来源，可分为采矿污水、选矿污水和冶炼污水等；根据污水所含污染物的主要成分，可分为酸性污水、碱性污水和含重金属污水等。

采矿污水来自采矿场和废石场，主要是由降水形成。通常，具有水质水量波动大、呈酸性和采矿结束后仍有产生 3 个特点。

选矿污水来自洗矿、除尘、精矿脱水和尾矿沉清等作业。通常，具有污水量大，主要污染物为悬浮物、多为碱性污水且不含重金属离子（洗矿水除外）和水质水量较为稳定等四个特点。

冶炼污水来自冷却、冲渣、烟气洗涤、湿法收尘、湿法冶炼、金属电解、冲洗地面等作业。其中冲渣水经沉降、冷却水经降温后均可重复使用，且二者的污水量占冶炼污水量的 90% 以上。其他污水则污染物种类多且含量高，并呈酸性。冶炼污水的水质水量相对较为稳定。

除尘和净化煤气、烟气的废水中含有多种物质，如酚、氰、硫氰酸盐、硫化物、铵盐、焦油、悬浮物、氧化铁、石灰、氟化物、硫酸、氢氟酸等。

生产 1 t 焦炭产生 0.2~0.3 m³ 含酚废水，其中含酚浓度可达 2 000 mg/L，含硫氰酸盐 500 mg/L、硫化物 400 mg/L，还含有吡啶等，其他有害物质达 70 多种。

矿山酸性污水的主要污染物是酸、铜、化学需氧量和悬浮物（镍钴矿山还有镍）；矿山碱性污水的主要污染物为碱、悬浮物、石油类和化学需氧量；烟气制酸所产生的主要污染物是酸、化学需氧量、总铜、总镍、总锌、总镉、总铅、总砷，烟气制酸的冷却水基本不含污染物（酸管漏酸时除外）；火法熔炼的污水主要是悬浮物，有时还可能含有一定量的石油类和化学需氧量；湿法冶炼污水（包括电解精炼过程产生的污水）的主要污染物为酸、化学需氧量、总铜、总镍、总锌、总镉、总铅、总砷。

3.3.3 冶金工业废水的危害

冶金工业尤其是有色金属冶金过程，产生大量的重金属和有机废水，除含有大量悬浮物外，还含有多种溶解性污染物。一种是其中含有直接对人体和生物有毒害作用的污染物，如一些重金属和类金属及其化合物、酚类，腈类等，一种是其中所含污染物不直接造成毒害、但能导致水中产生色泽、味道、臭味和增加耗氧量、恶化水质，间接损害水生生物的生存。如硫化物、亚硫酸盐、亚铁盐等还原性无机物以及能进行生物氧化和化学氧化的有机物，均大量地消耗水中溶解氧，使水体缺氧，一些着色性盐类则能使水体产生浓色。还有一种情况是对水质起混浊作用，如可溶的悬浮固体使水的浓度增加，或淤塞水道；沉积于水底的沉积物还会使底栖水生物难以生存，使鱼类产卵和鱼苗发育等受到损害。有些盐类及各种酸性、碱性物质会产生腐蚀作用或抑制水体自净过程。

有毒污染物对生物的效应有急性中毒和慢性中毒两种。急性中毒的初期效应十分明显，严重时会导致死亡。毒物对鱼类的急性中毒剂量，通常以极限耐受中毒量（或半数死亡浓度 TLM）表示，即在 24 h 或 48 h 内使供试鱼类 50% 致死的毒物浓度。慢性中毒的初期效应很不明显，但长期积累可引起突变、致畸、致癌、致死，甚至引起遗传性畸变。对微量毒物尚缺乏合理的判定标准。

1. 重金属的危害

重金属及其化合物能在鱼类及其他水生物体内以及农作物组织内积累富集而造成危害。人通过饮水和食物链作用，使重金属物质在体内累积富集而中毒致死。

①汞：汞具有很强的毒性，对人的致死量为 75～100 mg/d，一次致死剂量为 1～2 g。汞为积蓄性毒物，并有致癌和致突变作用。汞对水生生物有严重的危害，水体中汞浓度达 0.006～0.01 mg/L 时，可使鱼类或其他水生物死亡；浓度为 0.01 mg/L 时，抑制水体的自净作用。有机汞比无机汞的毒性更大，更容易被吸收和积累，长期的毒性后果严重。甲基汞能大量积累于脑中，引起乏力、动作失调、精神混乱、疯狂、痉挛等疾病，甚至死亡。汞中毒最深刻的例子是日本水俣病。

水俣是日本九州八代湾的一个地方，属熊本县管辖，现为水俣市，人口约 4～5 万，是一个渔港市镇，渔业兴旺。自 1950 年春，相继发生了以中枢神经为主的一种怪病，共 82 人患病，死亡 10 人，后又在水俣湾附近小渔村中发现一些猫的步态不稳、抽筋麻痹，最后跳入水中，当地人称为"自杀猫"，但此现象当时没引起人们的注意。

1953 年水俣市又发现一种怪病，开始时病人口齿不清，步履艰难，面部痴呆，进而耳聋眼瞎，全身麻木，最后精神失常，时而醋睡，时而兴奋异常，身体呈弯弓状，高叫而死，但没人知道这是什么病。到了 1956 年出现了大批患者人们才进行调查，发现是水俣市附近的新日氮肥公司的乙醛工厂污水中含有甲基汞化合物。1962 年细川用这种污水浸泡的鱼给猫吃后产生了典型的水俣病，但该企业老板责令细川严加保密，直到 1970 年他临死前才讲出事情真相。1963 年从该工厂的污水沟中检验出有机汞化合物（CH_3HgCl），能引起实验动物汞中毒的典型症状、同时从乙醛合成工序中的废触媒渣中也检验出有机汞。

②镉：镉类化合物毒性很大，人体镉中毒主要是通过消化道与呼吸道摄取被镉污染的水、食物、空气而引起的。镉在人体内有积蓄作用，潜伏期长达 10～30 年，镉进入人体后，主要积累于肝、肾和脾脏内。当水中镉超过 0.2 mg/L 时，长期饮用可引起"骨痛病"，骨节变形，腰关节受损，有时还引起心血管病。镉对水生物、微生物、农作物也有毒害作用。水体中镉浓度为 0.01～0.02 mg/L 时，对鱼类有致死作用；浓度为 0.1 mg/L 时，可破坏水体自净能力。镉是很强的积累性毒物，玉米、蔬菜、小麦等对其具有富集作用。

③铬：所有铬的化合物都有毒性，含铬废水中有三价铬和六价铬的化合物存在。三价铬

毒性不大,六价铬有剧毒。铬对人体的毒害有全身中毒及对皮肤黏膜的刺激作用,引起呼吸系统溃疡、皮炎、湿疹、脑膜炎、气管炎和鼻炎,引起变态反应并有致癌作用。如六价铬化合物可以诱发肺癌和鼻咽癌。水中六价铬浓度为 0.1 mg/L 时,可引起动物体明显病理组织变化;浓度为 0.01 mg/L 时,就能对水生物造成致死作用;灌溉用水中六价铬浓度为 0.1 mg/L 时,对水稻种子萌芽有抑制作用。无论三价铬还是六价铬的化合物都会使水体自净作用受到抑制。

④铅:铅及其化合物均是累积性毒物,很容易被胃肠道吸收。进入血液中的铅,形成可溶性磷酸氢铅或甘油磷酸铅,能迅速被人体组织吸收而分布于肝、肺、脑、胰中,其中以肝、胃浓度最高。长期饮用含铅水可引起慢性铅中毒,通常表现为贫血,肝病、腹绞痛和便秘;神经系统上表现为头痛、软弱无力、记忆衰退、四肢疼痛等。摄取铅量每日超过 0.3 ~ 1.0 mg,就可在人体内积累,引起贫血、神经炎、肾炎等症状。铅浓度为 0.1 mg/L 时,可抑制水体中生物自净作用,对鱼类致死浓度为 0.1 ~ 0.3 mg/L,对农作物生长亦有抑制作用。

⑤镍:镍及其盐类虽然毒性较低,但作为一种具有生物学作用的元素,镍能激活或抑制一系列的酶而发生其毒性作用。镍中毒时可引起口腔炎,牙龈炎和急性胃肠炎,并对心肌和肝脏有损害。镍及其化合物对皮肤黏膜和呼吸道有刺激作用。可引起皮炎和气管炎,甚至发生肺炎。镍及其化合物是致癌物质,具有积蓄作用,在肾、脾、肝中积蓄最多,可诱发鼻咽癌和肺癌。

⑥铜:铜能抑制酶的作用,并有溶血作用。铜中毒时引起脑病、血尿、腹痛和意识不清等。铜对水生物毒性较大,浓度 0.1 ~ 0.2 mg/L,可使鱼类致死。用含铜废水灌溉,可使农作物枯死。

⑦锌:锌盐有腐蚀作用,能损伤胃肠、肾脏、心脏及血管,导致死亡。有人认为饮水中锌浓度为 10 ~ 20 mg/L 时,可引起癌症。鱼类致死浓度为 0.01 mg/L,含锌废水不宜灌溉农田。

⑧钴:钴对人体有致癌作用,鱼和水生物中毒起始浓度为 0.5 mg/L。

⑨锰:锰浓度较高时,能使人中毒,引起头痛、关节痛、痉挛、哭泣、狂笑、神经混乱。对植物即使浓度不高,也能造成严重危害。锰浓度为 0.1 ~ 0.5 mg/L,对水的色、嗅、味有影响。

⑩锑:对胃肠黏膜和皮肤有刺激作用,对神经系统和心脏有损害。三价锑化物比五价锑化物的毒性大。锑浓度为 0.5 mg/L 时,对水体自净有抑制作用。

⑪钒:钒化合物的毒性很大,能引起血液循环、呼吸、神经和代谢等方面的变化,同时有显著的刺激作用。当水中含钒量高时,就易引起神经系统的疾患,鼻液带血、四肢麻痹、呼吸困难,严重时甚至死亡。对硫磷、内吸磷、敌百虫、敌敌畏等的毒性大,但稳定性低。

2. 非金属危害

①砷:砷有三价、四价和五价化合物,三价砷化合物的毒性比五价砷大。砷及砷化合物的毒性,与其水溶性的大小有关,水溶性大,其毒性也大。长期饮用含砷的水,会引起慢性中毒。口服三氧化二砷 15 ~ 50 mg 即可中毒,人致死剂量为 60 ~ 200 mg。砷中毒能引起中枢神经紊乱,还有致癌作用,接触砷的人常有肺癌和皮肤癌发生。对鱼类生物来说,砷化合物不仅有毒性作用,而且在其器官中有累积作用。当砷浓度为 1 ~ 2 mg/L 时,鱼类即可中毒。此外,砷对水稻也有一定危害,其临界浓度为 1 mg/L。

②硒:硒中毒时能引起皮炎、嗅觉失灵,婴儿畸变,并有致癌作用。含硒废水不能灌溉

农田。

③含氰[CN⁻]废水：来源于电镀车间、选矿厂、冶炼厂、以及制焦发生炉、高炉等煤气洗涤水中。慢性中毒时能引起细胞内窒息、组织缺氧，脑部受损等，终因呼吸中枢麻痹而导致死亡。氰化物是剧毒物，一般人服 0.1 g 左右的氰化物或氰化钾就会死亡；当水中含氰量超过 0.3～0.5 mg/L 时鱼类就会死亡。

④含氟[F⁻]废水：来源于冶炼厂、玻璃厂、陶瓷厂、磷肥厂、农药厂等。氟中毒能腐蚀牙齿，造成骨骼变脆和骨折。氟对植物危害更大，能使之枯死。

⑤亚硝酸盐：亚硝酸盐通常是含氮有机物生物降解的中间产物。亚硝酸盐在人体内能与仲胺生成亚硝胺，具有强烈的致癌作用。

3. 有机废水危害

生化处理的废水以及厂区排放的生活污水，除含有需氧有机物、植物营养素外，还含有病菌、寄生虫、病毒等病原微生物。

含有大量碳水化合物、蛋白质、油脂、纤维素等有机物质的工业废水，其水体微生物氧化分解会大量消耗水体中的溶解氧，致使鱼类难以生存，水中的溶解氧如若消耗殆尽，有机物就将厌氧分解，使水质急剧恶化，释放出甲烷、硫化氢等污染性气体。这是含有机污染物的废水最普遍、最常见的污染类型。

酚（C_6H_5OH）有蓄积作用，对人和鱼类危害很大。它能使细胞蛋白质变性和沉淀，刺激中枢神经系统，降低血压和体温，麻痹呼吸中枢。

含多氯联笨（PCB）它能引起面部肉瘤、骨节肿胀、全身性皮疹、肝损伤等，并有致癌作用。在鱼及鸟体中蓄积量极高，通过食物链使人中毒。

4. 酸碱废水危害

酸碱对人体皮肤、眼睛和黏膜有强烈刺激作用，导致皮肤灼伤和腐蚀。它们进入消化系统，引起消化道黏膜糜烂、出血；进入呼吸系统，引起呼吸道和肺部损伤。

水体遭受酸碱污染后，酸、碱度发生变化，在 pH 小于 6.5 或大于 8.5 时，水中微生物受到抑制，致使水体自净能力产生阻碍。含酸碱的废水对鱼类及水生生物也是有害的，当 pH 小于 5 时，鱼类难于生活，而水体长期受酸、碱污染，将使水生生物的种群发生变化，使鱼类减产以至绝迹，从而对生态系统产生不良的影响。

酸碱中和产生的无机盐类排入水体后可使河水的矿化度增高，导致流经的土壤盐液化，可溶性盐类还影响水的色泽和浊度。这些悬浮的固体在水中会堵塞鱼鳃，使鱼窒息死亡；悬浮物能够截断光线，因而减少水生植物的光合作用。

5. 放射性废水危害

废水中的放射性物质主要来自含有铀、镭、钍、钇等稀有金属的生产物使用过程中，如核试验的降落物、原子反应堆和核燃料的再处理过程、医疗单位和试验室、原料冶炼厂等，放射线在短时间内大量照射人体，会引起急性辐射受伤。人体吸收电离辐射能量会使细胞分裂受到抑制，影响正常的新陈代谢，细胞损伤尤以对增殖旺盛的细胞为显著。在射线刺激下，还可能发生癌变。但是，在一般情况下，这种外部放射源的照射是很少的。

放射性污染物对人体健康的主要影响来自内照射引起的体内辐射损伤。水中以及大气、土壤中的放射性废弃物，可以通过饮水、食物呼吸和皮肤等途径侵入人体，蓄积在骨骼、肌肉、皮肤及各个器官部位，成为体内的辐射源，发生内照射，诱发全身性病变。表现有红、白血球减少，血小板显著降低，早衰不育，毛发脱落、恶性肿瘤等病症。其中锶-90、铯-137是对人体危害较明显的放射性同位素。锶-90的生物学半衰期为36年，在人体内的有效寿命达5 000天、而人体的耐受的容许量很低，仅为1.0微居里。锶-90沉积于骨路内，与钙一起参加骨组织的成长，同时不断放射出β-射线，照射骨髓，导致骨癌和白血病的发生。铯-137则通过血液分布于全身的肌肉组织，放射β、γ射线照射全身，可诱发生殖腺的病症。

放射性物质在动、植物内部能蓄积富集，并通过食物链转移，对生态系统造成长期的、潜在的影响。对于进入环境的放射性污染物用一般的处理方法无法将其分解破坏，因为无法改变其衰变放射的固有持性，只能通过自然衰变等待降低或消失其放射性。因此对放射性污染物的危害决不能忽视。

6. 营养废水危害

含氮、磷、钾营养元素及一些微量元素的废水，对水生物本身无直接危害，但排入缓慢流动的水域中能促进藻类等自养型水生生物旺盛繁殖，引起水体中溶解氧急剧变化，在一定时间内会造成极度缺氧，使鱼类大量死亡（水中溶解氧处于过饱和状态时，也对鱼类不利，而影响其生存）。藻类死亡后发生细菌分解，还要产生硫化氢等臭气。日本濑户内海曾出现所谓"红潮"，就是由于陆地上的有机质和营养盐大量注入，使得浮游生物异常地繁殖，海水为之变色。"红潮"期间，鱼、贝、虾、蟹等大量死亡。因为，浮游生物在死亡后的腐烂过程中又重新转化生成营养素，供新的生物利用，形成营养素的物质循环。所以，水质恶化以后，即使断绝污染源，这种所谓富营养化的过程也要延续很长时间，水体才能恢复正常。

7. 热废水污染

大量热废水排入水域，导致水体温度上升，造成水中溶解氧的减少，降低水体自净能力，使得一些毒物，如氰化物、重金属离子的毒性加剧。热废水污染还可以加速细菌繁殖，助长水草丛生，而鱼类在缺氧的热水中生活，生长繁殖要受到影响。

8. 废水对水体的污染

废水排放使我国的许多江河湖泊和地下水都受到污染，给社会带来的经济损失和给人类健康造成的危害相当严重。每年排入长江的废水量近百亿吨，占全国第一位。由于长江水量大，自净能力强，从整体上看水质还是比较好的，但是局部污染较严重，有的地段相当严重。目前经湖泊、水库等造成严重污染的例子还不多，但也有一些局部地区的湖泊已遭污染。太湖目前每年承纳3亿t污水，但由于水体交替得快，还未形成明显污染，其中主要污染物是有机物，有富营养化的潜在可能。滇池目前每年有1.5亿t未经处理的污水排入，其中以工业废水为主，达74%，结果造成草海污染严重。洞庭湖，年废水量达2.5亿t，以化工废水、造纸废水为主。该湖还有重金属污染物沉积在湖泥中。另外，城区湖泊主要问题是富营养化趋势，如杭州西湖、武汉东湖、济南大明湖、南京玄武湖等，都出现COD、BOD超标，有机污染加重，水质下降等有毒物质的污染，并已超过国家饮用水水质标准，占监测井总数的34.9%。在污染项目中地下水硬度升高和超标是较普遍的现象；硝酸盐污染面积之大、超标之高也是值得注意的问题。我国地下水中的污染物质还有硫化物、镉、有机磷、硝基化合物以及铜、铅、锌等金属元素。例如，沈阳市某大学水源地1969年建立运行9个月，发现因电镀厂废水污染使铬含量超标31倍，随之就报废了。

我国山东省淄博市临淄区新建电厂、水厂等先后打深井148眼，大量超采地下水，导致

2 040 眼浅井枯竭，直接经济损失人民币 1 000 万元。此外，据有关资料报道，发展中国家儿童死亡中有接近 1/3 是由腹泻引起的，饮用水不达标与卫生条件低劣在发展中国家的疾病与死亡原因中占 80%。因此人类要生存和发展，必须认真对待水资源的开发和利用，采取行之有效的环境保护技术对策。

3.3.4 冶金工业废水排放标准

表 3 - 22 为钢铁工业污水排放新标准，表 3 - 23 为有色金属工业污水排放新标准。铜镍钴铅锌铝镁钛工业现有企业自 2008 年 7 月 1 日起、锡锑汞及钢铁工业现有企业自 2009 年 1 月 1 日起执行表中规定的现有企业水污染物排放浓度限值；有色金属工业现有企业自 2010 年 1 月 1 日起、有色金属工业新建企业自 2008 年 1 月 1 日起、钢铁工业新建企业自标准实施日起、钢铁工业现有企业自 2011 年 1 月 1 日起执行表中规定的新建企业水污染物排放浓度限值；根据环境保护工作的要求，在国土开发密度已经较高、环境承载能力开始减弱，或环境容量较小、生态环境脆弱，容易发生严重环境污染问题而需要采取特别保护措施的地区，应严格控制企业的污染物排放行为，在上述地区的企业执行表中规定的水污染物特别排放或先进控制技术限值。

表 3 - 22 钢铁工业污水排放标准

序号	污染物	排放限值(mg/L,pH 除外)(现有企业/新建企业/特别排放)					污染物排放监控位置
		联合企业	轧钢(冷轧、热轧)	铁合金	炼钢	烧结(球团)、炼铁	
1	pH	6~9/6~9/6~9	同左	同左	同左	零排放	总排口
2	SS	50/20/20	同左	同左	同左		
3	COD	60/30/30	同左	同左	同左		
4	石油类	5/3/1	同左	—	同左		
5	氰化物	—	0.5/0.5/0.5	0.5/0.5/0.5	零排放	零排放	车间排放口
6	锌	—	2/1.0/1.0	—			
7	铁	—	10/10/1.0	—			
8	铜	—	0.5/0.3/0.3	—			
9	总砷	—	0.5/0.5/0.1	—			
10	六价铬	—	0.5/0.1/0.05	—			
11	总铬	—	1.5/0.5/0.1	—			
12	总铅	—	1.0/0.1/0.1	—			
13	总镍	—	1.0/1.0/0.05	—			
14	镉	—	0.1/0.1/0.1	—			
15	汞	—	0.05/0.05/0.05	—			

表 3－23　有色金属工业污水排放标准

污染物	排放浓度限值(mg/L,除 pH 外) 现有企业/新建企业/先进控制技术限值				
	铜镍钴工业	铅锌工业	锡锑汞工业	铝工业	镁钛工业
pH	6～9/6～9/6.5～8.5	6～9/6～9/6～9	6～9/6～9/6.5～8.5	6～9/6～9/6～9	6～9/6～9/6～9
化学需氧量(CODCr)	有萃取作业的湿法冶炼:200/150/60 其他:150/100/60	100/80/60	150/100/60	100/50/50	100/60/50
石油类	10/5/5	—	10/5/1	10/5/2	10/5
悬浮物(SS)	200/100/50 150/70/50	70/60/20	150/100/50 100/70/50	70/50/10	100/70/10
氨氮(NH₃—N)	20/15/10	—	8/5/5	10/8/5	25/15/5
总氮(TN)	25/20/15	—	20/15/15	20/20/15	20/20/15
总磷(TP)	1.5/1/0.5	—	1.0/1.0/0.5	1/1/0.5	1.5/1/0.5
硫化物	1.0*/1.0*/0.2	1.0/1.0/1.0	1.5/1.0/0.2	1/0.5/0.5**	—
总铜	矿山及湿法冶炼:1.0/0.5/0.2 其他:0.5/0.3/0.2	0.5/0.5/0.2	1.0/0.5/0.2		0.5/0.5/0.5
总锌	4.0/2.0/1.0	2.0(0.5)*/1.5(0.5)*/1.0(0.5)*	5.0/2.0/1.0	—	—
总镍	1.0/1.0/0.5	1.0/0.5/0.5	—	—	—
总镉	0.1/0.1/0.1	0.1/0.05/0.01	0.1/0.1/0.1		1.5/1.5/1.5
总铅	1.0/1.0/0.1	1.0/0.5/0.2	1.0/1.0/0.1		—
总砷	0.5/0.5/0.1	0.5/0.2/0.1	0.5/0.5/0.1		—
氟化物	—	10/10/10		10/5/5	
总 α 放射性(Bq/L)	—	1.0/1.0/1.0			
总 β 放射性(Bq/L)	—	10/10/10			
六价铬	—	—	0.5/0.5/0.05		0.5/0.5/0.5
总锡	—	—	锡锑工业: 6/5/3 汞工业:—		
总锑	—	—	锡锑工业: 6/5/3 汞工业:—		
总汞		0.05/0.03/0.01	汞工业: 0.05/0.04/0.04 锡锑工业:—		
总氰化物	—	—		0.5/0.5/0.5**	–
挥发酚	—	—		0.5/0.5/0.5**	–

注: *用硫化法处理污水时,其排放限值可执行 2.0 mg/L;
　　**设有煤气生产系统的企业加测项目。

3.4　冶金固体废物

固体废物，也称废物，一般是指人类加工、流通、消费以及生活等过程中，在生产、提取目的组分后，弃去的固状物质或泥浆状物质。冶金固体废物是指在冶金生产过程中所排放的暂时没有利用价值而被丢弃的固体废物。

3.4.1　冶金固体废物分类

1. 一般固体废物分类

固体废物分类方法很多，按其化学成分可分为有机废物和无机废物；按其形状可分为固体废物(粉状、粒状、块状)和泥状废物(污泥)；按其危害状况可分为有害废物(指腐蚀、剧毒、放射性等物质)和一般废物；按其来源可分为工业固体废物、矿业固体废物、农业固体废物、有害固体废物和城市垃圾。

（1）工业固体废物

工业固体废物是工业生产部门在生产活动过程中排放出来的固体废物。产生废物的主要生产部门有冶金、化工、煤炭、电力、交通、轻工、石油等。工业固体废物主要包括：冶金矿渣、采矿矿渣、燃料废渣、化工废渣、放射性废渣、玻璃废渣、陶瓷废渣、造纸废渣和建筑废材等。

（2）矿业固体废物

矿业固体废物主要是指来自矿业开采和矿石洗选过程中所产生的废物，主要包括废石和尾砂，还包括废木、灰石、水泥、砂石、砖瓦等。

（3）农业固体废物

农林业固体废物是指来自农林生产和禽蓄饲养过程中所产生的废物。主要包括农作物秸秆、人畜粪便、禽粪、腥臭死禽畜、腐烂鱼虾贝、水产加工污水等。

（4）有害固体废物

有害固体废物是指来自核工业、放射性医疗科学研究等具有放射性危害的废物及国外称之为危险固体废物的一切具有毒性、易燃性、爆炸性、反应性、腐蚀性、传染性因而可能对人类的生活环境产生危害的废物。

（5）城市垃圾

城市垃圾是指来自居民的消费、商业、市建设、市镇维护和管理过程中所产生的废物。其主要包括废纸、废塑料、废家具、废碎玻璃制品、废瓷器、厨房垃圾等。

我国固体废物的分类是按照《中华人民共和国固体废物污染环境防治法》分类的，分为城市垃圾、工业固体废物和危险废物三类。

2006 年我国工业固体废物排放情况如下：

工业固体废物产生量(万 t)	151 541.4
工业固体废物综合利用量(万 t)	92 601.0
工业固体废物综合利用率(%)	59.6
工业固体废物贮存量(万 t)	22 398.1
工业固体废物处置量(方 t)	42 883.0

工业固体废物排放量(万 t)　　　　1 302.1

"三废"综合利用产品产值(亿元)　　1 026.8

2．冶金固体废物分类

冶金固体废物是指在冶金生产过程中所排放的暂时没有利用价值而被丢弃的固体废物。包括采矿废石，选矿尾矿、钢铁厂和有色金属冶炼厂的各种熔炼渣、浸出渣、烟尘、粉尘、废屑、废水处理后的残渣污泥等。因此，冶金工业固体废物种类繁多，数量可观。冶金固体废物按来源可分为矿业固体废物、钢铁冶金工业固体废物，有色冶金工业固体废物。

(1)矿业固体废物

矿业固体废物主要指开采金属矿石时，从主矿上剥离下来的各种围岩，这类废石数量巨大、从工业应用角度看，利用价值不大，多在采矿现场就地堆放。其次是尾矿，尾矿是选矿过程中经过提取精矿后剩余的尾渣，数量也相当大，一般选厂都专门设置尾矿库堆放。有色金属矿精选后的尾矿中还有 Cu、Ni、Zn、Pb 等有价金属以及硫、各种有用的氧化物等，可以回收利用。

(2)钢铁冶金工业固体废物

钢铁工业固体废物除了在采矿和选矿生产过程中产出的废石和尾矿外，主要是炼铁、炼钢冶炼过程中排出的废渣，这些废渣可以统称冶金渣，主要包括高炉渣、钢渣。此外还有在生产过程中产生的烟尘。

高炉渣按冶炼生产方法可分为：铸造生铁矿渣、炼钢生铁矿渣、特种生铁矿渣。

按化学成分可以分为：碱性矿渣 $R > 1.1$，中性矿渣 $R \approx 0.9 \sim 1.1$，酸性矿渣 $R < 0.9$。

$$碱性率(R) = \frac{\% \, CaO + \% \, MgO}{\% \, SiO_2 + \% \, Al_2O_3}$$

按物理性质及形态可分为：急冷矿渣；粒状矿渣、浮石状或球状矿渣；慢冷矿渣；块状矿渣、粉状矿渣。

按炼钢方法可分为：转炉钢渣、电炉钢渣和精炼钢渣。电炉渣可分为氧化渣和还原渣。

按化学成分可分为：低碱度(< 1.8)钢渣、中碱度(1.8 ~ 2.5)钢渣、高碱度(> 1.8)钢渣。

$$碱度 = \frac{\% \, CaO}{\% \, SiO_2 + \% \, P_2O_5}$$

按物理形态可分为：水淬粒状钢渣、块状钢渣、粉状钢渣。

在钢铁冶炼过程中，冶金炉排出的高温烟气中含有大量烟尘。例如，高炉每炼 1 t 铁要产出 50 ~ 100 kg 含铁烟尘，转炉每炼 1 t 钢要产生 15 ~ 20 kg 含铁烟尘。用湿法除尘或干法除尘，收集的烟尘统称为尘泥。按生产方法可分为：转炉尘泥和高炉尘泥；这些尘泥中，含铁和碱性氧化物较多，有害杂质少，接近铁矿粉，有很大的利用价值。

(3)有色金属工业固体废物

有色金属工业固体废物是指采矿、选矿、冶炼和加工过程及其环境保护设施中排出的固体或泥状的废弃物。有色金属种类多，生产方法也多，在有色金属生产过程中产出的固体废物成分也比较复杂。其种类包括：采矿废石、选矿尾矿、冶炼弃渣、污泥和工业垃圾，无处理设施、长期堆存并对环境造成影响的生产过程排出的固体物，亦列为固体废物。有色金属工业有害固体废物则是指具有浸出毒性、腐蚀性、放射性和急性毒性四种中的一种或一种以上的固体废物及列入表 3 - 24 的固体废物,不具备以上规定特性的固体废物称为一般固体废物。

表 3 - 24　有害固体废物质

来源	有害固体废物名称
选矿	含高砷尾矿、含铀尾矿
铜冶炼	湿法炼钢浸出渣、砷铁渣
铅冶炼	含砷烟尘、砷钙渣
锌冶炼	湿法炼锌浸出渣、中和净化渣、砷铁渣
锡冶炼	含砷烟尘、砷铁渣,污泥
锑冶炼	湿法炼锑浸出渣、碱渣
稀有金属冶炼	铍渣
制酸	酸泥、废触媒

注:铜、铅、锌、镍、锡的选矿尾矿(含高砷尾矿和含铀尾矿除外)及火法熔炼渣,鉴别确认为一般固体废物。若原料成分和生产工艺改变时,需重新鉴别。

　　冶炼渣主要是有色冶金炉产出的炉渣和湿法冶金中产出的浸出渣以及电解过程个产出的阳极泥等。此外还有各种收尘器捕集的烟尘。一般按生产来源分类,例如铜渣;按生产方法可分为铜反射炉炉渣、铜密闭鼓风炉炉渣,铜闪速炉炉渣、铜电炉炉渣、铜转炉炉渣、铜精炼炉炉渣。在湿法冶金,例如氧化铝生产中,按生产方法产出的赤泥分为烧结法赤泥、拜尔法赤泥和联合法赤泥。在有色冶炼中产出的烟尘也按生产来源分类,铜烟尘、铅烟尘、锌烟尘等。

　　有色金属工业固体废物浸出毒性的鉴别,应按 GB5086—1985《有色金属工业固体废物浸出毒性试验方法标准》执行。浸出液中任一种有害成分的浓度超过鉴别标准(见表 3 - 25)的固体废物,定为有害固体废物。

表 3 - 25　有色金属工业固体废物浸出毒性鉴别标准

项　目	浸出液的最高容浓度(mg/L)
汞及其无机化合物(按 Hg 计))	0.05
镉及其化合物(按 Cd 计)	0.3
砷及其无机化合物(按 As 计)	1.5
六价铬化合物(按 Cr + 6 计)	1.5
铅及其无机化合物(按 Pb 计)	3.0
铜及其化合物(按 Cu 计)	50
锌及其化合物(按 Zn 计)	50
镍及其化合物*(按 Ni 计)	25
铍及其化合物*(按 Be 计)	0.1
氟化物(按 F 计)	50

注: * 为试行鉴别标准。

3.4.2 固体废物污染的危害

随着人类社会生产活动的日益发展和大规模地开发和利用资源，固体废物造成了对环境的污染，固体废物对人类环境构成的危害主要表现在以下几个方面：

1. 侵占土地

固体废物如不加以利用，须占地堆放，并且堆积量越大，占地也就越多，估计每堆积1万 t 渣约占一亩地，我国多年积累尾矿，废渣达53亿 t，占地约3.93公顷。如果对这些固体废物不加以利用而到处堆放，就会严重破坏土地资源。本来许多河滩地很肥沃，是粮食稳产高产田，但由于堆放废渣，使土质恶化，粮食大幅度减产。有的废渣堆放在山沟，影响树木的生长，毁坏了森林，造成水土流失。

2. 污染土壤

废物任意堆放，其中有害组分容易污染土壤，人与土壤的直接接触或是生吃此类土壤上种植的蔬菜、瓜果就会致病。如果直接使用来自医院、生物制品厂以及屠宰厂的废渣作肥料时，垃圾中的致病菌或寄生虫就会进入土壤，就会通过各种途径传染给人。

工业固体废物还会破坏土壤中的生态平衡。土壤是许多细菌、真菌等微生物聚居的场所，这些微生物形成了一个生态系统。在大自然的物质循环中，担负着碳循环和氮循环的任务。固体废物经过风化、雨淋，产生高温、毒水或其他反应，能杀灭土壤中的微生物，使土壤丧失腐解能力，导致土地贫瘠，寸草不生。而且有些固体废物中的有害物质进入土壤后，还可能在土壤中积累，例如，某城市郊区，土壤中汞的浓度超过本地浓度的3倍。铜、铅分别增加了87%和55%，都可能对农作物的生长带来危害，并被植物吸收，进而通过食物进入人体，给人带来疾病。

放射性固体废物进入土壤后，也能在土壤中累积，并通过雨水进入水体，造成污染或被植物吸收，通过食物进入人体。

3. 污染水体

固体废物引起水体污染的途径有，随天然降水径流入河流、湖泊，或由于较小的颗粒随风飘迁，落入河流、湖泊，污染地面水；随渗沥水渗透到土壤中，进入地下水，使地下水污染，废渣直接排入河流、湖泊或海洋，造成污染。例如，美国纽约州的"拉祸"运河，20世纪50年代曾填埋过80多种化学废物，10多年后陆续发现水井变臭，儿童畸形，成人患怪病，迫使200多户搬迁，以致该区成为无人居住的"禁区"。20世纪60年代我国某矿山锑冶炼过程中排出的含砷烟尘，长期露天堆存，污染了水井，致使308人中毒，6人死亡，最后只好将水井封闭。我国某铁合金厂20世纪50年代露天堆存的铬渣，数年后即发现70多平方公里范围水井遭到六价铬污染，造成7个自然村的1 800眼井水不能饮用，不得不花巨资在铬渣堆周围浇注10 m多深的防渗槽，基础直至地下岩石层，才相对稳定地把铬渣与周围土壤隔开。

生活垃圾未经处理任意放置，也会造成地下水污染。哈尔滨市一垃圾填埋场的地下水深度、色度和锰、酚、汞含量及细菌总数、大肠杆菌数都大大超标。

目前，一些国家把大量固体废物投入海洋，海洋正面临着固体废物潜在的污染威胁。即使无害的固体废物排入江河湖泊，也会造成河床淤塞，水面减少，水体污染，甚至导致水利工程设施效益的减少或废弃。我国沿河流、湖泊、海岸建立的许多企业，每年向附近水域排放大量灰渣，灰渣在河道中淤积，从长远看对其大型水利工程是一种潜在的危险。

4．污染大气

固体废物一般通过下列途径使大气受到污染：在适宜的温度和湿度下，有些无机物发生化学分解，释放出有害气体。细粒粉末随风迁移，加重了大气的粉尘污染，同时在运输和处理固体废物的过程中也难免产生有害气体和粉尘，使空气受到污染。

煤矸石中含硫量达 1.5% 即会自燃，达 3% 以上就会发火，散发出大量二氧化硫，污染空气。我国辽宁、山东、江苏三省的 112 座矸石山中，自燃起火的有 42 座，某市由于煤矸石山自燃生成的二氧化硫量达 22.37 t/d。我国某铅锌矿在选矿后的尾矿中，由于含有硫化铁尾矿，长期堆存，在夏季就发生自燃，排放出大量二氧化硫，污染空气。1958 年，前苏联在里雅宾斯克州的核废料处理场发生爆炸，高度污染的泥土抛散范围在 1 000 多平方米，大风又吹走几十公里，受害者达几万人，几百人很快死亡，几千人随后慢慢死去。造成大面积核污染，几百年后才能完全消失。

我国的部分工业企业，采用焚烧法处理废弃塑料也造成严重的大气污染。

5．影响环境卫生

我国工业固体废物的综合利用率很低。城市垃圾、粪便清运能力不高，无害化处理率较低，1992 年仅达 28.3%，很大一部分垃圾、工业废渣堆放在城市的一些死角，严重影响城市容貌和环境卫生，对人体健康构成潜在的威胁。

总的来说，固体废物对环境的污染，虽没有像废水、废气那样严重，但从其对人类造成的危害来看，必须采取措施，进行合理的治理。

第4章　冶金废气的治理和利用

4.1　概述

4.1.1　冶金废气种类与特点

1. 冶金废气种类

冶金废气根据主要污染物不同可分为：

含二氧化硫烟气
含氟烟气
含铅锌烟气
含汞烟气
含尘煤气
含氮氧化物烟气
沥青烟气等

冶金废气根据来源可分为3类：

(1)原燃料采选、加工、装卸和运输过程产生的粉尘

采选矿：凿岩、爆破、矿石破碎、筛分、选别等；

配料混匀：堆料、取料、磨料、混匀等；

装卸和运输：各种装卸、火车、汽车、皮带运输等。

(2)冶炼和金属加工过程产生的烟气(煤气)和有害气体

烧结、焙烧、煅烧烟气；

焦化(焦炉、煤化工)：焦炉煤气、有机挥发物；

金属冶炼烟气(煤气)；

钢材酸洗过程中产生的烟气。

(3)燃料在炉、窑中燃烧产生的烟气

烟气中还可能含有镉、砷、铜、氯气、硫化氢、铍等有害物质。

2. 冶金废气特点

(1)排放量大，污染面广

遍布全国的有色金属冶炼厂和钢铁厂每年排放出大量废气，金属矿山开发和生产中亦产生各种粉尘和废气。废气流动性强，不可能向固体废物一样堆存，只能释放，释放后扩散速度极快，所以污染范围很大，人、畜、植被和土壤等都会受到有害废气的污染影响。

废气中污染物以无机物为主，环境污染具有潜在的影响，有色金属生产是以矿石为原料，冶炼工艺基本以火法和湿法为主，能源构成以煤为主，添加的辅助材料以无机物为主(如

酸，碱，盐类），产品是有色金属及其合金制品，所有这些因素导致废气中所含污染物多是以无机物为主的形态排入大气。

废气中主要的有害污染物排放情况见表 4 - 1 所示。

表 4 - 1　废气中主要污染物排放情况

污染物名称	排放量/(t·a^{-1})	占全国的百分比/%
二氧化硫	568 642	3.8
燃料燃烧	78 659	
生产工艺中的废气	489 983	
氟化物	6 585	
硫酸雾	1 782	

（2）废气温度高，成分复杂，治理难度大

钢铁和有色金属产品种类繁多，生产工艺各不相同，废气中所含污染物各种各样，性质非常复杂，因而给治理带来了很多困难。

现代有色金属企业大部分采用的是传统生产工艺和作业方法，设备陈旧，操作控制水产低，许多生产装置上污染治理设施不配套，不完善，单位产品产量废气排放量比较大，所含污染物浓度低，像这类性质的废气，如低浓度的含硫含氟烟气，回收利用价值低，治理所需费用高，获得的经济效益很难抵偿资金的投入。

火法冶金企业冶炼（窑）炉排出的废气温度一般为 400 ~ 1 000℃，有的高达 1 400 ~ 1 600℃；由于废气温度高，对其输送管道材质与构件结构、冷却和净化设备材质的选择方面都需作特殊考虑，这样就增加了技术上的难度；烟气的冷却技术难度大，设备投资高；高温烟气中含硫，一氧化碳，使烟气在净化处理时，必须妥善处理好"露点"及防火，防爆问题。所有这些特点，构成了高温烟气治理中的艰巨性和复杂性。

（3）烟尘颗粒细，吸附力强

钢铁工业冶炼过程中排放的多为氧化铁烟尘，其粒径在 1μm 上下占多数。由于烟尘颗粒细比表面积大，吸附力强，易成为吸附有害气体的载体。汞、镉、铅、砷等金属（或半金属）通常与其他有色金属伴生，在冶炼过程中经过高温氧化、挥发或同其他物质相互反应，随载体（空气）排入大气。这类污染物颗粒细，能在空中飘浮较长时间，还可能成为吸附其他有害气体（如二氧化硫，氟等）的载体，最终沉积到植物表面或土壤中，积累一定程度也会造成污染。

（4）废气具有回收价值

钢铁和有色金属生产排出的高温烟气，其余热可以通过热能回收装置（如换热器、余热锅炉、发电机等）转换为蒸汽或电能；炼焦及炼铁、炼钢过程中产生的煤气，已成为钢铁企业的主要燃料，并可外供使用；各中废气净化过程中收集的尘泥，绝大部分含有有价金属成分，可采用各种方式回收利用；烟气中的气体物质通过回收可作为化工原料（如二氧化硫制酸等）。

4.1.2　冶金废气处理原则与步骤

1. 处理原则

①密封性原则。各种炉窑烟气排出管路和处理设备必须密封,防止二次泄漏。

②减量性原则。控制新的污染源及新建企业的废气排放量,推行清洁生产,淘汰旧设备,采用新技术新工艺,从而减少排放量。

③完全性原则。既要除尘,还要吸收气体污染物,使排空的废气完全净化,彻底消除其污染危害。

④资源化原则。综合利用废气中的有用物质和热能。

⑤处理与管理相结合原则。不处理不排放,控制污染源头和废气排放;合理利用环境自净能力与人为措施相结合;技术措施与管理措施相结合;综合防治与分散治理相结合;按功能区实行总量控制等。

2. 处理步骤

①除尘:除去废气中悬浮的尘粒。

②气体污染物净化。

③能量利用:热能和压力能。

④烟尘和气体污染物的综合利用。

4.2　烟气除尘方法

4.2.1　除尘的意义

①保护环境,维护生态平衡。冶金废气含有大量有毒污染物,如汞、砷,铅、铬、锌等的粉尘或蒸气以及烟气中的 SO_2、CO、HF、HCN 等有毒气体,若这些污染物直接排放,就会污染大气,破坏生态环境,故必须除尘净化,达到排放标准后才能排放。

②回收有价金属,提高金属回收率和综合利用率。从某些冶炼过程的烟气含尘情况看,进入烟尘中的贵金属、有价金属数量大,成分复杂,特别是富集了稀有金属,这些宝贵资源,必须予以回收。除尘净化后含二氧化硫的烟气可以制取硫酸、硫磺和其他含硫制品;含氟的烟气可用以制取冰晶石和其他氟化盐,竖罐炼锌废气中含有一氧化碳可作燃料等。

③加速冶金技术的进步。现代许多冶金过程,如用挥发法提取汞和锑、炉渣的烟化,杂铜的熔炼等,收尘已经是冶金生产中的重要组成部分。又如沸腾焙烧,闪速熔炼、氧化铝大型回转窑等技术,产能大,烟尘率高,如果没有完善的适应各种粉尘性质要求的高效除尘机组,上述方法的优势就不可能得到发挥和应用。

4.2.2　烟气除尘原理与方法

冶金废气流量大,而且多为含尘烟气,因此在净化冶金废气时,应首先进行除尘作业。除尘就是将固体微粒与其载气分离,并将微粒加以捕集,使气体得到净化的过程。按除尘程度可以分为粗除尘、半精细除尘和精细除尘;按除尘是否用水或其他液体清灰可分为干法除尘、湿法除尘;按除尘作用原理可分为机械力除尘、湿法除尘、过滤式除尘、电除尘。

1. 烟气除尘原理

烟气中微粒和载气的分离是利用微粒和载气分子间两者的质量差别和所受外力的差异来进行的。要使微粒与载气分离，必须满足两个基本条件，其一是分离作用力，其二是沉积面。分离过程是：悬浮与载气中的微粒在外力作用下产生分离运动，并在沉积面上沉积下来，不断清除已沉积的微粒，实现微粒与载气的分离。

2. 微粒分离方法

分离方法一般采用机械或物理方法。主要有重力沉降、惯性分离、离心分离、过滤、静电沉积、洗涤等方法。

重力沉降：在重力场的作用下，较大的尘粒能产生明显的沉降运动，最终在沉积面上沉积下来。如重力沉降室，多层沉降室。

惯性分离：使含尘气体的运动速度的大小或方向突然变化，其中的微粒在惯性作用下产生分离运动并沉积。如挡板除尘器，百叶窗式除尘器。

离心分离：使含尘气体做圆周运动，尘粒在离心力的作用下产生分离运动，并以分离设备内壁面为沉积面而分离。如旋风除尘器。

过滤：让含尘气体通过多孔性滤层，使其中的微粒阻留在滤层中。过滤的机理较复杂，分离作用力也较多，例如惯性力、湍流力、扩散力等。在一定的条件下，还可以利用电场力、磁场力等。如布袋除尘器，颗粒层除尘器。

静电沉积：含尘气体通过电晕放电的电场，使其中的微粒荷电，并在电场力作用下，向集尘极表面沉积。

洗涤：将液体在含尘气体中分散成液滴、液膜，或使气体在液体中分散成气泡，通过气液充分接触，使气相中的微粒转入液相。洗涤过程的机理和作用力与过滤基本相似。其沉积面为液滴、液膜或气泡的液面。

实际使用的除尘装置常是几种原理的组合。

4.2.3 除尘设备

1. 机械力除尘器

机械力除尘器是利用机械力（重力、惯性力或离心力）来净化含尘烟气的一种除尘设备。如重力沉降室（重力除尘器）、惯性除尘器、旋风除尘器、扩散式旋风除尘器等。

（1）重力除尘器

重力除尘是利用含尘气流中尘粒因重力作用自然沉降而进行分离的装置。微粒在流体中受重力作用慢慢降落而从流体中分离出来的过程称为重力沉降。

借重力沉降从气流中分离出尘粒的设备称为重力沉降室。最常见的沉降室示意图如图 4-1(a)。

含尘气体进入沉降室后，因流道截面积扩大而速度减慢，只要颗粒能够在气体通过沉降室的时间内降至室底，便可从气流中分离出来。颗粒在降尘室内的运动情况如图 4-1(b)。

过滤器如袋式除尘器、颗粒层除尘器等；静电除尘器和洗涤除尘器。

一般重力除尘装置可捕集 50 μm 以上的尘粒，沉降室的阻力损失 ΔP 为 50~150 Pa，气流的水平流速通常取 0.2~2 m/s，除尘的效率为 40%~60%。在处理锅炉烟气时，气流不宜大于 0.7 m/s。

80

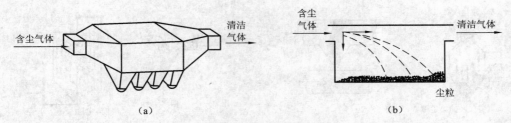

图4-1　沉降室示意图

(a)沉降室；(b)尘粒在降尘室内的运动情况

重力除尘装置构造简单，施工方便，投资少，收效快，但体积庞大，占地多，效率低，不适于除去细小尘粒。在工程上常作为二级除尘的第一级。图4-2为高炉煤气重力除尘器。

(2)惯性力除尘装置

使含尘气体冲击挡板或使气流急剧地改变流动方向，然后借助粒子的惯性力将尘粒从气流中分离的装置，称为惯性力除尘装置(图4-3)。当含尘气体以 v_1 的速度，按与挡板 B_1 垂直向流入装置，粒径为 d_1 的尘粒首先冲击挡板 B_1，并由于重力而降落；粒径为 $d_2(d_1 > d_2)$ 的尘粒冲击在挡板 B_2 上，以相同原理而降落下来。这样含尘气体由于挡板的作用，以曲率半径 R_1、R_2 转换流动方向，含尘气体中的尘粒在惯性力和离心力的作用下而被捕集。此时，尘粒 d_2 的自由沉降速度(分离速度) v_g 与回旋气流的曲率半径 R_2 及该点的切线速度 v_0 之间的关系，可用下式表示：

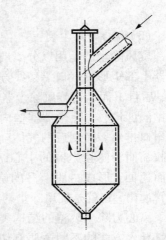

图4-2　高炉煤气重力除尘器

(箭头为煤气流动方向)

$$v_g = k \cdot d_2^2 \frac{v_0^2}{R_2}$$

式中 k 为常数。由上式可知，回旋气流的曲率半径愈小，愈能分离微小的粒子。

惯性力除尘装置的构造有两种型式：①以含尘气体中的粒子冲击挡板来收集较粗粒子的冲击式，如图4-4；②通过改变含尘气体流动方向来收集较细粒子的反转式，如图4-5。惯性力除尘装置结构紧凑，尺寸小，可以安装在烟道、风道内使用，可以处理高温、高浓烟气，压力损失较小，对烟气条件要求不严。含尘烟气在撞击或改变方向前的流动速度越高，方向改变的曲率半径越小，就越能捕集细小的尘粒，

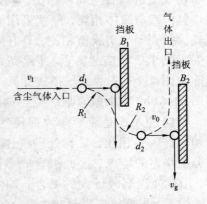

图4-3　惯性力除尘装置工作原理

其除尘效率也越高。有的工厂为提高除尘效率，在装置上增加淋水器，可在挡板上淋水，形成水膜，改成湿式惯性除尘装置。这种除尘装置适宜捕集的尘粒直径在 $10\mu m$ 以上。

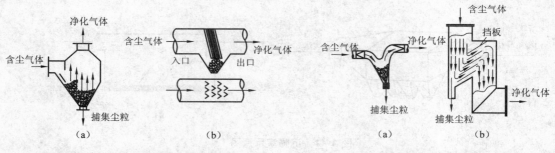

图 4-4 冲击式惯性力除尘装置
(a)单机型；(b)多级型

图 4-5 反转式惯性力除尘装置
(a)弯管型；(b)百叶窗型

(3)离心力除尘装置

旋风除尘器是用以分离烟气中含有少量尘粒的设备。其工作原理是：被净制的烟气由除尘器上部矩形过气口沿切线方向高速(约 20 m/s)进入具有锥形底的圆筒中，气体先自上而下，后自下而上在旋风除尘器机体内形成双层螺旋形运动。烟气中含有的尘粒受离心力作用被抛向四周，与除尘器器壁内边碰撞后，失去动能而沉降下来，落入灰斗中，再由锥形底的排出口排出。净制后的气体随着圆锥形的收缩而转向除尘器的中心，受底部所阻而返回，形成一股上升的旋流，经出口管逸出，这就是旋风除尘的原理。

离心力除尘装置的结构类型按处理烟气导入方式的不同主要有切线进入式旋风除尘器和轴向进入式旋风除尘器两种。

切线型进口管与筒体相切，蜗壳型进口管内壁与筒体相切，外壁采用渐开线式。蜗壳型与切线型相比，具有阻力损失小除尘效率高的特点。(蜗壳式旋风除尘图 4-6(a)，螺丝顶式旋风除尘器图 4-6(b)，切线旋风除尘器图 4-6(c))

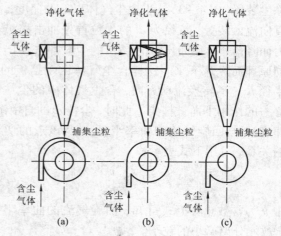

图 4-6 切线进入式旋风除尘器

轴向进入式是靠导向片促使气流旋转的，与切向进入式相比，具有处理气体量很大，气流分配均匀的特点。因此组合成多管旋风除尘器，用在处理烟气量大的场合。轴向进入式旋风除尘器，根据气流流动方式可分为两种类型：轴向反转式旋风除尘器，如图 4-7(a)；轴向直流式旋风除尘器，如图 4-7(b)。

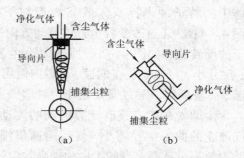

图 4-7 轴线进入式旋风除尘器

多个旋风除尘器可以组合起来使用，串联组合的目的是提高除尘效率，并联组合使用可增大气体的处理量。除了单体并联使用以外，还可将许多小型旋风除尘器(称为旋风子,筒体直径为 100~250 mm)组合在一个壳体内并联使用,称多管除尘器。旋风子气流进口均为轴流式。多管除尘器的特点为布置紧凑、效率高、处理气体量更大。还可采用旋风水膜除尘器提高除尘效率,用麻石或瓷砖构筑筒体,从上部喷水,使壁面上形成一层水膜,以粘附离心分离的灰粒并流入灰斗。此除尘器效率高、阻力小,但耗水量大、污水难处理,易形成二次污染。

旋风除尘器结构简单,能够分离高温含尘气体,分离效率较高,为 70%~90%,可以分离出小到 5 μm 的尘粒。对于小于 5 μm 的尘粒,分离效率较低,不能除净。应用时注意气体流量不能太小,否则就会降低除尘效率。对于含有大于 200 μm 尘粒的烟气,最好先用重力沉降室预先处理,这样可以减少尘粒对器壁的磨损。至于小于 5 μm 的尘粒可以用布袋除尘器或湿法除尘器处理。

旋风除尘器的型号、规格很多,主要有 XLP 型旋风除尘器、扩散式旋风除尘器、CZT 型旋风除尘器、XCX 型旋风除尘器等。

2. 湿法除尘器

湿法除尘器(也叫湿式气体洗涤器)是利用含尘气流与水或某种液体密切接触,使尘粒从气流中分离出来的装置。其除尘原理是含尘气体在水或溶液的作用下,利用产生的液滴、液膜、气泡来洗涤含尘烟气,使尘粒粘附、相互凝结而将尘粒进行分离。除尘过程改变了尘粒的物理性质,使之能更完全地在重力、惯性力、离心力或电场力的作用下被捕集下来。主要有洗涤塔、文氏管、泡沫除尘器、水浴式除尘器、冲击式除尘器、卧式旋风水膜除尘器等。

湿法除尘器适用于处理非纤维性易湿润和不与水发生化学反应的粉尘,特别适宜处理高温、易燃、易爆的气体。湿法除尘器对初期微细尘粒效果显著,这主要是惯性碰撞和细微尘粒与液膜产生的截留同作用的结果。因此,在除尘器中,形成的液滴、液膜和气泡越多,与烟气的接触越好,也就越能提高分离效果,得到较高的除尘效率。

湿式除尘器的优点是,与干式机械除尘器比较效率高;与袋滤器和电除尘器比较结构简单、造价低;可以同时对烟气进行冷却和除尘,因此可适用于高湿烟气和黏性粉尘。

湿式除尘器的缺点是:要有复杂的废水处理装置,不适用于疏水性和水硬性粉尘;处理腐蚀性气体时,要考虑设备的防腐,冬季应有防冻措施。

(1)泡沫除尘器

在除尘器圆筒部分设置一层或几层多孔筛板,见图 4-8。在筛板上部供给一定的水量,当含尘气体进入后,较大的尘粒预先在筛板下部碰到湿的筛板底面被液体所捕获。其余微细尘粒进入泡沫层中绝大部分尘粒被除去,净化后的气体从设备上部排出。

(2)水浴式除尘器

水浴式除尘器是一种结构简单、投资少的湿式除尘器,如图 4-9。水浴式除尘器结构简单、易于操作,可用砖石砌筑。缺点是泥浆处理困难、排气带水、挡水板易堵塞,要注意维护。

(3)冲击式除尘器

冲击式除尘器由通风机、洗涤除尘室、清灰和水

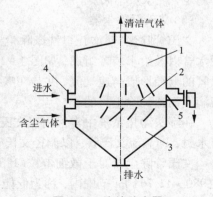

图 4-8　泡沫除尘器

1—外壳;2—筛板;3—下部锥体;
4—进水口;5—溢流板

位控制装置组成。含尘气体进入后，突然转弯向下冲击水面，较粗的尘粒被水捕获。细尘粒随气流与水体充分混合接触，使尘粒被水捕获除去，净化后气体经挡水装置分离水滴后排出。这种除尘器的特点是：气量波动范围较大时，效率和阻力仍较稳定；结构紧凑，占地小，便于设计、安装和管理。

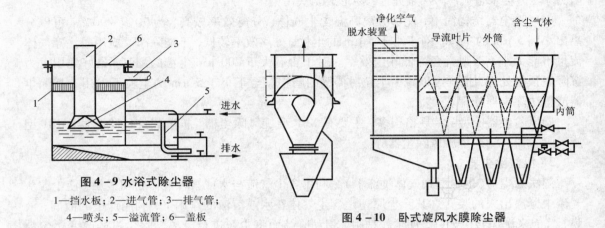

图 4-9 水浴式除尘器
1—挡水板；2—进气管；3—排气管；
4—喷头；5—溢流管；6—盖板

图 4-10 卧式旋风水膜除尘器

（4）卧式旋风水膜除尘器

这种除尘器又称鼓形除尘器，其结构如图 4-10。

含尘气体由进口沿切线方向进入，并沿螺旋形通道作旋转运动，粉尘由于离心力作用甩向外壳的内表面。除尘器下部的水面由于含尘气体的旋转运动而使筒壁形成 3～5 mm 厚的一层水膜，当尘粒甩向筒壁时为水膜捕获。

该除尘器结构简单，阻力小，效率高，操作稳定，耗水量不大。

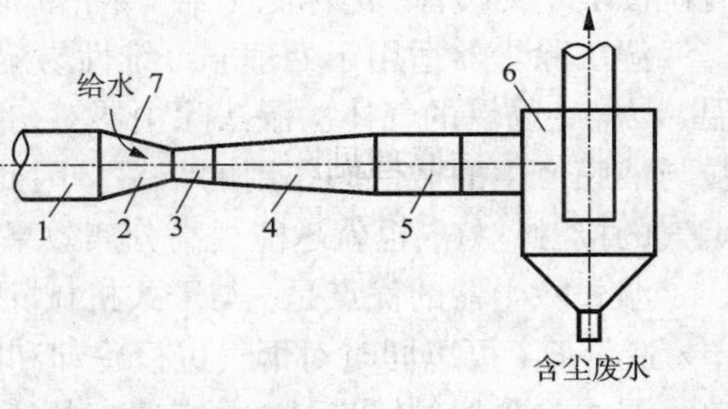

图 4-11 文氏管除尘器一
1—进气管；2—收缩管；3—喉管；4—扩散管；
5—排气管；6—脱水器；7—给水装置

（5）文氏管除尘器

文氏管除尘器（文丘里洗涤除尘器）是一种高效率的湿式除尘器，主要由收缩管、喉管、脱水管以及给水装置组成，如图 4-11 和图 4-12 所示。其除尘机理是使含尘气流经过文丘里管的喉径形成高速气流，并与在喉径处喷入的高压水所形成的液滴相碰撞，使尘粒粘附于液滴上而达到除尘目的。

在湿法净化系统中常采用双文氏管串联，通常以定径文氏管作为一级除尘装置，并加溢流水封，即溢流文氏管；以调径文氏管作为二级除尘装置。

文氏管除尘器对于微细尘粒（1 μm 以下），也有很高的除尘效率，其阻力损失一般控制在 980～11 764 Pa 范围内，称为低能文氏管；炼钢烟气常为 7 842～11 764 Pa，称为高能文氏管。该设备在化工、冶金等工业部门得到广泛应用。

文氏管除尘器的除尘性能与袋式除尘相近，除尘率可达 99% 以上，如此高的效率和简单的结构，不仅能减少安装面积，而且还能脱出烟气中部分硫氧化物和氮氧化物，这是文丘里管除尘器的主要优点。其缺点是压力损失大，动力消耗大，并需要有污水处理的装置。

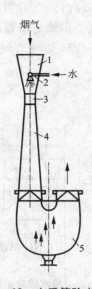

图4-12 文氏管除尘器二

1—文氏管收缩段；2—碗形喷嘴；

3—喉口；4—扩张段；5—弯头脱水器

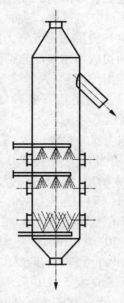

图4-13 洗涤塔

（6）洗涤塔

洗涤塔结构原理见图4-13，它是直立的圆柱体或方柱体，内部设置三层喷水嘴，下层向上喷水，喷水量占总水量的50%，中、上层喷水管向下喷水，喷水量各占25%。它的除尘原理是靠水滴湿润并吸收粉尘颗粒而达到除尘的目地，并兼有降低煤气温度的作用。煤气在塔内标态流速为1.8~2.5 m/s，压力损失80~200 Pa，除尘效率为80%~90%，标态煤气耗水量4.0~4.5t/1 000 m³，喷水压力为0.1~0.15 MPa。

3. 过滤式除尘器

过滤式除尘器是使含尘气流通过过滤介质将尘粒分离出来的装置。除尘机理包括筛选、惯性分离、截捕、扩散和静电等作用，对于5 μm以下的尘粒，其过滤效率均在99%以上。

过滤式除尘器包括用织物作滤料的袋滤器（袋式除尘器）和硅砂填料层作滤料的颗粒除尘器。前者为表面过滤，即用较薄滤布制成滤袋，作为过滤层收尘，应用极广泛。后者为内部过滤，即将松散的滤料放到容器内填充后作为过滤层。这种方式主要用于净化含尘浓度很低的气体。

（1）袋滤器（袋式除尘器）

袋滤器是过滤式除尘装置的主要形式之一，如图4-14。它是通过在除尘器内悬吊许多滤布

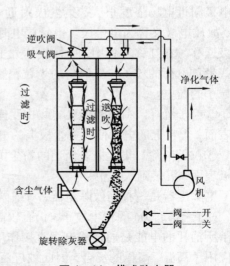

图4-14 袋式除尘器

袋来净化含尘气体的。含尘气体通过袋状的滤布，把尘粒阻留下来，使烟尘与烟气分离，净制的气体通过滤袋后排走，而阻留在滤袋上的粉尘在机械振动或气体流力的作用下，脱落下来降至灰斗，并定期卸灰。滤布、清灰机构、过滤速度等因素都会影响除尘器的性能。

袋滤器按其清灰方式可分为简易清灰袋滤器、机械振打反吹风袋滤器和脉冲式袋滤器等。袋滤器的构造和主要性能见图 4-14。

（2）颗粒层除尘器

颗粒层除尘器是用石英砂做过滤介质，可耐高温。

颗粒层除尘器的主要参数：过滤介质用硅砂平均当量直径为 1.3~2.2 mm，过滤层厚 100~150 mm；过滤速度 15~25 m/min；颗粒层阻力 490~1 176 Pa；除尘器阻力为 784~1 470 Pa；反吹风速 40.8~70.4 m/min；反吹风压 1 568~2 255 Pa；反速周期随入口粉尘浓度而定，反速宽度 5~10 s；除尘效率 95% 左右，最高为 97%~99%；压缩空气压力 0.35~0.6 MPa，流量 0.6 m³/min。工作原理见图 4-15。

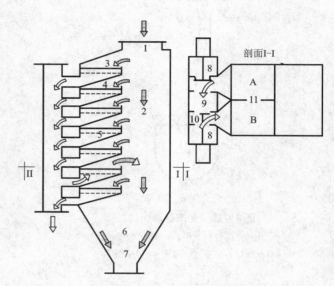

图 4-15 颗粒层除尘器工作原理
1—进气口；2—沉降室；3—过滤空间；4—颗粒层；5—筛网；
6—灰斗；7—排灰口；8—反吹风口；9—净气口；10—阀门；
11—隔板；A、B—过滤断面

4. 电除尘器

电除尘器是利用高压电场产生的静电力使尘粒荷电并从气流中分离出来的一种除尘装置。含尘气体进入除尘器后，通过以下 3 个阶段实现尘气分离。

①粒子荷电。在放电极与集尘极间施以很高的直流电压时，两极间形成一不均匀电场，放电极附近电场强度很大，集尘极附近电场强度很小。在电压加到一定值时，发生电晕放电，故放电极又称为电晕极。电晕放电时，生成的大量电子及阴离子在电场力作用下，向集尘极迁移。在迁移过程中，中性气体分子很容易捕获这些电子或阴离子形成负气体离子，当这些带负电荷的粒子与气流中的尘粒相撞并附着其上时，就使尘粒带上了负电荷，实现了粉尘粒子的荷电。

②粒子沉降。荷电粉尘在电场中受库仑力的作用被驱往集尘极，经过一定时间到达集尘极表面，尘粒上的电荷便与集尘极上的电荷中和，尘粒放出电荷后沉积在集尘极表面。

③粒子清除。集尘极表面上的粉尘沉积到一定厚度时，用机械振打等方法，使其脱离集尘极表面，沉落到灰斗中。

电除尘器是一种高效除尘器，对细微粉尘及雾状液滴捕集性能优异，除尘效率达 99% 以上，对于 <0.1 μm 的粉尘粒子，仍有较高的去除效率。由于电除尘器的气流通过阻力小，又由于所消耗的电能是通过静电力直接作用于尘粒上，因此能耗低。电除尘器处理气量大，又可应用于高温、高压的场合，因此被广泛用于工业除尘。电除尘器的主要缺点是设备庞大，占地面积大，因此一次性投资费用高。

电除尘器的主要结构: 干式的板式电除尘器是工业除尘中使用较广的一种形式。其主要部件有电晕极、集尘极、气流分布板、集尘极的清灰装置、电晕极的清灰装置和供电设备等。设备结构见图4 – 16。

电除尘器的主要优点是: 除尘效率高, 对 $1 \sim 2~\mu m$ 的粉尘, 其除尘效率可达98% ~ 99%; 处理气量大, 每小时可处理几十万甚至上百万立方米的气量; 阻力比较低, 因此消耗能量小, 正常操作温度可达300℃。

电除尘器的主要缺点是: 一次性投资费用大、维护费用高, 设备占地面积大; 对粉尘有一定的选择性, 结构较复杂, 安装、维护、管理要求严格。

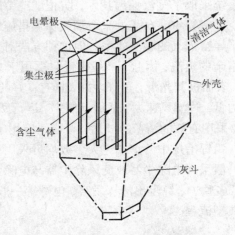

图4 – 16 板式电除尘器

对于高炉荒煤气除尘, 无论大中小型高炉, 其煤气粗除尘设备一般采用重力除尘器。半精细除尘设备有洗涤塔、溢流文氏管等, 精细除尘设备有文氏管、滤袋除尘器、电除尘器等。转炉炼钢烟气除尘一般采用文氏管除尘, 重有色金属火法冶炼烟气常用电收尘。

4.2.4 冶金烟气除尘工艺

含粉尘的冶金废气大体上可分为三类: ①含工业粉尘为主的采、选废气; ②含有害气体、尘的冶炼废气; ③原料准备过程中产生的粉尘。

1. 采选废气除尘

对凿岩、铲运、放矿、出矿和运输(机车、汽车和皮带)等作业, 大多采用湿式作业来减少粉尘的产生量; 对溜井出矿系统、露天穿孔系统及选矿厂的破碎系统和皮带运输系统, 大多采用密闭抽尘和净化措施相结合的方法来控制废气中颗粒物的含量。现常用的除尘装置有旋风除尘器、布袋除尘器、文氏管、泡沫除尘器、单电极静电除尘器等。

2. 冶炼废气除尘

烟气收尘分干式、湿式两类。干式收尘的整个作业过程都是在烟气温度大于露点条件下进行, 目前90%以上含尘烟气都采用干式收尘。常用的干式收尘设备有降尘室、旋风除尘器、布袋收尘器和电除尘器等, 可以单独使用, 也可以组合使用。

湿式收尘适用于净化含湿量大的含尘烟气(如精矿干燥窑和浸出渣干燥窑产生的含水较高的烟气), 多在南方冶炼企业使用。某些含水量较高的炉窑烟气, 比如干燥窑烟气, 由于具有含水分高(15% ~ 25%)、温度比较低(80 ~ 120℃)的特点, 烟气温度与其露点很接近, 易造成烟气的结露, 在使用袋式除尘器时易造成糊袋现象, 致使清灰无法正常进行, 系统阻力增加, 迫使停产更换滤袋。因此, 现在多数厂家采用旋风除尘加湿式除尘的办法。

常用的湿式除尘装置有水膜旋风收尘器、自激式收尘器和文氏管等。由于整个作业过程都处于湿式状态, 容易造成设备管道腐蚀, 且收下的烟尘呈浆状并有废水产生, 难于处理, 因此, 在冶炼烟气治理中用的较少。

近年来, 在某些冶炼项目的设计以及部分厂家的实际生产运行当中, 对易结露烟气的收尘系统采取了蒸汽保温技术，防止烟气结露。实践证明这种方法是行之有效的，干燥窑烟气露点一般为 40~60℃，采取烟气保温措施即避免了使用布袋收尘器时糊袋的现象，从而提高了干燥窑烟气的收尘效率。但这种方法对企业的硬件设施要求较高，要求企业具备余热锅炉和富余的蒸汽，因此，一般来说只适用于大中型冶炼企业。近年出现的新型微孔薄膜复合滤料，表面极其光滑，透气性好，具有良好的粉尘捕集性能和剥离性能，具有过滤效率高、运行阻力低、过滤风速大、适用范围广、运行费用低、使用寿命长等优点，且可有效地解决糊袋问题，采用有效的清灰方式后，可广泛应用于干燥窑及其他铅锌冶金炉窑的烟气收尘。

铅锌冶炼中的炉窑绝大多数均可采用干式收尘，如烧结机、流态化焙烧炉、直接炼铅炉等一般采用电除尘器或旋风除尘器与电除尘器的组合进行收尘，炼铅鼓风炉、烟化炉、反射炉、多膛炉、锌浸出渣挥发窑、电炉等一般采用布袋收尘。表 4-2 为表国内铅锌冶炼烟气收尘典型流程。

表 4-2 国内铅锌冶炼烟气收尘典型流程

炉窑	含尘量（g/Nm³）	收 尘 流 程
鼓风烧结机	25~40	烟气→沉尘室（或旋风收尘器）→电除尘器→风机→制酸
炼铅鼓风炉	8~30	烟气→水套烟道→表面冷却器→布袋收尘器→风机→烟囱
烟化炉	50~100	烟气→余热锅炉→表面冷却器→袋式收尘器→风机→烟囱
氧气底吹炼铅炉	150~250	烟气→余热锅炉→电除尘器→风机→制酸
浮渣反射炉	5~10	烟气→淋水塔→淋水冷却器→袋式收尘器→风机→烟囱 烟气→冷却烟道→风机→文氏管→汽水分离器→烟囱
干燥窑	10~20	烟气→旋风除尘器→风机→湿式除尘器→烟囱 烟气→袋式除尘器→风机→烟囱
锌焙烧炉	100~150	烟气→余热锅炉→一级旋风除尘器→二级旋风除尘器→电除尘器→风机→制酸 烟气→水套冷却器→旋风除尘器→电除尘器→风机→制酸
浸出渣挥发窑	40~55	烟气→余热锅炉→表面冷却器→袋式收尘器→风机→烟囱 烟气→余热锅炉（或表面冷却器）→电除尘器→风机→烟囱
密闭鼓风炉	20~25	烟气→冷凝器→洗涤塔→洗涤机→（湍球塔）→脱水器→风机→用户
多膛炉	5~10	烟气→表面冷却器→袋式收尘器→风机→烟囱

可以看出，铅锌冶炼中各类烟气基本上均可采用布袋收尘或电除尘器。布袋除尘器由于其抗火性能较差，一般需在其前设置余热锅炉或冷却装置对烟气进行降温。

3. 原料场扬尘治理

原料的贮存、准备、加工运输中都会产生扬尘，尤其在风的作用下四处飘散，恶化场内外环境，因此扬尘治理十分必要。一般措施是喷水降尘、覆盖、添加扬尘抑制剂、设置防尘网等。

（1）喷水降尘

国内有些厂主要是采用料堆喷水降尘，并配有专用的泵站，其喷水点可以覆盖整个料场,在一定程度上起到了抑制扬尘的作用。但是,由于多数物料的润湿性较好,喷水后,水很快渗入料堆内部,表面存留的水分亦很快蒸发。遇到大风天气,还是会造成大量扬尘;而长时间大量喷水,又将造成原料含水率过高,影响烧结、焙烧、冶炼等过程。

(2)覆盖

混合料堆上用尼龙防雨布或秸秆编织帘覆盖。这些措施虽也可以在一定程度上解决大风扬尘问题,但防雨布的存放保管及整个覆盖过程均为人工操作,工作量相当大。随着国家对环保要求的提高,喷水降尘及防雨布覆盖等措施已不能解决问题。

(3)添加扬尘抑制剂

参照国内外成功的控制方法,可采用在料堆表面喷洒扬尘抑制剂的方法来综合治理料场的扬尘。

目前,扬尘抑制剂可分为润湿浸透型与保护膜形成型两类。前一类主要是使小颗粒物料粘聚成团粒,以增大其颗粒重量来减少扬尘,它适用于装卸及输送过程;后一类主要是在物料表面形成保护膜而抑制扬尘,适用于堆放的物料和露天贮存的物料。

扬尘抑制剂至少应具备如下性能:①具有良好的防风防雨性能,固化后不易破碎,不易被水二次泡发;②对大气与水不产生二次污染;③易于喷洒,喷洒时无着火危险;④在温度达到 $60 \sim 70 ℃$ 时仍具有良好的热稳定性;⑤随原料烧结后不会产生有毒物质,不影响产品的性能;⑥来源充足,价格低廉。

某厂对乳胶、水泥、石灰、HSBF、HSBF-1、HSBF-2、BS-1、M 型药剂等共 8 种不同的抑制剂进行试验对比,结果表明最佳抑制剂为 10% 的石灰乳,它的各项指标完全可以满足料场抑尘的要求,尤其是其费用低廉更是难得。其次是 M 型药剂和 HSBF-1 型药剂。

扬尘抑制剂还可以用于焦炭料场、堆煤场等类似的含粉物料料堆表面扬尘的控制。为降低扬尘抑制剂的费用,喷洒扬尘抑制剂降尘的措施应和洒水降尘、表面防雨布覆盖降尘等措施结合使用。当用堆料机进行堆料作业时,应采用洒水降尘;料堆堆成后,若是短期内要使用的,可在表面喷洒扬尘抑制剂;若是长期存放的(一个月以上),宜采用表面防雨布覆盖,由于防雨布可以多次使用,这样可以降低扬尘控制的成本。

(4)防尘网

日本钢铁企业在原料场(堆)四周竖直设置一定高度的挡尘滤网,我国某些新建原料场也采用了挡尘滤网。

4. 硫酸雾治理技术

目前,国内外冶炼企业脱除废气中硫酸雾的方法,多采用过滤除雾器。

过滤除雾器是将含酸雾气体通过滤料将酸雾粒捕集的装置,应用较广的有丝网除沫器和纤维除雾器。丝网除沫器靠细丝编织的网垫起过滤除沫作用,丝网的材质是金属或玻璃纤维;纤维除雾器是根据惯性碰撞、截留、扩散吸附等过滤机制,在纤维上捕集雾粒的高效能气雾分离装置。它分为高速型、捕沫型和高效型三种,前两者以惯性碰撞,截留效应为主,后者以扩散吸附效应为主。高效型纤维除雾器对 $3 \mu m$ 以上雾粒除雾效率几近 100%,对 $3 \mu m$ 以下雾粒除雾能力为 94% ~ 99%。

4.3 冶金气态污染物的净化方法

气体污染物处理技术基本上可以分为两大类：分离法和转化法。分离法是利用外力等物理方法将污染物从废气中分离出来；转化法是使废气中污染物发生某些化学反应，然后分离或转化为其他物质，再用其他方法进行净化。一般是利用其不同的理化性质，采用冷凝、吸收、吸附、燃烧、催化转化等方法进行净化处理。

4.3.1 冷凝净化法

冷凝净化法可用于回收高浓度的有机蒸汽和汞、砷、硫、磷等，通常用于高浓度废气的一级处理，以及除去高湿废气中的水蒸气一级处理，以及除去高湿废气中的水蒸气。

冷凝法是利用不同物质在同一温度下有不同的饱和蒸气压以及同一物质在不同温度有不同的饱和蒸气压这一性质，将混合气体冷却或加压，使其中某种或几种污染物降凝成液体或固体，从而由混合气体中分离出来。

冷凝出的污染物可由下式估算：

$$x_1 - x_2 = x_1 - \frac{M_n}{M_R} \cdot \frac{p_2}{p - p_2} \qquad （\text{kg/kg 载气}） \qquad (4-1)$$

式中：x_1——处理前污染物在混合气体中的含量；

x_2——处理后污染物在混合气体中的含量；

M_n——污染物的相对分子量；

M_R——载气的相对分子量；

p——混合气体总压；

p_2——处理后在体系温度下的污染物饱和蒸汽压。

如处理前污染物在废气中已处于饱和状态，则冷凝量为：

$$x_1 - x_2 = \frac{M_n}{M_R}\left(\frac{p_1}{p - p_1} - \frac{p_2}{p - p_2}\right) \qquad （\text{kg/kg 载气}） \qquad (4-2)$$

式中：p_1——处理前在体系温度下的饱和蒸汽压。

冷凝净化效率 μ 可用下式估算：

$$\mu = \frac{x_1 - x_2}{x_1} \times 100\% \qquad (4-3)$$

降低温度和增加压力都可提高冷凝效率，但要消耗能量。通常只把废气冷却到常温，在此温度下冷凝效率很低，一般不采用冷凝法。对于可回收产品的某些工艺，经过经济技术比较后，认为合理，也可采用加压和冷冻等方法来冷凝回收废气中的某些成分。

一些物质在不同温度下的饱和蒸汽压见表4-3。当气体中含有较多的有回收价值的有机气态污染物时，通过冷凝来回收这些污染物是最好的方法，当尾气被水饱和时，为了消除白烟，有时也用冷凝的方法将水蒸气冷凝下来。但是通过冷凝往往不能将污染物脱除至规定的要求，除非使用冷冻剂。

表4-3 一些物质的饱和蒸汽压(kPa)

名称	化学式	温度/℃										熔点 /℃
		1	5	10	20	40	60	100	200	400	760	
汞	Hg	16.83	21.97	24.53	27.28	30.50	30.26	34.89	38.76	43.06	47.60	-38.9
氯化汞	HgCl$_2$	18.16	22.13	24.00	26.10	28.33	29.63	31.60	34.20	36.73	40.53	277
砷	As	49.60	55.46	58.26	61.19	64.39	66.39	69.06	73.06	76.79	81.33	814
三氧化砷	As$_2$O$_3$	28.33	32.34	34.62	37.22	39.89	41.37	44.33	49.66	54.95	60.95	312
硫	S	24.50	29.73	32.50	35.29	38.44	40.73	43.62	47.96	53.27	59.27	112.8
黄磷	P	10.21	14.83	17.06	19.49	22.22	23.97	26.30	43.02	33.46	37.33	44.1
三氧化二磷	P$_2$O$_3$		5.29	7.07	9.04	11.20	12.56	14.44	17.20	14.04	23.08	22.50
五氧化二磷	P$_2$O$_5$	51.20	56.53	58.93	61.59	64.13	65.73	67.99	70.93	74.13	78.79	569
铅	Pb	129.7	146.5	154.9	164.5	174.5	181.0	189.4	202.5	217.3	232.5	327.5
四乙基铅	C$_8$H$_2$OPb	5.119	8.479	9.972	11.73	13.65	14.89	16.50	18.93	21.57	24.40	-136
硫化铅	PbS	113.6	123.7	129.9	134	143.2	147.7	154.7	162.8	170.8	148.5	1114

4.3.2 吸收法

吸收法是净化气态污染物最常用的方法:可用于净化含有 SO$_2$、NO$_x$、HF、SiF$_4$、HCl、NH$_3$、汞蒸气、酸雾,沥青烟和多种组分有机物蒸气。常用吸收剂有:水、碱性溶液、酸性溶液,氧化溶液和有机溶剂。

吸收法是用适当的液体吸收剂处理气体混合物,除去其中一种或多种组分的方法。通常按吸收过程是否伴有化学反应将吸收分为化学吸收和物理吸收两大类,前者比后者复杂。

吸收设备的主要作用是使气液两相充分接触,以便很好地进行传递,许多吸收设备与湿式除尘设备基本相似,下面仅对几种吸收塔加以介绍:

①空塔:亦称喷雾塔,与除尘用的喷雾室的原理相同。吸收多采用逆流式,将吸收液喷成雾状,气体自下向上低速流过与吸收液接触。这种设备的吸收效率不高。

②板式塔:有溢流装置的板式塔有筛板塔,阶梯式塔扣泡罩塔,此外尚有浮阀塔扣喷射塔。无溢流装置的有栅板塔和淋降筛板塔。

③气泡塔:将气体用多孔板等适当的分散器打散成小气泡,连续吹入塔内的液体中,在气泡群与液体之间进行吸收。液体多为半间歇式送入和排出。

④湍球塔:在塔内的支承栅板上放上一些乒乓球或泡沫塑料球作为填料,气体从下部送入,液体从上部流下。气体将球吹起在塔内上下翻动,在激烈的湍动状态下进行气液接触。

各种吸收装置的性能比较见表4-4。

表4-4 吸收装置的性能比较

装置名称	分散相	气体传质系数	液体传质系数	适用的主要气体
填料塔	液	中	中	SO$_2$,H$_2$S,HCl,NO$_2$ 等
空塔	液	小	小	HF,SiF$_4$,HCl
旋风洗涤器	液	中	小	含粉尘的气体
文丘里洗涤器	液	大	中	HF,H$_2$SO$_4$,酸雾
板式塔	气	小	中	Cl$_2$ HF
湍流塔	液	中	中	HF,NH$_3$,H$_2$S
泡沫塔	气	小	大	Cl$_2$,NO$_2$

4.3.3 吸附法

吸附法主要用于净化废气中低浓度污染物质，并用于回收废气中的有机蒸气及其他污染物。

①基本原理。吸附法是使废气与多孔性固体(吸附剂)接触，使其中污染物(吸附质)吸附在固体表面上面而从气流中分离出来。当吸附质在气相中的浓度低于吸附质的平衡浓度时，或者更容易被吸附的物质达到吸附剂表面时，原来的吸附质会从吸附剂表面上脱离而进入气相。这种现象称为脱附。失效的吸附剂经过再生可重新获得吸附能力，再生后的吸附剂可重复使用。

②吸附剂。工业吸附剂应满足下列要求：比表面积和孔隙率大；吸附能力强；选择性好；粒度均匀，具有很好的机械强度、化学稳定性和热稳定性；使用寿命长，易于再生；制造简单，价格便宜。常用吸附剂的物理性质见表4－5。

表4－5　常用吸附剂的物理性质

性　质	吸　附　剂				
	活　性　炭		硅　胶	活性氧化铝	分子筛
	粒　状	粉　状			
真密度/(g·cm^{-3})	2.0～2.2	1.9～2.2	2.2～2.3	3.0～3.3	1.9～2.5
松密度/(g·cm^{-3})	.5～1.0		0.8～1.3	0.9～1.9	0.9～1.3
充填密度/(g·cm^{-3})	0.35～0.6	0.15～0.6	0.5～0.85	0.5～1.0	0.55～0.75
孔隙率/%	0.33～0.45	0.45～0.75	0.4～0.45	0.4～0.45	0.32～0.42
细孔容积/(cm^3·g^{-1})	0.5～1.1	0.5～1.4	0.3～0.8		0.4～0.6
比表面积/(cm^2·g^{-1})	700～1 500	700～1 600	200～600	150～250	400～750
平均孔径/nm	1.2～3.0	1.5～4.0	2.0～12	4.0～15	0.3～1
比热/(J·kg^{-1})	0.84～1.05		0.84～1.05	0.84～1.26	
流速范围/(m·min^{-1})	6～36		7～30	7～30	<36

③吸附催化和吸附浸渍。吸附剂能同时将气体中两种以上吸附质浓集在气表面上，使吸附质之间更易进行化学反应，成为吸附催化。例如，活性炭可将SO_2与氧气都吸附在其表面，发生氧化反应生成SO_3，再同时有水蒸气存在条件下，可生成H_2SO_4，SO_3、H_2SO_4都可用水洗法从活性炭表面除去。吸附剂先吸附一种物质，然后再用这种处理过的吸附剂去吸附特定的某种物质，是两种物质在吸附剂表面上发生化学反应，该处理过程称为吸附浸渍。例如：用吸附了氯气的活性炭取净化汞蒸气，使两者生成氯化汞，使含汞废气得到净化。用吸附法可除去的污染物见表4－6。

表4-6 用吸附法可除去的污染物

吸附剂	污 染 物
活性炭	苯,甲苯,二甲苯,丙酮,乙醇,乙醚,甲醛,煤油,汽油,光气,醋酸乙酯,苯乙烯,氯乙烯,硫化氢,氯气,二氧化硫
浸渍活性炭	烯烃,胺,酸雾,碱雾,硫醇,SO_2,Cl_2,H_2S,HCl,NH_3,Hg,HCHO,CO
活性氧化铝	H_2S,SO_2,C_nH_m,HF
浸渍活性氧化铝	Hg,HCHO,HCl,酸雾
硅胶	NO_x,SO_2,C_2H_2
分子筛	NO_x,SO_2,SO_3,NH_3
泥煤,褐煤,风化煤	恶臭物质,NH_3
焦炭粉粒	沥青烟
白云石粉	沥青烟

④吸附流程。吸附流程分为间歇式、半连续式和连续式。各种流程的比较见表4-7。

表4-7 几种吸附流程的比较

流　程	特　点	应　用
间歇式吸附流程	吸附机达到饱和后即从吸附装置中移走,或弃之不用,或集中再生。吸附装置本身不设吸附再生部分,装置简单,操作方便。吸附质一般不回收	用于小气量或低浓度废气间断排出;污染物不需回收的场合
半连续式吸附流程	用两台以上吸附器交替吸附与再生,气体可连续通过吸附器,每台吸附期间段进行吸附与再生。吸附剂反复多次使用,可回收吸附质	用于废气连续排出;污染物需回收的场合;气量大小、浓度高低均可应用
连续式(回转床)	吸附床不断回转,吸附剂在一顶部位进行吸附,在另一些部位进行脱附再生。吸附和再生均连续进行,可回收吸附质	用于废气连续排出,污染物浓度较大需回收的场合;小气量或中等气量
吸附流程(输送床)	粉状吸附剂进入废气气流中,吸附污染物,吸附后的吸附剂用除尘器捕集。一般不再生	用于被吸附的污染物吸附后的吸附剂可同时被利用的场合

　　半连续式流程是用两个以上的固定床吸附器。当一个吸附器中的吸附剂达到饱和时,废气就切换到另一台吸附器进行吸附,达到饱和的吸附剂床则进行再生。这样可使吸附净化连续进行,可回收吸附质。

　　连续式流程使吸附剂处于连续运转状态,如流动床吸附器。

　　⑤吸附设备。根据吸附器内吸附剂床层的特点,可将气体吸附器分为固定床,移动床和流化床三种类型。

　　固定床吸附器可以是单层,双层(图4-17)或四层。

　　移动床吸附器时气固两相均以恒定速度通过的设备,气体与吸附剂保持连续接触。一般采用逆流操作,也可采用错流操作。

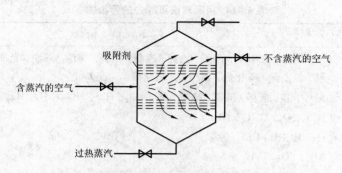

图 4-17 双层固定床吸附器

4.3.4 燃烧法

燃烧法是通过燃烧废气中的污染物(可燃气体,有机蒸汽,细微的尘粒等)转变成无害物质或容易除去的物质。由于这种方法常常放在所有工艺流程的最后,故又称为后烧法。所有设备称为后烧器。与其他处理方法相比,燃烧法的特点是可以处理污染物浓度很低的废气,净化程度很高。燃烧法分类如表 4-8 所示。可燃废气根据其浓度和含量不同采用不同方法进行净化。

根据燃烧方式的不同,可将燃烧法分为直接燃烧法、焚烧法和催化燃烧法。直接燃烧法为将废气直接点火,在炉内或露天燃烧。焚烧法为利用燃料的热能,使污染物分解或氧化。催化燃烧法是利用催化剂将废气中的污染物在较低温度下氧化。

表 4-8 燃烧法的分类

类 型	直接燃烧法		催化燃烧法
	不加辅助燃料	加辅助燃料	
燃烧温度及燃烧装置特点	大于 800℃ 火炬,工业炉废气中可燃污染物浓度高,热值大,燃烧废气即可维持燃烧温度	600~800℃ 以上工业炉,热力燃烧炉废气中可燃污染物浓度低,热值小,须加辅助燃料燃烧	200~480℃ 催化燃烧炉设置特殊的氧化催化剂,在较低温度下使废气中可燃物质进行催化氧化

1. 直接燃烧法

直接燃烧法又称为直接火焰后烧法,其中包括火焰燃烧法,这是将废气直接在密闭或露天情况下在空气中进行燃烧。

直接燃烧法用于含有足够的可燃物的废气,这些废气不需要燃料的帮助而能自身燃烧,这就要求可燃物质的浓度必须高于最低发火极限。对于烃类混合物来说,处于最低发火极限的发热量为 1 295 kJ/m³ 左右。但这种气体燃烧很不稳定,也不安全。通常为了正常地进行燃烧,直接燃烧法要求废气的发热量应在 3 347~3 723 kJ/m³ 以上。如将废气预热至 350℃ 左右,发热量尚可降低。这种废气与普通气体的燃料相近,用一般气体燃料的燃烧装置即可处理。此法可用于高浓度的硫化氢、一氧化碳、有机蒸汽等,硫化氢燃烧后产生的二氧化硫可用于制造硫酸和亚硫酸钠。

火炬是一种特殊类型的直接火焰燃烧器,它广泛用于燃烧从生产中排出的数量波动极大的可燃气体，如石油工业和石油化学工业的某些气体。火炬燃烧器是将可燃废气引至离地面一定高度处，在大气中进行明火燃烧的装置。为了彻底消除废气中的有害物质必须保证燃烧完全，防止有害物质扩散。

火炬的优点是结构简单，成本低和安全。对于生产波动大，间歇排放的情况尤为合适。上述方法只是用于发热量较高的废气，而不能用于处理污染物浓度很低的气体，对于后一种废气必须采用焚烧法或催化燃烧法。这两种方法在大气污染控制中获得比较广泛的应用。

2．焚烧法

焚烧法为利用燃料燃烧产生的热量将废气加热到高温，使其中所含的污染物分解和氧化。此法一般将废气加热到 700℃左右，可处理发热量达 753 kJ/m^3 的废气。

此法必须保证燃烧完全，否则将形成燃烧的中间产物，其危害可能比原来的污染物的污染更大，为了保证燃烧完全，必须由过量的氧和足够高的温度。在此温度下停留足够长的时间，并且要有高度的湍动，以保证污染物与氧的充分混合。总之，温度、时间和湍动是保证燃烧的三个要素。

焚烧法所用的设备可分为立式和卧式两大类。

3．催化燃烧法

近年来，催化燃烧法在消除空气污染方面的应用日益广泛，工业废气中的低浓度有机蒸汽和恶臭物质几乎都能用适当的催化剂使之氧化破坏而除去。直接燃烧法和焚烧法虽然也能达到统一目的，但必须在 700～1 100℃的温度下才能使之燃烧完全，因而要消耗大量燃料，很不经济。催化燃烧法的特点是可使燃烧反应在较低温度下进行，一般 250～500℃同时可利用热交换器回收热量，这样就可能使燃烧过程的热量自给或少量补充。当废气中可燃物质含量较高时，还可对催化燃烧产生的热量加以利用。

催化床为充满各种类型催化剂的容器或放在花板上的催化剂层。常用的催化剂在体有无规则金属网，氧化铝球，或陶瓷载体。一般多将贵金属(铂，钯等)沉积在载体表面上，来制备催化剂，其他如铜，锰，铬，铁，钴，镍)的氧化物也有一定活性，但反应所需温度较高，而且耐热性能差。催化剂载体必须有很大的表面积，以使燃烧反应能在它上

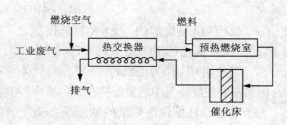

图 4 - 18　催化燃烧系统

面进行。载体还应有很大的有效截面，以使气流容易通过。催化燃烧流程示于图 4 - 18。

由于大部分的工业废气的温度都比较低，因而必须有预热燃烧器，通过燃料燃烧将废气的温度提高到反应温度，预热装置与焚烧装置十分相似。当废气被预热到一定温度后，催化燃烧反应开始进行。如排气表明燃烧完全，则说明预热温度已达到，这时可减少预热燃烧器的燃料供应或将其关闭。如废气中所含的氧不够使用，可另外补充空气。为了回收排气的热量，可使待处理废气和排气进行热交换。

4.3.5　催化转化法

1．原理和催化剂

催化转化法就是利用催化剂的催化作用将废气中的污染物转化成无害的化合物或转化成

比原来的状况更易除去的物质。因工作原理不同可分为催化氧化法和催化还原法，催化氧化法在废气净化的应用如表 4 – 9 所示。催化转化法所用的催化剂应具备：很好的活性和选择性；足够的机械强度；良好的热稳定性。通过催化剂床层的气体应无粉尘及其他可使催化剂中毒的物质。

表 4 – 9　催化转化法的应用

净化的废气	催化剂	备　注
有色冶炼烟气中的 SO_2	五氧化二钒	将 SO_2 转化成 SO_3，再制成硫酸
化纤生产中的 H_2S	铝矾土	将臭味大的 H_2S 氧化为 H_2O 和 S，回收硫磺
汽车排气中的 HC，CO	铂，钯	将 HCl，CO 氧化成 CO_2 和 H_2O
燃烧烟气中的 SO_2	钴 – 钼	将 SO_2 加氢还原为 H_2S，再除去 H_2S
硝酸生产中的 NO_x	铜 – 铬	将 NO_x 还原为 N_2
含苯、甲苯的废气	铂，钯	将苯、甲苯氧化为 CO_2 和 H_2O

2. 催化还原法

催化还原法分为非选择性和选择性两种。还原性气体与氮氧化合物和氧同时起作用的称为非选择性催化还原法；还原性气体只与氮氧化合物起作用的称为选择性催化还原法。催化剂主要采用贵金属，也可采用镍 – 铜系，镍 – 铬系，铬 – 铁系，铬 – 铜系等，此法操作简便，效率高。

①非选择性催化还原法。此法以 CH_4，CO 或 H_2 作为还原剂。如：

$$CH_4 + 4NO_2 \rightarrow 4NO + CO_2 + 2H_2O \qquad (4-4)$$

$$CH_4 + 2O_2 \rightarrow CO_2 + 2H_2O \qquad (4-5)$$

$$CH_4 + 4NO \rightarrow 2N_2 + CO_2 + 2H_2O \qquad (4-6)$$

反应（1）速度最快，反应（2）速度次之，反应（3）最慢。大多数硝酸厂只控制反应（1）和（2），将红褐色的 NO_2 还原成无色的 NO。

当使用 CH_4 作为还原剂时，必须将气体预热至 480℃左右。催化反应器出口温度低于 800℃。因而需要控制废气中的氧保持在 3% 以下。可将废气中的氮氧化合物降至 0.01% ~ 0.02%。

非选择性催化还原法的缺点是：废气中的氧含量不能高于 3%，否则必须采用两段转化或部分循环；如燃烧废气中的 SO_2 浓度大于 1×10^{-6} $\mu g/g$，催化剂就会中毒；因为其温度高，燃料消耗大必须回收废热。

②选择性催化还原法。此法以 NH_3 作为还原剂，发生如下反应：

$$6NO + 4NH_3 \rightarrow 5N_2 + 6H_2O$$

$$6NO_2 + 8NH_3 \rightarrow 7N_2 + 12H_2O$$

此法的优点是：还原剂只与氮氧化合物起作用，不与氧和二氧化硫起作用，因而还原剂的用量小；反应温度低，约为 250 ~ 400℃，比非选择性催化还原法低 100℃左右，可以节约热能。

由于还原剂不与 SO_2 反应，因而可以采用一般的排烟脱硫法处理去除掉氮氧化合物后的废气；脱硫效率高，但氨与氮氧化合物的分子比为 1 时，氮氧化合物的脱除效率可达 99%，氮氧化合物浓度可由 $3\,000 \times 10^{-6}$ $\mu g/g$ 降到 1×10^{-5} $\mu g/g$。此法由于优点较多，得到了广泛的应用。

此法的缺点是要消耗大量的氨，在氨的来源有困难的地方不适于采用此法。催化还原法

也可用于 SO_2 脱除，以 CO 或 H_2S 为还原剂将 SO_2 还原为硫。

3．催化氧化法

催化氧化法主要用于废气中 SO_2 的脱除。此法为利用催化剂将废气中的低浓度 SO_2 直接氧化为 SO_3，在以硫酸的形式加以利用。

此法的优点是简单，不需要特殊的脱硫剂，也不需要再生。缺点是设备庞大，设备费用高。

4．臭氧氧化法

此法用于消除废气的恶臭，臭氧既有氧化作用，又有掩蔽作用，对去除不饱和有机化合物、硫化氢、硫醇、胺类、醛类恶臭物质有显著效果。此法的优点是臭氧用量少，脱臭快，杀菌效果好，容易和其他除臭方法联合使用。

5．掩蔽法

此法是利用在嗅味上又比恶臭更强的恶臭掩蔽起来。常用的物质有香草醛、醋酸苄酯、苯乙醇、胡椒醛等。掩蔽剂可直接加入产生恶臭的设备中。

4.4　二氧化硫烟气的净化回收

由于二氧化硫是冶金废气中最主要的气体污染物，特别是有色金属火法冶炼中排出大量二氧化硫烟气，因此本节专门介绍二氧化硫烟气的净化回收，其他烟气净化方法在下一节介绍。

4.4.1　二氧化硫性质及控制方法

1．二氧化硫性质

硫是构成地壳和生物界的一个重要元素，大气中含有一定数量的低浓度的硫化合物是必要的。在远离人类活动的地方，生物过程、海水飞溅和火山活动等自然现象排放的硫化物量均能适用地壳构成和生物界的需要，并处于自然平衡中。

SO_2 主要物理性质见表 4－10。

SO_2 的性质非常活泼，表现为：

①和水的反应，SO_2 溶解在水中，形成亚硫酸，呈酸性反应：

$$H_2O + SO_2 = H_2SO_3 = H^+ + HSO_3^- = 2H^+ + SO_3^{2-}$$

SO_2 在水中的溶解度见表 4－11。

表 4－10　SO_2 主要物理性质

项　目	数　值	项　目	数　值
相对分子质量	64.04	沸点	$-10.09℃$
色味	无色,刺鼻窒息气味,强烈涩味	熔点	$-77.5℃$
密度(气体)	$2.927\ g/L(0℃)$	生成热	$296.90\ kJ/mol$
密度(气体)	$1.434g/L(-10℃)$	汽化潜热	$393.30\ kJ/g$
黏度	$1\ 170\ μPa$	导热系数	$0.0276\ kJ/(m·h·℃)$
溶解热(水)	$32.2\ kJ/mol$	定压比热	$0.623\ J/kg·℃(0℃)$, $0.674\ J/kg·℃(100℃)$

表 4-11 SO_2 在水中的溶解度 $V(SO_2)$ 及饱和水溶液的浓度 $G(SO_2)$

温度/℃	$V(SO_2)$/(标升)	$G(SO_2)$	温度/℃	$V(SO_2)$/(标升)	$G(SO_2)$
0	79.789	22.83	25	32.786	9.40
5	67.485	19.31	30	27.161	7.80
10	56.647	16.21	35	22.489	6.47
15	47.276	13.54	40	18.766	5.41
20	39.374	11.28			

②同碱反应。SO_2 溶于水后极易与碱性物质发生化学反应，形成亚硫酸盐；碱过剩时，形成正盐；SO_2 过剩时，生成酸式盐：

$$2MeOH + SO_2 \rightarrow Me_2SO_3 + H_2O$$
$$Me_2SO_3 + SO_2 \rightarrow Me_2S_2O_5$$
$$Me_2SO_3 + SO_2 + H_2O \rightarrow 2MeHSO_3$$
$$MeHSO_3 + MeOH \rightarrow Me_2SO_3 + H_2O$$

③同氧化剂反应。

催化氧化 $\qquad SO_2 + (1/2)O_2 + H_2O \rightarrow H_2SO_4$

光化学氧化 $\quad SO_2$ 在波长 290~400 nm 光作用下，可发生光化学氧化反应，形成 SO_3：

$$SO_2 \rightarrow SO_3$$

④同还原剂反应。SO_2 在还原剂作用下，可完全还原成元素 S 或 H_2S：

$$SO_2 + 2H_2 \rightarrow S + 2H_2O$$
$$SO_2 + 3H_2 \rightarrow H_2S + 2H_2O$$
$$SO_2 + 2H_2S = 3S + 2H_2O$$

⑤同金属氧化物的反应，金属氧化物对 SO_2 有吸收能力。

2. SO_2 控制方法

据统计，按金属量和含硫量计算，我国有色系统全行业硫的回收率大约是 77%，而国外发达国家在 20 世纪 90 年代初冶炼烟气中 SO_2 回收率就已达到 90% 以上。我国硫回收率低的原因是大部分低浓度 SO_2 烟气没有治理而直接排入大气。如铅冶炼，由于烧结-鼓风炉工艺是当今世界炼铅的主要方法，其生产能力占总炼铅能力的 80% 左右。然而，烧结过程中产生的低浓度 SO_2 烟气因不能满足接触法自热生产硫酸而直接排放，对环境造成严重污染。随着环境保护越来越为人们所重视，环境保护法越来越严格，大多数冶炼厂正在改进冶炼工艺，采用纯氧或富氧冶炼工艺提高烟气中 SO_2 浓度，以便采用常规工艺制酸。如何处理低浓度 SO_2 烟气，防止硫化物和氮氧化物排放而造成的酸雨、光化学烟雾等危害一直是各国环境科研工作者研究的重点课题。

控制 SO_2 污染的方法有燃料脱硫、燃烧脱硫和烟气脱硫（FGD）三种。各种脱硫方法的评价指标主要有脱硫效率、初投资、运行费用、副产品处理、二次污染程度、能否同时脱硝等。三种脱硫方法的脱硫效率从低到高依次为：原煤最低，大约为 40%；燃烧脱硫差别较大，如：炉内喷钙约为 50%，喷钙加尾部增湿活化可超过 80%，循环流化床为 90%，煤气化联合循环为 95%；烟气脱硫最高，大多为 95%。从初投资考虑，煤脱硫和燃烧脱硫费用相近，而烟气脱硫最高，如火电厂燃烧脱硫投资占整个电厂投资的 5%~12%，烟气脱硫为 15%~25%。

通常脱硫效率随着投资的增加而提高。

目前，烟气脱硫仍被认为是控制 SO_2 污染最行之有效的途径，应用最广泛，其次是循环流化床燃烧脱硫，正在推广应用。其他脱硫技术尚未达到商业广泛应用的程度。

对高浓度 SO_2 烟气，可用接触法自然生产硫酸，而低浓度 SO_2 烟气比较复杂。据统计，目前排烟脱硫方法有 200 多种，下面简略介绍几种比较成熟的方法。

4.4.2　高浓度二氧化硫烟气的净化回收

凡能满足接触法生产硫酸的 SO_2 烟气（$SO_2 > 2\%$）称为高浓度 SO_2 烟气。此类烟气常采用接触法生产硫酸。高浓度二氧化硫烟气接触法生产硫酸的基本流程见图 4-19。

我国冶炼烟气制酸最早的一套装置于 1941 年建于葫芦岛锌厂，它从德国引进鲁奇公司的硫酸技术，设计规模为 15 kt/a，回收多膛炉产出的 SO_2 气体，1945 年 5 月建成，同年 6 月正式投产，8 月停产，直到 1953 年才恢复生产。

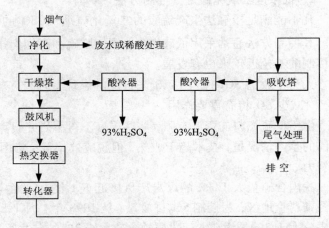

图 4-19　高浓度 SO_2 烟气接触法生产硫酸的基本流程

早期的烟气净化工艺流程主要为水洗和酸洗流程。20 世纪 60 年代末，出于简化流程、减少投资、消除污水二次污染的良好设想，出现了干法和热浓酸洗流程。转化流程则因为烟气浓度低、烟量波动大等原因仍是单接触流程。随着冶炼和制酸技术的进步以及环保要求的日趋严格，经过近 20 年的努力，十多家国有大中型企业的冶炼烟气制酸工艺已基本淘汰了水洗、热浓酸洗和单接触流程，取而代之的是稀酸洗和双接触工艺。个别厂的热浓酸洗流程即将淘汰。

到 20 世纪 70 年代初，全国建成投产了 10 余套冶炼烟气制酸装置，产量约 360 kt/a。到 1985 年，建成 30 余套制酸装置，设计能力近 1 800 kt/a，实际硫酸产量 1 100 kt/a。从 1953 年到 1985 年 32 年间，冶炼烟气制酸产量年增长率为 14.5%，快于同期全国硫酸总量 8.8% 的年增长率。到 1999 年，已拥有 90 余套制酸装置，设计能力约 5 500 kt/a，实际硫酸产量为 4 318 kt/a。期间年增长率为 10.25%，仍大于同期全国硫酸总量的年增长率。1999 年 10 种有色金属产量达到 655.4 万 t，位居世界前列。有色冶炼烟气制酸共生产硫酸 431.8 万 t，其中国有大中型企业生产硫酸 386.0 万 t，2000 年更达到 426.2 万 t，冶炼烟气制酸行业以崭新的面貌进入了 21 世纪。

我国冶炼烟气制酸技术取得长足发展，单系列装置的规模愈来愈大（单系列规模已达到 600 kt/a），技术和装备愈来愈先进；大型冶炼烟气制酸工程都不同程度地应用了当今国内外先进技术和装备，大大改进了我国冶炼烟气制酸的技术状况。如美国孟山都环境化学公司的动力波烟气净化设备，加拿大凯密迪公司的全不锈钢转化器等，大大提高了我国冶炼烟气制酸装置的整体装备水平。

冶炼烟气制酸装置的自动化水平发展亦较快。大的硫酸装置（贵冶、金隆、株冶、大冶、中条山、金川等)都已应用了集散系统(DCS)控制。空塔烟气入口压力的调节,转化器一、四层温度的调节,循环酸浓度的调节,硫酸循环槽液位的调节,各种事故状态的保护等通过编程输入计算机系统,实现自动控制。计算机的应用改善了劳动条件,提高了工作效率。但是发展还不平衡,提高中小型企业的自动化水平尚需努力。

4.4.3 低浓度二氧化硫烟气的净化回收

1. 低浓度二氧化硫烟气控制方法

凡不能满足接触法生产硫酸的二氧化硫烟气(SO_2的浓度在2%以下)称为低浓度 SO_2 烟气。其控制方法通常采用低硫燃料、烟气脱硫和高烟囱排放稀释等方法。但低浓度烟气 SO_2 直接制酸工艺近年来也有发展。

人为排放的 SO_2 中,约2/3来自煤的燃烧,约1/5来自石油的燃烧,可见,采用低硫燃料,对减少 SO_2 将有重要作用。

由于低硫燃料的资源有限,一些国家不得不研究脱硫,力图将燃料含硫降至0.5%以下。目前的基本情况是,技术趋于成熟,但脱硫效率低,费用高。要在工业上应用仍需做出巨大的努力。

我国含硫量大于3%的煤炭产量接近于1亿t,约占煤炭总产量的7%,大部分集中在酸雨污染严重地区,为控制 SO_2 排放量,从1998年1月1日起,各地区各部门禁止审批新建含硫成分大于3%的煤矿,已建成的含硫大于3%的矿井逐步实行限产或关停。

2. 低浓度 SO_2 烟气制酸工艺

低浓度 SO_2 烟气制酸一般有两种思路:一种是设法提高 SO_2 烟气的浓度,采用常规法制酸;二是直接采用低浓度 SO_2 烟气制酸。

低浓度 SO_2 烟气采用常规法制酸必须满足两个条件:一是烟气必须连续;二是烟气在达到转化器之前必须保证 SO_2 浓度在4%以上。为此,可通过加强冶炼设备密闭性、对低浓度 SO_2 烟气进行返烟操作、富氧冶炼等措施来提高烟气中 SO_2 的浓度。其中,最常用的方法是焚硫配气法。焚硫配气法制酸工艺是将一部分烟气通过焚硫炉焚烧硫磺,以提高烟气中 SO_2 浓度,然后与另一部分烟气混合后,达到制酸工艺要求,进入常规制酸工艺系统。该工艺的主要优点是工艺简单易操作,投资较省,但由于元素硫是硫化矿中硫的最佳回收产品,如果通过烧硫磺配气制酸,成本较高,同时大大增加了硫酸产量,硫酸的销售势必十分困难。

低浓度烟气 SO_2 直接制酸工艺目前主要有非稳态法和托普索 WSA 工艺。

(1)非稳态法

为解决低浓度 SO_2 转化过程的自热平衡问题,前苏联科学院新西伯利亚分院催化剂研究所20世纪70年代中期开发了非稳定态转化技术。该工艺在前苏联、保加利亚及日本等国已投入工业应用。1992年我国沈阳冶炼厂引进了该项技术,经过一年多的运行,已基本达到设计能力,当 SO_2 浓度大于1%时,转化系统可以自热平衡。1990年华东理工大学同上海吴泾化工总厂合作,在上海吴泾化工总厂建设了 SO_2 非定态转化中间试验装置,能力为1 500 t/a。

非稳态法是利用转化器触媒蓄热,周期性改变送气方向,使触媒两端交替放热与蓄热,从而实现低浓度 SO_2 烟气制酸的自热平衡。其突出的特点是无中间换热器、流程简单,同时由于触媒是在封闭状态下蓄热、放热,因而热损失小。但由于触媒冷热交换频繁、受损快、转化率低，国内仅有几家铅厂采用非稳态工艺，转化率也仅仅在85%～90%之间，尾气仍然不能达标，必须另外增加尾气处理设施。如采用石灰法尾气处理装置，每年要用去大量的石灰和产出大量的石膏渣，造成石膏渣大量堆存并产生二次污染，增加经营费用。

1994年上海吴泾化工总厂设计院为河南济源豫光金铅集团有限公司设计了一套非定态转化装置，用于处理铅烧结机烟气。但在实际生产中出现气体换向阀漏气、催化剂因频繁的周期性温度变化使活性衰减过快、气体流向转换时残留气体使尾气浓度周期升高等问题，难以达到稳定的生产指标，故该项技术目前认为还很难发展。但美国孟山都公司称已开发出不漏气的换向阀，并开发出适合非定态流程专用触媒；利用空气清扫技术成功地解决了换向时设备、管道残留SO_2的问题，并可工业化。

（2）托普索 WSA 工艺

托普索 WSA 工艺是20世纪80年代中期丹麦 TOPSOE 公司开发的一种将净化后的烟气不进行任何干燥而生产浓硫酸的催化湿气体制酸（WSA）新工艺。该工艺的最大优点是，无论烟气中SO_2浓度高或低都能生产出96%以上浓度的硫酸，不会产生任何废物或废水，不使用任何化学吸附剂，二氧化硫的转化率可达99.3%～99.5%，尾气能达到环保排放标准，而且可将反应热、水合热以及部分硫酸冷凝热在系统内充分利用。当SO_2体积分数达到2.8%时，系统能自热平衡，浓度再高时还能产生蒸汽。但该工艺对烟气净化的质量要求较高，常规净化设备不能满足要求，需采用动力波或可调文丘里气体净化装置；WSA 工艺系统转化器、内部换热器采用熔盐作为冷却介质；净化工段湿气的换热器采用内衬聚四氟乙烯玻璃管；WPS 管壳式冷凝器采用特殊的耐热、耐酸玻璃；另外，因 WSA 工艺采用湿式转化，对触媒要求非常严格。托普索 WSA 工艺对设备要求高，投资相对较大。

WSA 广泛应用于电厂烟气、冶炼烟气、硫化氢排放气以及硫化床催化裂化（FCC）排放气。目前已投入运行的有法国 Noyelles - Godault Metaleurop 铅烧结机烟气脱硫、智利圣地亚哥的 Molymet 钼冶炼厂烟气脱硫等，装置总数已超过27套。株洲冶炼厂铅烧结机烟气治理也采用 WSA 制酸技术，在2001年建成投产。

（3）其他技术

采用先进的冶炼工艺取代目前较落后的工艺流程，可有效地解决低浓度SO_2烟气污染问题。从国内外铅冶炼工艺技术的发展来看，现有的直接法冶炼新工艺是目前铅冶炼工艺改造首选的方案和发展方向，可供选择的工艺有基夫赛特法、QSL 法、卡尔多炉法、氧气顶吹熔炼法和底吹氧化熔炼－鼓风炉还原法（SKS 法）等。这几种工艺都具有流程短、烟气SO_2浓度高、环境治理好的优势。

为解决低浓度SO_2烟气污染环境问题，20世纪80年代有人提出金属硫化物的石灰强化还原工艺。该工艺的特点是将脱硫剂同还原剂一起加入到炉料中，使硫化矿直接还原成金属，而硫变成容易处理的化合物，然后再分离出化合物中金属并回收硫，并以环保方面可接受的形式加以排出。加入石灰有两个方面作用：一是石灰起固硫作用；二是石灰通过吸收SO_2使化学平衡移动而达到的强化反应速率作用。显然，在炉料中加入固硫剂从而在熔炼过程中直接实现固硫，思路新颖，较之传统的把排放出的SO_2烟气再送制酸的工艺有着无与伦比的优势。只是采用石灰作为固硫剂，产出的石膏销路成问题，堆存也易造成二次环境污染。为此，就有人提出无SO_2排放还原造锍熔炼一步炼铅法，即用高价氧化铁作为固硫剂，同时高价氧化铁还起造锍剂的作用，高价氧化铁作为固硫剂较之于石灰的优势在于产出的 FeS 在空气中易于氧化而生成元素硫。该工艺对于解决我国中小型铅厂低浓度 SO_2 污染问题有重大意义，目前已完成工业化试验，今后要解决的问题是选择合适的设备和提高 FeS 生成元素硫的转化率。

4.4.4　烟气脱硫技术

1. 烟气脱硫技术概述

烟气脱硫 FGD（Flue Gas Desulfurization）是目前技术最成熟，能大规模商业化应用的脱硫方式。表 4 - 12 为烟气脱硫方法分类。虽然研究开发的烟气脱硫技术已有 200 多种，但进入实用的只有十几种，图 4 - 20 为已工业化的烟气脱硫技术所占比例。商业应用中湿式洗涤工艺约占烟气脱硫装置 85%，半干式喷雾干燥法约占 8.4%。FGD 处理的烟气量大、SO_2 浓度低，其但投资和运行费用非常高。

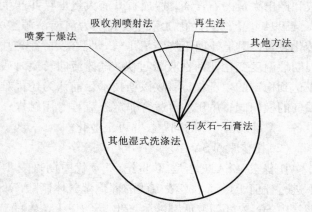

图 4 - 20　已工业化的各种 FGD 系统所占比例

表 4 - 12　烟气脱硫方法分类

一般分类	SO_2 脱除剂	脱硫方法	中间阶段	最终产品
吸收法	石灰石/石灰法（$CaCO_3$、CaO、$Ca(OH)_2$）	直接喷射法	—	石膏
		湿式石灰石/石灰石膏法	氧化	石膏
		石灰 - 亚硫酸钙法	—	亚硫酸钙
		喷雾干燥法	—	石膏等
	氨法（NH_3、铵盐）	氨 - 酸法	酸化	浓 SO_2/硫铵
		氨 - 亚硫酸铵法	—	亚硫酸铵
		氨 - 硫铵法	氧化	硫铵
	钠碱法（Na_2CO_3、$NaOH$、Na_2SO_3）	亚硫酸钠循环法	热再生	浓 SO_2
		亚硫酸钠法	—	亚硫酸钠
		钠盐 - 酸分解法	酸化	浓 SO_2
		钠碱 - 石膏法	石灰复反应	石膏
	铝法（碱性硫酸铝）	碱性硫酸铝 - 石膏法	石灰复反应	石膏
		碱性硫酸铝 - 二氧化硫法	热再生	浓 SO_2
	金属氧化物法（金属氧化物）	MgO 法	热再生	浓 SO_2
		ZnO 法	热再生	浓 SO_2
		MnO_2 法	电解	金属锰、硫铵
	柠檬酸钠法	柠檬酸钠吸收	加热	浓 SO_2
吸附法	活性炭吸附法（活性炭）	洗涤再生	水洗	稀硫酸
		加热再生	热再生	浓 SO_2
	分子筛吸附法	—	—	浓 SO_2
催化氧化法	干式氧化法	—	—	硫酸
	液相氧化法	干代田法	—	石膏
催化还原法	H_2S、H_2、水煤气、CO、焦炭	斯科特法	热再生	硫磺

烟气脱硫工艺按脱硫剂和脱硫产物是固态还是液态分为干法和湿法，若脱硫剂和脱硫产物分别是液态和固态的脱硫工艺为半干法。干法用固态脱硫剂脱除废气中的 SO_2，气固反应速度慢，脱硫率和脱硫剂的利用率一般较低，但脱硫产物处理容易，投资一般低于传统湿法，有利于烟气的排放和扩散。湿法是用溶液吸收烟气中的 SO_2，气液反应传质效果好，脱硫率高，技术成熟，但脱硫产物难处理，投资较大，且烟温降低不利于排放，烟气需再次加热而耗能。

干法脱硫采用粉状、粒状或气态吸收剂、吸附剂或催化剂除去烟气中 SO_2。其特点为：排烟温度较高，易于扩散，脱硫效率较低，设备庞大，要求较高的操作技术，吸收及再生困难。常用的吸收剂有氨(NH_3)、氢氧化铵、碳酸氢铵、氢氧化钠、氢氧化钾、碳酸铵、碳酸钙、氢氧化钙、氧化锌、氧化镁、氧化铜、活性炭等。

干法烟气脱硫技术包括活性炭吸附法、活性氧化锰吸收法，接触氧化法及还原法、催化氧化法、电子束法、脉冲电晕法、荷电干粉喷射法和流化床氧化铜法等。吸附法是用粉状或粒状吸收剂、吸附剂或催化剂以除去 SO_2，所用的固体吸收剂、吸附剂有大洋多金属锰核、软锰矿、石灰/石灰石、金属氧化物(MgO、ZnO、MnO_2等)。干法脱硫具有流程短、无污水、污酸排出，且净化后烟气温度较高，可利用烟囱排气扩散，但脱硫效率低、设备庞大、操作技术要求高。另外，旋转喷雾干燥法和电子束法(PPCP)也可归于干法脱硫范畴。旋转干燥法是20世纪70年代开始兴起的一种烟气脱硫新技术，美国巴逊电力公司是推广该技术的先驱。PPCP法由日本福井工业大学开发，其原理是利用加速器产生的电子束或脉冲高压电源放电产生的高能电子离解气体分子，喷入氨或其他化工产品生产化肥。这两种方法一般都不适用于冶炼烟气的治理。

按脱硫产物是否回收利用，烟气脱硫还可分为抛弃法和回收法。抛弃法是将 SO_2 转化为固体产物抛弃掉，但存在残渣污染与处理问题。回收法则由反应产物制取硫酸、硫磺、液体二氧化硫、化肥或石膏等有用物质，还可将反应后的脱硫剂再生循环使用，各种资源可以综合利用，避免产生固体废物，但再生法的费用普遍高于抛弃法，经济效益低。目前仍以抛弃法为主。

湿法脱硫技术采用液体吸收剂，如水或碱性溶液等洗涤除去烟气中的 SO_2，其特点为脱硫效率较高，设备较干法小，建设费用较低，易于操作；但排烟温度较低，易形成白烟，难以扩散。脱硫产物(即生成物)可以作为产品加以回收，综合利用硫资源，避免产生固体废物。

已商业化或完成中试的湿法脱硫工艺包括石灰(石灰石)法、双碱法、氨吸收法、磷铵复肥法、稀硫酸吸收法、海水脱硫、氧化镁法等10多种。其中，又以湿式钙法占绝对统治地位，其优点是技术成熟、设备小、脱硫率高，Ca/S比低，操作简便，吸收剂价廉易得，副产物便于利用。但工艺废水量和渣泥量大，经营费用较高，且脱硫后烟气温度低，不利于烟囱排气扩散，一般要对烟气进行再加热来增加扩散能力。

2. 氨法烟气脱硫

20世纪70年代，日本、意大利等国开始研究氨法脱硫工艺并相继获得成功。目前国外研究氨法脱硫技术的企业主要有：美国的 GE、Marsulex、Pircon、Babcock&Wilcox；德国的 Lentjes Bischoff、Krupp Koppers；日本的 NKK、IHI、千代田、住友、三菱、荏原等。

(1)传统湿式氨法

湿式氨法是用氨水($NH_3 \cdot H_2O$)为吸收剂吸收烟气中的 SO_2，其中间产物为亚硫酸氨和亚硫酸氢铵：

$$2NH_3 \cdot H_2O + SO_2 \rightarrow (NH_4)_2SO_3 + H_2O$$
$$(NH_4)_2SO_3 + H_2O + SO_2 \rightarrow 2NH_4HSO_3$$

采用不同的方法处理上述产物，可回收硫酸铵、石膏和单体硫等产物。

①回收硫酸氨法。此法是在中间产物（吸收液）中加入 NH_3OH 使其中的 NH_4HSO_4 转化为 $(NH_4)_2SO_3$，然后再经空气氧化、浓缩、结晶等过程就可得到硫酸铵：

$$(NH_4)_2SO_3 + (1/2)O_2 \rightarrow (NH_4)_2SO_4$$

②回收石膏法。在上述方法所回收的 $(NH_4)_2SO_4$ 溶液中再添加石灰或石灰石乳液，经反应后得到石膏。反应生成的氨水用水吸收重新返回作吸收剂。

$$(NH_4)_2SO_4 + Ca(OH)_2 \rightarrow CaSO_4 \cdot 2H_2O + 2NH_3$$
$$(NH_4)_2SO_4 + CaCO_3 + H_2O \rightarrow CaSO_4 \cdot 2H_2O + 2NH_3 + CO_2$$

溶液中没有被氧化的 $(NH_4)_2SO_4$ 与添加的 $Ca(OH)_2$ 或 $CaCO_3$ 反应生成 $CaCO_3 \cdot (1/2)H_2O$，再经氧化得到石膏：

$$(NH_4)_2SO_4 + Ca(OH)_2 \rightarrow CaCO_3 \cdot (1/2)H_2O + 2NH_3$$
$$CaCO_3 \cdot (1/2)H_2O + (1/2)O_2 + (3/2)H_2O \rightarrow CaSO_4 \cdot 2H_2O$$

③回收硫磺法。将 $(NH_4)_2SO_4$ 溶液加热分解，可制得浓 SO_2 溶液，再以硫化氢还原，即可得到单体硫：

$$(NH_4)_2SO_3 \rightarrow 2NH_3 + SO_2 + H_2O$$
$$SO_2 + 2H_2S \rightarrow 3S + 2H_2O$$

（2）GEES 氨法

美国通用电气公司环境部（GEES）经研究认为，降低洗液 pH 和使脱硫产物转变为硫酸盐是降低液面氨蒸汽压的关键。通过控制较低 pH 并强制氧化洗涤液的方法，成功地开发了将烟气中 SO_2 转化为颗粒硫铵肥料的新型氨洗涤工艺。GEES 已与莫里森·努森（Morrison Knudson）建设公司合作，同达科他（Dakata）气化公司签订了价值 9 000 万美元的合同，建设了一套年产 180 kt 硫铵的废气脱硫装置，该装置于 1997 年投产。

GEES 氨法 FGD 的主要特点有：①SO_2 脱除率高。即使在烟气 SO_2 含量高达 $6\,100 \times 10^{-6}$ μg/g 时，脱硫率仍高达 99%，副产硫酸铵质量好，硫酸铵结晶的平均粒度为 300 μm，很易脱水分离，两次脱水后的纯度高于 99.5%；②费用低。氨法的投资虽比石灰石法约高 25%（增加了预洗塔及产品脱水干燥设备），但可变成本很低，抵消了投资上的不利，综合结果氨法比石灰石法费用低 4%；③大部分情况下，吸收塔排气中的氨含量接近于零，尾气中观察不到烟雾。

（3）AMASOX 氨法工艺

能捷斯 - 比晓夫公司将传统氨法改造为 AMASOX 法。主要改进之处是将传统的多塔改为结构紧凑的单塔，并在塔内安置湿式电除雾器，解决净化后烟气中存在的烟气问题。

（4）Walther 氨法工艺

最早由卢伯（krupp kroppers）公司开发的 Walther 工艺，其工艺流程为除尘后的烟气经过热交换器，从洗涤塔上方进入，与氨气（25%）并流而下，氨水落入池中，再用泵抽入吸收塔内，循环喷淋烟气。烟气则经除雾器后进入高效洗涤塔，将残存的盐溶液洗涤出来，清洁烟气经热交换器加热后从烟囱排放出。

（5）NKK 氨法

NKK 氨法是日本钢管公司开发的工艺。吸收塔从下往上分三段，下段是预洗涤除尘和冷凝降温，此段未加入吸收剂。中段是加入吸收剂的第一吸收段，上段为第二吸收段，但不加吸收剂，只加工艺水。吸收处理后的烟气经加热器升温后由烟囱排放。亚硫酸铵的氧化在单独的氧化反应器中进行，氧化用的氧由压缩空气补充，氧化剩余气体排向吸收塔。

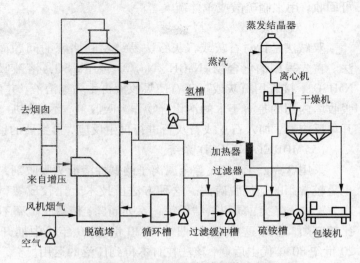

图 4 – 21　NADS 氨法工艺流程

（6）NADS 氨法工艺

我国"九五"期间，华东理工大学成功地完成了国家"九五"重点科技攻关项目"二氧化硫废气回收净化新技术的工程化"，开发了一种新的火电厂烟气 SO_2 回收净化技术，简称 NADS，其流程见图 4 – 21。

3. 其他湿法烟气脱硫技术

（1）钠法烟气脱硫

此法是用氢氧化钠、硫酸钠或亚硫酸钠水溶液为吸收剂吸收烟气中的 SO_2，属于湿法烟气脱硫。因为该法具有对 SO_2 吸收速度快，管道和设备不易堵塞等优点，应用比较广泛。

$$2NaOH + SO_2 \rightarrow Na_2SO_3 + H_2O$$
$$Na_2CO_3 + SO_2 \rightarrow Na_2SO_3 + CO_2$$
$$Na_2SO_3 + H_2O + SO_2 \rightarrow 2NaHSO_3$$

生成 Na_2SO_3 和 $NaHSO_3$ 后的吸收液，可经过无害化处理后弃去或经适当方法处理后获得副产品。

（2）钙法烟气脱硫

此法又称为石灰 – 石膏法。或用石灰石或用消石灰乳液为吸收剂吸收烟气中的 SO_2，吸收过程生成的亚硫酸钙（$CaSO_3$）经空气氧化后得到石膏。此法所用的吸收剂低廉易得，回收的大量石膏可用作建筑材料，应而被国内外广泛采用。钙法中的烟气循环流化床半干法脱硫工艺有 CFB、RCFB、GSA 以及 NID 技术等，脱硫剂使用 CaO 或 $Ca(OH)_2$。

（3）镁法烟气脱硫

此法具有代表性的工艺有德国的 Wilnlm Grillo 公司的基里洛法和美国 Chemical Construction 发明的凯米克法。

①基里洛法：用吸收 SO_2 性能好、并且容易再生的 Mg_xMnO_y 作为吸收剂，吸收烟气中的 SO_2 所得副产品为硫酸，浓度可达 98%。

②凯米克法：又称为氧化镁法。用串联两个文丘里洗涤器除去烟气中微小尘粒，并用氧化镁（MgO）溶液吸收烟气中的 SO_2。吸收过程生成的 $MgSO_4 \cdot 6H_2O$ 的晶体与焦炭一起在 1 000 ℃ 下加热分解得到 SO_2 和 MgO。再生的 MgO 可以重新做吸附剂。有 13% ~ 17% 的 SO_2

可回收,用来制硫酸或单体硫。

(4)双碱法

双碱法是针对石灰或石灰石法易结垢和堵塞的问题而发展的一种脱硫工艺,又称钠碱法。首先采用钠化合物(NaOH、Na_2CO_3 或 Na_2SO_3)溶液吸收烟气中的 SO_2,生成 Na_2SO_3 和 $NaHSO_3$,接着用石灰或石灰石使吸收液再生为钠溶液,并生成亚硫酸钙或硫酸钙沉淀。由于吸收塔内用的是溶于水的钠化合物作为吸收剂,不会结垢。然后将离开吸收塔的溶液导入一开口反应器,加入石灰或石灰石进行再生反应,再生后的钠溶液返回吸收塔重新使用。

(5)MORETANA FGD 系统

采用含 Mg、Ca、Na 等金属离子的碱性溶液为吸收剂,在板式或填料吸收塔内进行吸收,也是较常用的烟气脱硫法。这种方法虽技术上比较成熟,但实际操作存在洗涤塔处理能力小、气体压降大、易积淤结垢等一系列问题,使得脱硫率不高,能耗大,运行操作及日常维护比较麻烦。鉴于这些原因,日本于 20 世纪 70 年代中期开发了 MORETANA 烟气脱硫技术,20 世纪 80 年代中后期,该法在日本得到广泛的运用。

MORETANA 技术的关键是采用了莫氏吸收塔,MORETANA 的工艺流程如图 4-22 所示。

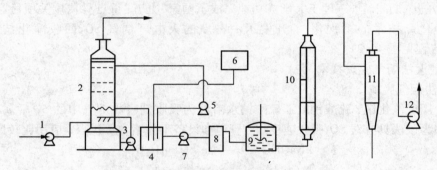

图 4-22　MORETANA Mg(OH)$_2$工艺流程

1—高温风机;2—莫氏塔;3—冷却水循环泵;4—吸收液循环槽;5—吸收液循环泵;6—Mg(OH)$_2$浆液高位槽;
7—吸收液氧化输入泵;8—氧化器;9—蒸发器;10—干燥器;11—旋风分离器;12—引风机

烟气经高温风机直接进入脱硫塔底部,在塔底段经工业水直接冷却后沿塔上升,与由循环泵从塔顶部送来的 Mg(OH)$_2$溶液在莫氏塔板上逆流接触,同时产生强烈的湍流混合,使其中 SO_2 和粉尘除去。净化后的气体在塔顶经过气液分离后进入排气筒排入大气。一部分吸收液补充新鲜 Mg(OH)$_2$浆液后循环使用,另一部分经泵抽送氧化器,使其中的 HSO_3^- 和 SO_3^{2-}被空气氧化,生成 $MgSO_4$。废液再经干燥回收 $MgSO_4$ 粉末。

MORETANA 法的工艺特点是:①烟气脱硫效率高,大都在95%以上;②操作稳定,塔板开孔率高,不易堵塞;液体喷淋均匀,不易产生短路;③工艺能耗低,塔板开孔率高,气体压降小,因此所配置的风机功率小。另一方面由于入塔的吸收液不需喷射成雾状,故液体输送的能耗也较低;④设备投资省,制作安装简便。采用莫氏塔所需材料比板式塔省得多,一般可减少25% ~50%;⑤适用范围广,在操作弹性区内,传质吸收率几乎不受气体和液体流量的影响。因此特别适宜于液气比大的脱硫操作。

(6)Elsorb 法

Elsorb 法为挪威 Elkem 技术公司开发,它采用磷酸钠缓冲溶液为吸收剂回收 SO_2。该工艺于 1993 年 9 月在挪威的 ESSO 精炼厂实现工业化，从克劳斯尾气焚烧炉炉气中回收 SO_2（此法也可用于燃煤电站烟气脱硫）。

此法控制 pH 范围为 5.0 ~ 6.5，以保证较高的缓冲剂浓度，从而获得较高的循环吸收能力和效率。蒸发缓冲剂可回收 SO_2。图 4 – 23 为采用单效蒸发再生的 Elsorb 法，在大型装置上，采用双效蒸发或蒸汽再压缩技术则可以节能。

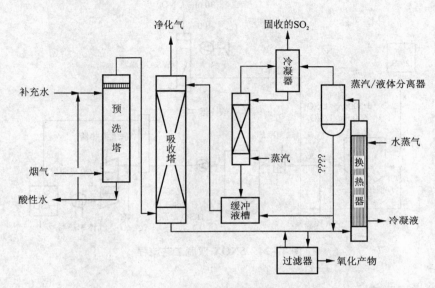

图 4 – 23 Elsorb 法

（7）Cansoalv 法

Cansoalv 法为加拿大联合碳化物公司 20 世纪 80 年代发明的一种用二步法从烟气中捕获 SO_2 的新技术，第 1 个商业性示范厂于 1991 年加拿大艾伯塔省 Suncor Ft. McMurray 运行 9 个月。炼油厂废气（含 7% S）的排放达到并超过设计目标。该技术已广泛应用于冶炼厂、发电厂及炼油厂等低浓度 SO_2 的回收利用，使排放烟气中的 SO_2 浓度小于 10×10^{-6} μg/g，从而达到既利用又治理的目的。

Cansoalv 法采用可加热再生的有机胺盐作为吸收剂。该吸收剂不挥发，对热和氧化性均稳定，使用安全。有机胺盐溶液从吸收塔塔顶喷下，与烟道气中的 SO_2 反应，形成的富液进入再生塔，经加热后释放出 SO_2，加工成硫磺或硫酸。再生后的贫液返回系统循环使用。

（8）Bio – FGD 法

荷兰 Bio Star 公司开发的新型的生物烟气脱硫系统 Bio – FGD，吸收烟气中的 SO_2 并将其转化为单质 S。将含有 SO_2 的 140℃烟道气送入洗涤塔，使 SO_2 与 NaOH 反应，生成 Na_2SO_3，吸收后的溶液送入一台在厌氧条件下操作的生物反应塔，塔内操作温度为 50℃，以乙醇或氢作为电子授予体，在硫酸钠还原菌的作用下将亚硫酸钠转化为可溶性 H_2S，再将吸收液送入另一台在好氧条件下操作的生物塔，在硫杆菌的作用下将可溶性 H_2S 转化为单质硫。在斜板分离器和真空过滤器中分离出单质硫，氢氧化钠溶液重返洗涤塔循环使用。

（9）DESONOX 和 SNOX 双脱新工艺

双脱（脱 SO_2 和 NO_x）新工艺利用选择性催化还原过程（SCR）将 NO_x 转化成氮气，再利用催化氧化过程将 SO_2 转化为 SO_3，回收硫酸。DESONOX 法由德国鲁奇公司开发，SNOX 法由丹麦托普索公司开发,两者的区别在于,前者脱硝脱硫在同一反应器的不同段进行,成品酸浓度70%～75%;后者脱硝脱硫反应分别进行,并利用了该公司的 WSA 冷凝成酸技术,成品酸浓度达95%左右。图4-24 为 SNOX 双脱工艺流程。

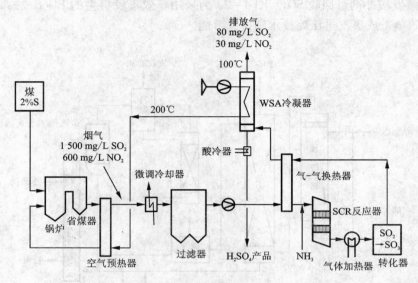

图 4-24 SNOX 双脱工艺流程

4. 干法排烟脱硫

(1)活性炭吸附法

利用活性炭的活性和较大的比表面积使烟气中的 SO_2 在活性炭表面上与氧及水蒸气反应生成硫酸的方法,即:

$$SO_2 + (1/2)O_2 + H_2O \rightarrow H_2SO_4$$

在吸附设备中由于活性炭的工作状态不同,可分为固定床活性炭脱硫法,移动床活性炭脱硫法及流动床活性炭脱硫法。

为了回收吸附在活性炭上的硫化物及使活性炭得到再生,可用水洗脱吸、高温气体脱吸、水蒸气脱吸以及氨水脱吸。

用水脱吸在活性表面上的硫酸,其脱吸效率可达98%,回收产物为 15%～20% 的稀硫酸。

(2)高温气体脱吸法

把送入脱吸器内的已吸附了 SO_2 的活性炭用高温还原气体(一氧化碳或氢气等)使 SO_2 解吸出来。由于被活性炭吸附后的 SO_2 是以 H_2SO_4 的形式存在的,故此脱水反应是按下式进行的:

$$H_2SO_4 + CO \rightarrow SO_2 + H_2O + CO_2$$

(3)接触氧化法

此法与工业接触法制酸一样,是以硅石为载体,以五氧化二钒硫酸钾等为催化剂,使 SO_2 氧化制成无水或78%的硫酸。此法高温操作,所需费用较高,但由于技术比较成熟,目前国内外对高浓度 SO_2 烟气的治理多采用此法。

（4）催化氧化法

近年来有人采用稀土氧化物作为催化剂用于烟气脱硫。其原理是，在硫化催化裂化装置（FCCU）的再生器中使用含铈铝酸镁尖晶石催化剂，可以减少烟气中 SO_2 排放量。在再生器中把 SO_2 氧化成 SO_3，再经化学吸收即变成硫酸盐。用 H_2 来还原硫酸盐即转变成 H_2S 释放出来，其反应过程是：

$$2SO_2 + O_2 \rightarrow 2SO_3$$
$$MgO + SO_3 \rightarrow MgSO_4$$
$$MgSO_4 + 4H_2 \rightarrow MgO + H_2S + 3H_2O$$

催化氧化法脱硫技术虽存在处理再生时释放出的 H_2S，但其能耗较低，烟气中的氧气有助于 SO_2 氧化为 SO_3，可以开发有 O_2 烟道气的脱硫技术，这种方法已在 FCCU 烟气脱硫过程中实现工业化。

（5）催化还原法

目前有 3 种较新的环境催化工艺技术可望应用于大气污染治理之中：①烟气中 SO_2 直接催化还原为单质硫；②熔融盐固体电解质电化学膜烟气脱硫；③燃料电池式电化学氧化还原烟气脱硫。

第 1 种新工艺技术"烟气中 SO_2 直接催化还原为单质硫"的基本原理是利用燃烧过程中不完全燃烧产生的 CO 及水煤气反应所产生的氢作为还原剂，将烟气中的 SO_2 选择性直接还原成单质硫磺，经冷却收集后即获得脱硫产物——硫磺。这样既可在烟气中脱除 SO_2，又可获得有用的化工产品硫磺，其工艺流程示意图如 4 - 25 所示。

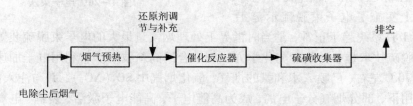

图 4 - 25 SO_2 直接催化还原为单质硫工艺流程示意图

电降尘后烟气需要预加热至 $250 \sim 300℃$。烟气中的组成因燃烧煤和其他燃料的燃烧状况不同，会含有不同浓度的 CO 及 H_2。又因为煤或其他燃料的含硫量不同，烟气中的 SO_2 浓度也不尽相同，在烟气进入催化反应器之前，需要检测烟气中主要组分含量，根据 SO_2 含量及 CO 和 H_2 的浓度，在反应器之前需要补充或调节还原剂浓度，用于 SO_2 直接催化还原为单质硫的催化剂为负载混合氧化物，可在单段催化反应器上用各种还原剂，如 H_2S、H_2、CO、CH_4 和其他还原剂使 SO_2 直接催化还原。催化温度约 $400℃$，传统的脱硫方法将 SO_2 转化为其他形态的废物如 $CaSO_4$ 或 CaS 等，废渣的存放又成了新问题。因此，回收单质硫具有一定的经济价值，将脱硫与硫资源综合利用相结合，其应用前景是显而易见的。

SO_2 还原为硫的方法分为火法和湿法，火法可能应用的还原剂有 H_2S、H_2、水煤气、天然气、炉煤气（CO）和炭（焦炭或煤）等。各种还原剂选择进行的热力学分析表明，还原 SO_2 制取元素硫最好选择固体炭或 CO 作为还原剂。前者着重依据平衡移动原理设计固体碳还原 SO_2 制取元素硫的反应设备和控制技术；后者则应着重研究和开发 CO 还原 SO_2 制取元素硫的催化剂。SO_2 还原为硫的湿法普遍为 Outokump 公司提出的还原硫法。该工艺主要分为 Na_2S 溶液吸收 → 常温常压还原 → Na_2S 再生三个阶段，其主要优点是使用的试剂可再生，产出价值较高的元素硫，同时冶炼烟气中 SO_2 浓度及烟气量可波动。

迄今为止，由 SO_2 冶炼烟气、尤其是低浓度 SO_2 烟气制硫粉，脱硫率较低，运行成本远远超出硫粉的价格。而硫粉与其他硫产品相比具有用途广泛，易于贮存和运输等优点。因此，如何把 SO_2 烟气，尤其是低浓度 SO_2 烟气经济、有效地转化为硫粉，已成为全世界关注的问题。中南大学冶化研究所根据奥托昆普公司所提出的还原硫法，提出了新的改进方法，采用 Na_2S 溶液吸收—常温常压下还原—Na_2S 再生的工艺流程。结果表明，浓度为 1% ~ 50% 时，用 Na_2S 作吸收剂，采用两级鼓泡塔吸收得到很好的吸收效果。吸收最佳的实验条件为：pH 2.0 ~ 3.0，Na_2S 浓度 0.4mol/L，SO_2 气体流速 300 ~ 600 mL/min，温度常温，在这些条件下，SO_2 总吸收率达 99.8% 以上。

(6) 电子束法（EBA 法）

电子束法是 1970 年日本荏原（Ebara）公司首先提出的烟气脱硫技术（图 4 – 26）。20 世纪 80 年代以来，先后在日本、美国、德国、波兰等国家进行研究并建立了中试工厂。1992 ~ 1994 年，日本建造了三座小型示范厂，取得了预期的效果。目前，电子束法继续受到许多国家的关注。荏原公司在我国成都电厂 90MW 机组上实施了电子束脱硫示范工

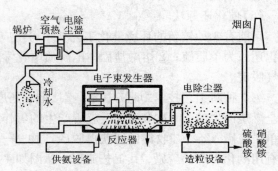

图 4 – 26　电子束法

程。1998 年 1 月系统趋于正常，是当时世界上处理烟气量最大的电子束脱硫装置。

电子束脱硫技术是一种物理与化学方法相结合的高新技术。它利用电子加速器产生的等离子体照射 70℃左右、已喷入水和氨的烟气，氧化烟气中 SO_2（NO_x），并与注入的 NH_3 反应。在强电场作用下，部分烟气分子电离，成为高能电子，高能电子激活、裂解、电离其他烟气分子，产生 OH、O、HO_2 等多种活性粒子和自由基。在反应器中，SO_2、NO 被活性粒子和自由基氧化成 SO_3、NO_2，它们与烟气中的 H_2O 相遇形成 H_2SO_4 和 HNO_3，在有 NH_3 或其他中和物存在的情况下生成（NH_4）$_2SO_4$/NH_4NO_3 烟气，这种硫铵和硝铵烟气微粒带有电荷，很容易被捕集。通过收尘器收集后，得到硫铵和硝铵化肥，实现脱硫、脱硝目的。

电子束法脱硫效率 ≥90%，可同时脱硫脱硝，投资较低，副产物可用作肥料，无废渣排放，但运行电耗高，运行成本还受到肥料市场的直接影响。

(7) 脉冲等离子体化学脱硫脱硝技术（PPCP）

脉冲等离子体技术（PPCP 法）也叫脉冲电晕氨法。该法是用脉冲电晕照射 70℃左右、已喷入水和氨的烟气，其功能和电子束法类似。脉冲电晕放电烟气脱硫脱硝反应器的电场还具有除尘功能。

脉冲电晕和电子束法能耗和效率尚需改善，主要设备如大功率的电子束加速器和脉冲电晕发生装置还在研制阶段。

(8) 干式石灰石法

直接向炉内（1 000 ~ 1 200℃）吹入石灰石粉末，生成的 $CaSO_3$ 和 $CaSO_4$ 混合物由后面的除

尘器清除。该方法脱硫率在 90% 左右,成本和半干式旋转喷雾法差不多。

（9）干式石灰法

在 150~200℃ 烟气中吹入熟石灰粉末,脱除 SO_2。该方法比干式石灰石法效果好,但成本较高。

（10）电化学法脱除 SO_2 技术

美国亚特兰大乔治亚技术学院的研究人员成功开发出一种新型的电化学氧化法脱除烟气中的 SO_2。电化学槽装有静止的熔盐电解质,并设有多孔气体扩散电极。当烟气通过阴极时,SO_2 扩散进入电极孔隙,在很低的电势(约 0.5V)作用下与 O_2 生成 SO_4^{2-} 离子,SO_4^{2-} 离子迁移至阳极被氧化成为 SO_3,SO_3 扩散出阳极孔隙而被回收,干净的烟气放空。该工艺的关键是寻找一种对电解质呈惰性的适用载体物质。该工艺特点是:①脱硫率极高,几乎可以达到 100%；②工艺紧凑,设备简单,操作费用低。其设备大小约为洗涤器的 1/10,费用约为洗涤法的 1/4；③不需液体化学品,不产生废液。

5. 半干法烟气脱硫

半干法烟气脱硫技术包括旋转喷雾干燥法、炉内喷钙增湿活化法、增湿灰循环脱硫技术等。

（1）旋转喷雾干燥法

这是美国 JOY 公司和丹麦 NIRO 公司 1978 年联合开发的脱硫工艺,已有超过 10% 的脱硫市场占有率。喷雾干燥法脱硫率一般为 85%,最高可达 90% 以上,多用于低硫煤烟气脱硫。将石灰 $Ca(OH)_2$ 或 Na_2CO_3 等制成的浆液喷入雾化干燥反应器,雾化后的碱性液滴吸收烟气中 SO_2,同时烟气的热量使液滴干燥形成石膏固体颗粒,再用袋式除尘器将固体颗粒分离。$Ca(OH)_2$ 吸收 SO_2 的总反应为:

$$Ca(OH)_2 + SO_2 + H_2O \rightarrow CaSO_3 \cdot 2H_2O$$
$$CaSO_3 \cdot 2H_2O + 1/2 O_2 \rightarrow CaSO_4 \cdot 2H_2O$$

常用的雾化装置有压力喷嘴和高速旋转(10 000~50 000 r/min)离心雾化器两种。雾化液滴及其分布要细而均匀,喷嘴或雾化轮应耐磨、耐腐蚀、防堵塞。吸收剂除用 $Ca(OH)_2$ 或 Na_2CO_3 之外,石灰石、苏打粉、烧碱等也可用作吸收剂。石灰脱硫常将固体颗粒循环使用以提高吸收剂利用率,钠脱硫则一次通过吸收器即可完全反应。石灰的实际用量通常是理论计算量的 2.5 倍左右,循环使用可降至 1.5 倍,钠吸收剂利用率较高,一般为 1.1 倍。袋式除尘器被广泛用于喷雾干燥系统的固体捕集,因为沉积在袋上的未反应的石灰可与烟气中残余 SO_2 反应,脱硫率占系统总脱硫率的 10%~20%,滤袋可以看成一个固定床反应器。

影响脱硫率的因素有烟气温度、速度、湿度和 SO_2 浓度等。反应器入口烟温为 150℃ 左右,较高的入口烟温,可以增加浆液含水量,改善反应器内干燥阶段的传质条件,使脱硫率提高。出口烟温一般为 80~100℃,要求比绝热饱和温度高 10~30℃。出口烟温越低,则固体颗粒中残留水分越多,传质条件越好,脱硫率越高。烟气进口 SO_2 浓度越高,需要更高的 Ca/S 才能达到较高的脱硫率。反应器内烟气流速约 1.5 m/s,石灰系统的烟气停留时间为 10~12 s。

（2）炉内喷钙–炉后增湿活化脱硫

这是由芬兰 Tampella 公司和 IVO 公司开发的一种脱硫率较高、设备简单、投资低、能耗少的脱硫技术。其特点是除了将石灰石粉喷入炉膛中 850~1 150℃ 烟温区,在空气预热器后增设了一个独立的活化反应器，在这里喷雾化水或蒸汽使烟气中未反应的 CaO 增湿活化，进行水合反应生成 Ca(OH)$_2$，接着与烟气中 SO$_2$ 反应生成 CaSO$_3$，部分 CaSO$_3$ 进一步氧化成 CaSO$_4$，总反应可表示为：

$$CaO + H_2O + SO_2 + 1/2O_2 \rightarrow CaSO_4 + H_2O$$

烟气经过加水增湿活化和干脱硫灰再循环，可使总脱硫率达 75% 以上，若将干脱硫灰加水制成灰浆喷入活化器增湿活化，可使总脱硫率超过 85%。

(3)半干式旋转喷雾石灰法

在 200~500℃烟道气中喷入石灰乳，与 SO$_2$ 反应生成干燥的 CaSO$_3$ 粉末，由除尘器清除。该方法的脱硫率较低(为 70%~90%)，适用于低 SO$_2$ 浓度烟气，其成本明显低于湿式石灰石法。

(4)干式石灰石 – 水法

在处理塔内，对 150~200℃ 的经干式石灰石法处理后的烟气喷水，可提高脱硫率。该方法是由芬兰 Tampella 公司和日本川崎重工公司联合开发的，与湿式法相比，投资费用减少 1/3，操作费减少 30%~50%(计算操作费时，除湿式石灰石法副产品石膏可以按 3 000 日元/t 出售外，其他方法均无副产品出售)。

(5)Advanced FGD 法(简称 A FGD)

A FGD 是日本千代田化工建设公司开发的专利技术，已在美国、德国、加拿大和欧洲一些国家工业化使用。美国拉迪亚(Radian)公司在其艾博特(Abbat)燃煤电厂建立了一座规模为 30MW 的 A FGD 装置。试验表明，该装置 SO$_2$ 脱除率达 90% 以上，石灰石利用率达 97%，可靠性达 99%，投资比目前美国采用的其他湿法 FGD 系统和石灰石石膏系统低 50%~75%。A FGD 的系统流程如图 4–27 所示。

A FGD 系统的关键部件是气–液–固喷射鼓泡式反应器/吸收器

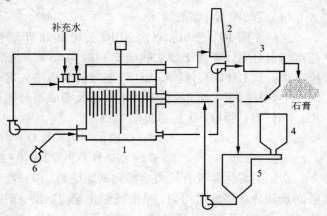

图 4–27　A FGD 系统流程
1—反应器/吸收器；2—烟囱；3—脱水装置；
4—石灰石罐；5—石灰石浆罐；6—风机

(JBR)。由 JBR 出来的气体经除雾器后由烟囱排入大气，反应生成物(石膏浆)由 JBR 底部抽入脱水装置，脱水后的石膏饼可市售，滤液返回 JBR 循环使用。

A FGD 系统的主要特点为：①投资省。不设烟气预洗涤塔、备用泵和增稠器等；②可靠性高。洗涤液饱和度低，除雾器压降小，不易结垢。控制结垢的主要办法是降低溶液的 pH 值；向吸收剂中注入空气和提高石膏晶体浓度；③脱硫率高。A FGD 法脱硫率至少达 90% 以上，如果后置袋式织物过滤器，SO$_2$ 脱除率可达 97%；④副产石膏质量好，艾博特电厂 A FGD 系统副产的石膏，超过日本千代田化工建设公司的规定指标，也超过了美国目前市售墙粉用石膏的质量标准；⑤能耗低，不超过锅炉出力的 2%；⑥石灰石利用率高，可达 97%。

(6)ABR 脱硫系统

德国凯尔蒂装置公司(Caldyn Apparatebaw)推出一种新型烟气脱硫系统 ABR 系统，目前已经工业化。该系统结合采用干、湿式石灰－石灰石－白云石与烟气接触反应，将烟气中的 SO_2 几乎脱净。图 4 - 28 为 ABR 脱硫系统。

ABR 系统包括喷雾干燥和洗涤两部分。温度约为 300℃、含 SO_2 1 400 ~ 3 000 mg/m³ 的烟气先进入喷雾干燥器，与洗涤塔底送来的石灰浆接触，使其干燥，并充分利用其中未反应的石灰进行粗脱硫。干燥后的

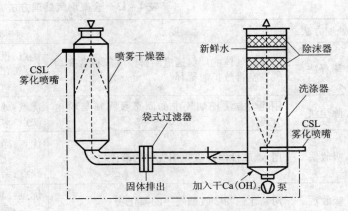

图 4 - 28　ABR 系统流程

$CaSO_4$ 和 $CaSO_3$ 产品落至底部，经袋式过滤器与气体分离后排出。气体则在洗涤塔内通过水的雾化被冷激至湿球温度，所含水蒸气以气溶胶为凝聚核心而冷凝，增大的液滴在洗涤塔内通过惯性除去。进入吸收塔的气体含 SO_2 大致为 4×10^{-4} μg/g，经石灰浆洗涤，SO_2 含量可降低至 2.5×10^{-5} μg/g。脱硫后的气体经塔顶除沫器除去夹带的液滴、排空。用后的石灰浆循环至干燥塔。

ABR 系统的主要特点有：①石灰耗量少。普通 FGD 法为理论耗量的 2 ~ 2.5 倍，而该方法仅为理论耗量的 1.05 倍；②脱除 SO_2 很彻底。几乎完全可以脱除烟道空气中的 SO_2，一般排放时仅为 7 mg/m³；③投资少。比普通石灰 – 石灰石法低 25% ~ 30%，适用于中小型电厂（10 ~ 20 MW）和硫酸装置的尾气脱硫；④无污水排放。整个过程中无任何液体排出。

4.5　其他烟气治理技术

4.5.1　含氟烟气的处理

目前最常用的含氟烟气处理方法如表 4 - 13 所示。

铝电解生产排出的工业废气中，气态氟化物和固态氟化物的比例因槽型不同而异。自焙槽的污染物中气态占 60% ~ 90%；预焙槽中污染物中气态占 50% 左右。一般规定每吨铝的污染物排放量不得超过 1kg。与此同时，净化回收的物质可返回利用，又可降低成本。烟气净化有湿法和干法两种。

1. 湿法净化含氟烟气

湿法净化电解铝车间烟气的工艺流程分地面排烟净化系统和天窗排烟净化系统。地面排烟净化系统是净化电解槽上方，由集气罩抽出的含氟化物多的烟气；而天窗排烟净化系统是净化由于加工操作或集气罩等装置不够严密而泄露在车间的含氟化物烟气。地面排烟净化系统是用水或氢氧化钠水溶液为吸收剂吸收烟气中的氟化物，如以氢氧化钠溶液为吸收剂，在吸收氟化物的溶液中再加入偏铝酸钠可回收冰晶石。若以水为吸收剂，在吸收氟化物的水溶液中加入氧化铝可回收氟铝酸；如加碱可回收冰晶石，冰晶石是炼铝所不可缺少的原料。

表 4 –13　含氟烟气处理方法

处理方法	要点	优缺点
稀释法	向含氟气体的厂房送进新鲜空气或将含氟烟气高空排放扩散稀释	优点:投资运行费低廉,管理方便 缺点:在不利的气象条件下,有时会把污染物转移
除尘法	用除尘方法把烟气中的固态氟颗粒与粉尘分离	优点:处理工艺简单,运行比较可靠 缺点:对气态氟没有净化效果
吸收法	用水、碱性溶液吸收烟气中的氟化物	优点:净化设备体积小,可连续操作可回收氟化物,净化效果高 缺点:会造成二次污染,冬季需保温
吸收法	用氧化铝粉吸收烟气中的氟化物	优点:净化效率高,载氟氧化铝可重新回到电解槽,加以利用

　　水吸收法就是用水作吸收剂来洗涤含氟废气,副产氟硅酸,继而生产氟硅酸钠,回收氟资源。水易得到,比较经济,但对设备有腐蚀作用。就目前来看,水吸收法净化含氟废气主要应用于磷肥生产中。由于吸收液中含有腐蚀性很强的氢氟酸和氟硅酸,另外还含有少量的 H_2SO_3、H_2SO_4、H_3PO_4 等,很容易造成设备的腐蚀。目前工厂中常用的耐腐蚀材料有:硬聚氯乙烯管和板材、耐腐蚀玻璃(环氧玻璃钢、呋喃玻璃钢、酚醛玻璃钢、聚酯玻璃钢等)、耐酸瓷砖、耐酸胶泥、防腐蚀漆和橡胶等。聚氯乙烯或玻璃钢多用于管道、设备的制作,耐酸瓷砖、耐酸胶泥、生漆等多用于槽和吸收 室内壁防腐,橡胶多用于设备、管道等的内衬。

　　碱吸收法是采用碱性物质 NaOH、Na_2CO_3、氨水等作为吸收剂来脱除含氟尾气中的氟等有害物质,并得到副产物冰晶石。最常用的碱性物质是 Na_2CO_3,也可以采用石灰乳作吸收剂,二者的使用有所区别。

　　用 pH 为 7~8 的低浓度碱液净化含氟烟气,其反应式如下:

$$HF + Na_2CO_3 \rightarrow NaF + NaHCO_3$$

$$HF + NaHCO_3 \rightarrow NaF + CO_2 + H_2O$$

$$CO_2 + Na_2CO_3 + H_2O \rightarrow 2NaHCO_3$$

　　当吸收液中 NaF 浓度上升到 20 g/L 时,加入偏铝酸钠,利用烟气中的二氧化碳,在洗涤塔内直接合成冰晶石,其反应式为:

$$6NaF + NaAlO_2 + 2CO_2 \rightarrow Na_3AlF_6 + 2Na_2CO_3$$

　　天窗排烟净化系统的装置通常安装在厂房顶上,为减少排烟阻力,在排风机后直接安装喷射洗涤吸收器和除雾器。地面排烟净化系统的氟化物去除率达 90%~95%,天窗净化系统的氟化物去除率为 70%~90%。

2. 干法净化含氟烟气

(1)净化原理及工艺设备

　　就是用铝电解槽的原料氧化铝作吸附剂,吸附烟气中的 HF,并截留烟气中的粉尘,吸附了 HF 的氧化铝仍为电解的原料。据报道,氧化铝对 HF 气体的吸附主要是化学吸附,在吸附过程中,氧化铝表面生成单分子层吸附化合物,每摩尔氧化铝吸附 2 摩尔 HF,这种表面化合物在 300℃ 以上转化成 AlF_3 分子,即:

$$Al_2O_3 + 6HF \rightarrow 2AlF_3 + 3H_2O$$

这一过程的进行速度极快,在 $0.25 \sim 1.5$ s 内即可完成,其吸附效率可达 98% ~99%。工业用的氧化铝,因焙烧温度不同而使其比表面积和表面活性有所差别,使它对 HF 的吸附性能也有所不同。用于干法净化的氧化铝,要求其比表面积大于 35 m^2/g,且 $\alpha - Al_2O_3$ 含量不应超过 25% ~30%。对砂状氧化铝的比表面积和 $\alpha - Al_2O_3$ 含量的要求就是根据这种需要提出的;干法净化较适应预焙槽的烟气净化。

干法净化具有流程短、设备简单、净化效率高、没有废液需要处理、载氟氧化铝又能返回到流程的特点,氧化铝厂广泛采用。缺点就是烟气粉尘中的杂质如铁、硅、硫、钒、磷等化合物也被返回电解槽,循环中不断富集,而对铝的质量和电流效率产生影响。自焙槽必须先除去焦油才能采用此法。

青铜峡铝厂电解二期工程是引进日本直江津铝厂全套技术和设备,有 106 kA 上插自焙槽 200 台,年产原铝 5.1844 万 t,烟气净化采用湿法再生冰晶石技术。1987 年投产后,二次污染较严重,净化回收效率低,运行费用高。长期以来只有净化运行,不回收冰晶石。为搞好环保和进一步提高经济效益,将湿法改为干法净化。改造后全部采用当前世界上同类项目的先进技术,经优化组合而成。其中有沈阳铝镁设计研究院近年的专利和多项专有技术,有的引进技术在我国是第一次消化使用。

他们主要采用了 LLZB10×185(Ⅱ)菱形布袋除尘器,采用了从美国引进并加以改进的先进的 VRI 反应器,氧化铝破损率低(≤5%),吸附反应率高,阻力适当。先进的氧化铝分料器可使每台除尘器加入的氧化铝量是均等的。该分料器是从美国引进的系统技术中经改进而来。在使用中,分料均匀,无故障发生。

该系统还采用了先进的氧化铝垂直提升机和超浓相(HPS)水平输送技术。我国 20 世纪 90 年代以前,氧化铝提升多采用压缩空气稀相提升。过去国内载氟氧化铝提升多采用斗式提升机,这种设备投资大,运行维修工作量大且困难,密封性能差,跑、漏氧化铝严重。气力提升机节能显著,可做到连续进料和排料,输送高度 15 ~50 m。采用罗茨风机供风,无机械运行部件,整个系统是密封的。设备占地面积小,运行可靠。超浓相(HPS)水平输送技术的特点是固气比高、氧化铝输送浓度大、能耗低、输送速度在 $0.05 \sim 0.2$ m/s 范围内,氧化铝破损率低,同时对输送设备几乎无磨损,所以设备维修量小,运行成本低。本系统输送距离约 150 m,输送量为 11.5 ~23 t/h,风机压力为 8 000 ~10 000 Pa,风量为 110 ~115 $m^3(m^2 \cdot min)$。

(2)铝电解烟气逆向二段干法吸附净化技术

以铝电解生产原料——氧化铝为吸附剂,以烟气中氟化物(主要是氟化氢)为 吸附质,在设定的条件下(包括反应段固气比,反应时间、烟气流速等),氧化铝与氟化氢混合,在极短的时间内完成对氟化氢的吸附,并达到很高的净化效率。

首先用活性相对较差的、吸附过氟化氢的氧化铝(亦称载氟氧化铝)与含氟浓度高的铝电解初始烟气进行反应,再用活性高的氧化铝对烟气中剩余的氟化氢进行二次吸附反应,从而获得更高的氟净化效率。

逆向二段干法吸附净化技术,优化了干法吸附机制,实现了以较低的反应段固气比,取得极高氟净化效率的目的,从而减少了氧化铝在干法吸附中的循环次数,避免多次循环造成的氧化铝破碎率高、带入 FE、SI 杂质增加以及铝电解烟气净化系统动力消耗大的问题。

(3)铁矿烧结厂含氟烟气的净化

含氟铁矿烧结厂采用的净化含氟烟气的方法是用石灰水洗涤中和烟气中的氟,泥渣送尾矿库，水循环使用。实际运转证明，除氟效率在90%以上，除氟尘效率达75%以上，系统阻力不超过40 kPa。

包钢炼铁厂由于原料中铁精矿含氟，在烧结过程中有7%左右的氟形成 HF、SiF_4 以气态的形式或者随烟尘一起排放，这些含氟烟气主要从烧结机机头排出。烧结机机头烟气处理系统主要由四台电除尘器、五台中和器、八台澄清器和五座空心喷淋净化塔等所组成。

铁合金厂排出的含氟废气目前用湿法净化，矿热炉排放出的含氟烟气用烟罩集中经风机送到洗涤塔。酸性吸收液用石灰中和，循环使用，沉渣经压滤后进一步处理。

4.5.2 氮氧化物的净化技术

目前，为了减少燃烧过程氮氧化物的排放，大多从改进燃烧方法着手。对各种化工过程，除改进工艺和设备外，多采用催化还原法、液体吸收法和吸附法进行净化处理。

1. 改进燃烧条件，减少氮氧化物的排放

根据燃料燃烧时氮氧化物的生成机制，氮氧化物的生成量与燃烧的温度、燃烧区氧气的浓度、燃烧气体在燃烧高温区的停留时间等有关，燃烧温度愈高，氮氧化物生成量愈大。燃烧时，氮氧化物开始生成的温度大约为900℃，而当燃烧的温度达1 300℃时，氮氧化物的生成量迅速增加。燃烧时氧气浓度越高，即过剩空气系数越大，氮氧化物的生成量越大；燃烧气体在高温区的停留时间越长，氮氧化物生成量越大。为了控制和减少氮氧化物的生成量，应尽可能采用低温燃烧、低氧燃烧等方法。

（1）水喷射法

在水喷射法中，水在燃烧室内被雾化，并随同燃料一起注入炉内，此法由于转移了燃料燃烧时所放出的一部分热量，降低了火焰温度，从而减少了氮氧化物的生成量。虽然这种方法可使氮氧化物生成量减少，但由于热效率降低，导致燃料消耗量增大。

（2）烟气循环法

一部分烟气返回燃烧区，不仅能使燃烧区的温度降低，而且能减少氧的含量，因而能减少氮氧化物。该方法的优点是仅需调节风门和风机，操作简单，并可方便地应用于燃煤锅炉，但缺点是基建投资较高。

（3）二段燃烧法

改进燃烧方法也是减少氮氧化物的有效途径。两级燃烧法是使燃料在燃烧区于不足量的空气燃烧，此时燃烧区处于富燃料条件，火焰温度较低；然后将理论空气量的剩余部分和过量空气经燃烧区上方的二次风口送入炉内，使燃料燃尽，此时处于贫燃料状态，火焰温度也较低。火焰温度低，生成的氮氧化物量就少。此法用于燃油系统可降低氮氧化物生成量60%，用于燃气系统可降低73%，用于专门为此种燃烧法设计的新装置还可获更佳的效果。

（4）使用低 NO_x 型燃烧器

采用形式合理的燃烧器不仅能改善燃烧，还能减少氮氧化物的产生量。能使烟气循环的燃烧器有两种类型：自然循环和强制循环。自然循环是靠燃料－空气射流作用使一部分循环。由于烟气循环而减低了燃烧区的温度和氧的含量，从而减少了氮氧化物的产生量。强制型循环燃烧器系利用风机将烟气与空气一起送入，它对减少氮氧化物的作用与烟气自然循环是一样的。

2. 含氮氧化物废气的净化处理

净化废气中的氮氧化物方法较多,按照其原理的不同,可分为催化还原、吸收和吸附三类。

(1)催化还原法

催化还原法是利用适当的催化剂,在一定的温度范围内,将氮氧化物还原为无害的氮气和水。净化过程中,可依据所用还原剂是否与气体中的氧气发生反应分为选择性催化还原法和非选择性催化还原法。前者多以氨作为还原剂,后者常用氢作为还原剂。

选择性催化还原方法有:

①氨选择性催化还原,使氮氧化物转变为无害的氮气和水蒸气,反应式如下:

$$4NH_3 + 6NO \rightarrow 5N_2 + 6H_2O$$
$$8NH_3 + 6NO_2 \rightarrow 7N_2 + 12H_2O$$

②硫化氢选择性催化还原,其反应如下:

$$NO + H_2S \rightarrow S + 1/2N_2 + H_2O$$
$$SO_2 + 2H_2S \rightarrow 3S + 2H_2O$$

该法也能同时除去烟气中的 SO_2。

③氯 – 氨选择性催化还原法:一氧化氮具有加合性,它与氯在木炭作催化剂、温度为50℃时产生黄色的氯化亚硝基。此法的主要反应为:

$$2NO + Cl_2 \rightarrow 2NOCl$$
$$2NOCl + 4NH_3 \rightarrow NH_4Cl + 2N_2 + 2H_2O$$

④一氧化碳选择性催化还原法:该法可同时除去烟气中的 SO_2,催化剂可用铜 – 氯钒土。其主要反应为:

$$NO + CO \rightarrow (1/2)N_2 + CO_2$$
$$SO_2 + 2CO \rightarrow S + 2CO_2$$
$$NO_2 + CO \rightarrow NO + CO_2$$

⑤碳氢化合物选择性催化还原法:利用有机化合物作为还原剂催化还原氮氧化物是世界上研究开发的热点,现在已寻找到像烷烃、醇等不同的催化剂上选择还原 NO_x。甲烷为还原剂的反应式为:

$$CH_4 + 4NO \rightarrow 2N_2 + CO_2 + 2H_2O$$

非选择性催化还原是应用铂作为催化剂,以氢或甲烷等还原性气体作为还原剂,将烟气中的 NO_x 还原成 N_2。所谓非选择性,是指反应时的温度条件不仅仅控制在只是烟气中的 NO_x 还原成 N_2,而且在反应过程中,还能有一定量的还原剂与烟气中的过剩氧作用。此法选取的温度范围为 400 ~ 500℃。以氢和甲烷为例,反应式为:

$$H_2 + NO_2 \rightarrow H_2O + NO$$
$$2H_2 + O_2 \rightarrow 2H_2O$$
$$2H_2 + 2NO \rightarrow 2H_2O + N_2$$

以及

$$CH_4 + 4NO_2 \rightarrow 4NO + CO_2 + 2H_2O$$
$$CH_4 + 2O_2 \rightarrow CO_2 + 2H_2O$$
$$CH_4 + 4NO \rightarrow 2N_2 + CO_2 + 2H_2O$$

上列反应中,前两个反应比第三个反应快得多。如果供给的燃料不足,则只能进行前两个反应, 仅将红棕色的二氧化氮还原为一氧化氮。因此为彻底消除二氧化氮的污染, 应供足够的燃料。

(2) 吸收法

吸收法是用水或酸、碱、盐的水溶液来吸收废气中的氮氧化物, 使废气得以净化的方法。可采用的吸收剂种类很多, 来源也广。此法便于因地制宜, 综合利用, 目前已被中小企业广泛采用。

① 水吸收法(液体吸收法)

以水为吸收剂时, 水和 NO_2 反应生成硝酸和亚硝酸。在通常情况下亚硝酸不稳定, 很快发生分解生成硝酸、一氧化氮和水。一氧化氮不与水发生化学反应, 在水中溶解度低, 因而用水吸收的效率不高。水吸收法仅适用于净化以二氧化氮为主的氮氧化物尾气, 反应方程式为:

$$2NO_2 + H_2O \rightarrow HNO_3 + HNO_2$$
$$2HNO_2 \rightarrow H_2O + NO + NO_2$$
$$2NO + O_2 \rightarrow 2NO_2$$

② 稀硝酸吸收法

其吸收原理是利用氮氧化物在稀硝酸中有较高的溶解度而进行物理吸收。用作吸收剂的硝酸应事先用空气等将其中溶解的氮氧化物吹出。稀硝酸吸收氮氧化物主要为物理吸收, 高压和低温有利于吸收, 吸收温度一般应维持在 283 ~ 293 K。吸收氮氧化物后的硝酸, 经加热后用二次空气吹出氮氧化物, 吹出的氮氧化物返回硝酸吸收塔进行再吸收; 吹除氮氧化物后的硝酸冷却至 293 K 后, 供吸收塔循环使用。

③ 碱液吸收法

碱液吸收含氮氧化物废气时生成硝酸盐和亚硝酸盐, 主要化学反应式为:

$$2NO_2 + 2MOH \rightarrow MNO_2 + MNO_3 + H_2O$$
$$NO + NO_2 + 2MOH \rightarrow 2MO_2 + H_2O$$

其中 M 代表一价金属离子或铵离子。当一氧化氮在氮氧化物中的比例高时, 多余的一氧化氮很难吸收。因此提高一氧化氮氧化成二氧化氮的效率是改进吸收过程的途径之一。为提高一氧化氮的氧化率, 可先使用硝酸氧化, 再用碱液吸收, 这种方法称为硝酸氧化 - 碱液吸收法。

④ 熔融盐吸收法

该法是以熔融状态的碱金属或碱土金属的盐类吸收烟气中的 NO_x 的方法。此法也可同时除去烟气中的 SO_2, 其主要反应为:

$$M_2CO_3 + 2NO_2 \rightarrow MNO_2 + MNO_3 + CO_2$$
$$2MOH + 4NO \rightarrow N_2O + 2MNO_2 + H_2O$$
$$4MOH + 6NO \rightarrow N_2 + 4MNO_2 + 2H_2O$$

式中, M 为 Li^+, Na^+, K^+, Rb^+, Cs^+, Sr^+, Ba^{2+} 等。

(3) 吸附法

吸附法是一种采用吸附剂吸附氮氧化物以防其污染的方法。吸附法既能较彻底地消除氮氧化物的污染, 又能回收有用物质; 但其吸附容量较小, 吸附剂用量较大, 设备庞大, 再生周期短。通常按照吸附剂种类进行分类, 目前常用的吸附剂有分子筛、活性炭、硅胶等。离子交换树脂及其他吸附剂尚处于研究探索阶段。

4.5.3 沥青烟气的净化

沥青烟气中既有沥青挥发组分凝结成的固体和液体微粒，又有蒸汽状态的有机物，沥青烟气的净化方法有电除尘、吸附法和洗涤法。

1. 电除尘器净化沥青烟气

这是传统的，也是比较有效的方法。

烟气在进入电除尘器之前先喷水雾，使烟气温度降至 70~80℃。降温的目的是为了使沥青烟气能冷却成很细的粒子。这样细的粒子若用喷雾洗涤净化，效率是很低的，而用电除尘器则可以得到满意的效果。在此温度下，收集在极板上的焦油可以流下汇集到灰斗再排出。如果温度过低，收集在极板上的焦油不能靠自重流下，可以用蒸汽喷吹加热清洗。

目前国际上密闭式焙烧炉烟气治理以电捕法为主(约占 85%)，我国密闭炉烟气净化也基本采用此法，如吉林、上海、抚顺、南通、成都炭素厂及贵州铝厂阴极焙烧炉等。

万方铝业、抚顺铝厂、丹源铝厂等敞开式环式焙烧炉也采用电捕焦油器处理，烟气先经预除尘器去除大颗粒粉尘，后到全蒸发冷却塔降温，最后经卧式高压静电除尘器净化，沥青烟净化效率高于 92%，沥青烟排放浓度低于 30 mg/m³，烟尘排放浓度低于 20 mg/m³，沥青烟、粉尘可稳定达标排放。

电解铝厂配套的预焙阳极生产系统掺用电解铝生产的残阳极，返回残极中所含的氟化物量决定焙烧炉烟气中氟的初始浓度。残极所携带的氟化物主要集中在阳极表层电解质中，实际生产过程中采用清理干净残极表面的电解质，大大减少焙烧炉烟气中氟含量。国内实测的焙烧炉氟浓度变化很大，范围在 12.2~52.66 mg/m³ 之间，其中气氟浓度小于 2mg/m³。虽然电捕法对氟化氢无净化效果，但由于气氟浓度较低，不致影响达标排放。

2. 吸附法

用焦炭、氧化铝或者其他固体吸附剂均可吸附冷凝的焦油微粒。吸附是物理吸附，过程很快。物理吸附无选择性，吸附剂本身性质不起作用，只与表面状况有关，因此可以用吸附沥青烟气的吸附剂，如炭素厂可以选择焦炭粉。

烟气在进入吸附器前，先在管道里喷水冷却，使烟气温度降至 70~85℃，但必须保持高于露点温度，避免出现冷凝水和酸的腐蚀。吸附了沥青烟的焦炭仍可用于炭素材料的生产，或者给其他焦炭用户。

氧化铝吸附干法净化技术是我国 20 世纪 80 年代引进美国 PEC 公司和法国 AIE 公司治理敞开式焙烧炉烟气的技术，目前应用在青海、包头铝厂的敞开式焙烧炉。

干法净化流程简单，利用电解原料——氧化铝作吸附剂，回收的物料全部返回电解槽使用，做到化害为利，不存在二次污染问题，对沥青烟、氟化物、粉尘同样均可达到很高的净化效率。干法净化技术主要缺点是对 SO_2 基本无效。另外，生阳极产生的沥青挥发分大部分在焙烧炉进行了燃烧，进入烟气中的沥青烟量很少，吸附有沥青烟和氟化物的载氟氧化铝返回电解槽利用，不会引起电流效率下降和电解铝质量下降的问题，这在美国 PEC 公司、法国 AIE 公司的工程实践中得以证明，在青海铝厂等预焙槽电解铝厂的长期实践中也得到了验证。

3. 水洗涤法

采用高效湿式除尘器也可以净化沥青烟气。烟气进入洗涤塔后，用水多次洗涤循环，定期将循环水排至废水处理池除油。处理后的废水根据具体的情况排入下水道或进行深度处理。

4. 碱吸收湿法

焙烧炉烟气首先经重力沉降室去除粗粒粉尘，然后进入洗涤塔，用稀 NaOH 溶液喷淋洗涤，烟气中的 HF 和 SO_2 被 NaOH 溶液吸收，一部分粉尘和沥青也被洗涤，从洗涤塔出来的烟气再经湿式电除尘器净化，沥青烟、氟、粉尘等污染物一般能符合排放标准的要求。

5. 焦粉吸附净化法

该方法是采用生产原料焦粉作为吸附剂，吸附烟气中的沥青烟，然后经布袋除尘器实现气固分离，它吸附沥青焦油的净化效率高，用过的吸附剂可返回生产系统使用，但对铝电解厂回用残极的阳极焙烧炉产生的气氟的吸附能力差。

6. 燃烧法

沥青烟主要是碳氢化合物的组成，当燃烧温度 >790℃，燃烧时间 >0.5 s 时能够燃烧完全。此方法要求燃烧温度、时间较严格，否则会造成燃烧不完全或沥青烟碳化为颗粒，产生二次污染，同时对沥青烟的浓度要求较高。而小型焙烧炉实际的工艺操作水平和沥青烟浓度一般无法满足燃烧法所需条件。

4.5.4　含铅烟气的净化技术

对于铅烟的净化可以用高效除尘器，也可使用化学吸收。化学吸收对铅烟中微细颗粒和铅蒸气有较好的净化效果。

1. 稀醋酸吸收法

通常采用两级净化，第一级用袋除尘器除去较大的颗粒，第二级用化学吸收（斜孔板塔），兼有除尘和净化作用。

吸收剂为 0.025% ~ 0.3% 稀醋酸；吸收产物为醋酸铅。用该法可净化氧化铅和蓄电池生产中所产生的铅烟铅尘。也可用于净化熔化铅合金时所产生的含铅烟气。

主要化学反应：

$$2Pb + O_2 \rightarrow 2PbO$$
$$Pb + 2CH_3COOH \rightarrow Pb(CH_3COO)_2 + H_2 \uparrow$$
$$PbO + 2CH_3COOH \rightarrow Pb(CH_3COO)_2 + H_2O$$

该方法的优缺点是：

优点：装置简单，操作方便，净化效率高。生成的醋酸铅可以用于生产燃料、催化剂和药剂等。

缺点：吸收剂（醋酸）腐蚀性强、对设备的防腐蚀要求较高。

2. 氢氧化钠溶液吸收法

吸收剂为 NaOH 溶液，吸收产物为亚铅酸钠。主要的化学反应：

$$PbO + 2NaOH \rightarrow Na_2PbO_2 + H_2O$$

优点：在同一净化器内进行除尘和吸收，设备简单，操作方便，净化效率较高。缺点：气相接触时间较短，当烟气中铅含量小于 0.5 mg/m³ 时，净化效率较低（小于 80%）；吸收液未利用,有二次污染问题。

4.5.5 汞的净化技术

含汞粉尘可用各种除尘器除去,汞蒸气的净化方法有:

1. 冷凝吸附法

一级净化设备用列管式冷凝器(用冷水冷却);二级净化设备用吸附器。用未经处理的活性炭和硅胶作吸附剂净化汞蒸气,净化效果均不够理想。当采用银浸过的活性炭作为吸附剂吸附空气中的汞蒸气的时候,吸附容量可超过活性炭质量的 3%,它比不浸银的活性炭的吸附容量大 100 倍。浸渗银量为活性炭质量的 5%~50%。吸附剂吸附汞达到饱和后,采用加热法,使温度升至 300℃进行再生,也可以用蒸馏法回收纯汞。

2. 高锰酸钾溶液吸收法

(1)工艺流程:含汞废气在斜孔板吸收塔内用高锰酸钾溶液进行循环吸收,净化后的气体排空。连续向吸收液中补加高锰酸钾,以维持高锰酸钾溶液浓度。吸收后产生的氧化汞和汞锰络合物可用絮凝沉淀法使其沉降分离。含汞废渣积累起来用燃烧法进行处理。

(2)主要的化学反应:

$$2KMnO_4 + 3Hg + H_2O \rightarrow 2KOH + 2MnO_2 + 3HgO$$
$$MnO_2 + 2Hg \rightarrow Hg_2MnO_2 (络合物)$$

(3)优缺点:

优点:装置简单、加工容易安装、净化率较高;吸收设备用斜孔板塔,比填料塔或文氏管的吸收效果好。

缺点:应用与含汞浓度较高的废气时,需要经常补加高锰酸钾,操作复杂,净化效率下降。

3. 液体吸收 - 充氯活性炭吸附法

一级净化设备用填料塔(硫酸 - 软锰矿或硫酸 - 多硫化钠吸收剂),二级净化设备用固定床吸附器(用充氯活性炭作吸附剂)。

本法可净化火法炼汞产生的高浓度含汞废气。

(1)工艺流程

本装置由串联的填料吸收塔和两个并联的吸附器组成。含汞浓度为 240 mg/m³ 左右的炼汞废气经其吸收净化后,含汞的浓度可降到 40 mg/m³ 以下,再经吸附净化后可达到或接近排放标准。

采用硫酸与软锰矿(含二氧化锰约 68%)作吸收溶液时,当其中汞饱和后,可将滤液用铁屑处理,得到的含汞渣送焙烧处理。采用硫化钠为吸收液时,可用焦炭作填料,生成的硫化汞吸附于焦炭上,当焦炭使用一段时间后,可送到炼汞炉做燃料,同时将其上所吸附的汞回收。吸附器饱和后,可采用水蒸煮法再生,使其中氯化汞进入蒸煮水,然后予以回收。

(2)主要化学反应

①硫酸 - 软锰矿吸收

$$2Hg + MnO_2 \rightarrow Hg_2MnO_2$$
$$Hg_2MnO_2 + 4H_2SO_4 \rightarrow HgSO_4 + 2MnSO_4 + 4H_2O$$
$$MnO_2 + Hg_2SO_4 + 2H_2SO_4 \rightarrow MnSO_4 + 2HgSO_4 + 2H_2O$$

或硫酸 - 多硫化钠

$$Na_2S_3 \rightarrow Na_2S + 2S$$
$$Na_2S_3 + H_2SO_4 \rightarrow Na_2SO_4 + H_2S + 2S$$
$$S + Hg \rightarrow HgS$$

②含氯活性炭吸附

$$Hg + Cl_2 \rightarrow HgCl_2$$

（3）优缺点

优点：能净化高浓度含汞废气，净化效率高，可使气体含汞量达到卫生标准；能够回收废气中的汞，回收汞的价值大于净化费用。

缺点：装置较为复杂。

针对我国有色金属资源含砷、汞较高的特点，水口山矿务局研究开发了烟气急冷脱砷的 TRS 技术；韶关冶炼厂和葫芦岛锌厂分别开发了碘化钾法和氯化法烟气脱汞技术，且均已用于工业生产。西北铅锌冶炼厂还引进了瑞典波立顿公司开发的硫化法 - 氯化法两段除汞技术。

4.5.6　CO_2 烟气净化与综合利用

CO_2 是重要的化工原料，还被广泛应用于食品冷藏保鲜、焊接保护、衰老油田提高采油率、超临界流体萃取等方面，前景十分广阔。在许多化工工艺中排放的 CO_2 含量高，数量大，可以成为很好的 CO_2 来源。因此，回收利用废气中的 CO_2 不仅是环境保护的需要，也是化工生产的需要。大量化石燃料燃烧产生的烟道气，具有排放量大、CO_2 浓度低（10% ~ 20%）的特点，处置或回收利用的经济效益差，这部分 CO_2 气体的分离和利用日益受到人们的重视。含 CO_2 废气的控制一般分为分离提纯和处置或利用两部分，目前已开发的 CO_2 分离提纯技术有以下几种。

1. 吸收法

吸收法利用溶剂吸收废气中的 CO_2，然后把 CO_2 从溶液中分离出来出来，再经压缩、冷却后待进一步处置。物理吸收与化学吸收比较，选择性较低，分离效果差。但由于吸收剂再生时可以采用闪蒸，不需要再沸器，因此能耗低。一般用于不要求全部回收 CO_2 的废气。化学吸收的吸收剂主要有碳酸钠、碳酸钾、乙醇胺及氨等水溶液。化学吸收 CO_2 的回收率较高，吸收剂挥发损失小，但流程中都有一个加热解吸再生过程，消耗一定能量，特别适用于系统有充分余热可以利用的场合。

2. 膜分离法

膜分离法利用 CO_2 对某种特殊膜的渗透性能使之分离，特别适用于含 CO_2 浓度大于20%的天然气处理，投资和运行费用只相当于胺吸收法的 50%，且结构简单，操作简便。但由于膜的性能存在不稳定性，至今尚未在工业上广泛应用。此外，该技术用于燃煤锅炉烟道气，可脱除80% 的 CO_2，但能耗占用煤能耗的 50% ~ 70%，目前经济上无法承受。

3. 纯氧/烟气再循环燃烧

此方法主要是针对烟气中浓度较低 CO_2 分离浓缩时消耗巨大能量这一问题而提出的。电厂锅炉采用纯氧和再循环烟气混合，组织煤粉燃烧。当 O_2 与再循环烟气之比恒定时，循环结果使烟气中 CO_2 的体积分数高达 80% ~ 90%，然后处置或进一步提纯。该方法需要进一步研究解决的问题是，纯氧锅炉和大型空气分离制氧设备的研制，以及降低制氧的过程的能量消耗。

4. 煤气化联合循环

在煤气化联合循环的工艺流程中，用蒸汽(H_2O)将 CO 转化为 H_2 和 CO_2。分流后的 H_2 进入燃气轮机燃烧，CO_2 送去压缩、冷却。此方法可脱除 90% 的 CO_2，但发电成本将增加 30%~50%。

5. 低温分离法

利用废气中 CO_2 与其他成分气体的不同物理性质，采用适当的压缩冷却条件，使 CO_2 液化分离。压力较高就需要消耗较多的能量，但相应冷冻的能量消耗较少。

研究表明，上述各种分离提纯技术用于烟道气脱除 CO_2 的经济性，纯氧/烟气再循环燃烧法能量利用最有效，能耗为总燃煤的 26%~31%，而其他方法为 50% 左右；该法的热效率从没有脱除 CO_2 时的 35% 仅降到 24%~26%，其他方法降到 15% 左右。几种方法对 CO_2 的回收率均达 90%~100%。

目前，从废气中脱除出来的 CO_2，虽然有上述广泛的商业用途，但应用的数量有限，大部分仍需作进一步的适当处置，以防其重新逸入大气。可以采取的处置方法包括送入地下含水层、废弃的井矿和洞穴以及深海等。这些方法都受到地理地质条件的限制，主要是容纳空间。

送入地下含水层的 CO_2 或是溶于封闭的地下水中，或是以高密度的 CO_2 贮存于地质封闭区内。CO_2 送入超过 800 m 深度，即以超临界高密度相存在。此方法处置费用较高。送入各种废弃的井矿或地下洞穴进行处置，方法简单，费用最低，但前提是必须有这类孔洞的存在。

深海具有最大的容纳量，是处置 CO_2 最优场所。在 3 000 m 深度时，CO_2 的密度比海水还大，因而会沉入海底，扩散或沉积，直到溶解。实际上，在 200 m 深度时，CO_2 的密度就较高，它与海水还会形成含水固形物 $CO_2 \cdot 6H_2O$ 或 $CO_2 \cdot 8H_2O$，其密度比液体 CO_2 和海水都大，会继续下沉。此方法处置费用不是很高，需要研究的问题是 CO_2 送入合适深度以及对海洋环境的长远影响。

各种处置方案费用都比从废气中分离提纯 CO_2 费用低。只要控制 100 年内 CO_2 不重返大气，处置费用合适，即可采用。

4.5.7　煤气净化及利用

冶金过程煤气主要来源于氧化矿或精矿的碳还原过程以及焦化过程，其中钢铁冶金是冶金过程主要的煤气来源，因此这里主要介绍高炉炼铁和转炉炼钢煤气净化工艺。

1. 高炉荒煤气除尘工艺

无论大中小型高炉，其煤气粗除尘设备一般采用重力除尘器。半精细除尘设备有洗涤塔、溢流文氏管等，精细除尘设备有文式管、滤袋除尘器、电除尘器等。

下面是常见的几种煤气除尘工艺流程：

（1）双文氏管系统

该系统由重力除尘器和双文氏管组成（图 4-29），日本新日铁采用较多，我国宝钢 1 号高炉亦是这种系统。文氏管阻力损失较大，耗水量较低，第二文氏管之后的重力式灰泥捕集器内设有塑料环脱水器，煤气中水分标态含量可降至 7 g/m^3 以下，透平发电机组入口煤气温度为 55~60℃，系统中设有消音器，工作区噪音小，系统占地面积较大。

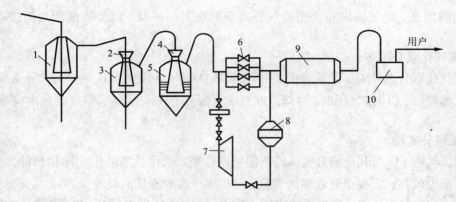

图 4 – 29　双文氏管串联清洗系统

1—重力除尘器；2—1 级文氏管；3—灰泥捕集器；4—2 级文氏管；5—填料式灰泥捕集器；
6—调压阀组；7—透平；8—脱水器；9—消音器；10—煤气切断水封

（2）塔后文氏管系统

该系统由重力除尘器、洗涤塔和文氏管组成（图 4 – 30），我国炼铁厂多采用此种除尘系统。该系统技术成熟，结构简单，造价低，除尘效果良好，基本可以满足工业燃烧器要求。

（3）塔后文氏管加电除尘器

该系统由重力除尘器、洗涤塔、文氏管和电除尘器组成（图 4 – 31），该系统耗水量大，清洗后煤气温度较低，阻力损失小；系

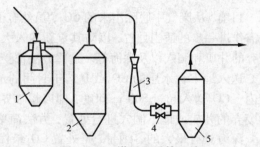

图 4 – 30　塔后文氏管系统

1—重力除尘器；2—洗涤塔；3—文氏管；
4—调压阀组；5—脱水器

统设有干式透平发电机组，故在发电机组入口处设有煤气预热器，前苏联采用此系统较多。

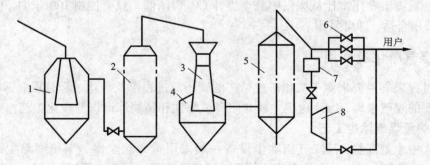

图 4 – 31　塔后文氏管加电除尘器系统

1—重力除尘器；2—洗涤塔；3—文氏管；4—灰泥捕集器；
5—电除尘器；6—调压阀组；7—预热器；8—余压透平机组

（4）文氏管加电除尘系统

该系统是由重力除尘器、文氏管和电除尘组成的煤气净化系统（图 4 – 32），日本 JFE 福山厂和川崎水岛钢铁厂多采用此种系统。因设有湿式透平，文氏管后的煤气温度可在 60℃左

右，水单耗低，电除尘器设在减压阀组之后，一般采用板式电除尘器。

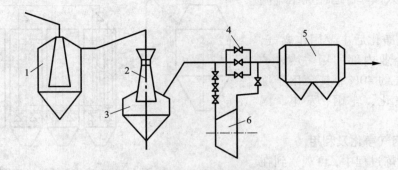

图4－32 文氏管加电除尘系统

1—重力除尘器；2—文氏管；3—灰泥捕集器；4—调压阀组；5—电除尘器；6—余压透平机组

（5）环缝洗涤器系统

系统由重力除尘器和环缝洗涤器组成（图4－33）。环缝洗涤器是德国比肖夫公司的专利，在西欧的高炉除尘系统应用较多。炉顶压力由可调环缝元件控制，也可由透平机组入口调速阀控制，不设调压阀组，仅设一旁通阀，透平机组入口煤气温度为 $50 \sim 55 \mathrm{℃}$，环缝洗涤器具有消音效果，不必设消音设备，故系统投资低，占地面积少。

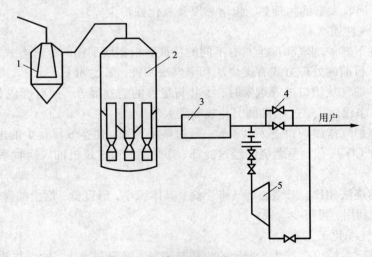

图4－33 环缝洗涤器清洗系统

1—重力除尘器；2—环缝洗涤器；3—脱水器；4—旁通阀；5—透平机组

（6）滤袋除尘器系统

该系统由重力除尘器和滤袋除尘器组成，属干式除尘的一种工艺流程（图4－34），过去在我国中小型高炉上常有采用，但煤气温度控制有一定问题，滤袋质量未过关，故该除尘过程效果尚不够理想。现在新建大型和巨型高炉多采用此工艺。

（7）旋风除尘＋环缝洗涤塔

天钢 $3\ 200 \mathrm{m}^3$ 高炉煤气采用该工艺。高炉煤气除尘采用轴向旋流除尘器，积存在除尘器下部的炉尘通过锁气罐加湿装置和卸灰装置，卸入汽车，运往烧结车间供配料用。

高炉煤气净化后主要用作燃气，一般在钢铁企业内部回用。热风炉系统消耗煤气约 40%，其余用于炼钢、烧结、焦化、轧钢、发电、锅炉等。

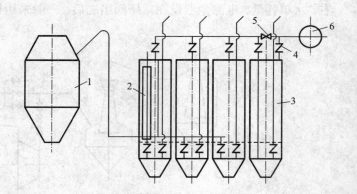

图 4－34　滤袋干式除尘系统
1—重力除尘器；2—1 次滤袋除尘；3—2 次滤袋除尘；
4—蝶阀；5—闸阀；6—净煤气管道

2. 转炉烟气净化及利用

在转炉吹炼过程中，可观察到在炉口排出大量棕红色的浓烟，这就是烟气。烟气的温度很高，可以回收利用，烟气是含有大量 CO 和少量 CO_2 及微量其他成分的气体，其中还夹带着大量氧化铁、金属铁粒和其他细小颗粒的固体尘埃，这股高温含尘气流冲出炉口进入烟罩和净化系统。炉内原生气体叫炉气，炉气冲出炉口以后叫烟气。转炉烟气的特点是温度高、气量多、含尘量大，气体具有毒性和爆炸性，任其放散会污染环境。我国 1996 年颁布了《大气污染物综合排放标准》(GBl6297—1996)，规定工业企业废气(标态)含尘量不得超过 120 mg/m^3，标准从 1997 年 1 月 1 日开始执行。对转炉烟气净化处理后，可回收大量的物理热、化学热以及氧化铁粉尘等。

(1)转炉烟气性质

在不同条件下转炉烟气和烟尘具有不同的特征。根据所采用的处理方式不同，所得的烟气性质也不同。目前的处理方式有燃烧法和未燃法两种，简述如下。

①燃烧法。炉气从炉口进入烟罩时，令其与足够的空气混合，使可燃成分燃烧形成高温废气经过冷却、净化后，通过风机抽引并放散到大气中。

②未燃法。炉气排出炉口进入烟罩时，通过某种方法，使空气尽量少的进入炉气，因此，炉气中可燃成分 CO 只有少量燃烧。经过冷却、净化后，通过风机抽入回收系统中贮存起来，加以利用。

未燃法与燃烧法相比，未燃法烟气未燃烧，其体积小，温度低，烟尘的颗粒粗大，易于净化，烟气可回收利用，投资少。

(2)转炉烟气净化工艺

转炉烟气净化系统可概括为，烟气的收集与输导、降温与净化、抽引与放散等三部分。

烟气的收集有活动烟罩和固定烟罩。烟气的输导管道称为烟道。烟气的降温装置主要是烟道和溢流文氏管。烟气的净化装置主要有文氏管脱水器，以及布袋除尘器和电除尘器等。回收煤气时，系统还必须设置煤气柜和回火防止器等设备。

转炉烟气净化方式有全湿法、干湿结合法和全干法三种形式：

①全湿法

湿法流程以日本 20 世纪 50 年代末研制成功的 OG 法应用最为普遍，是用未燃法处理烟气采用较多的方法。OG 法为二文湿法流程，烟气进入第一级净化设备就与水相遇，叫全湿法除尘系统。双文氏管净化即为全湿法除尘系统。一级为溢流文氏管，起粗净化和降温作用，二级为可调径文氏管，起精细净化作用，总效率可达 99.9% 以上。在整个净化系统中，都是采用喷水方式来达到烟气的灭火、降温和净化之目的。其除尘效率高，但耗水量大，还需要处理大量污水和泥浆。图 4-35 为 30 t 氧气顶吹转炉 OG 未燃法烟气净化系统。

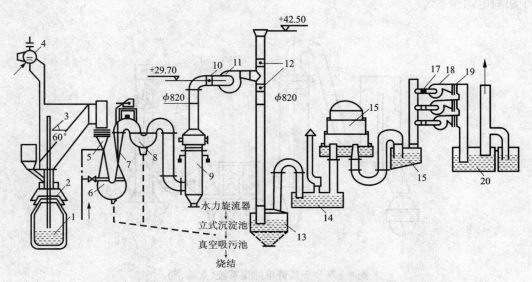

图 4-35 30 t 氧气顶吹转炉 OG 未燃法烟气净化系统

1—30 t 转炉；2—活动烟罩；3—汽化冷却烟道；4—汽包；5—溢流文氏管；6—弯头脱水器；7—可调喉口文氏管；
8—弯头脱水器；9—喷淋塔；10—风机启动阀；11—D700-13 风机；12—三通切换阀；13—大水封；14—煤气柜进口水封；
15—煤气柜；16—煤气柜出口水封；17—煤气截止阀；18—加压风机；19—煤气截止阀；20—水封式回火防止器

新一代 OG 法特点与传统 OG 装置相比做了如下改进：(a)充分而有效地利用高温转炉煤气的显热，在汽化冷却的辐射段后部又安装了对流段，使得多回收蒸汽 18 kg/t，节电 3.5% 左右。(b)除尘器结构采用总压力损失 15 190 Pa，除尘效率高(烟囱出口含尘量 80 mg/m³)，维护工作量少的 RSW 最新的净化装置。(c)采用炉口双重密封型，降低了炉口燃烧率，提高了煤气回收率。(d)引风机采用三维叶片和变频调速方式提高了效率(电耗降低 10% ~ 15%)，降低了噪声，缩小了喘振区。(e)活动烟罩水管采用立式结构，防止了粘结物，增强了活动烟罩升降的可靠性。(f)采取了活动烟罩密封套灰尘堆积的搅拌措施。(g)缩短三通切换阀的切换时间，提高了转炉煤气的回收能力。

这种安全性高、能量回收稳定的最新一代 OG 装置，正在代替传统的 OG 装置，并与 LT 法展开了激烈竞争。

②干湿结合法

烟气进入次级净化设备与水相遇，称干湿结合法净化系统，干-文净化系统即干湿结合法净化系统。此法除尘效率稍差些，污水处理量较少，对环境有一定污染。

③全干法

在净化过程中烟气完全不与水相遇，叫全干法烟气净化系统。布袋除尘、静电除尘为全干法除尘系统。全干法净化可以得到干烟尘，勿需设置污水、泥浆处理设备。1970 年德国(派尔-萨尔兹吉特钢铁公司)首先在 200 t 氧气顶吹转炉上建成一套采用控制氧气燃烧(回收)法的干式电除尘净化流程，所用电除尘为鲁奇公司制造，具有特殊的防护措施。我国在20世纪80年代由马鞍山钢铁设计院在江西新余钢铁厂做过同类试验，在宝钢250 t转炉的建设中，已引进了德国技术，采用了干法净化流程。图4－36和图4－37分别为燃烧法和未燃法干法静电除尘系统。

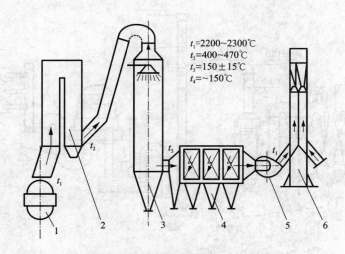

t_1=2200~2300℃
t_2=400~470℃
t_3=150±15℃
t_4=~150℃

图4－36　干法静电除尘系统（燃烧法）
1—转炉；2—余热锅炉；3—喷淋塔；4—电除尘器；5—风机；6—烟囱

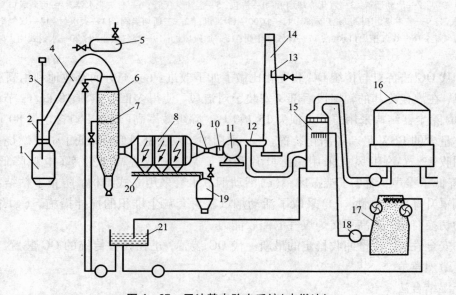

图4－37　干法静电除尘系统（未燃法）
1—转炉；2—烟罩；3—氧枪；4—汽化冷却烟道；5—汽水分离器；6—喷淋塔；7—喷嘴；
8—电除尘器；9—文氏管；10—压力调节阀；11—风机；12—切换阀；13—点火器；14—烟囱；
15—洗涤塔；16—煤气柜；17—冷却塔；18—水泵；19—贮灰斗；20—螺旋输送机；21—水池

④LT法

LT（Lurgi－Thyssen）转炉煤气净化与回收的新方法，是由鲁奇公司和蒂森公司合作共同开发的。LT 系统首次于 1981 年投入工业性运行，表现出其强劲的竞争力。它具有突出的优越性：①最低的能量消耗；②特别低的净煤气尘含量；③没有废水和污泥处理问题；④高含铁粉尘的回收；⑤热压块再用于转炉冶炼全部回收；⑥由于 LT 工艺为闭环式；故对保护环境的优点尤为突出；⑦鲁奇公司设计的转炉煤气干法除尘系统，从设备设计到系统设计，从 LT 工艺操作到维护管理以及与 LT 的相关接口等，采取了一系列的安全措施，保证操作者、设备与环境不受到危害。

3. 烟气及烟尘的综合利用

转炉炼钢每生产 1t 钢可回收 $\varphi_{CO} = 60\%$ 的煤气 $60 \sim 120$ m^3（标），可回收铁含量约为 60% 的氧化铁粉尘 $10 \sim 12$ kg，可回收蒸汽 $60 \sim 70$ L。这些能源与资源，可通过不同的渠道，进行回收与再利用。

转炉煤气的应用较广，可做燃料或化工原料再利用。

（1）燃料

转炉煤气氢含量少，燃烧时不产生水汽，而且煤气中不含硫，可作为混铁炉加热、钢包及铁合金的烘烤、均热炉等工业炉窑的燃料，同时也可送入厂区煤气管网，供用户使用。

转炉煤气的最低发热值（标态）也在 $7\,745.95$ kJ/m^3 左右。我国转炉炼钢采用未燃法，每炼 1 t 钢可回收 $\varphi_{CO} = 60\%$ 的转炉煤气（标态）$60 \sim 70$ m^3，而日本转炉煤气吨钢回收量（标态）达 $100 \sim 120$ m^3。

（2）化工原料

转炉煤气可作为制甲酸钠和合成氨的化工原料使用。

甲酸钠是染料工业中生产保险粉的一种重要原料。以往均用金属锌粉做主要原料。为节约金属，工业上曾用发生炉煤气与氢氧化钠合成甲酸钠。1971 年有关厂家试验用转炉煤气合成甲酸钠制成保险粉，经使用证明完全符合要求。

用转炉煤气合成甲酸钠，要求煤气中的 φ_{CO} 至少为 60% 左右，氮含量小于 20%。其化学反应式如下：

$$CO + NaOH \rightarrow HCOONa$$

每生产 1 t 甲酸钠需用 600 m^3 转炉煤气（标态）。

甲酸钠又是制草酸钠（COONa）的原料，其化学反应式为：

$$2HCOONa \rightarrow COONa - COONa + H_2$$

合成氨是我国农业普遍需要的一种化学肥料。由于转炉煤气的 φ_{CO} 含量较高，所含 P、S 等杂质很少，是生产合成氨的一种很好的原料。利用煤气中的 CO，在催化剂作用下使蒸汽转换成氢。氢又与煤气中的氮，在高压（15MPa）下合成氨：

$$CO + H_2O \rightarrow CO_2 + H_2$$

$$N_2 + 3H_2 \rightarrow 2NH_3$$

生产 1 t 合成氨需用转炉煤气（标态）$3\,600$ m^3。以 30 t 转炉为例，每回收一炉煤气，可生产 500 kg 左右的合成氨。

用转炉煤气为原料转换为合成氨时，对转炉煤气的要求如下：①$\varphi_{(CO+H_2)}/\varphi_{N_2}$，应大于 3.2 以上；②$\varphi_{CO}$ 要求大于 60%，最好稳定在 $60\% \sim 65\%$ 范围内，其波动不宜过大；③氧气含量小于 0.8%；④煤气含尘量（标态）小于 10 mg/m^3。

利用合成氨，还可制成多种氮肥，如氨分别与硫酸、硝酸、盐酸、二氧化碳作用，可以获得硫酸铵、硝酸铵、氯化铵、尿素或碳酸氢铵等。

(3)烟尘的综合利用

在湿法净化系统中所得到的烟尘是泥浆。泥浆脱水后，可以成为烧结矿和球团矿的原料，烧结矿为高炉炼铁的含铁原料；球团矿不仅可作为转炉的冷却剂；而且可与石灰制成合成渣，用于转炉造渣、化渣，可提高转炉炼钢的金属收得率。

(4)回收蒸汽再利用

转炉烟气的温度一般在 1 400~1 600℃；经炉口燃烧后温度更高，可达 1 800~2 400℃。通过余热锅炉或汽化冷却烟道，能回收大量的蒸汽。如汽化冷却烟道每吨钢产汽量(标态)为 60~70 L。这些含能蒸汽可进入钢铁联合企业的蒸汽管网中供其他蒸汽用户(RH 真空炉或自备电厂)使用。

第 5 章　冶金工业废水处理

5.1　概述

5.1.1　冶金工业废水种类与特点

1. 冶金工业废水种类

冶金工业废水按照其来源可分为采矿废水、选矿废水、冶炼废水、金属加工废水；按照废水中是否含有机物可分为主要含无机物质的废水、主要含有机物质的废水、既含有机物质又含无机物质的废水；按耗氧和有毒两项影响最重要的污染指标并结合杂质的本性区分，可分为无机和有机两大类型，包括无害无毒、无机有害、无机有毒、有机有毒、有机耗氧五类；按照污染物种类可分为酸性废水、碱性废水、重金属废水、含氰废水、含氟废水、含油类废水、含放射性废水等。

在治理工业废水的长期过程中，把主体污染物与所要采取的治理方法结合起来分类更为方便实用，因此，可将冶金工业废水分为四大类型。

（1）悬浮物（包括含油）工业废水

这类废水主要是湿法除尘水、煤气洗涤水、选煤洗涤水、轧钢废水等，处理时多采用自然沉淀、混凝沉淀、压气浮选、过滤等方法净化废水，经上述处理后可循环利用。

（2）含无机溶解物工业废水

它包括电镀废水、酸洗含酸废液、有色冶金废水、矿山酸性废水等。以含重金属离子、酸、碱为主的废水，毒害大，处理方法复杂，可先考虑将其变害为利，从中回收有用物质。这类废水一般都是采用物理化学法处理的。

（3）含有机物工业废水

它包括焦化废水、印染废水、造纸黑液、石油化工废水等，这类废水耗氧且有毒，应采用物化与生化相结合的方法净化。

（4）冷却用水

工业冷却水占工业总用水量的三分之二以上。直接排放或以低循环率循环利用，都会造成对受纳水体的热污染，也会产生危害。近年来，控制热污染已经提到日程上来，所以，无论是在丰水区的江南，还是在缺水区的北方，各工业企业都应提高工业冷却水的循环率，提高浓缩倍数，在技术允许的条件下把排污水量减少到最低程度。

2. 冶金工业废水特点

①废水量大；

②废水流动性介于废气和固体废物之间，主要通过地表水流扩散，造成对土壤、水体的污染；

③废水成分复杂，污染物浓度高，不易净化。常由悬浮物、溶解物组成，COD 高，含重金属多，毒性较大，废水偏酸性，有时含放射性物质。处理过程复杂，治理难度大。

④带有颜色和异味、臭味或易生泡沫，呈现使人厌恶的外观。

5.1.2　冶金工业废水处理原则

①废水处理应与废水资源化相结合，废水中的污泥和溶解物均可以回收利用，变废为宝；

②废水尽可能回用，从源头减少废水排放；

③推广清洁化生产技术，降低废水中污染物含量。

正确规划产品方案，选择原料路线，采用无毒的原料和产品代替有毒的原料和产品，改革生产工艺，大力开展节水工艺，使生产过程每一环节的原料、材料、能源的利用率尽量提高，使其废物排放量也相应地减至最小。

5.1.3　冶金工业废水处理方法

由于冶金废水温度高于常温，废水中含有悬浮物（污泥和油类）和溶解化学物质，所以废水处理的步骤通常包括废水冷却、去除悬浮物、溶解物质提取等。

根据不同污染物质的特征，发展了各种不同的废水处理方法，这些处理方法可按其作用原理划分为四大类：物理处理法、化学处理法、物理化学法和生物处理法。

1．物理处理法

物理处理法主要通过物理作用，以分离、回收废水中不溶解的呈悬浮状态污染物质（包括油膜和油珠）的废水处理法。根据物理作用的不同，又可分为重力离心法、离心分离法和筛滤截流法等。属于重力分离法的处理单元有：沉淀、上浮（气浮、浮选）等，相应使用的处理设备是沉砂池、沉淀池、除油池、气浮池及其附属装置等。离心分离法本身就是一种处理单元，使用的处理装置有离心分离机和水旋分离器等，筛滤截流法包括截流和过滤两种处理单元，前者使用的处理设备是格栅、筛网，而后者使用的处理设备是砂滤池和微孔滤池等。

2．化学处理法

化学处理法通过化学反应和传质作用来分离、去除废水中呈溶解、胶体状态的污染物质或将其转化为无害物质的废水处理法。在化学处理中，以投加药剂产生化学反应为基础的处理单元是：混凝、中和、氧化还原等；而以传质作用为基础的处理单元则有：萃取、气提、吹脱、吸附、离子交换以及电渗析和反渗透等。后两种处理单元又统称为膜处理技术。其中运用传质作用的处理单元具有化学作用，而同时又有与之相关的物理作用，所以也可以从化学处理法中分离出来，成为另一种处理方法，称为物理化学法，即运用物理和化学的综合作用使污水得到净化的方法。

3．物理化学法

物理化学法是利用物理化学作用去除废水中的污染物质。物理化学法主要有吸附分离法、萃取法、气提法和吹脱法等。

4．生物化学处理法

生物化学处理法是通过微生物的代谢作用，使废水中呈溶液、胶体以及微细悬浮状态的有机性污染物转化为稳定、无害的物质的废水处理方法。根据起作用的微生物不同，生物处理法又可分为好氧生物处理法和厌氧生物处理法。

5.2　废水的物理处理法

5.2.1　重力沉降法

在重力作用下，废水中比重大于 1 的悬浮物下沉，使其从废水中去除，这种方法称为重力沉降法。重力沉降法既可分离废水中原有悬浮固体(如泥沙、铁屑、焦粉等)，又可分离在废水处理过程中生成的次生悬浮固体(如化学沉淀物、化学絮凝体及微生物絮凝体等)。由于这种方法简单易行，分离效果好，而且分离悬浮物又往往是水处理系统不可缺少的预处理或后续工序，因此应用十分广泛。

1. 沉降类型

根据废水中可沉物质的浓度高低和絮凝性的强弱，沉降有下述四种基本类型。

①自由沉降。自由沉降也称离散沉降，是一种无絮凝倾向或弱絮凝倾向的固体颗粒在稀溶液中的沉降。由于悬浮固体浓度低，而且颗粒间不发生黏合，因此在沉降过程中颗粒的形状、粒径和比重都保持不变，各自独立地完成沉降过程。颗粒在泥沙池及初次沉淀池内的初期沉淀即属于此。

②絮凝沉降。絮凝沉降是一种絮凝性颗粒在稀悬浮液中的沉降。虽然废水中的悬浮固体浓度也不高，但在沉降过程中各颗粒之间互相黏合成较大的絮体，因而颗粒的物理性质和沉降速度不断发生变化。初次沉淀池内的后期沉淀及二次沉淀池内的初次沉淀即属于此。

③成层沉降。成层沉降也称集团沉降。当废水中的悬浮物浓度较高，颗粒彼此靠得很近时，每个颗粒的沉降都受到周围颗粒作用力的干扰，但颗粒之间相对位置不变，成为一个整体的覆盖层共同下沉。此时，水与颗粒群之间形成一个清晰的界面，沉降过程实际上就是这个界面的下沉过程。由于下沉的覆盖层必须把下面同体积的水置换出来，二者之间存在着相对运动，水对颗粒群形成不可忽视的阻力，因此成层沉降，又称为受阻沉降。化学混凝中絮体的沉降及活性水淤泥在二次沉淀池中的后期沉降即属于此。

④压缩。当废水中的悬浮固体浓度很高时，颗粒之间便相互接触，彼此支撑。在上层颗粒的重力作用下，下层颗粒间隙中的水被挤出界面，颗粒相对位置发生变化，颗粒群被压缩。活性污泥在二次沉淀池泥斗中及浓缩池内的浓缩即属于此。

2. 沉淀池

用重力沉降法分离水中悬浮固体的设备称为沉淀池。按在污水处理流程中所处的位置，可分为初次沉淀池和二次沉淀池。沉淀池按水流方向可分为平流式、竖流式和辐流式三种。各种形式沉淀池的特点及适用条件见表 5 - 1。

沉淀池的运行方式有间歇式和连续式两种：

(1)在间歇运行的沉淀池中，其工作过程大致分为进水、静置和排水三步。污水中可沉淀的悬浮物在静置时完成沉淀过程，污水由设置在沉淀池壁不同高度的排水管排出。

(2)在连续运行的沉淀池中，污水是连续不断地流入和排出的。污水中悬浮物的沉淀是在污水流过水池时完成的，这时可沉降颗粒受到由重力所造成的沉降速度和水流流动速度的双重作用，水流流动的速度对颗粒的沉降有重要的影响。

表 5-1　各种沉淀池的特点及适用条件

池型	优　点	缺　点	适用条件
平流式	对冲击负荷和温度变化的适应能力较强;施工简单,造价低	采用多斗排泥时,每个泥斗需单独设排泥管各自排泥,操作工作量大,采用机械排泥时,机械设备和驱动件均浸于水中,易锈蚀	适用于地下水位较高及地质条件较差的地区;适用于大、中、小型污水处理厂
竖流式	排泥方便、占地面积小	池子深度大,施工困难;对冲击负荷及温度变化的适应能力较差;造价高;池径不宜过大	适用于水量不大的小型污水处理厂
辐流式	采用机械排泥,运行较好,管理简单,排泥设备已有定型产品	池内水流速度不稳定;机械排泥设备复杂,对施工质量要求较高	适用于地下水位较高的地区;适用于大中型污水处理

　　①平流式沉淀池(图 5-1)。平面呈矩形,废水从池首流入,水平流过池身,从池尾流出。池尾底部设有贮泥斗,集中排除刮泥设备刮下的污泥。刮泥设备有链带刮泥机、桥式行车刮泥机等。此外,也可以采用多斗重力排泥。

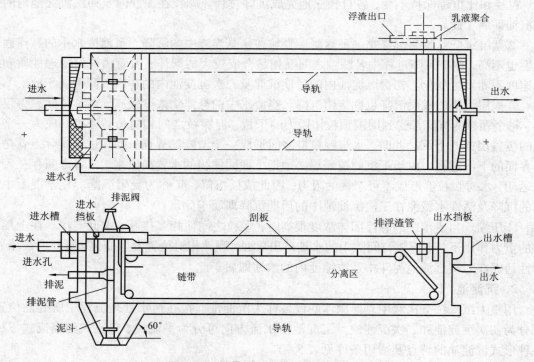

图 5-1　链带刮泥机的平流式沉淀池

　　在平流式沉淀池,废水由进水槽经孔口流入池内。在孔口后,设有挡板来消能稳流和均匀配水。挡板高出水面 0.15~0.2 m,伸入水下不小于 0.2 m。沉淀池末端有溢流堰和集水槽,澄清水溢过堰口,经集水槽流出沉淀池。溢流堰前设有挡板,用以阻隔浮渣,并通过可转动的排渣管将浮渣收集和排出。池下部靠近水端设有泥斗,池底一般采用 0.10~0.02 的坡度向泥斗倾斜,泥斗壁倾角为 $50° \sim 60°$,为了防止刮泥板磨损伤池底,底部常设有护轨。

链带式刮泥机的链带的支撑件和驱动件都浸入水中,易锈蚀、难保养。为此,可改用桥式行车刮泥机,不用时将刮泥部件提出水面。另外,也可采用不设刮泥设备的多斗式沉淀池,每个泥斗单独设排泥管各自排泥。

②竖流式沉淀池(图5-2)。平面一般呈圆形或正方形,废水由中心筒底部配入,均匀上升,由顶部周边排出。池底锥体为贮泥斗,污泥靠水静压力排除。

竖流式沉淀池,废水由中心管的下部进入池内,通过反射挡板的阻挡向四周。

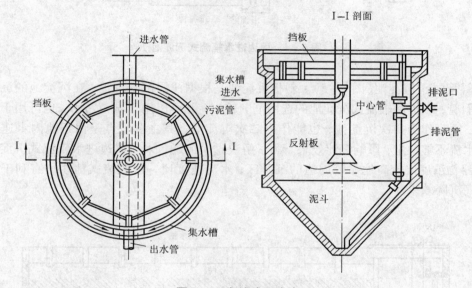

图5-2 竖流式沉淀池

平流式沉淀池的长度多在 $30 \sim 50$ m,为了保证废水在池内均匀分布,池的长宽比应不小于4。池宽多介于 $5 \sim 10$ m 之间,沉淀区水深多在 $2.5 \sim 3.0$ m 分布,然后沿沉降区的整个断面上升,澄清水由周边溢流堰溢入集水槽排出。反射板的作用是防止水冲击底部沉泥,并有消能和布水作用。在溢流堰前设有半浸式挡板,用来阻隔浮渣。

竖流式沉淀池(见图5-2)的直径一般在 $4 \sim 8$ m,最大可超过 $9 \sim 10$ m。为了保证水流垂直运动,池径和沉降区深度之比不能超过3:1。这种沉淀池排泥简易,便于管理,而且特别适用于絮凝性悬浮物的沉降。但是,布水不均匀,容积利用系数低,而且深度大,施工困难,因此,废水量大或地下水位较高时不宜采用。

③辐流式沉淀池(图5-3)。平面一般呈圆形,废水由中心管配入,均匀地向池四周辐流,澄清水从周边排出。但也有周边进水,中心排出的,如图5-4所示。

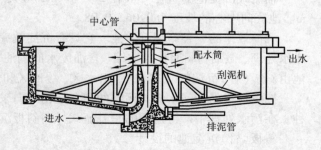

图5-3 辐流式沉淀池

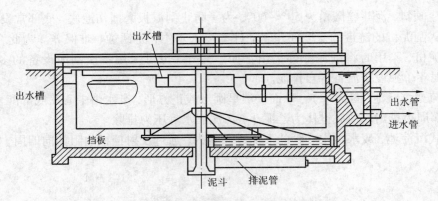

图 5-4 周边进水辐流式沉淀池

④斜管(板)沉淀池(图5-5)。斜板沉淀池是根据浅层沉降理论,在沉淀池的沉淀区加斜板或斜管,以提高辐流式沉淀池的选用范围较广,既可以用于城市污水,也可用于各类工业废水;既可作为初次沉淀池,也能作为二次沉淀池。其主要缺点是由于池内水速由大变小,使水流不够稳定,影响沉淀效果。为了解决这个问题,采用周边进水辐流式沉淀池。从而使悬浮物浓度比较高地靠近周边的沉降区,水流速度比一般辐流式池小。有利于稳定水流,提高沉降效果。

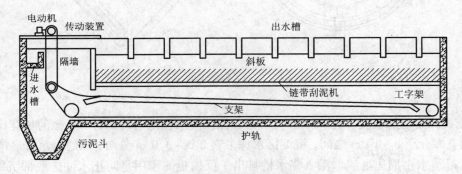

图 5-5 斜板(斜管)沉淀池

辐流式沉淀池的直径一般在 20~40 m,最大可达 50~100 m,池中心深度为 2.5~5.0 m。池底向中心的坡度为 0.06~0.08。

沉淀效率的一种新型沉淀池。它具有沉淀效率高、停留时间短、占地面积少等优点,在废水处理、微细物料浆体的浓缩、含油废水的隔油等方面取得了广泛的应用。斜板(管)沉淀池由斜板(管)沉淀区、进水区、出水区、缓冲区和污泥区组成,如图5-6所示。

按斜板或斜管间水流与污泥的相对运动方向来区分,斜管沉淀池分为同向流和异向流两种。在污水处理中广泛适用的是升流式异向斜板沉淀池。

斜板(管)沉淀池的设计参数:

①升流式异向斜板(管)沉淀池的表面负荷,一般可比普通沉淀池的设计表面负荷提高一倍左右。对于二次沉淀池,应以固体负荷核算。

②斜板沉淀池的斜板(管)与水平呈60°,长度一般为1.0 m左右,斜板间的净间距(或斜

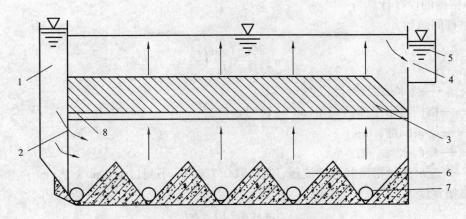

图 5 - 6 斜板(斜管)沉淀池的构造

1—配水槽;2—穿孔墙;3—斜板或斜管;4—淹没孔口;5—集水槽;6—集泥斗;7—穿孔排泥管;8—阻泥板

管管径)一般为 80 ~ 100 mm。

③斜板(管)上部清水区水深为 0.5 ~ 1.0 m,底部缓冲区高度为 0.5 ~ 1.0 m。

④在池壁与斜板的间隙处应设阻流板,以防止水流短路。斜板上缘宜向池子进水端倾斜安装。

⑤进水方式一般采用穿孔墙整流布水,出水方式一般采用多槽出水,在池面上增设几条平行的出水堰和集水槽,以改善出水水质,加大出水速度。

⑥斜板沉淀池一般采用重力排泥,每日排泥次数至少 1 ~ 2 次,或连续排泥。

⑦停留时间:初次沉淀池不超过 30 min,二次沉淀池不超过 60 min。

5.2.2 过滤法

过滤工艺包括过滤和反洗两个基本阶段。过滤即截留污染物,反洗即把污染物从滤料层中洗去,使之恢复过滤能力。从过滤开始到结束所延续的时间称为过滤周期(或工作周期),从过滤开始到反洗结束称为一个过滤循环。

1. 筛滤

通过网目状和格子状设备(如格栅或筛子等)进行液固分离的方法称为筛滤。

(1)格栅的种类

格栅是由一组平行的钢制栅条制成的框架,倾斜架设在废水处理构筑物前或泵站集水池进口处的渠道中,用以拦截废水中大块漂浮物,以防阻塞构筑物的孔洞、闸门和管道,或损坏水泵等机械设备。因此格栅实际上是一种起保护作用的安全设施。

格栅的栅条多是用圆钢或角钢制成。扁钢多采用断面为 50 mm × 10 mm 或 40 mm × 10 mm,其特点是强度大,不易弯曲变形,但水头损失较大。圆钢直径多用 10 mm,其特点恰好与扁钢相反。栅条间距随欲拦截的漂浮物尺寸而定,多在 15 ~ 50 mm 之间。

被拦截在栅条上的栅渣有人工和机械两种清除方法。一般日截渣量大于 0.2 m³,采用机械清渣。对日截量大于 1 t 的格栅,常附设破碎机,以便将栅渣粉碎,再用水力输送到污泥处理系统一并处理。

（2）格栅的设计计算

① 格栅间隙数 n

$$n = \frac{Q_{max}(\sin\theta)^{\frac{1}{2}}}{bhv}$$

式中：Q_{max}——废水最大设计流量，m^3/s；

θ——格栅对水平面的倾角（50°~70°）；

b——栅条间隙，m；

h——栅前水深，m；

v——废水流过格栅间隙的流速，通常取 0.7 m/s，不超过 1.0 m/s。

② 格栅宽度 B

$$B = s(n-1) + bn$$

式中，s——栅条宽度，m。

③ 通过格栅的水头损失 h_1

$$h_1 = K\xi \frac{v^2}{2g}\sin\theta$$

式中：K——格栅受污染物堵塞使水头损失增大的倍数，一般取 3；

ξ——阻力系数，其数值与格栅栅条的断面几何形状有关，见表 5-2。

表 5-2　格栅间隙的局部阻力系数 ξ

栅条断面形状	计算公式	说 明
矩形		$\beta = 2.42$
（半圆上流面）矩形		$\beta = 1.83$
（半圆上、下流面）矩形	$\xi = \beta \left\| \frac{s}{b} \right\|$	$\beta = 1.67$
圆形		$\beta = 1.79$
正方形	$\xi = \beta \left\| \frac{b+s}{\varepsilon \cdot b} - 1 \right\|$	$\varepsilon = 0.64$

2. 粒状介质过滤

废水通过粒状滤料（如石英砂）床层时，其中的悬浮物和胶体就被截留在滤料的表面和内部空隙中，这种通过粒状介质层分离不溶性污染物的方法称为粒状介质过滤。它既可用于活性炭吸附和离子交换等深度处理过程之前作为预处理，也可用于化学混凝和生化处理之后作为最终处理过程。

（1）粒状介质滤池分类

按过滤速度可分为慢滤池[滤速为 0.04~0.4 $m^3/(m^2 \cdot h)$]、快滤池[滤速为 4~8 $m^3/(m^2 \cdot h)$]和高滤池[滤速 10~16 $m^3/(m^2 \cdot h)$]三种。按作用水（即过滤推动力）分，有重力式滤池（作用水头 4~5 m）和压力式滤池（15~20 m）两类。按水的流动方向分，又有下向流、上向流和双向流三种。按滤层结构分，滤池又有单层滤池、双层滤池和多层滤池三种。

（2）滤料

滤料是滤池中最重要的组成部分，是完成过滤的主要介质。优良的滤料必须满足以下要求：有足够的机械强度，有较好的化学稳定性，有适宜的级配和足够的空隙率。所谓级配，就是滤料的粒径范围以及在此范围内各种粒径的滤料数量比例。滤料的外形最好接近球形，表面粗糙而且有棱角，以获得较大的空隙率和比表面积。目前常用的滤料有石英砂、白煤、陶粒、高炉渣、聚氯乙烯、聚苯乙烯塑料球等。

滤料的性能指标有以下各项：

①有效直径和不均匀系数：有效直径是指能使 10% 的滤料通过筛孔直径（mm），以 d_{10} 表示，即是指粒径小于 d_{10} 的滤料占 10%。同样，d_{80} 表示能使 80% 的滤料通过筛孔直径（mm）。d_{80} 和 d_{10} 的比值就称为滤料的不均匀系数，以 K_{80} 表示。不均匀系数愈大，则滤料愈不均匀，小颗粒会填充于大颗粒的间隙内，从而使滤料的空隙率和纳污能力降低，水头损失增大，因此不均匀系数以小为好。但是，不均匀系数愈小，加工费用也愈高。一般 K_{80} 控制在 1.65 ~ 1.80 之间。

②滤料的纳污能力：滤料层承纳污染物的容量常用纳污能力来表示。其含义是在保证出水水质的前提下，在过滤周期内单位体积滤料中能截留的污物量，以 kg/m^3 或 g/cm^3 表示。其大小与滤料的粒径、形状等因素有关。

③滤料的空隙率和比表面积：空隙率是指一定体积的滤层中，空隙所占的体积与总体积的比值。滤料的比表面积是指单位重量或单位体积滤料所具有的表面积，以 cm^2/g 或 cm^2/cm^3 表示。

（3）滤速、滤池总表面积及滤池数的确定

进行滤池设计时，必须首先选择适宜的过滤速度。单层砂滤池的滤速一般采用 8 ~ 12 m/h。以白煤和石英砂为滤料的双层滤池，则一般采用 12 ~ 16 m/h。滤速确定后，可按下式计算滤池的总表面积 A：

$$A = \frac{Q}{v}$$

式中：Q——废水设计流量，m^3/h；

v——设计滤速，m/h。

滤池总表面积与个数的合理关系如表 5 - 3 所示。

表 5 - 3　滤池总表面积与个数的关系

滤池总表面积（A/m^2）	滤池个数（n）	滤池总表面积（A/m^2）	滤池个数（n）
<30	2	150	5 ~ 6
30 ~ 50	3	200	6 ~ 8
100	3 ~ 4	300	10 ~ 12

5.2.3　气浮法

含油废水来源很广，凡是直接与油接触的用水都含有油类。含油废水的含油量及其性质随生产行业的不同，变化极大。含油废水根据来源的不同和油类在水中的存在形式，可分为浮油、分散油、乳化油和溶解油四类。

（1）浮油：以连续相漂浮于水中，形成油膜或油层，这种油的油滴粒径较大，一般大于 100 μm。

（2）分散油：以微小油滴悬浮于水中，不稳定，经静置一定时间后往往变成浮油，其油滴粒径为 10 ~ 100 μm。

（3）乳化油：水中往往含有表面活性剂使油成为稳定的乳化液，油滴粒径极微小，一般小于 10 μm，大部分为 0.1 ~ 2 μm。

（4）溶解油：是一种以化学方式溶解的微粒分散油，油粒直径比乳化油还要细，有时可小到几纳米。

含油废水排入水体的危害主要表现在油类覆盖水面，阻止空气中的氧溶解于水，使水中的溶解氧减少，致水生动物死亡，妨碍水生植物的光合作用，甚至使水质变臭，破坏水资源的利用价值。含油废水流到土壤后，会由于土壤胶粒的吸附和过滤作用，在土壤颗粒表面附着，降低土壤的透气性。因此，含油废水必须经过适当的处理后才能排放。

（1）破乳

在有乳化剂存在的情况下，乳化剂会在油滴和水滴表面形成一层稳定的薄膜，这样形成的乳状液非常稳定。当分散相是油滴时，称为水包油乳状液；当分散相是水滴时，称为油包水乳状液。乳化油的来源主要有：

①人为乳化液，如机械加工中车床切削用的冷却液；

②洗涤零部件产生的乳化油废水；

③含油废水与含乳化剂的废水混合后由于水流搅拌产生的废水。

由于乳化油废水的状态稳定，在自然条件下不易分层，因此，进行油水分离前需先破坏其稳定性，即破乳。破乳的原理是破坏油滴界面上的稳定薄膜，使油、水得以分离。破乳的方法主要有以下几大类：

①投加换型乳化剂。在乳化液从油包水向水包油或水包油向油包水转化时，会破坏乳状液的稳定性，实现油水分离之目的。

②投加盐类、酸类可使乳化剂失去乳化作用，从而达到破乳的目的。

③改变乳化液的温度，有时可以使乳化液失稳破乳。

④对以粉末为乳化剂的乳化液，可以用过滤法除去乳化剂粉末而使乳化液破乳。

（2）隔油池

常用的隔油池有平流式和斜流式两种。隔油池的结构与沉淀池基本相似，图 5 - 7 所示为常见的平流式隔油池。

废水由进水管流入配水槽 1 后，通过布水隔板 2 上面的孔洞或窄缝从挡板 3 的下面进入池内。在流经隔油池的过程中，由于流速减慢，密度小于 1 而粒径较大的可浮油珠便浮到水面，密度大于 1 的重质油和悬浮固体则沉向池底。澄清水从挡板 10 下流过，经出水槽 8 由出水管排出。为了刮除浮油和沉渣，池内装有回转链带式刮油刮泥机 6，当它以 0.01 ~ 0.05 m/s 的速度作回转运动时，就把池底沉渣刮集到池子前端的泥斗中，经排渣管 9 适时排出，同时将水面上的浮油推向设在池尾挡板内测的集油管 7。

集油管是用直径为 200 ~ 300 mm 的钢管上沿长度开 60° 角的切口制成，可以绕轴线转动。平时，切口向上位于水面以上，当水面浮油达到一定厚度后，将切口转向油层，浮油即溢入管内，并由此排出池外。

根据国内外的运行资料，这种隔油池的停留时间为 90 ~ 120 min，可以除去的最小油粒粒径一般不小于 100 ~ 150 μm，除油效率在 70% 以上。它的优点是结构简单，便于管理，除油效果稳定，但池体庞大，占地面积大。

平流式隔油池表面通常设有盖板，一是为了冬季保持池内温度，使浮油保持良好的流动性；二是可以防火和防雨。寒冷地区还应在池内设加热管，以便必要时加温，防止浮油凝固，降低流动性。

近年来，根据浅层沉降原理设计了一种波纹斜板式隔油池。这种隔油池的

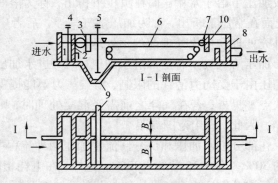

图 5 − 7　平流式隔油池

1—配水槽；2—布水隔板；3,10—挡油板；
4—进水泥；5—排渣阀；6—链带式刮油刮泥机；
7—集油管；8—出水槽；9—排渣管

除油效率要比平流式隔油池高。污水在斜板式隔油池内的上升流速约为 0.2 mm/s，废水的停留时间一般不大于 30 min。

（3）气浮法

当悬浮颗粒的密度接近或小于水的密度时，气浮是泥水分离的有效方法之一。气浮法是将空气以微泡的形式进入污水中，利用表面化学的原理，疏水性颗粒就会黏附在气泡上，随气泡一起上浮，从而实现与水的分离。污染物能否附在气泡上，主要取决于体系的表面能和污染物的表面特性。表面能由表面张力（使液体缩小表面积的能力）表示，表面特性由污染物的表面润湿性或亲水性表示。

1）气浮法的特点

与沉淀法相比，气浮法具有下述一些特点：

①占地面积小，基建投资少；

②浮渣含水率低，一般在 96% 以下，比沉淀污泥体积少 2 ~ 10 倍，而且表面刮渣也比池底排泥方便；

③气浮法所需药剂费用比沉淀法少。但是，气浮法电耗较大，处理每吨废水比沉淀法多耗电 0.02 ~ 0.04 kW·h。

2）气浮法的分类

废水处理中采用的气浮方法，按气泡产生方式的不同，可分为充气气浮、溶气气浮和电解气浮三类。

①充气气浮。充气气浮是采用扩散板或微孔管直接向气浮池中通入压缩空气，或借水泵吸水管吸入空气，也可以采用水力喷射器、高速叶轮等向水中充气，形成的气泡直径大约为 1 000 μm。

②溶气气浮。它是使空气在一定压力下溶于水中并呈饱和状态，然后使废水压力骤然降低，这时空气便以微小的气泡从水中析出并进行气浮。用这种方法形成的气泡直径只有 80 μm 左右，并且可以人为地控制气泡和废水接触时间，因而净化效果比充气气浮好，应用也更广泛。

根据气泡从水中析出时处的压力不同，溶气气浮又可以分为两种形式：一种是空气在常

压或加压下溶于水中，而在负压下析出，称为溶气真空气浮。另一种是空气在加压下溶于水中，而在常压下析出，称为加压溶气气浮。后者广泛用于石油废水的处理，通常作为隔油后的补充处理和生化处理前的预处理。

加压溶气气浮有全部进水加压、部分进水加压和部分回流水加压三种基本流程。全部进水加压由于受动力消耗的限制，溶气压力不能提得很高，故有气泡大小不均匀和饱和度偏低等缺点。另外，若在气浮之前需经混凝处理时，则已形成的絮凝体势必在压缩和溶气过程中破碎。因此，应用范围有限。

在部分进水加压和部分回流水加压两种流程中，用于加压溶气的水量通常只分别占总水量的 30% ~50% 和 10% ~20%。这样，在电耗相同的情况下，溶气压力可大大提高，因而形成的气泡分散度更高、更均匀。此外，如需混凝处理，产生的絮凝体也不会被破坏。炼油厂大多采用这两种流程处理含乳化油的废水。经隔油池除油后出水的一般含乳化油为 50~150 mg/L，投加 30~40 mg/$Al_2(SO_4)_3$ 混凝剂，再经一二级加压溶气气浮处理后，含油浓度可分别降至 30~10 mg/L 以下。

溶气真空气浮的主要特点是气浮在负压下运行，因此空气在水中易呈过饱和状态，并大量以气泡形式析出，析出的空气量取决于溶解空气量和真空度。这种方法的优点是溶气压力比加压溶气低，电耗低。缺点是气浮池构造复杂，运行维护困难，不宜多用。

气浮池的构造与隔油池相似，通常采用平流式，也可以采用竖流式。在处理含油废水时，气浮池是隔油池的后续处理设备，所以池中不必再设集泥装置。

③电解上浮法。废水电解时，由于水的电解及有机物的电解氧化，在电极上会有气体（如 H_2、O_2 及 CO_2、Cl_2 等）析出。借助于电极上析出的微气泡而上浮分离疏水性杂质微粒的技术，称为电解上浮法。电解时，不仅有气泡上浮作用，而且还兼有凝聚、共沉、电化学氧化及还原等作用。

电解上浮法具有除去的污染物范围广、泥渣量少、工艺简单、设备小等优点，主要缺点是电耗大。

5.2.4　离心分离法

物体作高速旋转时将产生离心力。在离心场内，所有质点都将受到比其本身重量大许多倍的离心力的作用。用这一离心力分离废水中悬浮物的方法，称为离心分离法。

在转速一定的条件下，离心力场内质点所受到的离心力的大小取决于质点的质量。所以，当悬浮物的废水作高速圆周运动时，由于悬浮物的质量与水不同，它们受到的离心力也不相同，质量比水大的悬浮物固体被摔到外围，而质量比水小的悬浮物（如乳化油）则被推向内层。这样，如果适当地安排悬浮物和水的各自出口，就可以使悬浮物与水分离。可见，在离心场中，能够进行离心沉降和离心浮上两种操作。

按生产离心力的方式不同，离心分离设备可分为两大类：一是水旋分离设备，其特点是容器固定不动，而由沿切向高速进入器内的废水本身旋转来产生离心力；另一类是器旋分离设备，其特点是由高速旋转的容器带动器内废水旋转来产生离心力，这类设备实际上就是各种离心机。

5.2.5　磁力分离法

磁力分离法是借助外加磁场的作用，将废水中具有磁性的悬浮固体吸出的方法。此法具有处理能力强、效率高、能耗少、设备紧凑等特点。可用于高炉煤气洗涤水、炼钢烟尘净化废水、轧钢废水和烧结废水的净化，也可以用于其他工业废水和城市污水和地下水的净化。

按产生磁场的方式不同，磁分离设备可分永磁型、电磁型和超导型三类。永磁分离器的磁场是用永久磁铁产生的，其优点是不消耗电能，但所能产生的磁场强度及相应的分离能力和效率都比较低，而且磁场强度不能调节，因而仅用来分离铁磁性物质。电磁分离器可获得高磁场强度和高磁场梯度，分离能力大，效率高，可分离细小的铁磁物质和弱磁性物质。超导磁分离器可产生 2 万高斯以上的超强磁场，运行时基本不消耗电能，但造价高、要求严，尚处于试验阶段。按设备的功能，上述三种磁分离器又可以分为磁凝聚器和磁吸离器。

5.3　废水的化学处理法

污水的化学处理是利用化学反应的作用以去除水中的杂质。它的处理对象主要是污水中无机的或有机的(难以生物降解的)溶解物质或胶体物质。对于污水中的容易生物降解的有机溶解物质或胶体物质，尤其是当水量较大时，一般都采用生物处理的方法。因为生物处理法不仅有效，而且处理费用低廉。

常用的化学处理法有混凝沉淀法、中和法、氧化还原法、化学沉淀法和有机溶剂萃取法。

5.3.1　混凝沉淀法

化学混凝所处理的对象，主要是水中的微小悬浮物和胶体杂质。大颗粒的悬浮物由于重力的作用而下沉，可以用沉淀等方法除去。但是，微小粒径的悬浮物和胶体，能在水中长期保持分散悬浮状态，即使静置数 10 h 以上，也不会自然沉降。这是由于胶体微粒及细微悬浮颗粒具有"稳定性"。

1. 胶体的稳定性

在讨论胶体颗粒的去除之前，我们应先了解胶体颗粒为什么会悬浮在溶液中，而无法利用沉淀或过滤方法去除。简单地说，其原因是胶体颗粒的粒径太小，无法在短时间内沉淀或被滤床的孔隙拦截。因此，若要胶体在水中处于稳定的状态，其尺寸必须很小。此外，大部分胶体带有负电荷，在与其他胶体颗粒碰撞前，彼此间有排斥作用，从而可以维持稳定状态。胶体以随机运动的方式进行布朗运动(Brownian movement)。胶体所带的电荷，可通过在胶体分散液中放入直流电极来测量。胶体颗粒向带相反电荷端的迁移速率，与电位梯度成正比。一般来说，胶体表面电荷越大，胶体悬浮液越稳定。

根据研究，胶体微粒都带有电荷。天然水中的黏土类胶体微粒以及污水中的胶态蛋白质和淀粉微粒等都带有负电荷，其结构示意图如图 5－8 所示。它的中心称为胶核。其表面选择性地吸附了一层带有同号电荷的离子，这些离子可以是胶核的组成物直接电离而产生的，也可以是从水中选择吸附 H^+ 或 OH^- 而造成的。这层离子称为胶粒的电位离子，它决定了胶粒的电荷的多少和符号。由于电位离子的静电引力，在其周围又吸附了大量的异号离子，形成了所谓的"双电层"。这些异号离子，其中紧靠电位离子的部分被牢固地吸引着，当胶核运行时，它也随着一起运动，形成固定的离子层。而其他的异号离子，离电位离子较远，受到的引力较弱，不随胶核一起运动，并有向水中扩散的趋势，形成了扩散层。固定的离子层与扩散层之间的面称为滑动面。滑动面以内的部分称为胶粒，胶粒与扩散层之间，有一个电位差。此电位称为胶体的电动电位，常称为 ξ。

胶体在水中受几方面的影响：

（1）由于上述的胶粒带电现象，带相同电荷的胶粒产生静电斥力，而且电位愈高，胶粒间的静电斥力愈大；

（2）受水分子热运动的撞击，使微粒在水中作不规则的运动，即"布朗运动"；

（3）胶粒之间还存在着相互引力——范德华力。范德华引力的大小与胶粒间距的 2 次方成反比，当间距较大时，此引力略去不计。

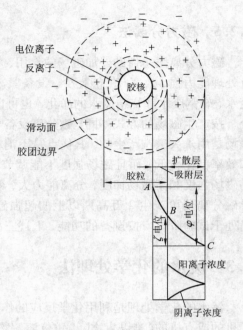

图 5-8 胶体结构和双电层示意图

在总电位一定时，扩散层越厚，ξ 电位（也称为扩散电位）越高，ξ 电位引起静电斥力越大，越能阻止胶粒互相接近和碰撞，在水分子无规则撞击下作布朗运动，而布朗运动的动能不足以将两颗胶粒推近到使范德华引力发挥作用的距离。因此，胶粒不能相互聚结而长期保持稳定的分散状态。胶体动电位 ξ 越高，胶体稳定性越强。

使胶粒不能相互聚结的另一个因素是水化作用。由于胶粒带电，将极性水分子引到它的周围形成一层水化膜。水化膜同样能阻止胶粒间相互接触。但是，水化膜是伴随胶粒带电而产生的。如果胶粒的 ξ 电位消除或减弱，水化膜也就随之消失或减弱。

由于胶体颗粒表面带有电荷，才会维持稳定的状态。为了使胶体颗粒失去稳定性，必须中和这些表面电荷。添加与胶体电荷相反的离子可以实现这种中和作用。水中的大部分胶体带有负电荷，所以添加钠离子（Na^+）可以减少胶体的电荷。添加的钠离子浓度越高，胶体所带的电荷越小，因此，胶体周围的排斥力越小。如果添加二价离子或三价离子以取代钠等一价离子，那么电荷减少得更快。Schulze 和 Hardy 发现，1 mol 三价离子所能减少的表面电荷量相当于 30~50 mol 二价离子和 1 500~2 500 mol 一价离子所能减少的电荷量（通常称为 Schulze - Hardy 规则）。

2. 混凝原理

混凝的目的是为了使胶体脱稳，使它们能够彼此附着。在混凝过程中，将阳离子加入水中，以减少胶体的表面电荷，使它们之间不再产生互相排斥。混凝剂（coagulant）是加入水中以产生混凝作用的物质（化学药剂）。混凝剂应具有三种重要性质：

①三价阳离子如上节所述，天然水中的胶体大部分带负电荷，因此需要加入阳离子中和这些电荷，而三价阳离子是最有效的阳离子。

②无毒性对于生产安全用水，此项要求是显而易见的。

③在中性 pH 范围内为不溶性加入的混凝剂应能够从水中沉淀分离出来，以避免水中含

有高浓度的残余离子。混凝剂的沉淀作用有助于胶体的去除。

化学混凝的机理至今仍未完全清楚。因为它涉及的因素很多，如水中杂质的成分和浓度、水温、水的 pH、碱度，以及混凝剂的性质和混凝条件等。但归结起来，可以认为主要有三方面的作用：

①压缩双电层作用。如前所述，水中胶粒能维持稳定的分散悬浮状态，主要是由于胶粒的 ξ 电位。如能消除或降低胶粒的 ξ 电位，就有可能使微粒碰撞聚结，失去稳定性。在水中投加电解质——混凝剂可达此目的。在投入混凝剂时，混凝剂提供的大量正离子会涌入胶体扩散层甚至吸附层。因为胶核表面的总电位不变，增加扩散层及吸附层中的正离子浓度，就使扩散层减薄，ξ 电位降低。当大量正离子涌入吸附层以致扩散层完全消失时，ξ 电位为零，称为等电状态。在等电状态下，胶粒间静电斥力消失，胶粒最易发生聚结。实际上，ξ 电位只要降至某一程度而使胶粒间排斥的能量小于胶粒布朗运动的动能时，胶粒就开始产生明显的聚结，这时的 ξ 电位称为临界电位。胶粒因 ξ 电位降低或消除以致失去稳定性的过程，称为胶粒脱稳。脱稳的胶粒相互聚结，称为凝聚。这种通过投加电解质压缩双电层，以导致胶体颗粒间相互聚结的作用机理，称为双电层作用。

②吸附桥连作用。溶液中存在胶体颗粒时，投入高分子聚合物后，聚合物的分子的活性基团（分子链节）迅速被吸附在胶体颗粒表面，而其余的活性基团（分子链节）伸展到溶液中去，去吸附另外胶体颗粒，就形成了微粒－高分子－微粒结构，它们互相搭接形成更大的絮体。在微粒与高分子形成的絮体中，微粒之间没有直接接触，而是通过吸附桥连作用将其连接在一起的。这种由高分子物质吸附桥连作用而使微粒相互粘结的过程，称为絮凝。

③网捕作用。三价铝盐或铁盐等水解而生成沉淀物。这些沉淀物在自身沉降过程中，能集卷、网捕水中的胶体等微粒，使胶体粘结。沉淀物对胶体的网捕速度与溶液的过饱和度成正比。废水中的胶体多带负电荷，沉淀物若带正电荷，尤能加快网捕速度。

上述 3 种作用产生的微粒凝结现象——凝聚和絮凝总称为混凝。

对于不同类型的混凝剂，压缩双电层作用和吸附桥连作用所起的作用程度并不相同。对高分子混凝剂特别是有机高分子混凝剂，吸附桥连可能起主要作用；对硫酸铝等无机混凝剂，压缩双电层作用和吸附桥连作用以及网捕作用都具有重要作用。

3. 常用的混凝剂和助凝剂

①硫酸铝。$Al_2(SO_4)_3 \cdot 18H_2O$ 无毒，价格便宜，使用方便，用于脱除浊度、色度和几乎所有悬浮物都很方便，但絮凝体比较轻，适用于水温 20～40℃，适用 pH 范围为 5.7～7.8，较窄。

②聚合氯化铝（PAC，即碱性氯化铝）。聚合氯化铝 $[Al_2(OH)_{6-n}Cl_n]_m$ 是一种较新的铝盐混凝剂，具有优良的凝聚能力。PAC 聚合度较高，投加后快速搅拌，可以大大缩短絮凝体形成的时间，对高浊度水也能充分处理。受水温凝聚效果也很好。适宜的 pH 范围较宽，为 5～9。能形成大粒，沉重的絮凝体，沉淀效率很高，处理高浊度水较为经济，处理低浊度水费用较贵。

③硫酸亚铁（$FeSO_4 \cdot 7H_2O$）形成的絮凝体较重，形成较快而且稳定，沉淀时间短，能除去臭味和一定的色度。适用于碱度高、浊度大的水，废水中若有硫化物，可生成难溶于水的硫化亚铁，便于去除。缺点是：腐蚀性较强；废水色度高时，色度不易除去。与铝盐相比，铁盐能有效混凝的 pH 范围更广，在 4～9 之间。

④聚丙烯酰胺。是一种新型高分子混凝剂，在处理水时凝聚速度快，用量很少，絮凝体粒大强韧。在水处理中常与铁、铝盐混凝剂合用，利用无机混凝剂对胶体微粒电荷的中和作用和高分子混凝剂优异的絮凝功能，可以得到良好的处理效果。

⑤活化硅胶。是一种助凝剂，是把硅酸钠（水玻璃）用酸（常用硫酸）中和并熟化，使硅酸钠转化成硅酸单体，聚合成高分子物质。

⑥骨胶。无毒，常用的为骨胶和三氯化铁混合制剂。它成本低，投量少，来源丰富。用它比单纯用混凝剂效果好，能提高混凝沉淀池的出水能力。也可以单独使用，一般与铁、铝盐混合剂合用。

⑦其他混凝助剂。除活性硅外，还有 pH 调节剂、黏土和聚合物。酸和碱用于将水的 pH 调节到混凝的最佳范围。常用来降低 pH 的酸为硫酸。石灰[$Ca(OH)_2$]或苏打灰（Na_2CO_3）常用来增加 pH。

黏土的作用与活性硅相似，带有微弱的负电荷，能够增加絮体的质量。黏土也特别适用于处理高色度、低浊度的水。

聚合物有带负电荷（阴离子型）、正电荷（阳离子型）、同时带正电荷和负电荷、不带电荷（非离子型等多种形式。聚合物为高分子长链碳化合物，具有许多活性部位。这些活性部位可以附着絮体，将小的絮体连结成更大、更密实的絮体，从而使沉淀效果更好。这种过程称为颗粒间的架桥作用。聚合物的种类、使用剂量、投加点等必须根据水处理厂的水质来确定，且这些参数会随季节，甚至每天的情况而有所改变。

常用的无机和有机混凝剂见表 5 - 4。

表 5 - 4　无机和有机混凝剂

分类		混凝剂
无机混凝剂	无机盐类	硫酸铝 $Al_2(SO_4)_3 \cdot 18H_2O$，硫酸亚铁 $FeSO_4 \cdot 7H_2O$，硫酸铁 $Fe_2(SO_4)_3$，铝酸钠 $Na_2Al_2O_4$，氯化亚铁，氯化锌，四氯化钛 $TiCl_4$
	碱类	碳酸钠，氢氧化钠，氧化钙
	金属电解质	氢氧化铝，氢氧化铁
	固体细粉	高岭土，膨润土，酸性白土，炭黑，飘尘
有机混凝剂（表面活性剂）	阴离子型	月桂酸钠，硬脂酸钠，油酸钠，十二烷基苯磺酸钠，松香酸钠，其他
	阳离子型	十二烷胺醋酸，十八烷胺醋酸，松香胺醋酸，烷基三甲基氯化铵，十八烷基二甲基二苯乙二酮氯化铵

5.3.2　中和法

中和法是处理酸性废水和碱性废水的主要方法。冶金工业生产中会排放出大量酸性废水和碱性废水。尤其是酸性废水不仅量大，而且往往含有许多重金属离子。中和法不仅能降低废水中的酸、碱度，也能使多种金属离子以氢氧化物沉淀除去。中和法所用的参数就是 pH，用碱或碱性物质中和酸性废水时，把废水的 pH 调升到 7；用酸或酸性物质中和碱性废水时，把废水的 pH 调低到 7。

中和剂能制成溶液或浆料时，可用投加法。中和剂为粒料或块料时，可用过滤法。常用的碱性中和剂有石灰、电石渣和石灰石、白云石。常用的酸性中和剂有废酸、粗制酸和烟道气。

1. 酸性废水中和处理

（1）利用碱性废水中和

在同时存在酸性废水和碱性废水的情况下，以废治废，是一种最佳的选择中和处理的方法。用碱性废水中和酸性废水时可能有三种情况：碱量和需要量相等，最理想，但很少会有这种情况；当碱量少于需要量时，可以补以投药中和；当碱量大于需要量时，pH 大于 6.5 但小于 8~9，可不进行二次处理。如反应后 pH 大于 8.5~9，此时必须进行二次返回处理，即用酸中和碱。两种废水互相中和时，由于水量及浓度很难保持稳定，会给操作带来困难。在此情况下，设置调节池是必要的。还应设置混合反应池。单级的中和池容积按停留时间 1~2 h 计算。如果混合水有相当长的出水沟管可以利用，也可不设混合池。

（2）投药中和法

投药中和就是将碱性药剂加入到酸性废水中进行中和。可处理任何性质任何浓度的酸性废水。由于氢氧化钙对废水杂质具有凝聚作用，通常采用石灰乳。

$$H_2SO_4 + Ca(OH)_2 \rightarrow CaSO_4 + 2H_2O$$
$$Fe^{2+} + Ca(OH)_2 \rightarrow Fe(OH)_2 + Ca^{2+}$$

计算中和剂的用量应包括金属离子反应的附加用量。

石灰石投加方法有干投和湿投两种。干投法是指将石灰直接投入废水中。此法设备简单，但反应不彻底，投加量大约为理论量的 1.4~1.5 倍。一般不采用，通常采用湿投法。

投药中和的处理用构筑物由调节池、中和反应池、沉淀池、泥渣处理设备等组成。当废水成分、流量、浓度不稳定时，应设废水调节池（均和池），其容积按 1~2 h 废水量考虑。中和反应池是中和剂与酸性废水进行接触反应的设备。中和反应时间，一般采用 1~2 min。沉淀池是实现固液分离、澄清废水的设备。沉淀时间一般采用 1~2 h。泥渣处理设施主要是指污泥脱水、泥浆输送等设备。泥渣体积大约是废水体积的 10%~15%，含水率为 90%~95%。

投药中和，一般采用图 5-9 的一次中和流程。根据需要还可采用图 5-10 的二次中和或图 5-11 的三次中和流程。

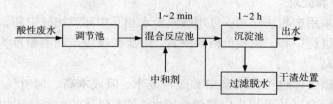

图 5-9 一次中和流程

（3）过滤中和

过滤中和就是使酸性废水通过碱性固体滤料层进行中和。一般适用于处理含酸浓度低的废水。但对含有大量悬浮物、油类、重金属盐类和其他有毒物质的酸性废水不宜采用。

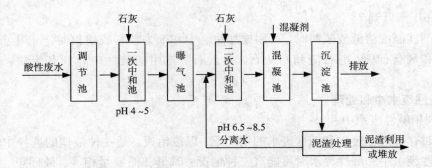

图 5 – 10　二次中和流程图

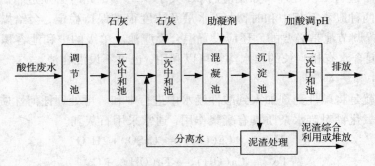

图 5 – 11　三次中和流程图

滤料可采用石灰石或白云石($CaMg(CO_3)_2$)。石灰石滤料反应速度较白云石快，但进水中硫酸允许浓度则较白云石滤料低。从下边反应可以看出。

$$2H_2SO_4 + CaMg(CO_3)_2 = CaSO_4 \downarrow + MgSO_4 + 2H_2O + 2CO_2 \uparrow$$

$$H_2SO_4 + CaCO_3 = CaSO_4 \downarrow + H_2O + CO_2 \uparrow$$

产生的 $CaSO_4$ 仅为石灰石滤料的一半，而生成 $MgSO_4$ 的易溶解，渣量少。因此中和硫酸废水常采用白云石作滤料。过滤后的废水 pH 为 4～5，用曝气除去水中二氧化碳后，可提高至 5～6。在一般情况下，需经稀释或补加中和剂处理后，才能排放。

过滤中和通常有下列三种型式的滤池：普通中和滤池、升流式膨胀中和滤池以及滚筒过滤中和。

2．碱性废水中和处理

碱性废水一般采用中和法处理。可用酸碱废水相互中和或加酸中和，或烟道气中和。普遍采用的是加硫酸进行中和。硫酸价格较便宜，用盐酸反应产物溶解度大，泥渣少，但出水中的溶解固体浓度高。

压缩的二氧化碳气体也可以用来中和碱性废水，但成本高。烟道气中含有高达 24% 的 CO_2，有时还有少量 SO_2，故可用来中和碱性废水，这些气体的中和作用如下：

$$CO_2 + 2NaOH = Na_2CO_3 + H_2O$$

$$SO_2 + 2NaOH = Na_2SO_3 + H_2O$$

$$H_2S + 2NaOH = Na_2S + 2H_2O$$

用烟道气中和碱性废水时，废水由接触筒顶淋下，或沿筒内壁流下，烟道气则由筒底朝上逆流通过，在逆流接触过程中，废水和烟道气都得到了净化，接触筒也可称为除尘器。可以填料也可不填料。12% ~ 14% CO_2 的烟气与 pH 为 11，硫化物含量为 30 mg/L 的硫化染料废水逆流接触，经 20 min，pH 可降到 6.4，硫化物去除率达 98%。其优点是把除尘消烟和废水处理结合在一起进行，缺点是处理后的废水中，硫化物耗氧量、色度、温度和悬浮物均有提高，需进一步处理才能排放，而且不能间断供应烟气。

5.3.3 氧化还原法

通过氧化剂或还原剂将废水中的有害物质氧化或还原为无毒或微毒物质的方法称为氧化还原法。

1. 基本原理

按照不同价态的离子进行水解的难易程度，金属离子可分为两类：第一类是高价易于水解而低价难于水解的离子，例如 Fe^{3+}、Fe^{2+}、As^{5+}、As^{3+}、Sn^{4+}、Sn^{2+} 等；第二类是高价不能或难于水解而低价易于水解的离子，例如 UO_2^{2+}、U^{4+}、Cr^{6+}、Cr^{3+} 等，对前者适于在氧化条件下进行氧化水解法净化，而后者则适于在还原条件下进行还原水解法净化。

低价离子氧化成高价氢氧化物或氧化物的难易程度，决定于它的标准电位值 $\varphi^{\ominus}$ 的高低，电位越低越易氧化水解。有关金属离子氧化水解的 $\varphi^{\ominus}$ 值见表 5 – 5。

表 5 – 5 金属离子氧化水解的 $\varphi^{\ominus}$ 值

半电池反应	标准电位 $\varphi^{\ominus}$/V
氧化型 + 电子→还原型	
$Sn(OH)_4 + 4H^+ + 2e \rightarrow Sn^{2+} + 4H_2O$	0.12
$FeAsO_4 + 5H^+ + 3e \rightarrow Fe^{2+} + HAsO_2 + 2H_2O$	0.691
$FeOOH + 3H^+ + e \rightarrow Fe^{2+} + 2H_2O$	0.7147
$PtO_2 + 4H^+ + 2e \rightarrow Pt^{2+} + 2H_2O$	0.837
$Fe(OH)_3 + 3H^+ + e \rightarrow Fe^{2+} + 3H_2O$	1.0572
$HgO + 4H^+ + 2e \rightarrow Hg^{2+} + 2H_2O$	1.0642
$2Ti(OH)_3 + 6H^+ + 4e \rightarrow 2Ti^+ + 6H_2O$	1.189
$Pd(OH)_4 + 4H^+ + 2e \rightarrow Pd^{2+} + 4H_2O$	1.194
$MnO_2 + 4H^+ + 2e \rightarrow Mn^{2+} + 2H_2O$	1.228
$PbO_2 + 4H^+ + 2e \rightarrow Pb^{2+} + 2H_2O$	1.449
$Co(OH)_3 + 3H^+ + e \rightarrow Co^{2+} + 3H_2O$	1.748
$Ni(OH)_3 + 3H^+ + e \rightarrow Ni^{2+} + 3H_2O$	2.259

从上例 $\varphi^{\ominus}$ 值的高低可以看出，低价离子氧化水解的次序为：

$$Sn^{2+} \rightarrow As^{3+} \rightarrow Pt^{2+} \rightarrow Hg_2^{2+} \rightarrow Ti^+ \rightarrow Pd^{2+} \rightarrow Mn^{2+} \rightarrow Pb^{2+} \rightarrow Co^{2+} \rightarrow Ni^{2+}$$

因此，控制溶液中的电位就可以选择氧化性水解净化，而溶液中的电位则决定于氧化剂的种类及溶液的 pH、浓度等条件，一般常用的氧化剂见表 5 – 6。

表 5 - 6 常用的氧化剂及电位

半电池反应	标准电位 $\varphi^{\ominus}$/V
$F_2 + 2e \rightarrow 2F^-$	2.89
$O_3 + 2H^+ + 2e \rightarrow H_2O + O_2$	2.076
$S_2O_8^{2-} + 2e \rightarrow 2SO_4^{2-}$	2.010
$H_2O_2 + 2e + 2H^+ \rightarrow 2H_2O$	1.776
$MnO_4^- + 8H^+ + 5e \rightarrow Mn^{2+} + 4H_2O$	1.742
$ClO^- + 2H^+ + 2e \rightarrow Cl^- + H_2O$	1.63
$HNO_3 + 3H^+ + 3e \rightarrow NO + 2H_2O$	1.615
$ClO_3^- + 6H^+ + 6e \rightarrow Cl^- + 3H_2O$	1.451
$Cl_2^- + 2e \rightarrow 2Cl^-$	1.395
$O_2 + 4H^+ + 4e \rightarrow 2H_2O$	1.229
$MnO_2 + 4H^+ + 2e \rightarrow Mn^{2+} + 2H_2O$	1.228

氧化剂的氧化能力由上而下,由强变弱。除氟外,臭氧是一种最强的氧化剂,它在水中的溶解度比氧约大 10 倍,但它很不稳定,在常温下便分解为氧,所以臭氧作为氧化剂,只能在现场制备使用,耗电量高,设备成本高。其他氧化剂为 $S_2O_8^{2+}$、H_2O_2、MnO_4^-、ClO^-、HNO_3、ClO_3^-、Cl_2 都得到不同程度的工业应用,但广泛应有的还是空气(O_2),Cl_2 和 ClO^-。对有机物的反应,通常把加氧或去氢的过程叫做氧化,而把加氢或去氧的过程叫做还原。

影响水溶液中氧化还原反应速度的因素有:①氧化剂和还原剂的本性。不同的氧化剂和还原剂,其反应机理和活化能各不相同,使得其反应速度不一样。②反应物浓度。一般反应物浓度越高,速度越快。可根据实验观测确定。③温度。对多数反应,升温 10℃,反应速度大约增加 2~3 倍。④催化剂及不纯物的存在。催化剂对氧化还原反应速度的影响很大。催化剂的加入(或某些不纯物的存在),能使反应沿活化能较低的途径进行,反应速度加快。⑤溶液的 pH。溶液的 pH 对氧化还原反应速度的影响极大,可以通过不同途径起作用。H^+ 或 OH^- 直接参与反应,H^+ 或 OH^- 起到催化剂作用,pH 决定溶液中许多物质的存在状态和相对数量。

2. 加氯氧化 CN^- 根

氯是水处理中常用的消毒剂和氧化剂,电镀废水往往含 CN^- 根,可加氯氧化为 N_2 和 CO_2。当 pH 在 11 以上时,氰酸根极易为氯所氧化(不到 1 min)便完成了反应生成 CNO^- 离子:

$$CN^- + Cl_2 + 2OH^- \rightarrow CNO^- + 2Cl^- + H_2O$$

$$CN^- + OCl^- \rightarrow CNO^- + Cl^-$$

由于过程中氧化很充分,生成 CNO^- 离子后的溶液中仅残留千分之一的 CN^-。上述反应如在 pH 小于 8.5 时发生,则会生成具有毒性的 CNCl 气体放出,且使反应速度减慢。

CNO^- 离子的进一步分解应控制在 pH 在 8~8.5 的条件下进行,这时的分解反应比前一反应缓慢。通常需要多于 0.5h 才能完成:

$$2CNO^- + 3Cl_2 + 4OH^- \rightarrow 2CO_2 \uparrow + N_2 \uparrow + 6Cl^- + 2H_2O$$

$$2CNO^- + 3OCl^- + H_2O \rightarrow 2CO_2 \uparrow + N_2 \uparrow + 3Cl^- + 2OH^-$$

游离氰酸根所在氧化过程中所需的氯量几乎与化学计算量相等，但采用不同方法时则会反应生成不同的氰化物。此外，由于氰化液中还存在许多其他可氧化的物质（如 $S_2O_3^{2-}$ 和 CNS^-）。为使反应充分进行，所以氯的实际消耗量大于氧化氰酸根所需要的氯量。

3. 电解法

直流电流通过电解质溶液时，在两个电极上引起的化学变化称电解。阴离子在阳极失去电子而被氧化；阳离子在阴极得到电子而被还原。有时，阳极材料会被氧化成阳离子：

$$AB \rightarrow A^+ + B^-$$

阴极反应：$A^+ + e \rightarrow A$

阳极反应：$B^- - e \rightarrow B$

电解法可处理含 CrO_4^{2-} 的废水，被还原成 Cr^{3+}，与（OH）结合生成 $Cr(OH)_3$。如电极是钢板：

阳极反应：$Fe - 2e \rightarrow Fe^{2+}$

$$CrO_4^{2-} + 3Fe^{2+} + 8H^+ \rightarrow Cr^{3+} + 3Fe^{3+} + 4H_2O$$

阴极反应：$2H^+ + 2e \rightarrow H_2 \uparrow$

$$CrO_4^{2-} + 3e + 8H^+ \rightarrow Cr^{3+} + 4H_2O$$

实际上，CrO_4^{2-} 的还原主要发生在阳极。

电解法也可去除废水中的汞，用铜板做阳极，锌板做阴极。Hg^+ 或 Hg^{2+} 在阴极还原成单质汞，与极板锌结合成汞。

4. 置换法

又称取代法。电动序中电位较高的金属能取代水溶液中电位较低的金属的离子，前者析出而后者溶入水中。显然，金属与废水的接触表面愈大愈好，接触时间也是一个重要因素。金属常制成粒状滤料，反应器制成过滤柱。

5.3.4　化学沉淀法

化学沉淀法是向废水中投加某些化学药剂，使其与废水中的污染物发生直接的化学反应，形成难溶的固体生成物（沉淀物），然后进行固液分离，从而除去水中污染物的方法。

采用中和法处理酸性废水或碱性废水时，也会产生化学沉淀。因为调节 pH 和化学沉淀同时进行。一般把调 pH 是为了使酸、碱度合适而排放为主要目的的操作方法称为中和法。而把调 pH 用以去除重金属等污染物作为主要处理对象的操作方法称为化学沉淀法。也有的把氢氧化物沉淀法包括在中和法之列。

废水处理中，常用化学沉淀法去除废水中的有害离子，阳离子如 Hg^{2+}、Cd^{2+}、Pb^{2+}、Zn^{2+}、Ni^{2+}、Cu^{2+}、Cr^{6+}，阴离子如 SO_4^{2-}、PO_4^{3-}。

1. 从基本原理应该注意到的几个方面的问题

（1）盐效应会使沉淀－溶解平衡向溶解方向进行移动

在一定温度下，对于难溶电解质 $A_m B_n$ 的饱和溶液，其沉淀－溶解平衡可表示为：

$$A_m B_{n(固)} \rightleftharpoons mA^{n+} + nB^{m-}$$

$$K_{sp} = [A^{n+}]^m [B^{m-}]^n$$

因为水处理一般在室温下进行，可采用室温(18～25℃)的溶度积常数。但是，溶液中有惰性盐(与研究的溶质没有共同离子的强电解质)存在时，由于盐效应，使难溶电解质的溶解度增大。例如，将 KNO_3 加入饱和的 $CaCO_3$ 溶液中，KNO_3 完全电离为 K^+ 和 NO_3^-，使溶液中离子总数增加。在正、负离子的静电引力下，降低了 Ca^{2+} 和 CO_3^{2-} 离子的有效浓度，促使沉淀－溶解平衡向溶解方向移动，从而使 $CaCO_3$ 溶解度增大，溶液离子强度越大，沉淀组分离子的电荷越高，盐效应越明显。通常，如惰性电解质的总浓度少于 0.01 mol/L 时，盐效应对溶解度的影响可以忽略不计。但在废水处理中，惰性电解质的总浓度往往超过这个界限，所以在废水处理中，盐效应对化学沉淀法的不利影响要充分注意到。

(2)沉淀颗粒大小对沉淀－溶解平衡的影响

沉淀颗粒大小不同，其溶解度也有差异。因为在晶体边缘或棱角上的分子或离子有较高的反应活性，而微小晶粒比大的晶粒有更多的离子位于边缘，所以更易溶解。此外，对无定形沉淀，若沉淀时的条件掌握不好，常会形成胶体溶液，甚至已经凝聚的胶状沉淀还会重新转变为胶体溶液(溶胶作用)，这时化学沉淀处理废水也是不利的。因此要控制条件，设法破坏胶体，防止胶溶，并加速沉淀微粒的凝聚。如铁氧体法处理重金属废水时，采用较高的温度就有利于金属氢氧化物胶体的破坏。

(3)利用同离子效应使沉淀－溶解平衡向着沉淀方向移动

在难溶电解质的饱和溶液中，如果加入共同离子的强电解质，则沉淀－溶解平衡向着沉淀方向移动，仅难溶电解质的溶解度降低，这种作用叫做同离子效应。在水处理中利用同离子效应，投加过量化学药剂，可以使水中污染物沉淀去除得更完全。

(4)利用沉淀转化除去污染物

如果在某种难溶电解质的饱和溶液中(有固体共存)加入某种沉淀剂，可使难溶物不断溶解，转化为另一种溶度积更小的沉淀物，这个过程叫做沉淀的转化。在水处理中，可根据沉淀转化的原理，用适合的难溶电解质，除废水中的污染物离子。例如，在含 Hg^{2+} 废水中投加难溶电解质 MnS(或 FeS)，则后者转化为另一种更难溶的电解质硫化汞(HgS)，再通过固液分离，将其除去。

(5)利用分步沉淀对废水中污染物进行分离和回收

废水中往往是多种污染物离子(如多种重金属离子)共存，加入沉淀剂(加石灰)时，必定是离子积先达到溶度积的优先沉淀，这种现象称为分步沉淀。分步的次序取决于它们的溶度积 K_{sp} 和有关离子浓度。影响溶度积的因素(如温度、盐效应等)和影响离子浓度的因素(如同离子效应、化学副反应)对分步沉淀的次序都会有影响。在废水处理中，可以利用分步沉淀的原理进行离子的分离和回收。

(6)副反应的影响

按照平衡的一般原理，当溶液中难溶电解质($A_m B_n$)的组分离子(A^{n+}，B^{m-})的溶度积 $[A^{n+}]^m [B^{m-}]^n$ 大于 K_{sp} 时，这种物质就会沉淀。如果在沉淀反应过程中，同时还有络合、氧化还原、中和等副反应存在，这些反应会降低沉淀－溶解平衡体系中某种组分离子的浓度，使离子积小于它的 K_{sp}，则平衡向溶解方向移动，沉淀也会不断溶解。废水中组成往往十分复杂，某些成分(如 CN^-、NH_3、EDTA)易于与沉淀物的液分离子生成可溶性物质(如络合物)，而使化学沉淀法的处理效果降低。

2. 氢氧化物沉淀法

(1)金属氢氧化物的溶度积

除了碱金属和部分碱土金属外，其他金属的氢氧化物大都是难溶的。一些难溶金属氢氧化物的溶度积列于表5－7。

表5－7　某些金属氢氧化物的溶度积

化学式	K_{sp}	化学式	K_{sp}	化学式	K_{sp}
AgOH	1.6×10^{-8}	$Cr(OH)_3$	6.3×10^{-31}	$Ni(OH)_2$	2.0×10^{-15}
$Al(OH)_3$	1.3×10^{-33}	$Cu(OH)_2$	5.0×10^{-20}	$Pb(OH)_2$	1.2×10^{-15}
$Ba(OH)_2$	5×10^{-3}	$Fe(OH)_2$	1.0×10^{-15}	$Sn(OH)_2$	6.3×10^{-27}
$Ca(OH)_2$	5.5×10^{-6}	$Fe(OH)_3$	3.2×10^{-38}	$Th(OH)_4$	4.0×10^{-45}
$Cd(OH)_2$	2.2×10^{-14}	$Hg(OH)_2$	4.8×10^{-26}	$Ti(OH)_3$	1×10^{-40}
$Co(OH)_2$	1.6×10^{-15}	$Mg(OH)_2$	1.8×10^{-11}	$Zn(OH)_2$	7.1×10^{-18}
$Cr(OH)_2$	2×10^{-16}	$Mn(OH)_2$	1.1×10^{-13}		

从表中可以看出，金属氢氧化物的溶度积一般都很小，因此可用氢氧化物沉淀法去除废水中的重金属离子。沉淀剂为各种碱性物料，常用的有石灰、碳酸钠、苛性钠、石灰石、白云石等。当能结合成难溶盐的两种离子的浓度之积超过该盐的溶度积时，该盐将析出，而这两种离子的浓度将下降，需要去除的离子就与水分离。

(2)使氢氧化物沉淀的 pH 的计算

金属离子与 OH^- 离子是否生成难溶的氢氧化物沉淀，取决于溶液中金属离子浓度和 OH^- 离子浓度。对一种废水而言，金属离子的浓度一定，溶液的 pH 就成为沉淀金属氢氧化物的最重要条件。根据金属氢氧化物 $Me(OH)_n$ 的沉淀 – 溶解平衡，以及水的离子积 $K_w = [H^+][OH^-]$，可以计算出某金属氢氧化物沉淀的 pH：

$$[H^+] = \frac{K_W}{[OH^-]} = \frac{10^{-14}}{(K_{sp}/[Me^{n+}])^{\frac{1}{n}}}$$

$$pH = 14 - (1/2)(\lg[Me^{n+}] - \lg K_{sp})$$

$$\lg[Me^{n+}] = \lg K_{sp} + npK_w - npH$$

上式表示与氢氧化物沉淀平衡共存的金属离子浓度和溶液 pH 的关系。由此式可以看出，金属离子浓度 $[Me^{n+}]$ 相同时，溶度积 K_{sp} 愈小，则开始析出氢氧化物沉淀的 pH 愈低；同一种金属，浓度越大，开始析出的 pH 越低。

金属离子浓度与 pH 的关系可以用金属氢氧化物的溶解度对数图表示，如图5－12所示。

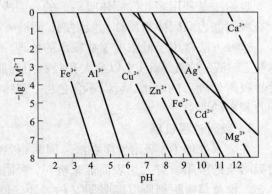

图5－12　金属氢氧化物的溶解度对数图

3. 硫化物沉淀法

硫化物沉淀法在废水处理中的应用，是仅次于氢氧化物沉淀法的一种重要方法。氢氧化物沉淀法可除去废水中的多数重金属离子，可净化到 $10^{-5} \sim 10^{-7}$ mol/L。但对除 Pb^{2+}，As^{3+}，Hg^{2+}，Cu^{2+} 等效果较差，难以达到排放标准。而硫化物沉淀法却很有效。汞的排放标准很严格（$10^{-5.812}$ mol/L），只能采用硫化物、离子交换或活性炭吸附等特殊方法。

硫化物沉淀法是采用硫化剂（如 H_2S，Na_2S，$NaHS$，FeS，$(NH_4)_2S$ 等）加入废水中，使废水中金属离子与其形成溶度积很小的硫化物沉淀，从废水除去的方法。常用的沉淀剂是 H_2S 和 Na_2S。此外还有 $NaHS$，CaS_x，$(NH_4)_2S$，MnS，FeS 等。H_2S 有恶臭气味，又是一种无色而有毒的气体，因此使用时要注意安全，在空气中的浓度不允许超过 0.01 mg/L。金属离子对硫的亲合力的顺序为：

$$Pb > Hg > Ag > Cu > Bi > Cd > Sb > Sn > Zn > Ni > Co > Fe > As > Ti > Mn$$

硫化物在溶液中的稳定性通常用溶度积 K_{sp} 表示。金属硫化物溶度积见表 5-8。

表 5-8　金属硫化物的溶度积

化学式	K_{sp}	化学式	K_{sp}	化学式	K_{sp}
Ag_2S	6.3×10^{-50}	Cu_2S	2.5×10^{-42}	MnS	2.5×10^{-13}
Al_2S_3	2×10^{-7}	CuS	6.3×10^{-36}	NiS	3.2×10^{-19}
Bi_2S_3	1×10^{-97}	FeS	6.3×10^{-13}	PbS	8×10^{-28}
CdS	8.0×10^{-27}	Hg_2S	1.0×10^{-45}	SnS	1×10^{-25}
CoS	4.0×10^{-21}	HgS	4.0×10^{-51}	ZnS	1.6×10^{-24}

5.4　废水的物理化学处理法

5.4.1　吸附法

吸附法是利用多孔性固体吸附剂的表面吸附废水中一种或多种污染物溶质的方法。对溶质有吸附能力的固体物质称为吸附剂，而被吸附的溶质称为吸附质。

这种方法常用于低浓度工业废水的处理。常用的吸附剂有活性炭、沸石、硅藻土、焦炭、木炭、矿渣、炉渣、矾土，以及大孔径吸附树脂等。其中以活性炭的使用最为广泛。经过活性炭吸附处理后的废水，可以不含色度、气味、泡沫和其他有机物，能达到水质排放标准和回收利用的要求。

1. 吸附过程机理

在废水处理中，吸附发生在液-固两相界面上，由于固体吸附剂表面力的作用，才产生对吸附质的吸附。有人用表面能来解释，吸附剂要使其表面能减少，只有通过表面力的减少达到。也就是吸附剂所以能吸附某种溶质，是因为这种溶质能降低吸附剂的表面张力。所以，吸附剂的表面可以吸附那些能降低它的表面张力的物质。

固体的吸附过程是可逆的。在进行吸附的同时，被吸附物质的分子也由吸附体返回到溶液中去，称作解吸。在其他条件不变时，吸附和解吸的速度与溶液内及吸附表面的溶质浓度成比例。开始时，溶质中物质浓度最大，所以吸附速度也最大，随着吸附体表面上溶质浓度的升高，返回溶液中去的分子就越来越多，到某一时刻，单位时间内向溶液中吸附的分子数等于解吸的分子数，此时溶液的浓度就成为常数，这种状态叫做吸附平衡。如果溶液浓度增高，而吸附体的吸附值再也不能增加，则吸附体处于饱和状态，此时吸附体所吸附的溶质总量称吸附值。工业废水是属于稀溶液状态，其吸附规律可用经验公式表达，常用的是费林德里赫公式：

$$A = Kc^n$$

式中：A——固体吸附体的吸附值，单位为 mg/g；

　　　c——溶液的平衡浓度，单位为 mg/L；

　　　K、n——实验常数。

常数 K 和 n 值取决于吸附体的种类、被吸附物质的性质和最初浓度 c_0、介质浓度、吸附过程中固 – 液接触方式和接触时间等。

2．吸附工艺过程

吸附操作分为静态间歇式和动态连续式两种，也称为静态吸附和动态吸附。废水处理是在连续流动条件下的吸附，因此主要是动态吸附，静态吸附一般仅用于实验研究或小型废水处理。动态吸附有固定床、移动床和流化床三种方式。

（1）固定床吸附

是废水处理工艺中最常用的一种方式。由于吸附剂固定填充在吸附柱（或塔）中，因此叫固定床。根据水流方式的不同，固定床又分为降流式和升流式两种。降流式用于处理含悬浮物很少的废水，能获得很好的出水水质。当悬浮物含量高时，容易引起吸附层堵塞，降低吸附量，同时增大水头损失。此外，降流式固定床的滤层容易滋长细菌，恶化水质。降流式固定床的水流自上而下穿过吸附层，可分成几个柱串联工作。

吸附剂经过一定时间吸附后，吸附能力逐渐降低，吸附后的出水中未被吸附的污染物逐渐增多，当达到规定浓度后，流出的水质就不符合要求，这种现象叫破过。从吸附开始到破过点为止，这一段时间叫吸附床的有效工作时间。一般应在到达这个时间前就停止吸附，进行吸附剂再生。从破过点到接近饱和吸附点之间的吸附滤层称为吸附带。在实际进行吸附操作时，吸附带的长度与吸附速度有关，当废水流速很低时，接触时间长，吸附带就短，在实际运行时，应使吸附剂与废水有较充分的接触，延长再生周期。升流式固定床的水流由上而下穿过吸附层。这种方式压头损失小，允许废水含的悬浮物稍高些，对预处理要求低，但滤速较小。

（2）移动床吸附

废水从吸附柱底部进入，处理后的水由柱顶排出。在操作过程中定期将接近饱和的一部分吸附剂从塔底排出，送再生塔进行再生。与此同时将新的吸附剂由柱顶加入，因而这种吸附床称之为移动床。这种方式较固定床更能充分利用吸附剂的吸附能力，水头损失小，但塔内上下层吸附剂不能相混，操作要求严，处理废水中悬浮物效果差。

（3）流化床

流化床的吸附剂在柱内呈膨胀和悬浮状态。废水从多段吸附塔底部流入，与装在各段的吸附剂接触。再生后的吸附剂从最上段通过溢流管依次往下流动。废水首先与下面段里接近饱和状态的吸附剂接触，接着上升到上段较新的吸附剂。最后达到出水水质要求。最后段接近饱和的吸附剂用喷射器把它抽出，经螺旋送料机送到再生塔。再生塔分两段，上段干燥、下段解吸为活化。间接加热，再生后的吸附剂进入急冷槽，然后送到吸附塔上部。吸附剂主要应用活性炭。优点是活性炭粒径小,吸附速度快,炭水逆流接触,充分发挥活性炭的吸附性能,活性炭损耗小,设备紧凑,可以连续操作。

3. 活性炭再生

在活性炭本身结构不发生或极少发生变化的情况下,用特殊的方法将其被吸附的物质从活性炭的孔隙中除去,以便活性炭重新接近新的活性炭的性能,称为活性炭再生。活性炭的主要再生方法是加热再生,化学再生和生物再生在废水处理系统中应用不多,有的还只是处于研究的阶段。再生的方法有以下几种。

(1)水蒸气吹脱法

从活性炭底部通入水蒸气。将其吸附的溶质蒸发去除。因为温度高,吸附值降低,吸附质被解析到蒸气中。只有当被吸附化合物的沸点低到足以和蒸汽一同挥发并且在冷凝水中其浓度比在废水中原始浓度高得多时,才可以采用。

(2)溶剂再生法

利用某种有机溶剂提取吸附质,使其由固相转入溶剂。而溶剂本身要难溶于水,用蒸气解吸使溶剂再生。

(3)酸、碱洗涤法

用酸或碱进行洗涤,使吸附的物质变成很难吸附的盐类,从吸附剂上解吸下来。

(4)焙烧法

为常用的方法。利用加热的方法进行再生。加热过程分三个阶段:①干燥。加热温度在 $100 \sim 150 \, ℃$,水分和一部分低沸点有机物挥发出来。②碳化。温度继续升高到 $700 \, ℃$,高沸点有机物一部分分解为低沸点有机物挥发出来,一部分发生碳化,残留在活性炭的微孔中。③活化。温度为 $700 \sim 900 \, ℃$,通入活化气体如水蒸气、CO_2 等,使碳化过程中微孔中的残留物炭气化,达到重新造孔的目的。活化过程中,再生装置中含氧量要在 1% 以下,减少活性炭的损失。④冷却。用水急剧冷却防止氧化。此外还有湿式氧化、电解氧化、湿式氧化法(湿式燃烧氧化法),能使粉状活性炭再生。该法是先对含有饱和活性炭的泥浆加压,使空气溶解于泥浆中。然后在反应塔中加热,使吸附物质氧化分解,有机物分解或气体挥发去除,从而使活性炭再生。

4. 常用的吸附剂

(1)活性炭

比表面积 $800 \sim 2\,000 \, m^2/g$,具有很强的吸附能力。孔径分三类:小孔——2 nm 以下;过渡孔——2 ~ 100 nm;大孔——100 nm 以上。小孔对吸附量影响最大,当吸附质的分子直径较大时,靠过渡孔完成吸附。大孔所占比例极少,主要为吸附质扩散提供通道。在废水中溶质的迁移性较低,液相的扩散速率较气相低好几个数量级,因此采用以活性炭孔径要大于气相吸附用的活性炭孔径。活性炭一般制成颗粒状或粉末状。粉末状的吸附能力强,制备容易,成本低,但再生困难。颗粒状的吸附能力稍低,成本较高,但再生后可重复使用,操作管理方便。废水处理大多使用颗粒状的活性炭。

(2)树脂吸附剂(吸附树脂)

是只有立体结构的多孔海绵状物。可在 150℃ 以下使用,不溶于酸、碱及一般溶剂,比表面积可达 $800 \, m^2/g$。按其结构特性,吸附树脂可分为非极性、弱极性、极性和强极性四种。其吸附能力接近活性炭,但比活性炭容易再生。此外,还有稳定性高、选择性强、应用广等优点，是有发展前途的新型吸附剂。

（3）腐殖酸类吸附剂

腐殖酸是一组芳香结构的、性质与酸性物质相似的复杂混合物，腐殖酸含的活性基因有酚羟基、羧基、醇羟基、甲氧基、羰基、醌基、胺基、磺酸基等。这些活性基团决定了腐殖酸的阳离子吸附性能。腐殖酸对阳离子的吸附，包括离子交换、螯合、表面吸附、凝聚等作用。当金属离子浓度低时，以螯合为主；当金属离子浓度高时，离子交换占主导作用。用作吸附剂的腐殖酸物质有两类：一是天然的富含腐殖酸的风化煤、泥煤、褐煤等，另一类是把富含腐殖酸的物质用适当的黏合剂制备成腐殖酸系树脂，造粒成型后使用。腐殖酸类物质在吸附重金属离子后，容易解吸，重复使用。常用的解吸剂有 H_2SO_4、HCl、NaCl、$CaCl_2$ 等。腐殖酸类物质能吸附工业废水中的许多金属离子。例如，汞、锌、铅、铜、镉等。吸附率达 90% ~ 99%，对铬的吸附效果看，三价铬的吸附率大于高价铬。主要缺点是交换容量不高，适用 pH 范围较窄，机械强度低等问题。

5.4.2　离子交换法

离子交换法是利用离子交换剂的交换基团同废水中的金属离子进行交换反应，将金属离子置换到交换剂上予以除去。

1. 离子交换剂的分类

离子交换剂可分为无机的和有机的两类。无机离子交换剂有沸石、磷酸锆等。有机离子交换剂一般是指人工合成的交换树脂，它是一种有机高分子聚合物，其骨架是由高分子电解质和横键交联物质组成的空间网状结构，其上面结合着许多能进行离子交换的基团。

按交换基团的不同，离子交换树脂分为阳离子型和阴离子型两大类。阳离子交换树脂含有活泼的可与阳离子进行交换的酸性基团。阴离子交换树脂含有可与阴离子进行交换的碱性基团。

阳离子交换树脂以钠离子或氢离子置换废水中的阳离子，其交换反应如下：

钠型　　　　　　　　$Na_2R + M^{2+} \rightleftharpoons MR + 2Na^+$

氢型　　　　　　　　$H_2R + M^{2+} \rightleftharpoons MR + 2H^+$

式中 R 代表树脂，M^{2+} 代表阳离子。交换结果废水中的金属离子被截留在树脂上，因而得到净化，出水主要含有钠盐（如使用钠型）或酸类（如使用氢型）。

阴离子交换树脂是以羟基离子（OH^-）交换溶液中的阴离子，从而将阴离子从废水中除去。其交换反应如下

$$R(OH)_2 + A^{2-} \rightleftharpoons RA + 2OH^-$$

式中 A^{2-} 代表阴离子。

2. 离子交换树脂的再生

（1）再生剂的选择

离子交换过程是可逆性平衡吸附过程，树脂达到吸附饱和后，即失去交换能力。此时可以进行解吸再生，以恢复树脂的交换能力。选用再生剂应从树脂的用途、类型、再生剂的再生效果、经济价值等综合考虑。阳离子型树脂可用酸溶液或盐溶液进行再生，通常用硫酸或盐酸（氢型），或用氯化钠（钠型）溶液进行阳树脂再生。阴离子交换树脂通常用氢氧化钠或氢氧化铵溶液进行再生。

阳离子交换树脂再生反应为：

钠型 $MR + 2NaCl \rightleftharpoons Na_2R + MCl_2$

氢型 $MR + 2HCl \rightleftharpoons H_2R + MCl_2$

                      $MR + H_2SO_4 \rightleftharpoons H_2R + MSO_4$

阴离子交换树脂再生反应为:

                      $RA + 2NaOH \rightleftharpoons R(OH)_2 + Na_2A$

或 $RA + 2NH_4OH \rightleftharpoons R(OH)_2 + (NH_4)_2A$

常用树脂再生剂见表5-9。

表5-9 常用树脂的再生剂用量

离子交换树脂		再生剂		
类型	离子形式	名称	浓度/%	理论用量倍数
强酸性	H型	HCl	3~9	3~5
	Na型	NaCl	8~10	3~5
弱酸性	H型	HCl	4~10	1.5~2
	Na型	NaOH	4~6	1.5~2
强碱性	OH型	NaOH	4~6	4~5
	Cl型	HCl	8~12	4~5
弱碱性	OH型	NaOH,NH_3·H_2O	3~5	1.5~2
	Cl型	HCl	8~12	1.5~2

(2)树脂的再生方式

树脂的再生方式有以下几种:

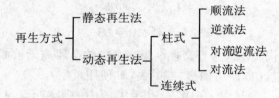

顺流法是再生液的流动方向自上而下,与交换液的流动方向一致。顺流法采用较普遍。再生操作包括反洗、再生、正洗、反洗四步。再生前的反洗是为了疏松树脂层和洗除固体颗粒,使树脂达到悬浮状态(松动35%~50%),以跑不出正常颗粒为限。通常反洗流速为10~15 m/h,反洗时间15~20 min。再生时,再生液自上而下通过树脂层。再生剂用量见表5-10。

表5-10 再生剂用量

交换床类型	再生剂	再生剂耗量(理论倍数)	再生液浓度/%	再生液流速/(m/h)
阳离子型	H_2SO_4	2~3	1~2	—
	HCl	1.5~2.5	2.5~5	5~7
阴离子型	NaOH	3~6(一般为4)	2.5~5	5~7

正洗是为了洗除树脂中的再生剂。保持正洗流速为 10～15 m/h。再生后的反洗是为了稀释未再生区，需纯净水反洗。顺流法操作简便，再生程度高，但不能充分利用再生剂。逆流再生法，使其首先和未失效的树脂接触，最后再生流才和失效的上层树脂接触，能充分利用再生溶剂，减少用量，但可引起树脂颗粒运动混乱，树脂层膨胀，故不适于比重小的树脂。对流逆流法是再生剂以较低流速自下而上地流动，从废液柱中部排出。对流法是再生剂分别从柱顶和柱底进入，再生废液也从树脂中部排出，可以限制树脂层扩张。

3. 离子交换法的优缺点

用离子交换法处理重金属废水，一般金属离子，如 Cu^{2+}、Zn^{2+}、Cd^{2+} 等，可以采用阳离子交换树脂；而以阴离子形式存在的金属离子络合物或酸根（如 $HgCl_4^{2-}$、CrO_7^{2-} 等），则需用阴离子交换树脂予以去除。为了同时去除废水中的阴、阳离子，可以将阴离子和阳离子交换器串联使用。

离子交换法的优点是，可以除去用其他方法难于分离的重金属离子；既可去除废水中的金属阳离子，也可以去除阴离子，可以使废水净化到较高的纯度；可以从含多种金属离子的废水中选择性地回收贵重金属。这种方法的缺点是，离子交换树脂价格较高，树脂再生时需用酸、碱或食盐，运行费用较高，再生液需用进一步处理。因此，离子交换法在较大规模的废水处理工程中较少采用，一般用于处理电镀废水、人造纤维含锌废水、水量小毒性大（如含汞）废水，或有较高回收价值的含金、银、铂等废水的回收。

5.4.3 膜分离法

膜分离法实质上是一种除盐的方法。在降低溶液中盐的总含量的同时，可以得到一种盐的浓缩液。在废水处理中主要应用的方法有四种：反渗透、超滤、电渗析和新近发展起来的液膜分离法。

膜分离法的特点是设备结构比较简单，操作方便，可以在周围环境温度工作，过程能连续，便于实现自动化，但主要问题是要解决生成的浓缩液（盐水）的处理方法。

1. 反渗透法

反渗透法是利用半透膜（反渗膜），对溶液用泵加压过滤，将溶液中的污染物浓缩的一种膜分离方法。可以同时分离并除去废水中的有机污染物和无机污染物。

（1）反渗透机理

如果将纯水和某种溶液用半透膜隔开，水分子就会自动地透过半透膜进到溶液一侧去，这种现象叫渗透［图 5－13（a）］。在渗透过程中，纯水一侧的液面不断下降，溶液一侧的界面则不断上升。当液面不再变化时，渗透便达到了平衡状态。此时，两侧液面差称为该种溶液的渗透压。任何溶液都具有相应的渗透压，其值根据溶液中溶质的分子数目而定，与溶质的本身性质无关。溶液的渗透压与溶质的浓度及溶液的绝对温度成正比，数学表达式如下：

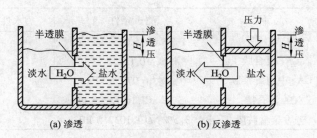

图 5－13　渗透和反渗透原理示意图
(a)渗透；(b)反渗透

$$H = \frac{nRT}{V} = CRT$$

式中　n——溶质的摩尔数；

　　　V——溶质溶液体积，L；

　　　C——溶质溶液的浓度（ $= n/V$ ），mol/L；

　　　R——理想气体常数；

　　　T——绝对温度，K。

如果在溶液一侧施加大于渗透压的压力，则溶液中的水就会透过半透膜，流向纯水一侧，溶质被截留在溶液另一侧，这种作用称为反渗透。如图 5–13(b)。关于反渗透机理，主要有以下观点。

①氢键机理。反渗透膜的表皮层是一层很薄的致密微孔层，孔的直径为 5×10^{-4} μm。从化学结构上说该层是一种矩阵组织的聚合物。大分子能与聚合物上的极性基团等形成氢键也可以断开氢键，在反渗透压力的作用下，水分子能经过氢键传递，通过表面层进入膜的底层。由于底层呈多孔状并含有大量的毛细管水，水分子能畅通无阻地通过。整个膜被水分子充分溶胀，在表面层水分较少，而且所含的水为一级结合水（依靠氢键结合），这种结合水不能溶解盐分，因而盐分不能通过膜。

②选择吸附机理。当所处理的废水与多孔的反渗透膜的表面接触时，膜的表面能选择性地吸附水分子而排斥溶质，在膜–溶液界面形成一个纯水层。在反渗透压力的推动下，通过膜的毛细作用，纯水流出，此后又形成纯水层，这样不断形成、流走、便形成了反渗透。反渗透主要受两个因素控制：一是平衡作用，它涉及到临近膜表面优先吸附的情况；二是动力学作用，受溶质和溶剂透过膜孔流动情况的影响。

（2）反渗透膜的使用

反渗透技术的关键是反渗透膜的性能，要求具有高选择性、高透水性、机械强度好、化学稳定性好、使用寿命长、性能衰降小、原料易得、价格低、制备简单等。醋酸纤维素及各种衍生物膜是目前使用最多的半透膜，其次是芳香聚酰胺膜。目前应用于脱盐方面的几种反渗透膜的性能见表 5–11。

表 5–11　几种反渗透膜的性能

品　种	测试条件	透水性/$(m^3 \cdot m^{-2} \cdot d^{-1})$	脱盐率/%
$CA_{2.5}$ 膜	1% NaCl,5 066.3 kPa	0.8	>90
CA_3 复合膜	海水,10 132.5 kPa	1.0	98
CA_3 中空纤维膜	海水,6 079.5 kPa	0.4	98
CA 混合膜	3.5% NaCl,10 132.5 kPa	0.44	>92
芳香聚酰胺膜	3.5% NaCl,1032.5 kPa	0.64	>90

反渗透膜在使用过程中应注意以下几个方面：

①使用的 pH 范围：使用时一定要注意各种膜所适宜的 pH 范围，如果使用的 pH 条件不适宜，膜很快被破坏，而且某些溶解的物质会在膜的表面形成沉淀，造成膜孔堵塞或使膜水解。

②温度：提高进料溶液的温度会使膜的通透性增加。但是过高的温度会加快膜的溶解，使膜变软。一般情况是在室温条件下进行。

③浓差极化：随着反渗透过程的进行，从膜的表面到进料溶液之间会形成一定浓度梯度，膜表面溶液的渗透压大大增加，导致水通透阻力的增大，处理效果下降。一般可以通过提高进料液的进料流速，或采用紊流促进器，使进料液处于紊流状态。

④操作压力：通过渗透膜的水量随着操作压力的升高而增加，但是压力的增加同时会使膜受到压实而减少了水的透过量。因此在实际操作过程中应根据不同的膜、不同的原液浓度来决定反渗透压力大小。

（3）反渗透装置

将各种形式的反渗透膜装配成反渗透装置，即可处理各种废水。对反渗透装置的要求是：单位容积中具有的膜面积要大；装配材料的耐高压性能要好；便于装卸和清洗膜面上的黏着物；进水流速稳定；膜面积浓缩液和大部分料液之间产生的浓差极化小（较小浓差极化可通过增加操作压力），使浓缩液一边处于高紊流状态。

目前采用的反渗透装置有四种形式，即板式、管式、卷式及空心纤维式。

①板式反渗透装置。板式反渗透装置是将反渗透膜贴在多孔透水板的单侧或两侧，再紧贴在不锈钢或环氧玻璃钢承压板的两侧，构成一个渗透原件。然后将几块或几十块元件重叠，用长螺栓固定后装入密闭耐压容器中。板式设备的缺点是设备费用大，易造成浓差极化，目前应用较少。

②管式反渗透装置。管式反渗透装置是将膜和支撑体都制成管状，两者装在一起，再将一定数量的管状元件用一定方式联成一体，形成管式装置。分为内压管和外压管两种。半透膜封在玻璃钢增强多孔管内壁的，称为内压管型；而半透膜封在多孔管外壁的称为外压管型。

③卷式反渗透装置。卷式反渗透膜由两层反渗透膜组成，两层膜中间夹一层多孔支撑材料层，然后密封膜的三面边缘，最后在膜的下面铺一层隔网。然后将它们沿着钻有孔眼的中心管卷绕，这样，便形成卷式反渗透膜元件。将上述部件装在圆筒形的耐压容器中，当溶液通过网状空间沿膜表面流动时，水分子透过膜，经多孔支撑层螺旋状地流向中心管，最后导出容器外。

卷式反渗透装置的优点是：单位体积内有较大的膜面积，所以处理流量大，占地少，安装更换容易。缺点是清理困难，料液流动路线短，压力损失大，密封长度大。

④空心纤维式反渗透装置。空心纤维式是将反渗透膜原料空心纺丝制成中空纤维管。纤维管的外径为 $30 \sim 150 \ \mu m$，壁厚 $7 \sim 42 \ \mu m$。将几十万根中空纤维弯成 U 形状在耐压容器内组成。在压力作用下，水透过纤维束壁进入每根纤维的空心部分，汇集到容器的一端，流出淡化水，浓水从容器的另一端排出。

空心纤维式反渗透器的优点是单位体积膜面积更大，安装方便，设备简单，缺点是压力损失更大一些，不能处理含悬浮固体的料液，清洗比较困难，进水的预处理要求高。

2. 超滤法

超过滤简称超滤，与反渗透一样，超滤也是依靠压力和膜完成分离任务的。但是，超滤作用的实质和反渗透并不一样，超滤过程在本质上是一种机械筛滤过程，膜表面孔隙大小是主要的控制因素。

超滤施加外压较低，为 $0.07 \sim 0.7$ MPa，用于超滤过程的过滤膜，膜孔径为 $2 \sim 1 \times 10^{-4}$ nm，对溶液的渗透性比反渗透膜要大，而阻滞盐的能力弱，只能阻滞大分子。超滤能分离的物质分子量较大，一般在 $5 \times 10^{-2} \sim 5 \times 10^{-5}$ 之间。由于超滤的作用机理是超滤膜的筛滤作用，所以，膜对特定物质的排斥性，主要决定于物质分子的大小、形状、柔韧性以及超滤的运行条件。

常用的超滤膜有醋酸纤维素类膜、尼龙类膜和其他高分子合成膜。

超滤装置和反渗透也类似。普遍采用的是管式装置，此外，还有卷式、空心纤维式。空心纤维式也较多应用。

3. 电渗析法

在直流电场作用下，利用离子交换膜对电解质溶液的阴、阳离子所具有的选择透过性，使离子交换膜隔开的两部分溶液发生不同离子的迁移，从而达到废水中分离、浓缩污染物的方法称为电渗析法。

（1）电渗析原理

电渗析法使用的离子交换膜有两种，即阳膜和阴膜。阳膜只允许阳离子通过，阴膜只允许阴离子通过，它们在常压下不透水。当溶液中存在阳离子和阴离子时，在直流电场的作用下，会发生电解，即阳离子向阴极迁移产生氧化反应，阴离子向阳极迁移产生还原反应。当溶液用阳膜隔开时，在直流电场作用下，阳膜只允许阳离子通过，阴离子被阻挡；反之，阴膜只允许阴离子通过，阳离子被阻挡。离子交换膜的选择透过机理示于图 5 – 14。

在直流电场作用下，由于阳膜和阴膜具有的不同选择透过性，形成中间为阴、阳离子集中的浓室，两边形成去离子的水的淡室。用这种电渗析的方法，可以将废水中的污染物分离、浓缩。

（2）电渗析膜（离子交换膜）

离子交换膜的分类可按膜的活性基团种类分

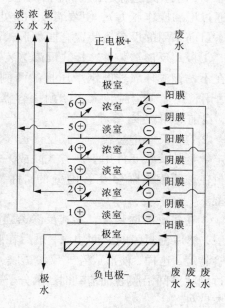

图 5 – 14　电渗析槽简图

类，也可按膜的结构分类。按活性基团可分为阳离子交换膜、阴离子交换膜和特殊离子交换膜。

①阳离子交换膜：在膜结构中含有酸性活性基团的膜。它能选择性地透过阳离子，而不让阴离子透过。

②阴离子交换膜：在膜结构中含有碱性活性基团的膜。它能选择性地透过阴离子，而不让阳离子通过。

由于离子交换膜具有的特殊性质，电渗析室淡室中的离子便迁移到浓室中实现浓缩。膜上的孔洞起着分离大小不同分子的作用。

③特殊离子交换膜（复合膜）：这种膜由一张阳膜和一张阴膜复合而成。两层之间可以隔一层网布（如尼龙布等），也可以直接粘贴在一起。工作时，阴膜对阳极，阳膜对阴极。由于膜外的离子无法进入膜内，致使膜间的水分子被电离，H^+ 透过阳膜，趋向阴极，OH^- 透过阴

膜:趋向阳极,以此完成传输电流的任务。在废水处理中,可以利用复合膜产生的 H^+ 或 OH^-,与废水中的其他离子结合,来制取某些产品。

(3)离子交换膜的工业要求

①离子选择透过性要高。尤其在溶液的浓度增加时,离子交换膜的选择透过性将下降,要求膜在高浓度的溶液中仍具有较高的离子选择透过性。

②膜电阻要低。因其直接影响耗电量,一般要求膜电阻应小于处理的溶液的电阻,否则影响电渗析效率。

③膜的交换容量要高。交换容量指单位重膜中所含的活性基团数量,通常以每克干膜所含可交换离子的 mol 数来表示。一般为 $1.5 \sim 3 \ mol/g$。

④膜的溶胀度和含水率要适量。干膜放进水或溶液中吸水膨胀,晾干又会收缩,这种性质称为膜的溶胀性。膜的溶胀性以溶胀度(伸长率)来表示,即膜浸入水中后增加的长度与原来干膜长度的比值。

膜的含水率是指膜的网络中与活性基团结的内在水,以每克膜所含水的质量百分数表示:

$$W = \frac{G_w - G_d}{G_d} \times 100\%$$

式中: G_w——湿膜质量;

G_d——干膜质量。

交联度低的膜强度差,含水率高,渗水快,溶胀度也大;交联度高的膜强度好,含水率低,溶胀度也低。

⑤化学稳定性良好。抗酸碱侵蚀和具有抗氧化、抗生物降解的能力。

⑥机械强度高。衡量机械强度的指标是爆破强度和抗拉强度。爆破强度是指膜在受到垂直方向压力时,能承受的最高压力,即膜爆破时所施加的最低压力。抗拉强度是指膜在受到水平方向拉力时,所能承受的最大拉力。

(4)电渗析过程

在电渗析过程中,同时发生多种复杂的过程,主要是离子电迁移和电极反应两个过程,同时还发生一系列次要过程,主要有:反离子的迁移、电解质浓差扩散、水的渗透、水的电渗透、水的压渗、水的电离等。

①反离子的迁移。少量与离子交换膜解离离子电荷相反的离子透过膜,阴离子通过阳子交换膜,阳离子通过阴离子交换膜。随着浓室浓度增加,反离子迁移的影响加大。

②电解质浓差扩散。在浓度差作用下,电解质由浓室向淡室扩散,这种作用随浓度差的增高而增强。

③水的渗透。在水的渗透压作用下,水由淡室向浓室渗透,浓度差越大,水的渗透量越大。

④水的电渗透。水合离子在电迁移过程中,携带一定数量的水分子迁移,随着溶液浓度的降低,水的电渗透量急剧增加。

⑤水的压渗。当浓淡两室存在压力差时,溶液由压力高的一室向压力低的一室渗漏。

⑥水的电离。在不利的操作条件下,膜的淡水一侧发生水的电离,生成和离子,以补充淡水一侧离子的不足。

在实际操作过程中，离子电迁移和电极反应是所希望的，而其他次要过程对处理产生不利影响，必须设法消除消减这些次要过程的发生。

4．液膜分离法

液膜分离法是一种新型的、类似溶剂萃取的膜分离技术。液膜法通常是将按一定比例配制的有机溶剂(有机相)同内相试剂混合制成乳液微滴，微滴表面形成一层极薄的液膜，膜内为内相试剂。将这种表面积极大的乳液微滴与废水接触(在混合柱内)，水中待除的金属离子便通过选择性渗透、萃取、吸附等穿过液膜，进入内相试剂进行化学反应，废水中的金属离子因而得到分离去除。废乳液破乳分离后，可回收内相中的有用金属，有机相可循环使用。

(1)液膜分离的机理——促进迁移

液膜分离之所以高效、快速和专一，除了由于液膜结构的特性以外，另一个原因是模拟了生物膜输送物质的功能，促进迁移。所谓促进迁移，就是使简单的渗透和扩散过程通过某种途径得到促进，提高给定溶质或离子通过膜的渗透量以及它们在接受相中的容量。根据促进迁移的途径，模拟的促进迁移有两种类型：一种称为 I 型促进迁移。另一种称为 II 型促进迁移，也叫活性迁移。不含载体的液膜分离属于 I 型促进迁移，含载体的液膜分离属于 II 型促进迁移。

①无载体液膜分离机理。外水相中要分离的物质在外水相与膜相的界面处通过选择性渗透而进入膜相，于膜内在浓差作用下扩散至膜相与内水相界面处，在这里便于内水相中的试剂产生不可逆化学反应而被留存于内水相。其结果，使外水相中要分离的溶质源源不断地迁移至内水相(接受相)，从而达到分离或浓缩的目的。这种促进迁移的典型例子是液膜法废水脱酚。

②含流动载体液膜分离机理。如图 5 - 15 所示，外水相中要分离的溶质 A 在外水相与膜相界面处与流动载体 R 产生选择性络合反应，生成的络合物 AR 在浓差作用下于膜相内扩散至膜相与内水相界面处，在这里与内相中的试剂产生解络反应，溶质 A 与试剂 B 的结合体存留于内水相，而载体在浓差作用下扩散返回膜相与外水相界面，重复完成运载溶质 A 的任务。其结果，使外水相中要分离的溶质源源不断地被迁移至内水相，从而达到分离或浓缩的目的。由于流动载体能在液膜的两个相界面之间来回穿梭地运载溶质离子，所以说它起了"离子泵"的作用。

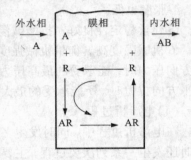

图 5 - 15 载体促进迁移机理
R—流动载体；A—被迁移的溶质

(2)液膜材料的选择

液膜分离技术的关键在于制备合乎要求的液膜和构成合适的液膜分离体系。其关键是选择最合适的流动载体、表面活性剂和有机溶剂等液膜材料。

作为流动载体的特定要求是它对需迁移物质的选择性要高和通量要大。流动载体按电性可分为带电载体与中性载体。一般说来，中性载体的性能比带电载体(离子型载体)好。中性载体中又以大环化合物为佳。许多研究认为，大环化醚(皇冠醚)能与各种金属阳离子络合，选择具有合乎要求的中心空腔半径的皇冠醚做流动载体，能够有效地分离任何两种半径稍有差别的阳离子，或者把它从其他大小不同的离子中分离出来。由于皇冠醚的结构可以认为是无限组合的，所以可以说对每种金属离子都可能设计出适宜作载体的大环多元醚。

表 5 – 12 列举了一些流动载体的例子。

表 5 – 12　液膜流动载体的例子

被迁移的溶质	原 料 液	液 膜 材 料		受相
		载 体	溶 剂	
Cu^{2+} NH$_4$OH pH = 2 的含铜液 电镀含铜漂洗水	COCH$_2$COCH$_3$ COCH$_2$CO$_3$ COCH$_2$COF$_3$ Lix64N Kelex100	氯仿或四氯化碳 氯仿 二甲苯 煤油，异链烷烃 异癸醇 HCl	HCl HCl H$_2$SO$_4$ H$_2$SO$_4$	HCl HNO$_3$
Zn^{2+}，Pb^{2+}	pH = 8 的柠檬酸	双硫腙	四氯化碳	
Co^{2+}	KNO$_3$ + Co(NO$_3$)$_2$	二(2 – 乙基己基)磷酸	环己烷，聚丁二烯	HCl
Ni^{2+}	弱酸性含镍液	Lix64N 或	聚丁烯	pH4
Cd^{2+}	含 CN$^-$ 的稀镉溶液	甲基三辛基氯化铵		EDTA
Cr$_2$O$_7^{2-}$	H$_2$Cr$_2$O$_7$	三辛胺	二甲苯	NaOH
Hg^{2+} HCl	三辛胺	二甲苯	NaOH	

目前，常采用的表面活性剂有 Span80（山梨糖醇单油酸酯），ENJ – 3029（聚胺），ENJ – 3064（聚胺）等。

常用的膜溶剂除表 5 – 11 中所列举的以外，还可使用辛醇、聚丁二烯以及其他有机溶剂。此外，在液膜系统中还根据实验效果加入其他添加剂（如四氯乙烷、六氯代丁二烯等），它们作为膜的增稠剂，可调节膜的黏度，增加膜的稳定性。

（3）液膜操作一般的操作程序

①乳状液型液膜的制备（膜造型）：首先将含有载体的有机溶液相与含有试剂的水溶液相快速混合搅拌，制的油包水乳状液、再加油溶性表面活性剂稳定该乳状液。为了防止液膜破裂，还需配入具有适当黏度的有机溶液作为液膜增强剂，从而得到一个合适的含流动载体的乳状液膜。

②接触分离：在适度搅拌下在上述乳状液中加入第二水相（如废水），使其在混合接触器中构成由外水相（连续相）、膜相、内水相（接受相）三重乳液分离体系，对料液（即废水相）中给定溶质进行迁移分离。

③沉降分离：在乳液分离器中对上述混合液进行沉降澄清，把乳状液与处理后的料液分开。

④破乳（反乳化）：在破乳中通过加热或者使用静电聚结剂等手段使液膜破裂，排放出所包含的浓集物并回收液膜组分，然后将液膜组分返回以制备乳状液膜，供下一步操作周期使用。

5.5　废水的生物化学处理法

废水的生物化学处理法（简称生化法），是利用自然界大量存在的各种微生物来分解废水中的有机物和某些无机毒物（如氰化氢、硫化物等），通过生物化学过程使之转化为较稳定的、无毒的无机物，从而使废水得到净化。目前，生化法主要用来去除废水中呈胶体状态和溶解状态的有机物,以及现有物理法可能去除的细小悬浮颗粒。

采用生化法处理废水,不仅比化学法效率更高,而且运行费用也低。除可用于城市污水处理外,也可广泛应用于炼油、石油化工、合成纤维、焦化、煤气、农药、纺织印染、造纸等工业废水处理,因此在废水处理中十分重要。

5.5.1 微生物及其生化特性

1. 生物处理中常见的微生物

①细菌。细菌是微小的单细胞生物,从形态上可分为三类:球菌、杆菌、螺旋菌。每类还有多种形态。其大小一般在 $0.5 \sim 5~\mu m$ 之间,分裂繁殖的世代时间为数十分钟。

②真菌($C_{10}H_{17}NO_6$)。真菌是类似植物,但缺乏叶绿素的生物,有单细胞和多细胞两种,前者细胞呈圆形或椭圆形,后者细胞为丝状,分支交织成团。在废水处理中常见的真菌有酵母菌和霉菌两种,前者为单细胞不能产生菌丝,后者为多细胞能产生菌丝,菌体长度一般长 $5 \sim 10~\mu m$ 以上,宽 $2~\mu m$ 以上。

在活性污泥中的酵母菌多为氧化型,它具有氧化能力强的特点。大量霉菌在活性污泥中繁殖,也会引起污泥膨胀,但在生物滤池中真菌形成网状组织是组成生物膜的材料,因此真菌起着十分重要的作用。

③原生动物($C_7H_{14}NO_3$)。原生动物是动物界中最低等的能进行分裂繁殖的单细胞生物。根据原生动物运动方式不同,可分为鞭毛类、肉足类、纤毛类、吸管类四种,其中以纤毛类与原生动物与废水处理关系最为密切。原生动物的种类不同,其营养类型也不同,因而在废水处理中起到的净化作用也不同。从另一方面看,从废水中原生生物的数量也可反映出废水水质和净化处理的效果。

④后生动物。又称后生动物为多细胞动物。废水处理中常见的有轮虫、甲壳类及线虫等。轮虫以吞食有机物颗粒、细菌、藻类以及小的原生动物为主,要求较高的溶解氧,所以轮虫常在有机物含量较低的水中出现,表明废水处理的效果较好。活性污泥中线虫很多,无净化能力,其出现表明污泥已培养成熟。

⑤藻类($C_5H_8NO_2$)。藻类是单细胞,单细胞群或多细胞的自养型低等植物的统称。它们构造简单,没有根、茎、叶的化分。藻类体内有叶绿素或其他辅助色素,能进行光合作用,以光合作用生成的有机物作为自身繁殖的营养,同时放出氧气,可以增加水中溶解氧,所以藻类对生物塘的生物净化很重要。

2. 微生物的生长

废水处理的过程实际上是可以看做是一种微生物的连续培养过程,即不断给微生物供给食物,使微生物数量不断增加。

掌握微生物的生长规律是有效地进行废水生化处理的关键,微生物的生长规律可以用微生物的生长曲线表现出来。微生物的生长曲线表示微生物在不同的培养环境下的生长情况及微生物的整个生长过程。按其生长速度的不同,生长曲线可划分为4

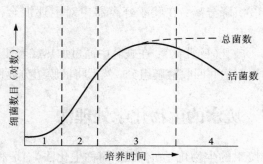

图 5-16　微生物生长曲线

个生长期，如图5-16所示。

①适应期。是细菌适应新环境的时期，菌体逐渐增大，不分裂或很少分裂，也有不适应新环境而死亡的，故细菌总数没有大的增加或略有减少。

②对数期。这个时期的细菌已适应了新环境，细菌所需食料非常充足，细菌的活力强，新陈代谢十分旺盛，分裂繁殖速度很快，细菌的个体数以几何级数增加。

③平衡期。在这个期间细胞总数达到最大值。但由于培养基中食料逐渐消耗，代谢产物逐渐积累并对细菌产生抑制和毒害作用，以致使细菌开始死亡。虽然也有新分裂的细菌产生，但细菌总数基本不变，呈现出一个动态平衡。

④衰老期。也称内源呼吸期。细菌的分解代谢过程称为呼吸。内源呼吸是指细菌体内原生质的氧化分解过程。这个时期，培养基中的食料已经耗尽代谢产物中的大量积累，对细菌的毒害也越来越大，结果造成细菌大量死亡。细菌生活所需要的食料只能依靠细菌体内原生质的氧化，以获得生命活动所需的能量。此时期细菌总数不断减少。

3. 微生物生长的影响因素

废水生化处理是以废水中所含的污染物作为营养源，利用微生物的代谢作用使污染物被降解，废水得以净化。显然，如果废水中的污染物不能被微生物所降解，则生化处理是无效的。如果废水中的污染物可以被微生物降解，则可以获得良好的处理效果。但是当废水突然进入有毒物质，或环境条件突然变化，超过微生物的承受限度时，将会对微生物产生抑制或毒害作用，使系统的运行遭到严重破坏。因此，进行生化处理时，给微生物的生长繁殖提供适宜的环境条件是非常重要的。生物处理对废水水质的要求主要有以下几个方面：

①pH。在废水处理过程中，pH不能有突然变动，否则将使微生物的活力受到抑制，以至于造成微生物的死亡。对好氧生物处理，pH可保持在6~9范围内，对厌氧生物处理，pH应保持在6.5~8之间。

②温度。温度过高时，微生物会死亡，而温度过低，微生物的新陈代谢作用将变得缓慢，活力受到抑制。一般生物处理要求水温控制在20~40℃之间。

③水中的营养物及其毒物。微生物的生长、繁殖需要多种营养物质，其中包括碳源、氮源、无机盐类等。水质经过分析后，需向水中投加缺少的营养物质，以满足所需的各种营养物，并保持一定的比例关系。

④氧气。根据微生物对氧的要求，可分为好氧微生物、厌氧微生物及兼性微生物。好氧微生物在降解有机物的代谢过程中以分子氧作为受氢体，如果分子氧不足，降解过程就会因没有受氢体而无法进行，微生物的正常生长规律就会受到影响，甚至被破坏。所以在好氧生物处理的反应过程中，一般需从外界供氧。

厌氧微生物对氧气很敏感，当有氧存在时，它们就无法生长。这是因为在有氧存在的环境中，厌氧微生物在代谢过程中有脱氢酶所活化的氢将会与氧结合形成H_2O_2，而厌氧微生物缺乏分解H_2O_2的酶，从而形成H_2O_2积累，对微生物细胞产生毒害作用。所以厌氧处理设备要严格密封能够，隔绝空气。

⑤有机物的浓度。进水有机物的浓度高，将增加生物反应所需的氧量，往往由于水中含氧量不足造成缺氧，影响生化处理效果。但进水有机物的浓度太低，容易造成养料不够，缺乏营养也使处理效果受到影响。一般进水BOD_5值以不超过500~1 000 mg/L，不低于100 mg/L为宜。

5.5.2 好氧生物处理与厌氧生物处理

1. 好氧生物处理

好氧生物处理是在有氧条件下,利用好氧微生物(包括兼性微生物,但起主要作用的是好氧菌)的作用来处理废水中的有机物。

在处理过程中,废水中溶解性的有机物透过细菌的细胞壁进入细菌体内,为细菌所吸收。而固体和胶体的有机物先被吸附在细菌体外,由细菌分泌的外酶分解为溶解性物质,然后渗入细菌细胞。细菌通过自身的生命活动,即在内酶的作用下进行氧化、还原、合成等过程,把一部分被吸收的有机物氧化成简单的无机物。如有机物中的碳被氧化成二氧化碳、氢和氧化合成水、氮被转化成氨,亚硝酸盐或硝酸盐,磷被氧化成磷酸盐,硫被氧化成硫酸盐等,同时释放出细菌生长、繁殖所必需的营养物质。有机物的这一好氧分解过程可用图 5-17 来表示。

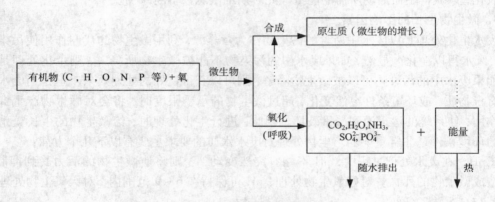

图 5-17　有机物的好氧分解过程

2. 厌氧生物处理

厌氧生物处理是在无氧条件下,利用厌氧微生物(包括兼性微生物,但起主要作用的是厌氧菌)的作用来处理废水(或污泥)中的有机物。厌氧生物处理一般分为两个阶段:酸性发酵阶段和碱性发酵阶段。第一阶段,废水中复杂的有机物在产酸细菌的作用下,分解成简单的有机酸(如蚁酸、醋酸、丁酸、氨基酸等)、醇类以及二氧化碳、氨、硫化氢和其他一些硫化物、磷化物等。由于有机酸的积累,这个阶段废水 pH 小于 7,故称为酸性发酵阶段。第二阶段,由于分解产物有机酸、醇类在甲烷细菌的作用下分解为甲烷和二氧化碳等。这个阶段废水 pH 为 7~8,故称碱性发酵阶段。废水中有机物的厌氧分解过程可用图 5-18 来表示。

3. 好氧生物处理与厌氧生物处理的区别

①起作用的微生物群不同。好氧生物处理是由一大群好氧菌和兼性厌氧菌起作用的。厌氧生物处理是两大类群的微生物起作用,先是厌氧菌和兼性厌氧菌,后是另一类厌氧菌。

②产物不同。好氧生物处理中,有机物被转化成 CO_2、H_2O、NH_3、PO_4^{3-}、SO_4^{2-} 等,且基本无害。在厌氧生物处理中,有机物先被转化成为数众多的中间有机物(如有机酸、醇、醛等),以及 CO_2、H_2O 等,其中有机酸、醇、醛等有机物又被另一群被称为甲烷菌的厌氧菌继续分解。由于缺乏氧作为氢受体,对有机物分解不彻底,其最终产物受到较少氧化作用,如有机碳常形成 CH_4,而不是 CO_2;有机氮形成氨、胺化物或氮气,而不是亚硝酸盐或硝酸盐;

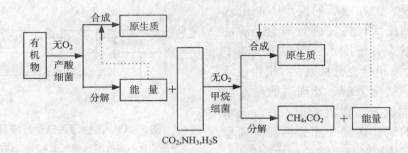

图 5 – 18　有机物的厌氧分解过程

硫形成 H_2S，而不是 SO_2、SO_4^{2-} 等；产物复杂，有异臭，一些产物可作燃料。

③反应速率不同。好氧生物处理由于有氧作为氢受体，有机物转化速率快，需要时间短。可用较小的设备处理较多的废水；厌氧生物处理反应速率慢，需要时间长，在有限的设备内，仅能处理较少的废水和污泥。

④对环境要求条件不同。好氧生物处理要求充分供氧，对环境要求不太严格；厌氧生物处理要绝对厌氧的环境，对环境条件(如 pH、温度)要求较严。

5.5.3　活性污泥法

1. 基本原理

活性污泥法就是以含有废水中的有机污染物为培养基，在有溶解氧的条件下，连续培养活性污泥，再利用其吸附凝聚和氧化分解作用净化污水中有机污染物的生化处理方法。活性污泥法处理废水的关键在于具有足够数量和性能良好的污泥，它是大量微生物聚集的地方，即微生物高度活动的中心，在处理废水过程中，活性污泥对废水中的有机物具有很强的吸附和氧化分解能力。污泥中的微生物，在废水处理中起主要作用的是细菌和原生动物。

活性污泥处理废水中有机物的过程分两个阶段进行。即生物吸附和生物氧化阶段。

生物吸附阶段，废水主要是由于活性污泥对有机物的强烈吸附作用而得到净化。吸附作用十分强烈，对于主要含悬浮物和胶体物质的生活污水、食品工业废水，生物吸附阶段 10 ~ 30 min 即可基本完成。生化需氧量去除率达 90% 左右。这个阶段除生物吸附外，还有生物氧化作用，但不是主要的。生物吸附作用主要是把废水中的有机物转移到活性污泥上，然后被吸入细菌体内，从而使废水中的有机物含量下降而得到净化。

生物氧化阶段，主要是继续氧化前一阶段被吸附和吸收的有机物，同时继续吸附和吸收前一阶段未被吸附和吸收的残余有机物，主要是溶解性有机物。这个阶段进行得非常缓慢，比前一阶段所需的时间长得多。当吸附饱和后，活性污泥就失去活性。经过第二阶段后吸附和吸收的有机物被氧化分解后，活性污泥又呈现活性，恢复其吸附和氧化分解有机物的能力。

2. 活性污泥法基本流程

图 5 – 19 是普通活性污泥法的处理流程。开始运行时，先在曝气池中引满污水，通过向废水通入空气，或利用机械搅拌作用使空气中的氧溶于污水中，进行曝气，培养出活性污泥，然后即可连续运行。首先经过初次沉淀池预处理，除去废水中悬浮物，如果废水中悬浮物不

多，也可不设。预处理后的废水不断进入曝气池，与回流活性污泥进行混合。活性污泥呈悬浮状态并于废水一起在曝气池中流动，和水中有机物充分接触，有机物被活性污泥吸附、氧化分解。处理后的废水和活性污泥一同流入二次沉淀池，进行泥水分离。沉淀的活性污泥一部分再回流到曝气池，以保证曝气池有足够的微生物浓度，

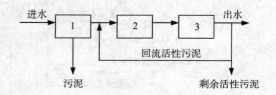

图 5—19　活性污泥法运行流程图
1—初次沉淀池；2—曝气池；3—二次沉淀池

多余的部分，作为剩余污泥从系统中排出，在正常条件下，由于微生物新陈代谢作用，不断有新的原生质合成，所以活性污泥会愈来愈多，必须不断从系统中排出剩余污泥。

3. 活性污泥法的分类

按供氧方式分，活性污泥法可分为鼓风曝气式和机械曝气式两大类。

①鼓风曝气式是采用空气(或纯氧)作为氧源，以气泡形式鼓入废水中，适用于长方形的曝气池，曝气设备一般安装在曝气池的底部，气泡在形成、上升和破坏时向水传氧并搅动水流。

②机械曝气是用专门的曝气机械，剧烈地搅动水面，使空气中的氧溶解于水中。曝气机兼有搅拌和充氧作用，使系统接近于完全混型。如果在一个长方形池内安装多个曝气机，废水从一端进入，经几次机械曝气后，从另一端流出，这种形式相当于若干个完全混合式曝气池串联工作，适用于废水量很大的处理系统。此外，还有混合曝气型式，空气或纯氧进入混合液后，在搅拌机作用下，被剪切成微小气泡，从而加大气液接触面积，提高充氧效率。

4. 常用曝气方法

活性污泥法是一种好氧生物处理法，有机物的降解与有机体的合成都需要氧的参与，没有充足氧气，好氧微生物不可能存在，更不能发挥氧化分解的作用。同时作为一个有效的处理工艺，还必须使微生物、有机物与氧充分接触。因此，混合搅拌作用也是不可缺少的。通过曝气可以实现充氧与混合两个目的。

(1)鼓风曝气

利用空气压缩机将空气压入池内的管道系统，通过池底的扩散板或穿孔管等空气扩散设备，以气泡形式分散进入混合液，使气泡中的氧迅速转移到液相，供衍生物生命活动需要。

鼓风曝气压入的大部分空气起搅拌作用，维持活性污泥呈悬浮状态，并与废水充分混合接触。只有不到10%的氧被吸收利用，鼓风曝气所用的布气管道和空气扩散设备比较复杂，空气压缩机要克服管道中的压力降和扩散设备的阻力。扩散设备是鼓风曝气的关键部件，其作用是将空气分散成空气泡，增大气液接触界面，将空气中的氧溶解于水中。曝气效率取决于气泡大小、水的亏氧量、气液接触时间、气泡的压力等因素。

(2)机械曝气

机械曝气是利用装设在曝气池内叶轮的转动，剧烈地搅动水面，使液体循环流动，不断更新液面并产生强烈的水跃，从而使空气中的氧与水滴或水跃的界面充分接触，转入液相中去。

采用表面曝气叶轮的机械曝气法具有构造简单，动力消耗小，运行管理反便，氧吸收率高等优点。它的吸氧率为15%～25%，充氧动力消耗为2.5～3.5 kgDO/(kW·h)。常用的表面曝气叶轮有平板型、伞型、泵型。叶轮的工作效率以充氧能力和充氧效率衡量。一般认为

泵型叶轮比较好，充氧动力效率在 $2.5 \sim 3.5 \ kgDO/(kW \cdot h)$。提水能力也强，但结构比较复杂，加工难度大。平板叶轮较简单，加工容易，充氧动力效率在 $2 \sim 3 \ kgDO/(kW \cdot h)$。伞型叶轮充氧动力效率介于前两者，充氧能力稍低。

5.5.4 生物膜法

生物膜法是另一种好氧生物处理法。但活性污泥法是依靠曝气池中悬浮流动着的活性污泥来分解有机物的，而生物膜法是通过废水同生物膜接触，生物膜吸附和氧化废水中的有机物并同废水进行物质交换，从而使废水得到净化的过程。

与活性污泥法相比，生物膜法具有以下特点：

①固着于固体表面上的生物膜对废水水质、水量的变化有较强的适应性，传质稳定性好。

②不会发生污泥膨胀，运行管理较方便。

③由于微生物固着于固体表面，即使增殖速度慢的微生物也能生长繁殖。因此，生物膜中的生物相更为丰富，且沿水流方向膜中生物种群具有一定分布。

④因高营养级的微生物存在，有机物代谢时较多的转移为能量，合成新细胞即剩余污泥量较少。

⑤采用自然通风供氧。

⑥活性生物难以人为控制，因而在运行方面灵活性较差。

⑦由于载体材料的比表面积小，故设备容积负荷有限，空间效率较低。

生物膜法设备类型很多，按生物膜与废水的接触方式不同，可分为填充式和浸渍式两类。在填充式生物膜法中，废水和空气沿固定的填料或转动的盘片表面流过，与其上生长的生物膜接触，典型设备有生物滤池和生物转盘。在浸渍式生物膜法中，生物膜载体完全浸没在水中，通过鼓风曝气供氧，如载体固定称为接触氧化法；如载体流化则称为生物流化床。

1. 普通生物滤池

平面一般呈圆形、方形或矩形。由滤料、池体、排水及布水系统组成，如图 5 - 20。

滤料是挂膜介质，对生物滤池工作效能影响极大。要求单位滤料的表面积要大，空隙率高，材质轻而强度高，物理化学性质稳定，对卫生物的增殖无危害作用，价廉，取材方便。滤料粒径越小，表面积就越大，挂的生物膜也就越多，但会因污泥沉积而造成堵塞，影响通风。通常采用的滤料粒径为 $25 \sim 50 \ mm$。

池壁起围挡滤料保护布水的作用。通常用砖、毛石、混凝土或预制砌块等筑成，池壁应高出滤料 $0.5 \sim 0.9 \ m$，以防风力干扰，保证布水均匀。

布水设备。布水设备的作用是在规定的表面负荷(即单位面积的滤池每天处理的废水量)将废水均匀分配到整个滤池表面上。布水设备有固定式和可动式两种。固定式布水装置间断布水，所以布水不均匀，故很少采用。可动式装置为旋转布水器，布水均匀淋水周期短，水力冲刷作用强。缺点是喷水孔易堵，低温时要采用防冻措施，仅适用于圆形生物滤池。

普通生物滤池也称低负荷生物滤池，缺点是滤池工作效率低。又发展起高负荷生物滤池。

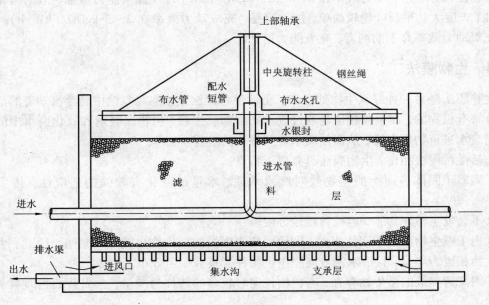

图 5 - 20　生物滤池

2. 高负荷生物滤池

采用旋转补水器连续布水，池子为圆形。二次沉淀污泥呈褐色，氧化程度低，不够稳定，易离化。出水水质较普通滤池差。

与普通滤池的比较见表 5 - 13。

表 5 - 13　普通生物滤池和高负荷生物滤池的比较

项　目	普通生物滤池	高负荷生物滤池
水力负荷/[m³·(m²·d) ⁻¹]	0.5 ~ 1.8	5 ~ 28
BOD 负荷/[kg·(m³·d) ⁻¹]	0.15 ~ 0.3	0.8 ~ 1.2
滤层深度/m	1.8 ~ 3.0	0.9 ~ 2.4
回流	无	1:1 ~ 1:4
二次污泥	一般黑色，氧化良好	一般褐色，氧化不充分
布水周期	5 min 以下	15 g 以下
BOD 去除率/%	75 ~ 85	65 ~ 75
悬浮物去除率/%	70 ~ 80	65 ~ 75
硝化作用	完全硝化	负荷较低时有硝化

3. 塔式生物滤池

塔式生物滤池是在床式生物滤池的基础上发展起来的，是一新型的大处理量的生物课程。滤料多采用孔隙率大的轻质塑料滤料，滤层厚度大，从而提高了抽风能力和废水的处理能力。塔式生物滤池进水负荷特别大，自动冲刷能力强，只要滤料装填合理，不会出现滤层堵塞现象。

塔式生物滤池的滤层厚，水力停留时间长、分解的有机物数量大，单位滤池面积处理能力高，占地面积小，投资和运转费用低，还可采用密封塔结构，避免废水中挥发性物质造成二次污染。但是，塔式生物滤池出水浓度较高，常用游离细菌。直径与高度之比为 $1:6\sim1:8$，高度为 $6\sim8$ m。图 5 – 21 为塔式生物滤池的构造示意图。

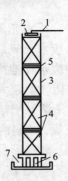

图 5 – 21　塔式生物滤池
1—进水管；2—布水器；3—塔体；
4—滤料；5—滤料支承；
6—塔底进风口；7—集水池

4. 生物转盘

生物转盘是一种润壁型旋转处理设备，也称为浸没式生物滤池。生物转盘的结构如图 5 – 22 所示。它是由固定在同一轴上的许多间距很近的等直径圆盘所组成，转动轴架设在稍高于废水槽中的水面之上，所有圆盘的轴下部分都浸在废水中，轴上部分暴露在空气中，随着轴的转动，不断改变位置。

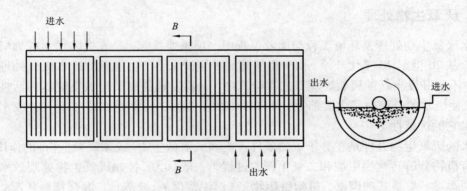

图 5 – 22　单轴 4 级生物转盘

在转盘旋转过程中，当盘面某部分浸没在水中时，盘上的生物膜便对废水中有机物进行吸附；当其暴露于空气时，氧气就溶于盘面的水层中。在酶的作用下使有机物分解，生物膜得到再生，恢复了吸附、氧化分解有机物的能力。圆盘每转一周，生物膜完成一次吸附—氧化—再生过程。上述过程不停地循环进行，使废水得到净化。

生物转盘的优点是操作简单，生物膜与废水接触的时间可以通过调整转盘转速加以控制，适应废水负荷变化能力强。主要缺点是造价高，机械转动部件易损坏，投资较高。

5. 生物接触氧化法（曝气生物滤池）

生物接触氧化法是介于活性污泥法和生物膜法之间的一种处理方法。就是在池内设置滤料，经过曝气充氧的废水以一定速度不断循环流经滤料，使滤料上长满生物膜以处理废水中的有机物。也称为浸没式曝气法或固定式活性污泥法。工作如图 5 – 23 所示。

生物接触氧化法使用的多是蜂窝式或列管式滤料，上下贯通，水利条件良好，氧量和有机物供应充分，适于微生物栖息增殖。滤料表面全为生物膜布满，保持了高浓度的生物量。池内用鼓风或机械方法充氧。对冲击负荷有较强的适应能力。

生物接触氧化池的形式很多，从水流状态分为分流式（池内循环式）和直流式。分流式普遍用于国外。废水充氧和同生物膜接触是在不同的间格内进行的。废水充氧后在池内进行单向或双向循环。这种形式能使废水在池内反复充氧，废水同生物膜接触时间长，但是耗气量较大；水穿过填料层的速度较小，冲刷力弱，易于堵塞填料层。直流式接触氧化池是直接从填料底部充氧，填料内的水力冲刷依靠水流速度和气泡在池内碰撞、破碎形成的冲击力，只要水流及空气分布均匀，填料不易堵塞，这种形式的接触氧化池耗氧量小，充氧效率高，同时，在上升气流的作用下，液体强烈的搅拌促进氧的溶解和生物膜的更新，也可以防止填料堵塞。目前国内大多数采用直流式。

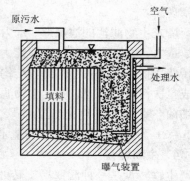

**图 5 – 23　鼓风曝气充氧
的生物接触氧化池**

从供氧方式分。接触氧化法可分为鼓风式、机械曝气式、洒水式和射流曝气式几种。国内以鼓风式和射流曝气式为主。

5.5.5　厌氧生物处理

废水厌氧生物处理是环境工程与能源工程中一项重要指标，是有机废水强有力的处理方法之一。从 20 世纪 70 年代开始，由于世界能源的紧缺，能产生能源的废水厌氧处理技术得到重视，不断开发出新的厌氧处理工艺和构筑物，大幅度地提高了厌氧反应器内活性污泥的持留量，使废水的处理时间大大缩短，处理效率成倍提高，特别是在高浓度有机废水处理方面显示出它的优越性。

废水的厌氧生物处理是在分子氧的条件下提高厌氧微生物(或兼氧微生物)的作用，将废水中的有机物分解转化为甲烷和二氧化碳的过程。一般认为，控制厌氧生物处理效率的基本因素有两类：一类是基础因素，包括微生物量(污泥浓度)、营养比、混合接触状况、有机负荷等；另一类是周围的环境因素，如温度、pH、氧化还原电位、有毒物质的含量等。

多年来，结合高浓度有机废水的特点和处理实践经验，开发了不少新的厌氧生物处理工艺和设备。表 5 – 14 列举了几种常见厌氧工艺的一般性特点和优点。

表 5 –14　几种常见厌氧处理工艺的比较

工艺类型	特　点	优　点	缺　点
普通厌氧滤池	在同一个池内进行酸化、甲烷化和固液分离	可直接处理悬浮固体含量较高或颗粒较大的料液，结构较简单	缺乏持留或补充厌氧活性污泥的特殊装置，消化器难以保持大量的微生物；反应时间长，池容积大
厌氧接触法	通过污泥回流，保持消化池内污泥浓度较高，能适应高浓度和高悬浮物含量的废水	消化池内的容积负荷较普通消化池高，有一定的抗冲击负荷能力，运行较稳定，不受进水悬浮物的影响，出水悬浮固体含量低，可以直接处理悬浮固体含量高或颗粒较大的料液	负荷高时污泥仍会流失；设备较多，需要增加沉淀池、污泥回流和脱气设备，操作要求高；混合液难以在沉淀池中进行固液分离

工艺类型	特　点	优　点	缺　点
上流式厌氧污泥床	反应器内部设置三相分离器,反应器内污泥浓度高	有机负荷高,水力停留时间短,能耗低,无需混合搅拌装置,污泥床内不添加载体,节省造价并且避免堵塞问题	对水质和负荷突然变化比较敏感;反应器内有短流现象,影响处理能力;如设计不善,污泥会大量流失;构造较复杂
厌氧滤池	微生物固着生长在滤料表面,滤池中微生物含量较高,处理效果比较好。适用于悬浮物含量低的废水	可承受的有机负荷高,且耐冲击负荷能力强;有机物去除速度快;不需污泥回流和搅拌设备;启动时间短	处理含悬浮物浓度高的有机废水,易发生堵塞,尤以进水部位严重。滤池的清洗比较复杂
厌氧流化床	载体颗粒细,比表面积大,载体处于流化状态	具有较高的微生物浓度,有机物容积负荷大,有较强的耐冲击负荷能力,具有较高的有机物净化速度,结构紧凑、占地少和基建投资省	载体流化能耗大,系统的管理技术要求比较高

5.6　冶金废水净化工艺

对矿山酸性污水,大多采用中和法(包括与矿山碱性污水的相互中和)处理达标后外排;矿山碱性污水,大多经沉清后大部分回用,少量外排;烟气制酸废酸大多经硫化－中和法处理后达标外排;烟气制酸冷却水大多经冷却后重复使用;火法熔炼污水大多经沉清后回用;湿法冶炼污水则根据其组分的特点,采用"硫化－中和"和"离子交换－中和"等工艺使其达标后外排。由此可见,对污染物含量较少的矿山碱性污水、烟气制酸冷却水和火法熔炼污水大多是经澄清、冷却处理后回用于生产工艺之中;而对污染物含量较高的矿山酸性污水、烟气制酸废酸和湿法冶炼污水,虽有不同的处理工艺,但最终大多落实在中和工艺。

5.6.1　矿山废水治理

矿山废水排放量大、持续性强,对环境污染严重。矿山废水以酸性废水为主,一般不能直接循环利用,若排入河流、湖泊等水体,将导致水体水质酸化,杀灭或抑制微生物的生长,妨碍水体自净。含有重金属离子的酸性废水会毒化土壤,导致植被枯萎、死亡。对一些特殊矿山如铀矿山,其废水中还有放射性物质,对环境的危害性更大。因此,消除矿山酸性废水的危害已成为各国在开采矿山时都必须要考虑的问题。

目前,国内外矿山酸性废水处理方法主要包括中和法、湿地法、微生物法三种。除此之外还有置换中和法、硫化沉淀法、沉淀浮选法、混凝沉淀法、萃取电积法等化学方法。这些方法也是其他酸性废水常用处理方法。

1. 中和法

（1）石灰中和法

以石灰或石灰石作为中和剂,一般有 3 种工艺流程:

①直接投加石灰法。将石灰配制成石灰乳投入到反应沟流入反应池,再在沉淀池沉淀后

除去中和反应的生成物。

②石灰石中和滚筒法。将石灰石置于滚筒内，由滚筒的旋转扩大酸性水与石灰石的接触面，使中和反应继续下去。

③升流式变滤速膨胀中和法。将细颗粒石灰石或白云石装入中和塔，水流自上而下通过滤料发生中和反应。图 5 - 24 铅锌矿废水石灰中和法处理流程。

（2）置换中和法

在水溶液中，较负电性的金属可置换出较正电性的金属，达到与水分离的目的，此即称之为置换法。铁较铜负电性，利用铁屑置换废水中的铜可得到品位较高的海绵铜。但该法不能将废水酸度降下来，必须与中和法等方法联合使用，以达到废水排放或回收的目的。矿山废水中重金属含量较高，对废水中重金属离子等的回收，可实现污染物资源化。如某铜矿采用铁屑置换矿山含铜酸性废水中的铜，废水中99%以上的铜得以回收，减少了资源流失，降低了矿山废水处理的难度，有利于资源的回收，也有利于矿山环境保护。图 5 - 25 为铁屑置换中和法处理废水流程。

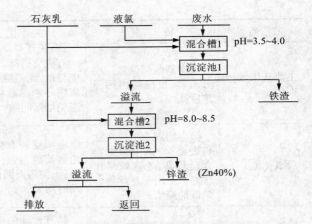

图 5 - 24　铅锌矿废水中和法处理流程

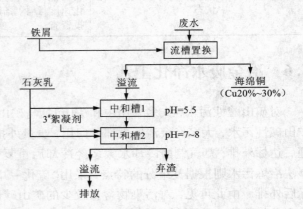

图 5 - 25　铁屑置换中和法处理废水流程

目前国内矿山酸性废水中和法基本上沿袭石灰乳中和法。在国外，美国环保局认为石灰石加石灰乳串联工艺处理含重金属离子的矿山酸性废水是最经济的方法，比单纯的石灰乳中和法能降低30%的处理成本。在日本，处理酸性废水通常使用石灰石作中和剂，使 pH 达到5 左右，再加入中和剂石灰，使 pH 继续升高，即通过所谓的二段中和法处理含重金属离子的酸性废水。二段中和法在三菱金属、细仓矿业、同和矿业及小坂矿业等东北地区的矿山得到了广泛的应用。

江西德兴铜矿对酸性污水在实施清污分流的基础上，建设酸性污水输水工程并形成酸性污水的调控网络。然后，通过调控网络将含铜高的酸性污水送往堆浸厂萃取回收铜。其余的酸性污水，部分与萃余取液一起送往位于选厂的工业水处理站与精矿溢流水和电石渣进行中和处理；剩余的酸性污水则送往尾矿库与尾矿浆进行中和处理，处理水回用于选矿生产或外排。德兴铜矿的酸性和碱性污水经上述方法处理后，污水综合达标率约为89%。

2. 沉淀浮选法

沉淀浮选法是将废水中的金属离子转化为氢氧化物或硫化物沉淀，然后用浮选沉淀物的方法，逐一回收有价金属。该法具有处理效率高，适应性广，占地少，产出泥渣少等优点，因而它成为处理废水常用的方法。图5－26为用 H_2S 从矿山废水中提铜的工艺，图5－27为沉淀浮选法处理废水流程。

3. 萃取电积法

废水的萃取处理法，是利用分配定律的原理，用一种与水互不相溶，而对废水中某种污染物溶解度很大的有机溶剂（萃取剂），从废水中分离去除该污染物的方法。该法的优点是设备简单，操作简便，萃取剂中重金属含量高，反萃取后可送去电解得到金属，是一种极好的处理方法。但这种方法要求废水中的金属含量较高，否则处理效率低，成本高。

4. 人工湿地法

人工湿地法是低成本并在环境上可持续的方法，其根据天然湿地净化污水的机理，由人工将砾石、砂、土壤、煤渣等材质按一定比例填入，并有选择性地种植有关植物，利用特定植物在湿地中能降低酸性水中金属离子的作用，让酸性水缓慢流经人为的植物群落，达到活体过滤的目的。同时，湿地也可为微生物群落的附着生长提供界面，缓慢的水流与人工湿地单元基质发生一定的中和作用。

Huntsman 最早在俄亥俄和西弗吉尼亚州两个地方采用天然的泥炭藓沼泽地处理矿山酸性废水。此后，人工湿地系统被广泛用于处理来自开采矿山和退役矿山的酸性废水。

目前，人工湿地法在国外已经用于实际酸性水的处理。如美国已在煤矿系统建设了400多座人工湿地处理系统，出水 pH 提高到6～9，平均总铁质量浓度不大于 3mg/L。德国 Wismut 公司的湿地试验的结果表明，采用湿地法处理矿坑含铀废水的运行费用仅为 2 马克/m^3（合人民币9～10元/m^3），远低于常规水处理方法，铀的去除效果可以达到50%。

5. 微生物法

微生物法是目前国内外处理酸性矿山废水的最新方法，具有成本低，适用性强，无二次污染，能吸收或吸附重金属，分解并生成重金属硫化物沉淀予以回收等特点。其中硫酸盐还原菌能将硫酸根还原为硫化物，并利用光合细菌或无色硫细菌将硫化物氧化为单质硫回收；采用氧化亚铁硫杆菌可在低 pH 时将酸性矿山废水转化成可溶性物质，将废水中的 Fe^{2+} 氧化成

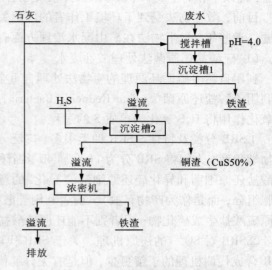

图5－26 用 H_2S 从矿山废水中提铜工艺

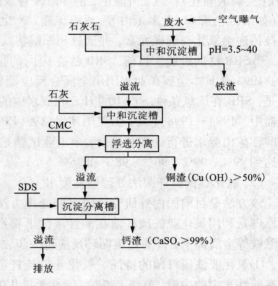

图5－27 沉淀浮选法处理废水流程

Fe^{3+}，加入中和剂生成 $Fe(OH)_3$ 沉淀，沉淀物含水率低、体积小，最终实现脱硫的目的。

目前，微生物法受到了环境工作者的广泛关注，成为矿山酸性废水处理技术研究的前沿课题。近些年，微生物法在矿山废水治理方面有了很大进展。

（1）硫酸盐还原菌法处理酸性废水

利用自然界硫循环原理的生物法处理含重金属离子酸性废水是一门前沿技术。该方法就是利用硫酸盐还原菌（Sulfate Reducing Bacteria，SRB）将 SO_4^{2-} 还原为 H_2S，并进一步通过生物氧化作用将 H_2S 氧化为单质 S 的过程。

①SRB 分类及特性。SRB 种类很多，广泛分布于海水、淡水和适宜的陆地环境中。从微生物学角度，人们将 SRB 分为 11 个属 40 多个种。根据不同的生理生化特性，可以分为异化硫酸盐还原细菌和异化硫还原细菌（"异化"的意思是指还原的硫酸盐组分并未同化为细菌的细胞组分，而是作为产物释放）。前者利用乳酸盐、丙酮酸盐、乙醇等作为碳源和能量基质，还原硫酸盐生成硫化物；后者则不能还原硫酸盐，只能还原元素硫。

②SRB 对 SO_4^{2-} 的还原机理。关于 SRB 代谢机理的研究目前还不很成熟，特别是对于 SRB 合成代谢机理的了解更少，但是有关分解代谢的机理一般可以概括为以下三个阶段。分解代谢的第一阶段，有机碳源在厌氧状态下被降解，同时通过"基质水平磷酸化"产生少量ATP（三磷酸腺苷）；第二阶段中，前一阶段释放产生的高能电子通过 SRB 中特有的电子传递链（如细胞色素 C、黄素蛋白等）逐级传递，产生大量的 ATP；在最后阶段中，降解产生的电子被传递给氧化态的硫元素，并通过还原酶将其还原为 S^{2-}，此时，需要消耗 ATP 提供能量。

③SRB 法的进展。目前，SRB 法在国内的报道不多，而国外已经有了许多这方面的研究。1993 年日本金属矿业集团用全混合反应器处理重金属矿山酸性废水。该工艺的工作原理是：SRB 在厌氧条件下产生的 H_2S 和废水中的重金属离子反应生成不溶性硫化物沉淀于反应器中。1994—1998 年间，由美国环保总署（EPA）提供资金，利用 SRB 对利利－奥芬博伊矿的酸性矿山废水进行处理和控制，半工业试验结果表明，Zn、Al、Mn、Cd 和 Cu 的去除率分别达到 99%、99%、96%、98% 和 96%。

（2）氧化亚铁硫杆菌法处理酸性废水

该方法是目前国内外研究比较多的处理方法，在美国、日本等国家已进行了实际应用。其原理是利用氧化亚铁硫杆菌在酸性条件下将水中的 Fe^{2+} 氧化成 Fe^{3+}，以实现酸性矿井水的除铁等金属离子，并通过硫循环反应进一步去除酸性废水。

①氧化亚铁硫杆菌的特征。氧化亚铁硫杆菌（Thiobacillus ferrooxidans，简称 T. f），是生长在酸性水中的中温、好氧、嗜酸、专性无机化能自养菌，可以氧化硫化型矿物，其能源为二价铁和还原态硫。该菌的最大特点是，可利用在酸性水中将二价铁离子氧化为三价而得到的能量将空气中的碳酸气体固定从而生长。并从 Fe^{2+} 的氧化反应中获取自身生存和繁殖所需的能量，因此无须添加任何营养液。

②氧化亚铁硫杆菌的氧化机理。酸性矿山废水的细菌氧化机理一般认为有直接作用和间接作用两种，主要反应如下：

直接作用：

$$2FeS_2 + 7O_2 + 2H_2O \rightarrow 2FeSO_4 + 2H_2SO_4$$
$$2FeSO_4 + 1/2O_2 + H_2SO_4 \rightarrow Fe_2(SO_4)_3 + H_2O$$

间接作用：

氧化亚铁硫杆菌氧化生成物中三价铁具有强氧化作用，可与酸性矿山废水继续反应。

$$FeS_2 + 7Fe_2(SO_4)_3 + 8H_2O \rightarrow 15FeSO_4 + 8H_2SO_4$$

$FeSO_4$ 又可被氧化成 $Fe_2(SO_4)_3$，从而与反应式（2）和（3）形成 1 个循环，加快了 FeS_2 的溶解。

细菌参与酸性废水中各种离子的溶出有直接和间接两种方式：（a）直接作用：细菌直接附着在黄铁矿物表面，对废水中矿物的晶格产生侵蚀作用，使矿物离子氧化和分解，形成单质硫和亚铁盐。（b）间接作用：氧化亚铁硫杆菌等活性细菌形成的铁氧化酶和硫氧化酶，氧化、催化酸性矿山废水形成亚铁，亚铁进一步被细菌氧化成三价铁，三价铁是一种强氧化剂，能够从黄铁矿废水中将硫氧化为硫酸，生成的 Fe^{3+} 和 H_2SO_4，通过加入中和剂 $Ca(OH)_2$，可生成 $Fe(OH)_3$ 和 $CaSO_4$ 沉淀，实现除铁脱硫之目的。

③氧化亚铁硫杆菌法的发展趋势。目前，利用微生物法处理矿山酸性废水，在国外已得到广泛应用。日本的旧松尾矿山、栅原矿山和小坂冶炼厂已建成利用此项技术处理废水的工程，并取得很好成效。在日本金属矿业事业团的支持下，1997 年在武山铜矿建立起我国第一座利用铁氧化细菌技术处理有色多金属矿山酸性废水的实验工厂。经过 1 年多的连续运转试验，取得了很好的处理效果。1999 年"武山铜矿北矿带废水处理设备概念设计"由日本同和工营株式会社设计完成。同年，应用铁氧化菌氧化技术处理城门山、德兴铜矿矿山酸性废水试验结束，Fe^{2+} 的氧化率达到 95% 以上。另据有色企业环保监测数据分析，江西银山铅锌矿、铜陵的铜山铜矿等也都有利用铁氧化菌技术处理废水的水质条件。因此，此项技术应用于我国的矿山酸性废水处理是大有前途的。

6. 铀矿山废水治理

铀矿山废水中的放射性核素不仅影响矿区水质，还影响着矿区周围植物生长、农田和土壤的保护；同时铀矿山废水产生的废水量大，分布广，主要流入天然水系中，使得污染范围扩大；此外，铀在废水中的沉淀积累，使得土壤中铀含量逐年升高，影响生物的生存和居民的健康。因此，对铀矿山的废水治理显得极为重要。

铀矿山废水以酸性废水的污染最为突出，酸性废水主要是伴生铀的黄铁矿在氧化铁硫杆菌的作用下生成硫酸铁和硫酸，硫酸铁继续氧化黄铁矿和将四价铀氧化成易溶于酸的六价铀，最后细菌又氧化硫酸亚铁成为硫酸铁。酸性废水中除放射性元素外，还含有锰、铁、镉、锌、铜、镍、汞、氟、砷等其他有害元素，对环境危害严重。

目前对铀矿山废水的处理，通常采用离子交换树脂吸附回收铀，重晶石或软锰矿吸附及氯化钡沉淀法除镭。对酸性废水最有效的预防和控制方法是用湿式或干式的覆盖层铺盖在废石堆上面，从而使外部的空气和水通过废石堆的侵入减为最小，阻止氧化过程及酸性废水的生成，一般覆土层厚度在 $1.0 \sim 1.2$ m。

酸性废水也可用石灰中和沉淀，降低酸度，去除有害元素。目前国内正在研究利用氢氧化镁处理含铀放射性废水，试验结果表明，氢氧化镁处理剂具有良好的除铀效果，在所选择的条件下，能将废水中的 $\rho(U)$ 降至 0.105 mg/L 以下，且 pH 控制在 6~9 之间，达到国家环保要求。由于我国有丰富的镁矿资源，利用氢氧化镁除铀对加快我国镁矿资源的开发和利用具有很大作用。同时也可以采用高密度污渣返回石灰法处理铀矿酸性废水，它可使一般中和法的沉淀污渣体积减少到 1/10，甚至到几十分之一，并大大降低了石灰用量。国内外也在研究通过生物吸附技术处理含铀废水，大量研究表明一些微生物如细菌、真菌和藻类等对金属离子都有很强的吸附能力,因而在含铀废水处理领域受到广泛关注。

在国外,德国弗赖贝格矿冶技术大学地质研究所利用 Passive Treatment 技术处理铀矿废水,主要通过利用石灰石或湿地中的植物,净化铀矿山关闭后的较低浓度的含铀或其他重金属离子废水。对德国关闭的铀尾矿库的试验结果显示,废水流过坝址处的湿地后,$\rho(U)$、$\rho(As)$ 均减少 20% 以上,治理效果明显。

5.6.2　选矿废水处理

选矿废水处理的原则是将废水直接回用或经过处理后回用,可以达到最大限度利用废水,这样既能减少废水的排放量、减轻环境污染,又能减少新水补充,节省水资源,解决日益紧张的供水问题。

1. 选矿废水直接回用

南京栖霞山锌阳矿业有限公司所属铅锌矿提出了部分废水优先直接回用,其余适度净化处理后再回用,全部废水回用于选矿生产的方案,其工艺流程见图 5-28。

尾矿浓缩废水和锌尾水主要可直接回用于选矿工序中的选硫作业,其

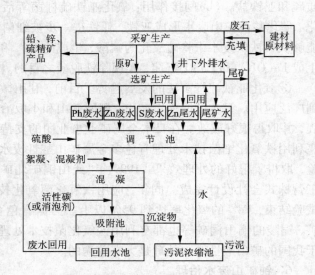

图 5-28　浮选废水回用工艺流程简图

余类型的废水需经过处理后再回用,处理方法为混凝、吸附工艺,吸附的沉淀物经浓缩后作为采矿区充填料或建材原材料,其中吸附采用活性炭作为吸附介质。

尾矿水为中性,含有捕收能力极强的 310 复合黄药、起泡剂、硫酸根离子等,由于为选硫的母液,因而对选硫十分有利,但对选铅和选锌却相对不利。进行的尾矿水和自来水选硫对比试验表明,尾矿水直接用于选硫后能使硫回收率得到提高。硫的作业回收率提高,尾矿硫品位降低,选硫 310 复合黄药降低。在降低选硫药剂成本的同时,还会减少回水处理费用和新鲜水的用量。

由于锌尾水是选锌的母液,将其直接回用于选锌不但没有坏处,而且对于节约选锌药剂成本和适当提高锌选矿指标还有好处,完全可以直接回用于选锌。另外,锌尾水直接用作硫精矿、锌精矿、铅精矿泡沫冲矿水,使精矿在陶瓷过滤机过滤时处于碱性环境中过滤,有利于改善脱水效果。

2. 选矿废水净化方法

金属浮选选矿厂废水 pH 较高,一般在 9~12,有时甚至超过 14,属于碱性废水,常用混凝沉淀法进行处理。该法存在着沉降速度很慢的悬浮固体颗粒,胶体数量多,和存在部分微量可溶性重金属离子及有机物等特点。其他方法有自然净化法、清污分流等,选厂含氰废水可采用漂白粉法进行处理。

3. 清洁分选技术

目前,国内外对铅锌多金属硫化矿的分离工艺通常是根据矿物自然可浮性的顺序大多采

用抑锌浮铅工艺，少数先铅锌混合浮选，抛尾和硫铁，后再进行铅锌分离，但都存在资源利用程度低，浮选流程长，操作困难与环境污染大的问题。1998 年以前，南京栖霞山选矿厂磨浮为两个生产系列，浮选工艺为：矿浆在自然 pH 条件下，用 $ZnSO_4 + Na_2SO_3$ 作锌硫抑制剂，丁基铵黑药 + 苯胺黑药作为捕收剂优先浮铅；铅尾矿用 $CuSO_4$ 作活化剂，石灰抑硫，310 复合黄药作捕收剂选锌；锌尾矿用 310 复合黄药选硫，起泡剂为 RB_3，选矿指标较差。为了进一步提高分选指标，运用电位调控浮选电化学理论，研究成功了铅锌硫化矿电位调控清洁分选新工艺，并成功应用于生产。采用电位调控清洁分选新技术后，选矿指标与 1997 年的传统工艺相比有显著提高电位调控清洁分选技术极大地改善了铅、锌、硫各项选矿指标，尤其是铅的主品位和回收率提高幅度较大，锌、银、硫的回收率也显著提高。

5.6.3 钢铁厂废水处理

1. 高炉煤气洗涤废水的处理技术

高炉煤气一般先经重力除尘器后，再进行洗涤处理和深度除尘。洗涤处理是通过在洗涤塔或文氏管中的气、水对流接触实现煤气的洗涤和冷却。洗涤冷却后的水就是高炉煤气洗涤废水。这种废水水温高达 60 ℃以上，主要杂质是固体悬浮物、尘泥（瓦斯泥）、氧化物、焦炭粉等。除此之外，还含有一部分无机盐及酚、氰、重金属等有毒物质，由于该废水水量大、污染重，必须进行处理，并尽可能循环使用。

目前大、中型高炉煤气洗涤废水的沉淀处理常用自然沉淀、混凝沉淀法和曝气法等。

（1）自然沉淀法

首都钢铁公司、攀枝花钢铁公司、湘潭钢铁公司、上海第一钢铁厂等的高炉煤气洗涤废水均采用自然沉淀为主的处理方法。莱芜钢铁厂高炉煤气洗涤废水过去靠两个 $D = 12$ m 的浓缩池处理，未达到工业用水及排放标准，后来改用平流式沉淀池进行自然沉淀，沉淀效率达 90% 左右，出水悬浮物含量小于 100 mg/L，冷却以后水温约 40℃，水的循环率达 90%，除个别指标（如 Pb、酚）有时超标外，处理后的废水基本可达标排放。国外高炉煤气洗涤废水的处理大多数采用自然沉淀方法，特点是废水靠重力排入沉淀池或浓缩池，处理后经冷却塔冷却后循环使用，出水悬浮物 SS 含量 <85 mg/L，循环率达 96%。整个系统设计成闭路循环，运行期间没有排污。自然沉淀法的优点是节省药剂费用，节约能源；缺点是水力停留时间长，占地面积大，对用地紧张的企业不宜采用；另外，当瓦斯泥颗粒过细时，自然沉淀后的水中悬浮物含量偏高，输水管道、水泵吸水井积泥较多，冷却塔和煤气洗涤设备污泥堵塞现象较严重。

（2）混凝沉淀法

混凝沉淀法是向废水中加入混凝剂并使之水解产生水合配离子及氢氧化物胶体，中和废水中某些物质表面所带的电荷，使这些带电物质发生凝集。武汉钢铁厂、宝山钢铁总厂、首都钢铁公司等的高炉煤气洗涤废水多采用混凝沉淀法。

混凝法的关键在于选择混凝剂，混凝剂有无机和有机高分子絮凝剂，常用的有聚丙烯酰胺和 $FeCl_3$；当循环时间较长和循环率较高时，可去除富集的细小颗粒，取得满意的处理效果。日本扇岛地区钢厂的高炉煤气洗涤废水首先用粗粒分离机把粗颗粒分离出来，然后加苛性苏打提高 pH，再向凝聚沉淀槽注入高分子凝聚剂，把 Fe 和 Zn 等变成 $Fe(OH)_2$ 和 $Zn(OH)_2$ 的形态沉淀下来。为去除污染环境的 Zn，要使 pH 保持在 7.5 ~ 8.5 范围内。混凝沉淀处理过的废水，经冷却塔冷却后循环使用。处理后的水悬浮物 SS 含量 <30 mg/L。

（3）曝气法

德国蒂森钢铁公司和鲁奇公司的高炉煤气洗涤废水处理采用曝气法。曝气的目的是在废水进入沉淀池之前，将废水中的游离 CO_2 吹脱，使溶解在水中的碳酸盐析出，以便在沉淀池中去除。曝气池停留时间 10 ~ 20 min。沉淀池出水悬浮物 SS 含量为 10 ~ 20 mg/L，停留时间 18.9 min。该方法与自然沉淀法相比不但悬浮物的去除率高，水中细颗粒悬浮物可有效去除，而且对其他污染物（如酚、氰、重金属）的去除效率也有较大程度提高；水力停留时间长、占地面积大的矛盾虽然有所缓解，但仍然没从根本上予以解决。

2. 炼钢厂烟气净化含尘污水处理

氧气转炉的烟气在全湿净化系统中形成大量的含尘污水，污水中的悬浮物经分级、浓缩沉淀、脱水、干燥后将烟尘回收利用。去污处理后的水，还含有 500 ~ 800 mg/L 的微粒悬浮物，需处理澄清后再循环使用。其流程如图 5 - 29 所示。

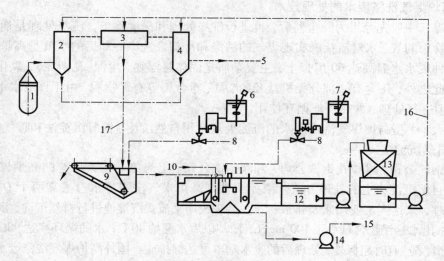

图 5 - 29 含尘污水处理系统

1—转炉；2、3、4—烟气冷却净化系统；5—净化后的烟气；6—苛性钠注入装置；
7—高分子凝聚剂注入装置；8—压力水；9—粗颗粒分离器；10—压缩空气；11—沉淀池；
12—清水池；13—冷却塔；14—泥浆泵；15—真空过滤机；16—净水返回；17—净化系统排出污水

从净化系统 17 排出的污水，悬浮着不同粒度的烟尘，沿切线方向进入粗颗粒分离器 9，通过旋流器大颗粒烟尘被甩向器壁沉降下来，落降在槽底，经泥浆泵送走过滤脱水。悬浮于污水中的细小烟尘，随水流从顶部溢出流向沉淀池 11。沉淀池中烟尘在重力作用下慢慢沉降于底部，为了加速烟尘的沉降，可向水中投放硫酸铵或硫酸亚铁或高分子微粒絮凝聚剂聚丙烯酰胺。澄清的水从沉淀池顶部溢出流入 12，补充部分新水仍可循环使用。沉淀池底部的泥浆经泥浆泵 14 送往真空过滤机脱水，脱水后的泥饼仍含有约 25% 的水分，烘干后供用户使用。污水在净化处理过程中，溶解了烟气中的 CO_2 和 SO_2 等气体，这样水质呈酸性，对管道、喷嘴、水泵等都有腐蚀作用。为此要定期测定水的 pH 和硬度。若 pH 小于 7 时，补充新水，并适量加入石灰乳，使水保持中性。倘若转炉用石灰粉末较多时，被烟气带入净化系统并溶于水中，生成 $Ca(OH)_2$。$Ca(OH)_2$ 与 CO_2 作用形成 $CaCO_3$ 的沉淀，容易堵塞喷嘴和管道；因此除了尽量减少石灰粉料外，检测发现水的 pH 大于 7 呈碱性时，也应补充新水；同时可加入少量的工业酸，以保持水的中性。汽化冷却烟道和废热锅炉用水为化学纯水，并经过脱氧处理。

3. 连铸循环水处理系统

主要由净循环水系统、浊循环水系统组成。

（1）净循环水系统

净循环水系统主要供结晶器、设备间接冷却等用水。用后的水温度升高，水质没有受到污染。系统的主要任务是降温、浓缩率的管理和水质稳定等。其流程见图 5 - 30。

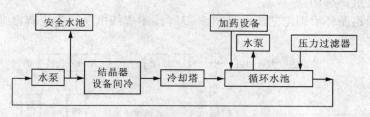

图 5 - 30　净循环水系统

由于净循环水系统具有流程简单，占地面积小，运行成本低，设备少，投资低，便于管理等特点，所以在原水硬度不太高的地区，被广泛采用。

（2）浊循环水系统

浊循环水系统主要供设备和铸坯喷淋冷却、切割渣粒化水及冲氧化铁皮用水。用后水温升高，水质受到污染，水中含有大量的氧化铁皮微粒和少量油类。除冲氧化铁皮用水（水质、水温要求低），只经一级沉淀即可循环使用外，其余水一般经二级沉淀、过滤、除油、冷却后循环使用，其一般流程见图 5 - 31。

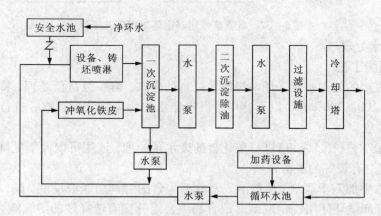

图 5 - 31　浊循环水系统

4. 轧钢废水闭路循环治理

轧钢废水中主要污染物为氧化铁皮和油，合肥钢铁公司一厂区轧钢厂在总结轧钢废水处理技术的基础上，结合轧钢作业生产区的特点，采用浮油回收—电磁凝聚—斜板沉淀的方法对轧钢废水进行集中处理，闭路循环使用。

治理改造后要求处理后的循环水质为：悬浮物含量≤50 mg/L，油含量≤5 mg/L。为了汇总所有的轧钢废水，采用了轧钢废水同生活污水、雨水分流的单独轧钢废水排水总沟。各厂轧钢废水首先由轧钢废水总沟汇入隔油池(利用现有土水池改建而成)，经除油设施除油，再由升压泵组提升送至电磁凝聚器磁化处理，然后自流入斜板沉淀器。废水经沉淀处理后，进入现有5 000 m³蓄水池，再经现有二级加压泵站送至各轧钢厂循环使用，补充水来自南淝河现有一级水源泵站。

斜板沉淀器沉淀的氧化铁皮，由沉淀器底部的螺旋输泥机输出，经泥浆气力提升器送至氧化铁皮脱水槽脱水，脱水后的氧化铁皮，用电动抓斗装车送烧结厂回收利用。经除油设施回收的废油也可重新利用。

轧钢废水闭路循环治理工艺流程见图5-32(图中虚线框所示为现有设施)。

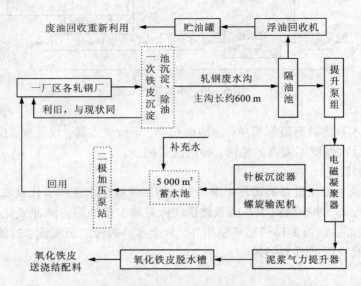

图5-32 轧钢废水闭路循环治理工艺流程

5. 焦化废水处理

(1)萃取脱酚工艺

焦化含酚废水的处理一般采用两级废水处理的方式，第一级是预处理，将高浓度的酚(2~12 g/L)降到200~300 mg/L以下，并适当降低水中污染物浓度，然后进行第二级生化处理，使其达标排放。

用萃取脱酚工艺(图5-33)进行焦化含酚废水预处理，该法可以大幅度降低水中的酚含量，回收酚钠盐，有较好的经济效益。

在含酚废水中加入萃取剂，使酚溶入萃取剂。含酚溶剂用碱液反洗，酚以钠盐的形式回收，碱洗后的溶剂循环使用。萃取剂对混合物中各组分应有选择性的溶解能力，并且易于回收，对于萃取脱酚工艺来说，通常选用重苯溶剂油或N-503煤油。

萃取设备的结构应有利于溶剂和污水的混合，使得相表面充分接触、更新。选择设备时要考虑其脱酚效率、对负荷的适应能力、废水和溶剂的特性以及操作和费用的问题。

(2)焦化废水处理技术

焦化废水常用吸附法、化学沉淀法、混凝沉淀法、Fenton试剂法等方法处理。

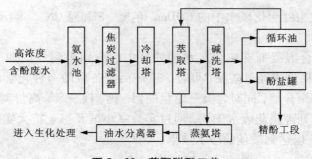

图 5－33　萃取脱酚工艺

①吸附法。

吸附法处理废水，就是利用多孔性吸附剂吸附废水中的一种或几种溶质，使废水得到净化。常用吸附剂有活性炭、磺化煤、矿渣、硅藻土等。这种方法处理成本高，吸附剂再生困难，不利于处理高浓度的废水。

夏海萍、柯家骏研究了膨润土黏土矿对焦化废水中氨氮的吸附作用，结果表明天然膨润土能够有效地吸附焦化废水中的氨氮；颗粒膨润土的吸附效果优于粉状膨润土。

吴声彪、肖波、史晓燕等研究比较了粉末活性炭和柱状活性炭对焦化废水 COD 的去除效率。结果表明，粉末活性炭对 COD 的去除率可高达 98.5%；同时，粉末活性炭的颗粒有一个最佳尺寸范围，粒径为 0.09 mm 的粉末活性炭对焦化废水 COD 的去除率最高。

粉煤灰处理废水是近几年粉煤灰综合利用研究的热点之一。粉煤灰主要成分是二氧化硅和硅酸盐。用粉煤灰作为吸附剂深度处理焦化废水时，脱色效果好，对 COD、挥发酚、油等的去除效果好，费用低。

刘心中、姚德、董凤芝、杨新春对粉煤灰处理废水的机理得到了初步认识，其作用基本上以吸附为主，包括物理吸附和化学吸附，吸附规律符合 Freundlich 吸附等温式。

张昌鸣、李爱英等在实验室条件下，进行了用粉煤灰作吸附剂净化处理焦化废水的研究，得出当粉煤灰添加量为 1.5 g/100 mL 和浸渍时间为 20 ~ 25 min 的条件下，处理后的废水除氨氮外，其他各项指标均可达到外排标准。

②化学沉淀法。

刘小澜、王继徽、黄稳水等采用化学沉淀剂 $MgCl_2 \cdot 6H_2O$ 和 $Na_2HPO_4 \cdot 12H_2O$（或 $MgHPO_4 \cdot 3H_2O$）对焦化剩余氨水进行预处理，取得了较好的效果，废水中氨氮的去除率高达 99% 以上。沉淀剂与焦化废水中的 NH_4^+ 反应，生成磷酸铵镁沉淀。在 pH 为 8.5 ~ 9.5 的条件下，投加的药剂 $Mg^{2+}:NH_4^+:PO_4^{3-}$（摩尔比）为 14:1:0.8 时，废水氨氮的去除率达 99% 以上，出水氨氮的质量浓度由 2 000 mg/L 降至 15 mg/L，达到国家排放标准。

③混凝沉淀法。

目前国内焦化厂家一般采用聚合硫酸铁（PFS），助凝剂为聚丙烯酰胺（PDM）。赵玲，吴梅研究了混凝澄清法在焦化废水处理中的应用，生产实践证明，采用混凝澄清法对焦化生化后废水进行深度处理，聚合硫酸铁（PFS）的投加量在 20 ~ 30 mg/L，聚丙烯酰胺的投加量在 0.25 ~ 0.13 mg/L，能够去除 45% 的 COD、37% 的氰化物，达到较好效果。

上海焦化总厂选用厌氧－好氧生物脱氮结合聚铁絮凝机械加速澄清法对焦化废水进行综合治理，使出水中 COD < 158 mg/L，$NH_3 - N$ < 15 g/L。卢建杭等人开发了一种专用混凝剂

M180，该药剂可有效去除焦化废水中的 CODcr、色度、F 和总 CN⁻等污染物，使废水出水指标达到国家排放标准。

近年来，新型复合混凝剂在焦化废水的处理中的应用得到广泛的研究。郭金华、田作林、冯天伟等用硫铁矿烧渣经过酸浸、聚合等工序而制备成的一种化学性质稳定、易溶于水的碱式氯化硫酸铁的聚合物，同时含有一定量的铝、钙、镁、锌等高价离子，介绍了新型复合混凝剂的混凝机理及处理焦化废水工艺，通过实验室小试及工业扩大实验，确定了药剂的最佳投入量及最佳 pH，以达到最佳的净水效果。

④Fenton 试剂法。

Fenton 试剂是由 H_2O_2 和 Fe^{2+} 混合得到的一种强氧化剂，由于其能产生氧化能力很强的·OH 自由基，在处理难生物降解或一般化学氧化难以奏效的有机废水时，具有反应迅速，温度和压力等反应条件缓和且无二次污染等优点。因此，近 30 年来越来越受到国内外环保工作者的广泛重视。

现已出现用 Fenton 试剂氧化联合聚硅硫酸铝混凝沉降的方法，对气浮 – 隔油后的焦化废水进行了试验研究，获得了良好的效果，为该工艺实际处理焦化废水提供了科学依据。试验证明，在最佳处理条件下，废水的 COD 值可由 1 173.0 mg/L 降至 38.2 mg/L，符合国家一级排放标准，COD 去除率达到 96.7%。

福建三钢改造后的焦化废水处理站采用 A/O 内循环生物脱氮处理工艺，工艺流程如图 5 – 34 所示。预处理出水和沉淀池回流水进入缺氧池。在大量专性和兼性厌氧菌的作用下，废水中部分芳烃类化合物和含碳无机物转化为可生物降解的物质，回流水中 NO_3^- 转化为 N_2，同时，部分有机物也得到降解。缺氧池出水和沉淀池回流污泥进入好氧池，通过多种微生物的协同作用，去除残留的有机物并实现 NH_4^+ 的好氧硝化，并最终转化成 NO_3^-。好氧反应后的泥水混合液进入沉淀池，分离后的上清液大部分作为回流水送至缺氧池，剩余部分进入后处理系统。沉淀池分离出的活性污泥大部分回流到好氧池中，剩余污泥送至污泥处理系统。

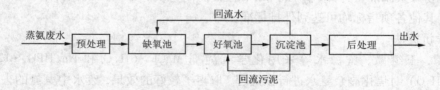

图 5 – 34　福建三钢废水处理流程

该工艺是在原生物降解酚、氰等普通生化工艺基础上，改扩建为以生物降解酚、氰及脱出氨氮为主的 A/O 生物脱氮处理工艺。使处理后出水中 COD：100 mg/L 以下、氨氮：25 mg/L 以下，从而达到国家《废水综合排放标准》(GB8978—1996) 和《钢铁工业水污染物排放标准》(GB13456—92) 中的一级标准。

5.6.4　有色冶炼厂废水处理工艺

1. 铜冶炼含砷污酸污水处理

国内铜冶炼企业在 20 世纪 90 年代得到了快速发展，冶炼能力的上升加大了对原料铜精砂的需求。为了生产需要，一些企业降低了对原料的质量要求，特别是原料中砷的含量。国家有关质量标准规定原料中 As < 0.3%，但国内有些矿山生产的铜精砂中 As 含量较高，个别原料中 As > 1%。产生的后果是给企业的环境治理带来难度，使某些企业的大气排放和污水排放超标。按照 GB8978—1996 限定的砷排放浓度为 0.5 mg/L，砷离子的总去除率要达到 99%，才能使处理水达标排放。而采用简单的石灰乳中和工艺不能保证水质达标排放。

铜冶炼企业含砷污水处理采用硫化法和石灰乳两段中和加铁盐除砷工艺，能够达到预期目标，但污酸处理存在着处理成本高的问题，有待于新的处理工艺运用，目前国内已有院校试验电积法处理含砷污酸，其成本低于硫化法，将给企业带来明显的经济效益。

（1）高砷污酸的处理

化工企业在硫酸生产中排出污酸一般采用石灰乳多段中和即可达到预期效果，而铜冶炼企业硫酸生产中的污酸由于高砷杂质的存在，必须采用硫化法除砷及铜离子后，再进行中和法处理，才能使工业污水达标排放。目前国内厂家污酸处理主要采用硫化 → 中和 → 氧化工艺或中和 → 硫化 → 氧化工艺，效果较满意。

污酸处理流程中各段反应机理分别为：

①中和反应生成石膏：

$$CaCO_3 + H_2SO_4 = CaSO_4 + H_2O + CO_2 \uparrow$$

②硫化脱铜：

$$Cu^{2+} + S^{2-} = CuS \downarrow$$

③硫化脱砷：

$$3Na_2S + As_2O_3 + 3H_2O = As_2S_3 \downarrow + 6NaOH$$

由于污酸中硫酸含量约在 100g/L 左右，pH ≈ 0，在中和反应过程中一般控制 pH = 1.5 ~ 3.5，故对后续除砷反应影响甚微。污酸中砷主要以三价砷的形态存在，即 AsO^+ 离子，分析砷的 $\varphi - pH$ 图，在硫化去砷反应中，应控制氧化还原电位在 -50 ~ +50 mv 之间，经生产实践证明，在此控制条件下，砷的去除率可达 95%，而铜的去除率可达 98% 以上。

采用分步硫化工艺处理污酸，在处理后的反应液中砷浓度一般低于 100mg/L，能够回收污酸中的有用金属，并为污水处理站的达标排放创造了条件。但硫化工艺设备投资和处理成本较高，处理成本中 Na_2S 的费用约占处理费用的 20% ~ 30%，吨污酸处理成本约百元左右。高投入和高成本制约了一些中小型企业对该工艺的运用。已有资料显示采用电积法处理含砷污酸其成本低于硫化法，目前已形成试验规模，能很快在生产中得到运用。

（2）含砷污水的处理

铜冶炼企业均设有污水处理站，处理硫酸车间污水和全厂生产污水。一般进入厂污水处理站污水的特点是处理量大，成分复杂。

重金属离子，特别是砷离子，给污水处理工艺的选择带来一定的难度。近几年投产的大型铜冶炼企业和进行技术改造的环境治理企业，对含砷酸性污水处理均采用了石灰乳两段中和加铁盐除砷工艺，经生产实践证明，该工艺是行之有效的，在砷离子达标排放时，其他重金属离子均能达标排放。

该工艺反应机理分别为：

一段中和反应控制 pH = 7 ~ 8

$$Ca(OH)_2 + H_2SO_4 = CaSO_4\downarrow + 2H_2O$$

$$2H_3AsO_3 + Ca(OH)_2 = Ca(AsO_2)_2\downarrow + 4H_2O$$

氧化反应分别使 Fe^{2+} 氧化成 Fe^{3+}，As^{3+} 氧化成 As^{5+} 生成铁盐及亚铁盐。

$$4Fe(OH)_2 + O_2 + 2H_2O = 4Fe(OH)_3$$

$$2Fe(OH)_3 + 3As_2O_3 = 2Fe(AsO_2)_3\downarrow + 3H_2O$$

$$Fe(OH)_3 + H_3AsO_4 = FeAsO_3 + 3H_2O$$

二段中和控制 pH = 10 ~ 11，可使上述反应中的铁砷盐和钙盐在碱性条件下完全沉淀。要保证砷的去除率达到 99%，关键在控制二段中和反应的条件，依据有关除砷的试验资料，二段中和反应控制 pH = 9 ~ 11 时，可使出水中 As < 0.5 mg/L。当 Fe/As > 10 时，处理出水中的砷 < 0.5 mg/L，在生产中，对不同的含砷酸性水按上述控制参数及反应条件进行调整，都取得了较好的处理效果。

其次在上述反应后添加凝聚剂有助于中和产物的快速沉淀，PAM 具有较好的吸附、桥联作用，使铁砷盐及钙盐在浓缩池中能够快速沉淀。

脱水后的中和渣主要成分是石膏和铁砷盐，含其他重金属碱式盐（$Cu(OH)_2$、$Zn(OH)_2$ 等），在目前阶段，回收其中的有用金属难度大，生产成本高。为了不造成二次污染，必须对中和渣进行妥善处理。通常采用永久渣场填埋。

5.6.5 氧化铝厂污水处理与回用

氧化铝厂生产用水量大，90% 以上采用循环用水或复用水，工艺系统用水中多数含碱，氧化铝工艺对碱指标要求相对不高，降低生产排水浊度即可回用，所以采用加药沉淀、过滤常规处理方法回收利用，系统产生的污泥在干化场处理。同时可以节约用水、达到清洁生产要求，减轻城市污水处理负荷。

1. 工艺流程

山东某氧化铝厂污水主要来自冲洗地坪水、部分设备冷却水、水槽溢流、循环水池溢流及排污废水等。水质污染主要是浊度及碱度超标，回收进行加药沉淀、过滤处理后，可以作为工艺赤泥洗涤、循环水补充水源等，代替部分新水，节约能源。该厂新建水处理站以高效全自动净水器为主体，采用集絮凝、沉淀、排污、反冲、集水、过滤等工艺为一体的处理方法，实现单体全自动运行。其工艺流程如下：

生产污水→格栅→调节池（泵）$\xrightarrow{加药}$ 高效全自动净水器

→回用水池（泵）→赤泥洗涤、循环补水

2. 高效全自动净水器

（1）技术参数

高效全自动净水器是生产污水处理系统的核心设备。其主要技术参数为：

型号：ZNJ - 200，2 台

处理水量：$200\text{m}^3/\text{h}$

出水悬浮物：10 ~ 20 mg/L

沉淀区设计表面负荷：7~8 m³/(m²·h)

沉淀区内装填料：聚丙烯六角蜂窝斜管填料

斜管设计斜长：$L = 1 000$ mm

孔径：<50 mm

安装角度：60°

过滤区设计滤速：8~10 m/h

滤料：石英砂、无烟煤

反冲配水：ABS 水帽

滤池冲洗强度：14~16 L/(s·m²)

冲洗历时：4~6 min

总停留时间：40~50 min

进水压力：0.106~0.110 MPa

排泥：电动阀定时排泥

（2）设备工作流程

①絮凝反应区：生产污水管道进入净水器前，由计量泵打入铝盐混凝剂，利用调节池潜污泵出水水力条件（代替管道混合器），使药剂与污水充分混合，完成水解絮凝、吸附等过程，再流至净水器的絮凝反应区。水流态为升流式，由下向上流，同时进一步促进絮凝反应，使污水中的杂质颗粒在其间得到充分的碰撞接触，提高吸附的几率。

②沉淀区：通过絮凝反应后，絮凝污泥逐渐沉降，但仍有一部分颗粒细小的污泥，因比重较小而随水流进入沉降区。沉降区内设计采用蜂窝填料可提高层流状态，且颗粒沉降不受紊流干扰。

③泥渣浓缩区：设置结构独特的泥渣浓缩区及配上电动阀可调式自动排泥，能保证多余的泥渣及时排除，从而保证稳定的杂质颗粒去除率。

④多介质滤料快速滤池：污水经斜管澄清后，通过新颖独创的集水系统流至过滤区，被挡板分散进入浑水区，再从浑水区经过滤料层、承托层进入集水区。水中的悬浮物等被截流和吸附在滤层的表面及滤料层之中，进入集水区的水为滤后清水，清水在滤前和滤后两液面位差作用下，沿清水管自下而上进入清水区，再从清水区溢入顶部的集水槽后自行流出设备，过滤池滤料采用石英砂和无烟煤。

（3）反洗

设备运行一段时间后，过滤室内悬浮物在滤层表面形成致密层，使滤速达不到一定要求，滤室水压增大，中心液管水面增高，接触顶端液位器，使接触器打开电磁阀，反冲管出水打开造成进水破坏，并且澄清池内水位居高，造成水的自生压力反冲滤室内的滤料，达到反洗作用。并且澄清池内下降一定水位，使电磁阀关闭，再运行过滤。

反冲洗配水设有 ABS 排水帽，配水更加均匀。高效全自动净水器产生的污泥及设备反洗污水由明沟收集，排至污泥干化场自然干化。所有污水处理设备电源接自配电室，操作在控制室内集中控制，现场设置检修开关。工艺系统及控制图见图 5-35。

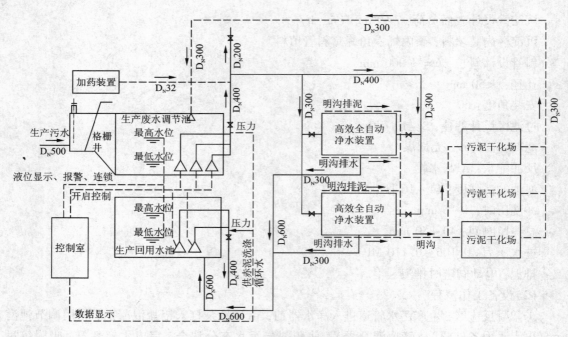

图 5 - 35　工艺系统及控制图

5.6.6　铝型材废水的治理工艺

1. 废水特点

铝型材生产过程主要包括对成型铝材的脱脂、碱蚀、酸洗、氧化、封孔及着色，而经上述工序处理后的型材均需用水进行清洗，这部分型材清洗水以溢流形式排出清洗槽，是铝型材厂废水的主要来源。铝型材厂生产废水除含有大量的铝离子，还含有部分锌、镍、铜等金属离子，废水的酸碱度视各生产要求不同而有所变化，但呈酸性的居多。

表 5 - 15　铝型材废水水质表

项目	pH	悬浮物/$(mg·L^{-1})$	铜/$(mg·L^{-1})$	锌/$(mg·L^{-1})$	镍/$(mg·L^{-1})$
浓度	2 ~ 4	300 ~ 1 000	0.5 ~ 3	1.5 ~ 4	1.5 ~ 4

2. 废水处理工艺流程

针对铝型材废水主要含各种金属离子及悬浮物的特性，采用中和调节及混凝沉淀法工艺。

铝型材生产废水由车间排出后流入中和调节池，池内设空气搅拌，以均衡水质。废水经调节池均衡水质及水量后，加入碱调节 pH 至 6 ~ 9，再用泵抽送入沉淀池中，在抽送过程同时加入絮凝剂（PAM）。废水中的金属离子在与碱反应形成氢氧化物后，又在絮凝剂的作用下，形成较大颗粒矾花，在重力作用下快速沉降，沉淀池上半部清液可直接外排，出水水质达到广东省地方排放标准 DB 4426—1989 二类地区二级排放标准。

沉淀池污泥经污泥池浓缩后用泵抽送入板框压滤机脱水后作卫生填埋或综合利用。

3. 工艺原理

（1）调节池

在铝型材废水处理中，将调节池的池型分为间歇和连续两种。人工调节时需将调节池分成两格，每格池废水的停留时间为 $1 \sim 2 h$，轮流间歇使用，以便于人工调节；自动调节只需一格调节池，用 pH 自动调节仪控制废水的 pH，由于铝型材废水含有大量的铝，而铝在溶液中呈两性状态。当 pH < 3 时，铝主要存在形态为 $Al(H_2O)_6^{3+}$；当 pH = 7 时，氢氧化铝成为 Al^{3+} 的主要存在形态；当 pH > 8.5 后，大部分氢氧化铝便水解为带负电荷的络合阴离子。所以，在工程调试时必须将 pH 控制在适当的范围，以使铝能以氢氧化铝的形态充分沉淀。

（2）反应池

反应池的作用主要是使铝型材废水中的 Al^{3+} 与 OH^- 充分反应生成难溶的 $Al(OH)_3$ 沉淀。通常竖流式沉淀池采用涡流反应器，平流式沉淀池用折流式反应器。

（3）混凝沉淀池

废水中的金属离子在调节池与碱反应后，生成难溶的氢氧化物，但由于形成的颗粒较小，在水流的作用下不易沉降，所以必须加入絮凝剂使这些颗粒相互粘结，聚集成较大颗粒，通过沉淀池固液分离被去除。沉淀池采用平流式或竖流式，尤其后者用得最为广泛。竖流式沉淀池特别适合于絮凝物沉降，且操作简单、易于管理、上清液可直接外排。沉淀池停留时间 2h，表面负荷为 $1 m^3/(m^2 \cdot h)$。

（4）污泥处理

经过沉淀池排出的铝型材污泥含水率达到90%以上，需要进行脱水处理。根据工厂的生产能力、排污规模，选取自然干化和机械脱水两种方法对污泥进行处理。

自然干化就是用干化池盛放污泥，利用阳光将其晒干。这种方法的优点是省事、经济，但只适合污泥量较小的企业，而且遇上阴雨天气非常麻烦；机械脱水包括采用离心机、带式压滤机、板框压滤机。但由于铝型材污泥结构疏松，且带有一定的腐蚀性，只有板框压滤机的效果最好。所以在工程设计中，将污泥从沉淀池利用静压排至污泥浓缩池内，经浓缩后用泵抽送到板框压滤机压滤。处理后污泥含水率可降至70%左右，泥饼外运或综合利用。

（5）调试的关键

在铝型材废水治理工程调试中，最关键的是对废水的 pH 进行控制，使各种金属离子生成难溶的氢氧化物，从而达到最佳的去除效果。

表 5 – 16　各种金属离子去除的最佳 pH

金属离子	pH 范围	残留浓度/$(mg \cdot L^{-1})$	备注
铝	5.5 ~ 8	≤3	pH 6.5 以上再溶解
铜	7 ~ 14	≤1	
锌	9 ~ 10.5	≤1	pH 10.5 以上再溶解
镍	>9	≤1	

由表 5 – 16 和对多项铝型材废水工程的调试效果来看，对于一般的铝型材废水，将 pH 控制在 7.5 ~ 8.5 得到的沉淀效果最佳；对于某种金属离子偏多的废水，需根据该金属离子的特性调节 pH。

5.6.7 其他废水处理技术

1. 重金属离子的植物整治技术

植物对重金属的吸收富集机理，主要为两个方面：一是利用植物发达的根系对重金属废水的吸收过滤作用，达到对重金属的富集和积累。二是利用微生物的活性原则和重金属与微生物的亲和作用，把重金属转化为较低毒性的产物。通过收获或移去已积累和富集了重金属的植物的枝条，降低土壤或水体中的重金属浓度，达到治理污染、修复环境的目的。

在植物整治技术中能利用的植物很多，有藻类植物、草本植物、木本植物等等。其主要特点是对重金属具有很强的耐毒性和积累能力，不同种类植物对不同重金属具有不同的吸收富集能力，而且其耐毒性也各不相同。

浩云涛等分离筛选获得了一株高重金属抗性的椭圆小球藻（Chlorella ellipsoidea），并研究了不同浓度的重金属铜、锌、镍、镉对该藻生长的影响及其对重金属离子的吸收富集作用。结果显示，该藻对 Zn^{2+} 和 Cd^{2+} 具有很高的耐受性。对四种重金属的耐受能力依次为锌 > 镉 > 镍 > 铜。该藻对重金属具有很好的去除效果，经 15 $\mu mol/L$ Cu^{2+}、300 $\mu mol/L$ Zn^{2+}、100 $\mu mol/L$ Ni^{2+}、30 $\mu mol/L$ Cd^{2+} 浓度 72 h 处理，去除率分别达到 40.93%、98.33%、97.62%、86.88%。由此可见，此藻类可应用于含重金属废水的处理。

对重金属离子具有吸附作用的草本植物有凤眼莲、香蒲（Typhao rientalis Presl）等。香蒲是国际上公认和常用的一种治理污染的植物，它具有特殊的结构与功能，如叶片成肉质、栅栏组织发达等。香蒲植物长期生长在高浓度重金属废水中形成特殊结构以抵抗恶劣环境并能自我调节某些生理活动，以适应污染毒害。招文锐等研究了宽叶香蒲人工湿地系统处理广东韶关凡口铅锌矿选矿废水的稳定性。历时 10 年的监测结果表明，该系统能有效地净化铅锌矿废水。未处理的废水含有高浓度的有害金属铅、锌、镉，经人工湿地后，出水口水质明显改善，其中铅、锌、镉的净化率分别达到 99.0%，97.% 和 94.9%。分析其 pH 和 Pb、Zn、Cd、Hg、As 质量分数的年份和月份变化趋势，发现经湿地处理的废水出水水质中的各指标的年份和月份变化幅度较小，且都在国家工业污水的排放标准之下，可见该湿地的污水净化具有很高的稳定性。

采用木本植物来处理污染水体，具有净化效果好，处理量大，受气候影响小，不易造成二次污染等优点，越来越受到人们的重视。胡焕斌等试验结果表明，芦苇和池杉两种植物对重金属铅和镉都有较强富集能力，而木本植物池杉比草本植物芦苇具有更好的净化效果。周青等研究了 5 种常绿树木对镉污染胁迫的反应，实验结果表明，在高浓度镉胁迫下，5 种树木叶片的叶绿素含量、细胞质膜透性、过氧化氢酶活性及镉富集量等生理生化特性均产生明显变化，其中，黄杨、海桐，杉木抗镉污染能力优于香樟和冬青。以木本植物为主体的重金属废水处理技术，能切断有毒有害物质进入人体和家畜的食物链，避免了二次污染，可以定向栽培，在治污的同时，还可以美化环境，获得一定的经济效益，是一种理想的环境修复方法。

2. 结团凝聚工艺

废水中悬浮物的去除效率取决于固液分离速度，而固液分离速度则取决于悬浮物颗粒的成长粒度和密度。成长粒径越大、密度越高则意味着水处理效率越高。根据絮凝动力学，传统处理技术中由于絮体成长过程的随机性，在絮体粒径增大的同时，其有效密度呈指数关系急剧降低。目前国内所研究的其他高效絮凝技术，虽然颗粒凝聚速度有所提高，絮体成长粒径有所增大，但仍然没有从根本上解决絮体粒径增大，有效密度急剧降低这一矛盾。

通过改变悬浮颗粒成长过程的动力条件和物理化学条件来限制凝聚过程的随机性，形成高密度的团粒状絮凝体－结团絮凝体，可大幅度提高固液分离速度。该项新型处理技术称为结团凝聚工艺或结团造粒流化床工艺。关于该工艺的理论研究和在给水处理、污泥浓缩方面的实验及应用已有不少成果，在高浓度悬浮物废水的结团流化床处理方面也取得了可喜成果。

对陕西略阳钢铁厂高炉煤气洗涤废水的处理结果表明：在 PAC 投量为 $0.5 \sim 1.5\,\mathrm{m\,g/L}$、PAM 投量为 $0.06 \sim 1.05\,\mathrm{mg/L}$ 条件下，水力负荷（水流上升速度）可高达 $116\,\mathrm{cm/min}$ 以上，总停留时间仅为 $2\,\mathrm{min}$ 左右，而出水浊度则低于 $12\,\mathrm{NTU}$。对该厂的选矿废水处理，在 PAC 投量为 $0.75\,\mathrm{mg/L}$、PAM 投量为 $0.375\,\mathrm{mg/L}$ 时，水力负荷或表面负荷可高达 $112\,\mathrm{cm/min}$ 以上，总停留时间亦为 $2\,\mathrm{min}$ 左右，出水浊度低于 $2\,\mathrm{NTU}$。采用结团造粒流化床工艺处理上述两种废水，其表面负荷比传统处理工艺可提高 10 倍左右。对洗煤废水的处理，表面负荷亦可高达 $70\,\mathrm{cm/min}$ 以上，出水浊度小于 $40\,\mathrm{NTU}$，总停留时间小于 $5\,\mathrm{min}$，表面负荷比传统处理工艺亦可提高 6 倍以上。

该项新型处理技术对于解决目前重点污染源的污染问题具有广阔的应用前景，因这类废水（如上述的煤矿洗煤废水、冶金矿山的选矿、尾矿废水、钢铁企业的煤气洗涤废水等）都具有水量大、污染重的特点，利用该技术不仅可去除废水中的悬浮污染物和大量其他污染物如重金属、酚、氰等解决污染问题，而且可实现废水的重复使用，节约和充分利用水资源，产生显著的环境效益和社会效益。

3. SPR 高浊度污水处理技术

沿用了许多年的传统的"一级处理"及"二级处理"水处理工艺技术和设备已难以适应当今的高浊度和高浓度污水的净化处理要求，处理后出水更不能满足城市对水回用的水质要求。沿着传统的工艺技术路线只能进一步附加传统的"三级处理"设备系统，既回避不了庞大复杂的传统二级生化处理系统，也回避不了投资和运行费用都十分昂贵的传统三级过滤吸附处理系统。这些恰恰是实现污水回用的忌讳之处。所以，环保市场十分迫切需要净化效率更高、处理后出水能满足现有环保标准并且能回用于城市，投资和运行费用又要为现有城市的经济实力所能接受的污水处理新技术和新设备。

最新发明的"SPR 高浊度污水净化系统"（美国发明专利）将污水的"一级处理"和"三级处理"程序合并设计在一个 SPR 污水净化器罐体内，在 $30\,\mathrm{min}$ 流程里快速完成。它容许直接吸入悬浮物（浊度）高达 $500\,\mathrm{mg/L}$ 至 $5\,000\,\mathrm{mg/L}$ 的高浊度污水，处理后出水的悬浮物（浊度）低于 $3\,\mathrm{mg/L}$（度）；它容许直接吸入 CODcr 为 $200\,\mathrm{mg/L}$ 至 $800\,\mathrm{mg/L}$ 的高浓度有机污水，处理后出水 CODcr 可降为 $40\,\mathrm{mg/L}$ 以下。只需用相当于常规的一、二级污水处理厂的工程投资和低于常规二级处理的运行费用，就能够获得三级处理水平的效果，实现城市污水的再生和回用。

SPR 污水处理系统首先采用化学方法使溶解状态的污染物从真溶液状态下析出，形成具有固相界面的胶粒或微小悬浮颗粒；选用高效而又经济的吸附剂将有机污染物、色度等从污水中分离出来；然后采用微观物理吸附法将污水中各种胶粒和悬浮颗粒凝聚成大块密实的絮体；再依靠旋流和过滤水力学等流体力学原理，在自行设计的 SPR 高浊度污水净化器内使絮体与水快速分离；清水经过罐体内自我形成的致密的悬浮泥层过滤之后，达到三级处理的水准，出水实现回用；污泥则在浓缩室内高度浓缩，定期靠压力排出，由于污泥含水率低，且脱水性能良好，可以直接送入机械脱水装置，经脱水之后的污泥饼亦可以用来制造人行道地砖，避免了二次污染。

SPR 污水净化技术以其流程简单可靠、投资和运行费用低、占地少、净化效果好的众多优势将为当今世界的城市污水的再利用开创一条新路。城市污水实现再利用之后，为城市提供了第二淡水水源，为城市的可持续发展提供了必不可少的条件，其经济效益和社会效益是不可估量的.

4. 百乐卡(BIOLAK)污水处理技术

百乐卡工艺是一种具有除磷脱氮功能的多级活性污泥污水处理系统。它是由最初采用天然土池作反应池而发展起来的污水处理系统。自 1972 年以来，经多年研究形成了采用土池结构、利用浮在水面的移动式曝气链、底部挂有微孔曝气头的一种具有一定特色的活性污泥处理系统。

由于采用土池而大大减少了建设投资，采用曝气链曝气系统进一步强化了氧的转移效率，并减少运行费用，大大提高了处理效果。工艺设计简捷，不需复杂的管理，在适宜的条件下具有较大的经济和社会效益。

（1）低负荷活性污泥工艺

百乐卡工艺污泥回流量大，污泥浓度较高，生物量大，相对曝气时间较长，所以污泥负荷较低。龙田污水厂 BOD5 污泥负荷率为 0~0.5 kgBOD/kgMLSS·d，污泥浓度为 4 000 mg/L，污泥龄为 29 d，所以剩余污泥很少。

（2）曝气池采用土池结构

根据国家环保局 1992 年《工业废水处理设施的调查与研究》，我国工业废水处理设施资金的 54% 用于土建工程设施，而只有 36% 用于设备，造成这种投资分配格局的主要原因是工艺池大都采用价格昂贵的钢筋混凝土池。而龙田污水厂土建工程造价 500 万元，仅占总投资的 20%。

大的钢筋混凝土池不仅价格昂贵，而且施工难度大。但对于许多种曝气工艺来讲，都不考虑采用土池，因为土池会造成地下水的侵蚀，同时也由于在土池基础上安装曝气头是十分困难的。

为了减少投资，百乐卡技术在研究土池结构的曝气池上做了大量工作，首先是使用 HDPE 防渗膜隔绝污水和地下水，其次是悬挂在浮管上的微孔曝气头避免了在池底池壁穿孔安装。

这种敷设 HDPE 防渗膜的土池不仅易于开挖、投资低廉，而且完全能满足污水处理池功能上的要求，并能因地制宜，极好地适应现场的地形，在某些特殊的地质条件下，如地震多发地区、土质疏松地区，其优点得到更充分的体现。敷设 HDPE 防渗膜的土池使用寿命远远超过钢筋混凝土池。

（3）高效的曝气系统

百乐卡曝气系统的结构是，曝气头悬挂在浮链上，停留在水深 4~5 m 处，气泡在其表面逸出时，直径约为 50 μm。如此微小的气泡意味着氧气接触面积的增大和氧气传送效率的提高。同时，因为气泡向上运动的过程中，不断受到水流流动，浮链摆动等扰动，因此气泡并不是垂直向上的运动，而是斜向运动，这样延长了在水中的停留时间，同时也提高氧气传递效率。运行表明,百乐卡悬挂链的氧气传递率,远远高于一般的曝气工艺以及固定在底部的微孔曝气工艺。百乐卡曝气头悬挂在浮动链上,浮动链被松弛地固定在曝气池两侧,每条浮链可在池中的一定区域蛇形运动。在曝气链的运动过程中,自身的自然摆动就可以达到很好的混合效果,节省了混合所需的能耗。

采用百乐卡系统的曝气池中混合作用所需的能耗仅为 $1.5~W/m^3$,而一般的传统曝气法中混合作用的能耗为 $10\sim15~W/m^3$。由于百乐卡曝气头(BIOLAK – Friox)特殊的结构,即使在很复杂的环境里曝气头也不至于阻塞,这意味着曝气装置可运行几年不维修,所需维护费用很少。

曝气系统与配套的高效鼓风机保证了很高的氧气传递效率,鼓风机就设在池边,减少了鼓风机房和空气输送管道的费用。

(4)简单而有效的污泥处理

百乐卡工艺的另一特点是回流污泥量大,其剩余污泥比传统工艺少许多。

在恒定的负荷条件下,百乐卡工艺的污泥在曝气池中的停留时间是传统工艺的几倍。由于污泥池中的污泥是完全稳定的,它不会再腐烂,即使长期存放也不会产生气味,这就是它比传统工艺的污泥更容易处理的原因。而且污泥池完全可以做成土池结构,节省工厂土建费用。

(5)简单易行的维修

百乐卡系统没有水下固定部件,维修时不用排干池中的水,而用小船到维修地点将曝气链下的曝气头提起即可。实践表明,曝气头运行几年也不用任何维修,这主要是因为曝气管是由很细的纤维(直径约 0.003 mm)做成,并用聚合物充填,以达到防水和防脏物的目的。同时,曝气头有大约80%的自由空隙和20%的表面,与传统曝气头刚好相反。因此,微生物可生长的面积很小,并很容易被去除。当曝气头必须维修时,也不影响整个污水处理场的运行。该工艺的移动部件和易老化部件都很少。在选择设备和材料时,都采用了可靠耐用的材料。该工艺无需太多的自动化。它既不需要任何易损的探测器,也不需要任何复杂的控制系统,而操作这些控制系统还需要专门的技术和昂贵的配件。

(6)二次曝气和安全池

为了保证负荷变化时用水质量,百乐卡工艺利用一个相对独立的池来进行二次曝气,以保证出水清洁,保证水中有足够的溶解氧。

(7)二沉池

曝气池中产生的污泥在二沉池中被分离,并重新回到曝气池参与污水净化。有的百乐卡工艺的二沉池和曝气池合并到一起,进一步节省了土建费用和占地面积。二沉池沉淀污泥由漂浮式刮泥机、吸泥机排入污泥槽回流。

(8)土地的利用

尽管百乐卡系统需要的曝气池体积比所谓密集型的大,但所需的总面积并不大,有时甚至更小,主要有以下原因:①不需初沉池;②二沉池可以和曝气池合建在一起;③池的设计和布置的自由度大,对地形的适应性强。

5. 连续循环曝气系统(CCAS)

CCAS 工艺,即连续循环曝气系统工艺(Continuous Cycle Aeration System),是一种连续进水式 SBR 曝气系统。这种工艺是在 SBR(Sequencing Batch Reactor,序批式处理法)的基础上改进而成。SBR 工艺早于 1914 年即研究开发成功,但由于人工操作管理太烦琐、监测手段落后及曝气器易堵塞等问题而难以在大型污水处理厂中推广应用。SBR 工艺曾被普遍认为适用于小规模污水处理厂。进入 20 世纪 60 年代后，自动控制技术和监测技术有了飞速发展，新型不堵塞的微孔曝气器也研制成功，为广泛采用间歇式处理法创造了条件。1968 年澳大利亚的新南威尔士大学与美国 ABJ 公司合作开发了"采用间歇反应器体系的连续进水，周期排水，延时曝气好氧活性污泥工艺"。1986 年美国国家环保局正式承认 CCAS 工艺属于革新代用技术（I/A），成为目前最先进的电脑控制的生物除磷、脱氮处理工艺。

CCAS 工艺对污水预处理要求不高，只设间隙 15 mm 的机械格栅和沉砂池。生物处理核心是 CCAS 反应池，除磷、脱氮、降解有机物及悬浮物等功能均在该池内完成，出水可达标排放。

经预处理的污水连续不断地进入反应池前部的预反应池，在该区内污水中的大部分可溶性 BOD 被活性污泥微生物吸附，并一起从主、预反应区隔墙下部的孔眼以低流速（0.03 ~ 0.05 m/min）进入反应区。在主反应区内依照"曝气（Aeration）、闲置（Idle）、沉淀（Settle）、排水（Decant）"程序周期运行，使污水在"好氧 - 缺氧"的反复中完成去碳、脱氮，和在"好氧 - 厌氧"的反复中完成除磷。各过程的历时和相应设备的运行均按事先编制，并可调整的程序，由计算机集中自控。

CCAS 工艺的独特结构和运行模式使其在工艺上具有独特的优势：

①曝气时，污水和污泥处于完全理想混合状态，保证了 BOD、COD 的去除率，去除率高达 95%。

②"好氧 - 缺氧"及"好氧 - 厌氧"的反复运行模式强化了磷的吸收和硝化 - 反硝化作用，使氮、磷去除率达 80% 以上，保证了出水指标合格。

③沉淀时，整个 CCAS 反应池处于完全理想沉淀状态，使出水悬浮物（SS）极低，低的 SS 值也保证了磷的去除效果。

CCAS 工艺的缺点是各池子同时间歇运行，人工控制几乎不可能，完全依靠电脑控制，对处理厂的管理人员素质要求很高，对设计、培训、安装、调试等工作要求较严格。

6. "WT - FG" 生物法技术简介

美国富美生物工程有限公司运用具有世界先进水平的"WT - FG"微生物技术成功地对中国的高浓度的工业污水和城市污水以及被污染的河流进行了卓有成效的治理，这是生物工程在污水治理中的实际运用。"WT - FG"生物技术，为中国环保事业走出一条投资省、见效快、运行费用低的路子作出了贡献。最近，该技术得到中国一批著名的生物专家的一致肯定，被中国政府列为"中国政府采购技术"。

"WT - 12"固体微生物具有高度浓缩和高度组合的特点，具备 1 200 种微生物，可以针对不同的污水组合为不同的微生物菌剂，这种高效的微生物菌群，每克中含有 10 亿 ~ 60 亿个微生物。利用它治理污水后，不会产生第二次污染，不会有新的活性污泥产生。"FG - 12"专用助剂，它在水中具有吸收、蓄存、释放氧气的作用，因此"WT - FG"生物法完全抛弃了传统的机械曝气设备，采取了用电量极少的循环喷水装置和"FG - 21"专用助剂来增加水中的溶解氧，大大节约了投资成本和运行费用。

第 6 章　冶金固体废物的处理与利用

6.1　概论

6.1.1　冶金固体废物种类与特点

1. 冶金固体废物种类

冶金固体废物是指在冶金生产过程中所排放的暂时没有利用价值而被丢弃的固体废物。根据其来源可分为以下几类：

> 矿山固体废物：采矿废石、选矿尾矿等；
>
> 火法冶炼渣：钢铁和有色金属熔炼渣、吹炼渣、精炼渣、富集渣等；
>
> 湿法冶金渣泥：浸出渣、净化过滤渣、湿法电解阳极泥、氧化铝生产中赤泥等；
>
> 烟、尘粉：烟气收尘，原料加工运输粉尘；
>
> 粉煤灰；
>
> 煤矸石；
>
> 废水处理污泥等。

按其化学成分可分为有机废物和无机废物；按其形状可分为固体废物（粉状、粒状、块状）和泥状废物（污泥）；根据《有色金属工业固体废物污染控制标准》（GB5085—1985），按其危害状况可分为一般性固体废物、有毒固体废物以及介于两者之间的固体废弃物。有害固体废物是指具有浸出毒性、腐蚀性、放射性和急性毒性四种中的一种或一种以上的固体废物。表 6－1 列出了按危害程度分类的有色金属工业固体废物种类。测定项目：总汞、铜、锌、铅、镉、砷、六价铬、总铬、镍、氟化物和腐蚀性。

表 6－1　有色金属工业固体废弃物按危害程度分类

分　类	来源	固 体 废 弃 物 名 称
一般性固体废物	矿山	各类采矿废石 铜、铅锌、锡、锑、汞、镍、钼、钨、稀有金属的尾矿
	冶炼	铜、铅的水淬渣、锌（罐、窑）渣、锡（烟化、二次）炉渣、锑（竖、鼓风）炉渣、汞沸腾炉渣、钴授出渣、镍熔炼渣、锂渣
有毒固体废物	矿山	含砷氧化铜尾矿、含铀铜尾矿、含砷锡精选尾矿
	冶炼	湿法炼铜浸出渣、砷铁渣、铅冶炼（砷钙渣、含砷烟尘）、锌冶炼（湿法炼锌浸出渣、中和净化渣）、锡冶炼（含砷烟尘、砷铁渣）、锑冶炼（碱渣、湿法炼锑浸出渣）、铍渣、制酸的废触媒
待测		汞高炉渣、赤泥、污水处理产生的污泥

有色金属工业固体废物浸出毒性的鉴别，应按 GB5086—1985《有色金属工业固体废物浸出毒性试验方法标准》执行。浸出液中任一种有害成分的浓度超过鉴别标准(见表 6 - 2)的固体废物，定为有害固体废物。测定项目包括总汞、铜、锌、铅、镉、砷、六价铬、总铬、镍、氟化物和腐蚀性。

有色金属工业固体废物浸出毒性测定的试样采集按 GB5086—1985《有色金属工业固体废物浸出毒性试验方法标准》1.1 执行；试样制备按 GB5086—1985《有色金属工业固体废物浸出毒性试验方法标准》1.1 执行；浸出液的制备方法，按 GB/T15555.1—1995《固体废物总汞的测定》附录 B 执行。

有色金属工业固体废物腐蚀性的鉴别，应按 GB5087—1985《有色金属工业固体废物腐蚀性试验方法标准》执行，pH 大于或等于 12.5，或者小于等于 2.0 的固体废物，定为有害固体废物；有色金属工业固体废物放射性的鉴别，应按现行的《放射防护规定》执行；有色金属工业固体废物急性毒性的鉴别，应按 GB5088—1985《有色金属工业固体废物急性毒性初筛试验方法标准》执行，当引起小鼠(大鼠)在 48 h 内死亡半数以上者，定为有害固体废物。

表 6 - 2　有色金属工业固体废物浸出毒性鉴别标准

项　　目	浸出液的最高容浓度/$(mg \cdot L^{-1})$
汞及其无机化合物(按 Hg 计)	0.05
镉及其化合物(按 Cd 计)	0.3
砷及其无机化合物(按 As 计)	1.5
六价铬化合物(按 Cr + 6 计)	1.5
铅及其无机化合物(按 Pb 计)	3.0
铜及其化合物(按 Cu 计)	50
锌及其化合物(按 Zn 计)	50
镍及其化合物*(按 Ni 计)	25
铍及其化合物*(按 Be 计)	0.1
氟化物(按 F 计)	50

注：* 为试行鉴别标准。

2. 冶金固体废物特点

(1)污染隐蔽性和长期性。固体废物呆滞性大、扩散性小，不像废气、废水那样易于流动，其污染往往通过水、气转化，使人不易觉察，可以随处堆放。人们往往对这类污染物不太注意，认为其对环境的危害程度和范围较小，因而往往固体废物长期堆放而得不到及时的处理和利用。但在风、雨等自然条件影响下，同样会扩散到大气中或渗透到地下，对土壤和水体造成长期危害性，因此必须引起高度重视。例如太原钢铁厂自 20 世纪 30 年代建厂到 80 年代，堆放了大量炉渣，形成渣山，给周围环境带来很大危害。80 年代后李双良治理渣山，彻底改变了这种状况。

(2)污染控制技术落后。由于人们对固体废物的污染性认识不足，所以其污染控制技术大大落后于废水、废气的治理。加之固体废物种类繁多、成分复杂，加工处理和综合回收工艺复杂，投资大，因而许多冶金企业没有相应的处理设施。

(3)综合利用水平低。固体废物具有双重性，即在一个时间、空间、特定环境下是废物，而在另一条件下可能就变成资源。因此综合回收利用固体废物不仅可以充分利用资源(有价金属回收),还可以节约能源(热能利用)。但国内目前多数企业废渣都没有金属回收和显热利用设施,一般是自然降温并随处堆放,综合利用程度和水平均不高。美国自20世纪70年代以来,已将每年排出的4 000多万吨钢铁渣全部加工利用。英、法、日、德国、瑞典、比利时等国家的高炉渣也已全部利用,丹麦、日本的煤灰渣已全部利用(表6-3)。

表6-3 几种主要固体废物处理和利用水平比较

废物名称	中国1981年水平			中国20世纪末预计排放量/万t	国际先进水平				
	排量/万t	利用量/万t	利用率/%		国别	年份/年	排量/万t	利用量/万t	利用率/%
粉煤灰	4 000	500	12.5	12 000~15 000	美国	1978	6 810	1 641	24
					英国	1976	1 233	507	40.1
高炉渣	1 751	1 523	83	4 000	美国	20世纪50年代	2 500左右	全部	100
钢渣	600	30	5	2 000	美国	20世纪70年代	1 700左右	全部	100
煤矸石	13 190	2 050	16	26 000	波兰	20世纪70年代	4 000左右	全部	100
工业有害废渣	未统计	无专门处置		4 000以上	美国	1978	4 000	填埋场3~5万处,另有焚烧、化学-物理-生物处理、固化及其他处置法	
生活垃圾	7 300	搬运量50%左右		10 000	美国	1978	14 000	基本处理完	100
粪便	7 300	清运量50%		10 000	各国	20世纪60年代	通过下水道		
		无害化1.6%							

6.1.2 冶金固体废物处理原则

冶金固体废物处理,是指通过物理、化学、生物等不同方法,使固体废物转化成适于运输、贮存、资源化利用以及最终处置的一种过程。随着对环境保护的日益重视以及正在出现的全球性的资源危机,工业发达国家开始从固体废物中回收资源和能源,并且将再生资源的开发利用视为"第二矿业",给予高度重视。我国于20世纪80年代中期提出了"无害化"、"减量化"、"资源化"的控制固体废物污染的技术政策,今后的趋势也是从无害化走向资源化。

1. 无害化原则

固体废物"无害化"处理是指将固体废物通过工程处理,达到不损害人体健康、不污染周围自然环境的目的。目前,固废"无害化"处理技术有:垃圾焚烧、卫生填埋、堆肥、粪便的厌氧发酵、有害废物的热处理和解毒处理等。其中"高温快速堆肥处理工艺"、"高温厌氧发酵处理工艺",在我国都已达到实用程度,"厌氧发酵工艺"用于废物"无害化"处理的理论已经成熟,具有我国特点的"粪便高温厌氧发酵处理工艺"在国际上一直处于领先地位。

2. 减量化原则

固体废物的"减量化"是指通过适宜的手段减少和减小固体废物的数量和容积,把排放量降到最小程度。这需要从两方面着手，一是减少固体废物的产生，二是对固体废物进行处理利用。首先从废物产生的源头考虑，为了解决人类面临的资源、人口、环境三大问题，人们必须注重资源的合理、综合利用，包括采用经济合理的综合利用工艺和技术，制定科学的资源消耗定额等。另外，对固体废物采用压实、破碎、焚烧等处理方法，也可以达到减量和便于运输、处理的目的。首先要实现固体废物排放量的最佳控制，必须排放的固体废物，要进行综合利用，使它们成为二次资源加以利用。

3. 资源化原则

固体废物"资源化"是指采取适当的工艺技术，从固体废物中回收有用的物质和能源。近40年来，随着工业文明的高速发展，固体废物的数量以惊人的速度不断增长，而另一方面世界资源也正以惊人的速度被开发和消耗，维持工业发展命脉的石油和煤炭等不可再生资源已经濒于枯竭。在这种形势下，欧美及日本等许多国家纷纷把固体废物资源化列为国家的重要经济政策。世界各国的废物资源化的实践表明，从固体废物中回收有用物资和能源的潜力相当大。表6-4是美国资源回收的经济潜力，由此可见固体废物资源化能产生可观的经济效益。

表6-4 美国资源回收的经济潜力

废物料	年产生量（百万 t/a）	可实际回收量（百万 t/a）	二次物料价格（美元/t）	年总收益（百万美元）
纸	40.0	32.0	22.1	705
黑色金属	10.2	8.16	38.6	316
铝	0.91	0.73	220.5	160
玻璃	12.4	9.98	7.72	77
有色金属	0.36	0.29	132.3	38
总收益	—	—	—	1 296

固体废物资源化的优势很突出，主要有以下几个方面：①生产成本低，例如用废铝炼铝比用铝矾土炼铝可减少资源消耗90%~97%，减少空气污染95%，减少水质污染97%；②能耗少，例如用废钢炼钢比用铁矿石炼钢可节约能耗74%；③生产效率高，例如用铁矿石炼1 t钢需8个工时，而用废铁炼1 t电炉钢只需2~3个工时；④环境效益好，可除去有毒、有害物质，减少废物堆置场地，减少环境污染。

6.1.3 冶金固体废物一般处理方法

固体废物处理是通过物理、化学、生物等不同方法，使固体废物转化为适于运输、贮存、资源化利用以及最终处置的一种过程。固体废物处理方法有物理处理、化学处理、生物处理、热处理、固化处理。

1. 物理处理

物理处理是通过浓缩或相变化而改变固体废物结构，使之成为便于运输、贮存、利用或处置的形态。物理处理方法包括冷却、破碎、水淬、压实、分选、增稠、吸附、萃取等。

2. 化学处理

化学处理是用化学方法破坏固体废物中的有害成分从而达到无害化，或将其转变为适于进一步处理、处置的形态。化学处理方法包括氧化、还原、中和、化学沉淀和化学溶出等。

3．生物处理

生物处理是利用微生物分解固体废物中可降解的有机物，从而达到无害化或综合利用。生物处理在经济上一般比较便宜，应用也相当普遍，但处理时间长，处理效率不够稳定。生物处理固体废物有下面几种方法：

（1）好氧生物处理

好氧生物处理是利用好氧微生物在有氧条件下的代谢作用，将废物中复杂的有机物分解成二氧化碳和水，其重要条件是保证充足的氧气供应、稳定的温度和水。实际工程中就是在填埋场中注入空气或氧气，使微生物处于好氧代谢状态。

（2）厌氧生物处理

厌氧生物处理是利用在无氧条件下生长的厌氧或兼性微生物的代谢作用处理废物，其主要降解产物是甲烷和二氧化碳等，一般需要保证温度、无氧或低溶解氧浓度。

（3）准好氧处理

准好氧填埋场的主要设计与运行思想是使渗滤液集水沟水位低于渗滤液集水干管管底高程，使大气可以通过集水干管上部空间和排气通道，使填埋场具有某种好氧条件。准好氧处理靠垃圾分解产生的发酵热造成内外温差，使空气流自然通过填埋体，促进废物的分解和稳定。准好氧填埋有如下优点：①它不需要强制通风，节省能量；②渗滤液产生后被迅速收集，减少了对地下水的污染；③相对于厌氧处理，废物稳定得更快，危险气体，如 CH_4、H_2S 等的产量降低；④易于混合生物处理，混合生物处理是既有好氧又有厌氧的生物处理方法，是在填埋下一层废物之前好氧处理 30～60 d，其目的是让废物尽快经过产酸阶段为进入厌氧产甲烷阶段做准备。这种方法主要的优点在于把厌氧的操作简单和好氧的高效率有机地结合起来了，增加了对挥发性有机酸、对空气具危害性的污染物的降解，其主要特点是降解速度快。

4．热处理

热处理是通过高温破坏或改变固体废物组成和结构，同时达到无害化或综合利用的目的。热处理方法包括焚烧、焙烧、烧结等。

5．固化处理

固化处理是采用固化基材将废物固定或包覆起来以降低其对环境的危害。固化处理的主要对象是有害废物和放射性废物。

6．等离子体处理固体废弃物

等离子体技术应用于污染治理的研究开始于 20 世纪 50 年代，由于等离子体中的电子具有较宽的能量分布，电子能量高，可与原子、分子碰撞，产生各种粒子，从而进行热化学较困难甚至不可能进行的化学反应。

等离子体处理系统主要有进料系统、等离子体处理室、熔化产物处理系统、电极驱动及冷却密封系统组成。固体废物通过进料系统进入等离子体处理室，有机物被分解气化，无机物则被熔化成玻璃体硅酸盐及金属产物，气化产物主要是合成气（CO、H_2、CH_4）和少量的 HF、HCl 等酸气。熔化产物被收集到处理器中被冷却为固态、金属可回收。熔化的玻璃体可用来生产陶瓷化抗渗耐用的玻璃制品，合成气通过过滤器去除烟尘和酸气后排向大气。

目前等离子体处理废弃物的应用研究均取得了较好的效果，中国科学院等离子体研究所通过 150 kW 的高效电弧在等离子高温无氧状态下，将危险废弃物在炉内分解成气体、玻璃体和金属三种物质，然后从各自的排放通道有效分离。由于整个处理过程和处理环境实现了"全封闭"，因此不会造成对空气的污染，同时排放出的玻璃体可用作建材、金属可回收使用，从而基本上实现了真正意义上的污染物"零排放"。李军等人采用等离子体技术的高温特性处理城市污水厂的污泥，得到了类似水煤气的气体产物。处理后的污泥呈现玻璃态或明显碳化。通过实验说明了等离子体技术处理城市污泥的可能性。Chin – ching tzeng 等利用自行研制的功率为 100 kW、处理量为 10kg/h 的等离子体焚化炉，在 1 650℃ 下处理不可燃放射性废物，最终将放射性废物转化为稳定的玻璃态或陶瓷状的熔渣。Koutaro、Katou 等用石墨电极等离子体熔炉处理城市固体废弃物焚烧后残余物，得到了不含重金属的熔渣，无 NO_x 气体排放，HCl、SO_x 气体的产生也相对受到抑制。深圳市真高科实业有限公司针对医院里带菌、带毒医疗垃圾处理难等问题，与清华大学、核工业物理研究所共同研发出新型"等离子体特种垃圾焚烧炉"，该产品经医院使用后显示，能有效地实现医疗垃圾无害化处理。

7. 微波技术在固体废弃物处理中的应用

微波是指波长在 1 mm 到 1 m 的电磁波，它具有电磁波的诸如反射、透射、干涉、衍射、偏振以及能量传输等波动特性。近几年来，微波的高效发热特性的进一步开发，使得它的应用从传统的通讯领域转向催化化学、材料加工、污染控制等领域。其中，在污染控制领域，特别是在工业污泥、医疗垃圾、废旧轮胎、电子垃圾以及建筑垃圾等固体废弃物的处理方面取得了较大的进展。

(1)微波加热的机理

在微波加热的过程中，微波能转化为热能的机理有两种，即偶极子转动机理和离子传导机理。偶极子转动机理是由微波辐射引起物体内部的分子相互摩擦而产生热能。自然界的介质都是由一端带正电荷、另一端带负电荷的分子(或偶极子)组成。在自然状态下，介质内的偶极子作杂乱无章的运动和排列，当介质处于电场中时，其内部重新进行排列，变成了有一定取向、有规则排列的极化分子。当电场方向以一定频率交替变化时，介质中的偶极子的极化取向也以同样频率转变，在转变过程中，因分子间相互摩擦、碰撞而产生热能。电场变化频率越快，偶极子转动的频率也就越快，产生的热效应越强，而微波波段电磁场频率高达 10^8 数量级，所以在微波辐射下，偶极子转动产生的热量相当可观，从而使体系在很短的时间内达到很高的温度。偶极子转动产生的加热效率取决于介质的弛豫时间、温度和黏度。离子传导机理是指可离解离子在电场中产生导电移动，由于介质对离子的阻碍而产生热效应。离子传导产生的加热效率取决于离子的大小、浓度、电荷量和导电性。

(2)微波加热的特点

传统加热是利用传导和对流方式进行的，首先加热容器，容器将热量传导到物体表面，然后热量由表面传递到物体内部，从而获得热平衡条件，因此加热需要较长时间。而加热环境一般不可能严格地绝热封闭，长时间加热，就可能向环境散发大量热量。而微波加热通常在全封闭状态下进行，微波功率以光速渗入物体内部，及时转变为热能，避免了长时间加热过程中的热散失，并且可对物体内外部进行"整体"加热，因此，与传统的加热方式相比，微波加热具有效率高、速度快、能耗低等特点。

工业污泥是油和含固体碎屑的水的乳化物，全球每年产生的含油污泥多达几十亿吨，常规的处理工艺是：加热破乳—离心分离—填埋。由于加热破乳时常常使用破乳添加剂，因此产生的残留物很难处理，脱油后需要填埋处理的残渣量大，填埋费用高。美国 D. A. Purta 等人开发了钢厂含油淤泥的微波脱油技术,该技术是将含油和金属的污泥与添加剂混合,然后在一个流动系统中接受微波辐照 10 min,最后通过离心分离,分离出固体物质(主要是 Fe、FeO_x)、油和水。分离出的固体可重新用作炼钢原料,油可作燃料出售。研究表明,该微波破乳脱油系统的处理速度比常规的脱油系统快 30 倍,处理系统的体积可节省 90%,大幅度降低了需要填埋处理的固体废渣,降低了填埋费用,采用微波脱油处理该钢厂污泥,处理费用比常规处理方法降低不少。

王俊、刘康怀等采用微波加热法对南宁味精厂剩余污泥进行脱水试验,结果表明,经微波加热 50 s 后,污泥的滤速可达到 35 mL/h,而采用水浴加热时,温度升高到 60℃ 时滤速才能达到 35 mL/h;而且采用微波加热时污泥的温度只要达到 70℃ 就与水浴加热到 80℃ 的过滤效果相接近。

8. 固体废物热裂解技术

热解在英文中使用"Pyrolysis"一词,在工业上也称为干馏。它是将有机物在无氧或缺氧状态下加热,使之分解为:

①以氢气、一氧化碳、甲烷等低分子碳氢化合物为主的可燃性气体;②在常温下为液态的包括乙酸、丙酮、甲醇等化合物在内的可燃油;③纯碳与玻璃、金属、土砂等混合形成的炭黑化学分解过程。

热裂解废弃物处理系统一般分为以下几部分:

①油压自动进料,前端可搭配倾倒机、真空收集系统、自走式压缩子车、输送带及抓斗等装置,以达完全自动化的目的;

②一次燃烧室:采用缺氧热烈解燃烧,依需要炉床可采用固定式、多层式设计,炉体分三阶段即干燥段、燃烧段及燃烬段,并保持微负压防止烟气外窜;

③二次燃烧室:采用柱塞流无死角设计可充分混合可燃气体,提高戴奥辛破坏去除效率。烟气停滞进间可依需求设计为一秒或更久,燃烧温度可达 1 000℃ 以上,完全符合法规要求;

④出灰系统:可依需求设计为自动或手动出灰,并可搭配出灰子车或输送带收集灰烬。出灰口装设冷却洒水装置,并防止灰烬飞散;

⑤废热回收系统:设置废热回收锅炉,以热水或蒸汽方式回收使用。其中一部分热源可提供给热交换器使用,来提升排放烟气的温度达到 110℃,以防止白烟产生;

⑥废气处理系统:具除酸、除尘功能且符合法规之排气标准,并可依需求设计湿式、干式或半干式系统。

其基本机理是:热裂解气化炉内分三个层次,从上往下依次分为干燥段、热解段、燃烧段、燃烬段。进入热裂解气化炉的垃圾首先在干燥段由热裂解段上升的烟气干燥,其中的水分挥发;在热裂解气化段分解为一氧化碳、气态烃类等可燃物并形成混合烟气,混合烟气被吸入二燃室燃烧;热裂解气化后的残留物(液态焦油、较纯的炭素以及垃圾本身含有的无机灰土和惰性物质等)沉入燃烧段充分燃烧,温度高达 1 110~1 300℃,其热量用来提供热裂解段和干燥段所需能量。燃烧段产生的残渣经过燃烬段继续燃烧后冷却,由热解气化炉底部的一次风冷却(同时残渣预热了一次风),经炉排的机械挤压、破碎后,由排渣系统排出炉外。一次风穿过残渣层给燃烧段提供了充分的助燃氧。空气在燃烧段消耗掉大量氧气后上行至热裂解段,并形成了热裂解气化反应发生的欠氧或缺氧条件。由此可以看出,固废在热裂解气化炉内经热裂解后实现了能量的两级分配，裂解成分进入二燃室焚烧，裂解后残留物留在热裂解气化炉内焚烧，固废的热分解、气化、燃烧形成了向下运动方向的动态平衡。在投料和排渣系统连续稳定运行时，炉内各反映段的物理化学过程也持续稳定进行，从而保证了热裂解气化炉的持续正常运转。

从以上可以看出采用热裂解技术处理固体废物，不但可以避免感染的危险，也可除去毒物，保护环境，加上能源的回收，可谓是一举数得，它将取代传统焚化而变成处理固体废物特别是有害废弃物的主流。

6.2 矿山固体废物的处理

6.2.1 尾矿与尾矿设施

矿山开采出来的矿石，经过选矿，从中选出有用矿物后，剩下的矿渣叫尾矿。通常，它以矿浆状态排出。这是在现有技术经济条件下未能回收利用的工业废料。由于在尾矿中含有许多对人类有用的元素，因此，尾矿仍是一种资源。

尾矿设施，一般是对尾矿的输送系统和堆存系统组成的总称。其功能在于将选矿后剩下的矿渣妥善地贮存起来，防止流失和污染。这是矿山建设的一项重要工程。

尾矿的堆存处置，通常利用有利地形，围筑堤坝，形成一定的容积，将尾矿排入其中，这种设施称之为尾矿库。为此而修筑的堤坝和尾矿堆积而成的坝体总称为尾矿坝。用贮存的方法处理尾矿是保护矿产资源的重要措施。

新中国成立以来，中国有色金属矿山已兴建了近300座尾矿库，总库容量25亿立方米以上。有色金属矿山尾矿库型有山谷型、山坡型、平地型三种，以山谷型为主，占尾矿库总数的90%以上。属于山坡型的有云南锡业公司古山广街尾矿库和大屯大塔冲尾矿库等。属于平地型的有铜官山铜矿五公里尾矿床，铜录山铜矿尾矿库，云南锡业公司古山葫芦塘尾矿库和金川有色金属公司一、二期尾矿库等。

6.2.2 安全填埋技术

安全填埋技术是目前国内外对有害固体废弃物进行安全处置应用最多的一种方法。安全填筑场地的规划设计原则如下：

①处置系统是一种辅助性设施，因此不应妨碍工厂的正常生产；

②容量要足够大，起码能容纳一座工厂所产生的所有废物，并为将来场地的发展做好准备；

③要设置容量波动和平衡功能的设施，以适应生产和工艺变化中所造成的废物性质变化和数量变化；

④处置系统应能在各种气候下操作；

⑤处置场地所在地区的地质结构合理，环境适宜，可以长期使用；

⑥处置系统必须符合所有现行法律和制度上的规定以及危险废物土地填筑处置标准。

6.2.3 矿山复垦技术

"复垦"是重新开垦已被破坏的土地，使之恢复其应有的使用价值。矿山开发后土地的复垦包括有采空区复垦、地下采矿复垦、废石场复垦和尾矿场复垦等。

1. 采空区复垦

(1)对无覆盖层的浅露天采场

由于挖掘的废石很少,能否复垦与该露天坑是否为洪水淹没有关。对于永久性淹没的采空区,一般在淹没区岸边种植树木,以形成"人工湖"风景区。种植树木应选择有观赏价值和喜水性的乔木和灌木。

对于断续淹没的采空区,则可考虑用其他土石废料充填其全部或部分后再予复垦种植。

对于不受淹没的浅采空区,可采用所谓交替循环复田法复垦。剥离区挖掘出来的表土覆盖到开采后的采空区上,上面再进行种植复垦,复垦后的土地用于农业和牧业。

(2)厚覆盖层的深采场

此类采场不但有大量的废石,也有大量的尾矿需要处理。如将废石和尾矿充填采空区时,复垦方法与前相似,当废石和尾矿另行堆置时,则废石堆和尾矿场需要进行复垦。

2. 废石场复垦

为使光秃的废石堆表面达到长期稳定,除种植植物外,也可用其他物理和化学处理,如用土壤覆盖或用含高分子聚合物液体喷洒覆盖等。

为使废石"土壤"增加肥力,需注意添加磷钾等成分并考虑固氮。用石灰来中和其酸性。关于植物物种的选择,可先通过观察调整筛选出适宜于在废石堆中生长良好的植物。

3. 尾矿场复垦

尾矿多为松散的矿石颗粒,很难形成土壤一样的团粒结构,其本身又缺少养料,故一般植物很难在其上面生长存活,但存在一种抗高金属含量和耐低养分能力的耐性植物,其根部细胞能络合金属离子,使之固定变为无毒,且能从深部吸收水分,不怕干旱。这类植物适用于尾矿场的复垦。

6.3 火法冶炼渣的处理与利用

火法冶炼渣是火法冶金过程产生的熔炼渣、吹炼渣和精炼渣等,由于其种类繁多、成分复杂,处理和利用工艺亦多种多样。火法冶炼渣产量较大的有钢铁冶金炉渣、铜、铅锌冶炼渣,故本节主要介绍这几种炉渣的加工处理和综合利用。

6.3.1 高炉渣的处理与利用

高炉渣是冶炼生铁时从高炉中排放出的废渣,炼铁的主要原料有助溶剂、铁矿石和焦炭。当炉温达到 $1400 \sim 1500℃$ 时,炉料熔融,助溶剂与铁矿石发生高温反应生成生铁和矿渣,而矿石中的脉石、焦炭中的灰分、助溶剂和其他不能进入生铁的杂质形成以硅酸盐和铝酸盐为主的熔渣,称为高炉渣。每生产 1 t 生铁所排放的高炉渣随矿石品位和冶炼方法的不同而变化。例如采用贫铁矿炼铁时,每吨生铁产生 1.0~1.2 t 的高炉渣,而采用富铁矿冶炼生铁时,每吨生铁只产生 0.25 t 的高炉渣。由于近代选矿和炼铁技术的提高,高炉渣量已经大大下降。

1. 高炉渣的分类

由于炼铁原料品种和成分的变化及操作等工艺因素的影响,高炉渣的组成和性质也有所不同。高炉渣的分类主要有以下两种方法。

（1）按冶炼生铁的品种分

①铸造生铁渣：冶炼铸造生铁时排放出的熔渣。

②炼钢生铁渣：冶炼供炼钢用生铁时排出的熔渣。

③特种生铁渣：用含有其他金属的铁矿石熔炼生铁时排出的熔渣。

（2）按矿渣的碱度区分

高炉渣的化学成分中的碱性氧化物之和与酸性氧化物之和的比值称为高炉渣的碱度或碱性率，用 R 表示，即：

$$R = \frac{CaO + MgO}{SiO_2 + Al_2O_3}$$

按照高炉渣的碱性率可以把矿渣分为三类：

①碱性渣：碱性率 $R > 1$ 的渣。

②中性渣：碱性率 $R = 1$ 的渣。

③酸性渣：碱性率 $R < 1$ 的渣。

这是高炉渣最常用的一种分类方法。碱性率比较直观地反映了重矿渣中碱性氧化物和酸性氧化物含量的关系。我国高炉渣，大部分接近中性矿渣（Mo 含量为 0.99～1.08），高碱性及酸性高炉渣数量较少。

2. 高炉渣的化学组成

高炉渣的主要化学成分是二氧化硅（SiO_2）、三氧化二铝（Al_2O_3）、氧化钙（CaO）、氧化镁（MgO）、氧化锰（MnO）、氧化铁（FeO）和硫（S）等。此外，某些矿渣还含有微量的氧化钛（TiO_2）、氧化钒（V_2O_5）、氧化钠（Na_2O）、氧化钡（BaO）、五氧化二磷（P_2O_5）、三氧化二铬（Cr_2O_3）等。在高炉渣中氧化钙（CaO）、二氧化硅（SiO_2）、三氧化二铝（Al_2O_3）占 90% 以上（质量分数）。我国及某些国家的高炉渣成分见表 6-5。

表 6-5 我国及某些国家的高炉渣化学成分（%）

名称	SiO_2	Al_2O_3	CaO	MgO	MnO
中国	21～45	5～21	24～45	1.1～12	0.1～12
日本	31～37.4	12.4～19.5	36～44.3	2.3～8.8	0.4～1.4
美国	33～42	10～16	36～45	3～12	0.2～1.5
德国	28～38	6～17	35～48	2～14	0～1
法国	32.9	14.7	45.1	3.7	0.45
英国	28～36	12～22	36～43	4～11	—

名称	Fe_2O_3	FeO	S	TiO_2	V_2O_5	P_2O_5
中国	0.6～5	—	0.2～2	～26	～0.5	—
日本	—	0～0.1	0.5～1.3	0.2～2.7	—	—
美国	—	0.3～2	1～3	—	—	—
德国	—	0～3	1～3	—	—	0～1
法国	—	1.1	1	—	—	—
英国	—	0.3～1.7	1～2	—	—	—

高炉渣的矿物组成与生产原料和冷却方式有关。高炉渣中的各种氧化物成分以硅酸盐形式存在,碱性高炉矿渣最常见的矿物有黄长石、硅酸盐二钙、假硅灰石、尖晶石等。

酸性高炉渣由于冷却速度的不同,形成的矿物也不一样。当快速冷却时全部凝结成玻璃体;缓慢冷却时(特别是弱酸性的高炉渣)常常出现结晶的矿物相,如黄长石、假硅灰石、辉石和斜长石等。

高钛高炉渣的矿物成分几乎含有钛,锰矿渣中含有锰橄榄石$(2MnO \cdot SiO_2)$矿物。镜铁矿渣中存在着蔷薇辉石$(2MnO \cdot SiO_2)$。

根据高炉渣的化学成分和矿物组成,高炉渣属于硅酸盐材料范畴,适于加工制作水泥、碎石、骨料等建筑材料。

3. 高炉渣的加工和处理

在利用高炉渣之前,需要进行加工处理。其用途不同,加工处理的方法也不同。我国通常是把高炉渣加工成水渣、矿渣碎石、膨胀矿渣和矿渣珠等形式加以利用。

(1)高炉渣水淬处理工艺

高炉渣水淬处理工艺就是将热熔状态的高炉渣置于水中急速冷却的处理方法。经过水淬处理后的熔渣可变为疏松的粒状矿渣,目前普遍采用的水淬方法有渣池水淬和炉前水淬。

渣池水淬。渣池水淬是用渣罐将熔渣拉到距高炉较远的地方,将熔渣直接倾入水池中,在水池中进行水淬。此法最大的优点是节约用水,主要缺点是产生大量的渣棉和硫化氢气体污染空气。

炉前水淬。炉前水淬是利用高压水使高炉渣在炉前冲渣沟内淬冷成粒并输送到沉渣池形成水渣。根据过滤方式的不同可分为炉前渣池式(用电葫芦抓出,供水用直流电,也称 OCP 法);水力输送渣池式(用吊车抓出,供水有直流和循环两种方式);搅拌槽泵送法。

(2)矿渣碎石工艺

矿渣碎石是高炉熔渣在指定的渣坑或渣场自然冷却或淋水冷却形成较为致密的矿渣后,再经过挖掘、破碎、磁选和筛分而得到的一种碎石材料。其生产工艺有热泼法和提式法两种。

热泼法是将熔渣分层泼到在坑内或泼场上,泼完后,喷洒适量水促使热渣加速冷却和破碎,达到一定厚度时,可用挖掘机等进行采掘,用翻斗汽车运到处理车间进行破碎,磁选、筛分加工,并将产品分级出售。该方法生产工艺简单,然而也有许多不足之处。目前国外多采用薄层多层热泼法,该法每次排放的渣层厚度为 4~7 cm、6~10 cm 和 7~12 cm。与过去常用的单层放渣相比,该法的优点是操作容易;渣坑容积大;放出的渣层薄;熔渣中的气体容易逸出;渣的密度大;分层放渣时产生的玻璃态物质,易被上层的熔渣充分结晶化并得到退火。

提式法是用渣罐车将热熔矿渣运至堆渣场,沿铁路路堤两侧分层倾倒,待形成渣山后进行开采加工制成各种粒级的重矿渣。提式法是为了利用重矿渣、挖掉渣山而进行的一种开采方法。

(3)膨胀矿渣和膨胀矿渣珠生产工艺

膨胀矿渣是用适量冷却水急冷高炉熔渣而形成的一种多孔轻质矿渣。其生产方法可用喷射法、喷雾器堑沟法、滚筒法等。

喷射法是欧、美国家使用的方法,一般是在熔渣倒向坑内的同时,坑边有水管喷出强烈的水平水流进入熔渣，使渣急冷增加黏度，形成多孔状的膨胀矿渣，喷出的冷却剂可以用水，也可以用水和空气的混合物，使用的压力为 0.6 ~ 0.7 MPa。

喷雾器堑沟法是前苏联使用的方法，其生产工艺类似于喷射法，使用的喷雾器为渐开线式的喷头或用钻有小孔的水管制成。喷雾器设在沟的上边缘。放渣时，由喷雾器向渣流喷入 500 ~ 600 kPa 压力的水流，水流能够充分击碎渣流，使熔渣受冷黏度增加，渣中的气体及部分水蒸气固定下来，形成多孔的膨胀矿渣。

滚筒法是我国通常采用的一种方法，此法工艺简单，主要由接渣槽、溜槽、喷水管和滚管组成，溜槽下面射有喷嘴，当热熔渣流过溜槽时，受到从喷嘴喷出的 0.6 MPa 压力的水流冲击，水与熔渣混合一起流至滚筒上并立即被滚筒甩出，落入坑内，熔渣在冷却过程中放出气体，产生膨胀。

现在，国内外正在推行一种生产膨胀矿渣珠(简称膨珠)的方法。膨珠的形成过程是热熔矿渣进入流槽后经喷水急冷，又经高速旋转的滚筒击碎、抛用并继续冷却，在这一过程中熔渣自行膨胀，并冷却成珠。这种多孔具有多孔、质轻、表面光滑的特点，并且在生产过程中用水量少，放出较少的硫化氢气体，从而减轻对环境的污染。另外膨珠不用破碎即可直接用作轻混凝土骨料。

4. 高炉渣的综合利用

高炉矿渣的综合利用技术在我国已有几十年的历史，到 2000 年高炉渣的利用率达到 90% 以上。其中 90% 冲成水淬矿渣，大部分用作水泥的混合原料和无熟料水泥的原料，少部分用来生产矿渣砖、瓦等，其余作道路路基渣、铁路道渣及混凝土骨料，少量用于生产矿渣棉、膨胀矿渣珠等。而在英、美、德、日等工业发达国家，自 20 世纪 70 年代以来就已经做到当年排渣，当年用完，全部实现了资源化。

据 1985 年资料统计，日本高炉渣的利用率几乎达 100% 。主要用于筑路、作水泥原料，用于开垦荒地和建筑骨料。转炉渣利用率在 81% ，主要用于填海和土建工程，其中 20% 在钢铁厂内循环使用。电炉渣利用率约为 56% ，用于筑路、厂内循环、作建筑骨料。高炉缓冷渣用于筑路、混凝土骨料。急冷渣大部分作水泥原料、混凝土骨料。目前，日本在钢渣热熔液中添加了一种添加剂，基本上解决了钢渣膨胀问题。经过处理钢渣作为筑路材料、水泥原料、混凝土骨料等建筑材料和符合 JIS(日本工业规范)标准的各种工业产品。全日本冶金渣的利用率目前达到 90% 。日本研究用钢渣生产铁酸盐水泥，其主要性能与硅酸盐水泥一样。

前苏联时期，钢渣作为有用元素的来源，不仅用于燃料燃烧过程，而且也用于金属熔炼、精炼和回炉高温冶炼过程。在医学上，充分利用高炉炉渣中硫、钙、镁、铁等化合物含量较高这一特性，将钢渣溶于水中形成矿化水，用来治疗风湿性关节炎、皮肤病以及神经痛等疾病。

德国推荐在水利工程、堤坝建筑中使用钢渣，已经用转炉钢渣加固了莱茵河港口和谬司河岸，用平炉钢渣加固了一些河流的河床。采用 0 ~ 10 mm 转炉钢渣加固海岸斜坡脚，使海岸下部基础更结实，船舶停泊几年也不会损坏。通常是将转炉钢渣装入铁丝网内，像溜坡一样滑到坡脚下进行加固。即使有体积不稳定的钢渣，在上述情况下也不会产生问题。

瑞典利用熔融钢渣加入碳、硅和铝质材料，达到回收金属的目的，并用于生产水泥。美国的钢渣利用率为 79% ，其中 59% 用于冶炼熔剂。美国国内 8 条主要铁路也是采用钢渣作铁路道渣。联合国(ECE)组织对美、日、俄、德、法等 20 多个国家钢渣的利用情况作了调查，统计表明，20 个国家的钢渣 50% 左右用于道路工程。钢渣在烧结、炼铁、化铁炉、水泥生产中应用，德国为 31% 、日本为 25% 、美国为 50% 。

（1）高炉水渣的利用

①生产矿渣水泥。熔渣经水淬急冷，阻止了矿物结晶，形成大量无定形玻璃体结构。它具有潜在活性，在激发剂作用下，与水化合可生成具有水硬性的胶凝材料。

目前，我国约有 3/4 的水泥掺有高炉水渣。

②生产矿渣砖。用水渣加入一定量的水泥等凝胶材料，经过搅拌、成型和蒸汽养护而成的砖叫做矿渣砖。矿渣砖在我国已大量生产，其工艺流程图见图 6－1。

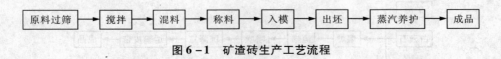

图6－1 矿渣砖生产工艺流程

参考配比为：高炉水渣 85% ~90% ，磨细生石灰 10% ~15% 。矿渣砖的性能见表 6－6。

表6－6 矿渣砖性能

规格 长×宽×厚 /mm	抗压强度 /MPa	抗折强度 /MPa	容重 /(kg· m⁻³)	吸水率 /%	导热系数 /(kJ·m⁻¹· h⁻¹·℃⁻¹)	磨损系数	抗冻性	适用范围
240×115 ×53	10~20	2.4~3.0	2 000~ 2 100	7~10	2.09~2.508	0.94	经 25 次冻融循环强度合格	适用于地下和水下建筑，不适宜用于250℃以上部位

（2）矿渣碎石的利用

由热熔高炉矿渣在空气中自然冷却而形成的一种坚硬质材料称为重矿渣。重矿渣经过挖掘和采掘，并经破碎和筛分后可得到不同粒径的分级矿渣（简称矿渣碎石）。粒径在 5mm 以下的细粒叫矿渣砂。高炉矿渣碎石可广泛代替天然石料使用。矿渣碎石混凝土已在 500 号及500 号以下的混凝土、钢筋混凝土、预应力混凝土等工程中应用。还广泛应用于道路工程、地基工程和铁路道渣等，已取得良好的经济效果。

（3）膨胀矿渣及膨珠的利用

利用膨胀矿渣作作骨料，可配制容重为 1 400 ~200 kg/cm³ 和强度为 100 ~300 kg/cm² 的膨胀矿渣轻混凝土。其保温性能优良。另外也用作防火隔热材料。

膨珠可以用于轻混凝土制品及结构，如用于制作砌块、楼板、预制墙板等，另外，膨珠还可代替水泥掺合料使用，也可作为公路路基材料和混凝土细骨料使用。

（4）高炉矿渣的其他用途

①生产矿渣棉。矿渣棉是以矿渣为主要原料，经熔化、高速离心法或喷吹法制成的一种白色棉丝状矿物纤维材料。它具有质轻、保温、隔声、隔热、防震等性能。化学成分见表 6－7。

表 6 - 7　矿渣棉的化学成分(%)

名称	SiO_2	Al_2O_3	CaO	MgO	Fe_2O_3
矿渣棉	36 ~ 39	10 ~ 14	38 ~ 42	6 ~ 10	0.6 ~ 1.2

　　生产矿渣棉的方法有喷吹法和高速离心法两种。原料经化铁炉熔化后获得熔化物，由喷嘴流出时，用水蒸气或压缩空气喷吹而成的称为喷吹法。使熔化的原料落在回转的圆盘上，用高速离心力甩成矿棉的称为高速离心法。生产工艺流程见图 6 - 2，矿渣棉的性能见表 6 - 8。

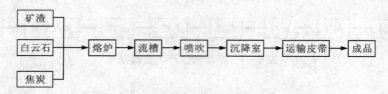

图 6 - 2　喷吹法生产矿渣棉的工艺流程

表 6 - 8　矿渣棉的性能

容重 1 961 Pa 压力下 /(kg·m⁻³)	导热系数 /(kJ·m⁻¹·h⁻¹·℃⁻¹)	烧结温度 /℃	纤维直径 /μm	渣球直径 >0.5mm	使用温度范围 /℃
一级 <100	<0.159	800	<6	<6	-200 ~ 800
一级 <150	<0.167	800	<8	<10	-200 ~ 800

　　②生产建材玻璃与微晶玻璃。在玻璃配合料中引入部分精选高炉炉渣具有如下优点：加速玻璃的熔制过程，降低熔化温度，从而减少能源的消耗；改善玻璃质量，明显减少玻璃的缺陷；降低产品成本；减少对环境的污染。

　　我国的高炉炉渣大都进行水淬处理，利用水淬的高炉炉渣再经适当的粒度处理和均化处理，作为制造玻璃的原料是完全可行的。

　　国外有用矿渣生产微晶玻璃的产品。在固定式或回转式炉中，将高炉渣与硅适合结晶促进剂一起熔化成液体，用吹、压等一般玻璃成型方法成型，并在 730 ~ 830℃下保温 3 h，升温至 1 000 ~ 1 100℃，保温三小时，使其结晶，冷却后即为矿渣微晶玻璃。另外高炉渣还可以生产玻璃马赛克、装饰面砖、玻璃人造大理石等。矿渣微晶玻璃的性能见表 6 - 9。

表 6 - 9　矿渣微晶玻璃性能

名称	容重 /(kg·m⁻³)	抗折强度 /MPa	抗压强度 /MPa	冲击值	软化点 /℃	使用温度 /℃	在硫酸中防腐性/%	耐性 /%	吸水率 /%
矿渣微晶玻璃	2.5 ~ 1.65	90 ~ 130	500 ~ 600	为玻璃的 3 ~ 4 倍	950	750 以下	经 25 次冻融循环强度合格		

在炉料中加入氟磷灰石作为稳定剂，适当控制熔融高炉渣的冷却速度，可浇注铸石制品。其容重为 2 000 ~ 3 000 kg/cm³，抗压强度为 600 ~ 3 500 kg/cm²。可用于耐磨地面、建筑物的饰面板及抗冲刷的防水护坡等。用含钛高炉渣制作的微晶铸石，比普通铸石有更高的热稳定性和抗冲击性，具有较好的耐蚀性和耐磨性，可代替铸铁、钢和橡胶作为某些设备的耐磨、耐蚀内衬。含钛高炉水淬渣和陶土配料作釉面砖素坯，可以生产符合国家标准的釉面砖，烧成温度低，节约能源，延长窑炉寿命。用高炉渣和陶土的混合物制成的瓷砖、地砖，性能达到了同类产品要求的指标。

(5)特殊高炉渣

①白云鄂博稀土矿渣：包头钢铁公司以我国特有的白云鄂博大型铁、稀土、铌多金属共生复合矿为主要原料，由于铁精矿 ThO_2 含量大于 0.02%，Fe_2O_3 含量 1.5% 左右，每冶炼 1t 生铁排放 500kg 左右放射性含稀土高炉渣。包钢自 1959 年投产以来，为储存这些特殊高炉渣，建立了 2 个渣场，占地面积 4 平方公里以上，现已累计堆积 4 000 多万吨，而且每年新增 200 ~ 250 万 t。1985 年前排放的老高炉渣，ThO_2 含量 0.08% ~ 0.1%，堆存量 1 500 万 t；1985 年后产生的新高炉渣，ThO_2 含量 0.04% ~ 0.064%。近年来，尽管包钢选矿、冶炼技术进步和白云鄂博铁精矿所占比例减少(外购精矿比例增加)，但包钢高炉渣中的钍含量仍在 0.03% 以上。包钢高炉渣放射性与高炉渣中二氧化钍含量正相关，新渣 γ 辐射剂量率平均为 5.4×10^{-7} Gy/h；老渣 γ 辐射剂量率平均为 8.2×10^{-7} Gy/h。老渣总比放活度为 $(2.5 ~ 4.3) \times 10^4$ Bq/kg，新渣总比放活度为 $(1.4 ~ 3.1) \times 10^4$ Bq/kg，均高于我国建筑材料用工业废渣放射性物质限制标准。为了利用放射性高炉渣，包钢作了大量的试验研究和生产探索，每年加工高炉水淬渣 20 万 t，销往包头附近的水泥厂用作水泥的活性混合材。但由于渣中含有放射性元素钍，为了放射性不超标，高炉渣掺量不能大于 30%，因而，高炉渣的使用量仅占每年新增渣量 8% 左右。采用高炉渣、粉煤灰、水泥、石灰、石膏制作空心砌块，胶骨比在 1:0.5 ~ 1:2 范围内，水泥掺入量为 10%，砌块强度满足要求(抗压强度不低于 3.5 MPa)，也是由于钍的放射性，高炉渣掺量和砌块使用受到限制。包钢高炉水淬渣具有一定的胶凝活性，但资源化作建筑材料，需要解决如何经济地降低渣中放射性元素钍含量和综合回收利用稀土这个技术难题。

②攀钢钒钛磁铁矿渣：攀钢每年排放 300 万 t 含钛高炉渣，高钛高炉渣性质独特，即使淬冷，仍生成无水硬活性的钙钛矿($CaO \cdot TiO_2$)，致使进入玻璃体的 CaO 量较少，玻璃体中硅氧四面体聚合度较高，水硬活性较低，不能用作水泥活性混合材。攀钢含钛高炉渣钛资源的利用率还不足 3%，至今已累计排放 5 000 多万吨。搞好这些固体废物的综合利用无疑会带来可观的社会效益、经济效益和环境效益，寻求新的方法仍然是含钛高炉渣综合利用研究的主要方向。同包钢放射性含稀土高炉渣类似，含钛高炉渣综合利用需要解决有价金属提取这个技术难题，而关键在于微细粒的高效分选技术的突破。

③铬铁矿渣的利用：铬矿渣有两种，一种为化工铬渣，一种为冶金铬渣，这里指冶金铬渣。铬铁矿渣中具有较多的 Fe_2O_3、Cr_2O_3 和一定的 MnO。如果将铬渣作为玻璃原料引入到玻璃配合料中，将会使玻璃着成一定的颜色。因为 Fe_2O_3、Cr_2O_3、MnO 都是玻璃着色剂。据国外资料介绍，大都用铬渣作原料生产装饰金属玻璃。玻璃料经过高温熔炼，然后降温、保温等工序，接着成形为玻璃制品，制得的玻璃具有良好的金属效应。

（6）高炉液渣含热回收利用——风冷技术

由于液态冶金渣能量利用存在相当的难度和冶金出渣不是连续的及其他方面的原因，目前从国内外已发表的文献和已申报的专利看，对高温炉渣显热的利用，国内开展此方面研究工作的还不多，没有成熟的和可资借鉴的技术，国外对此方面的研究也非常少。

用风冷方式回收热量：国内高炉矿渣一般采用水淬处理，耗水量大，其水渣比在：8～15∶1左右。而且高温矿渣所含的显热得不到利用而白白浪费，采用风冷方式就可避免热能的浪费。

（7）铁渣在水处理中应用

有研究表明：①铁渣对水中 COD 有很好的去除效果，平均去除率达到96.4%；对水中三氯甲烷的去除率达82%。对重金属离子也有一定的去除效果；②铁渣机械强度高，耐酸碱性能强，热稳定性能好；③利用铁渣进行水处理是"以废治废"，价格便宜，有十分明显的经济效益和社会效益；④铁渣的加工、使用方便易行，适合作给水处理中的过滤材料及水的深度处理滤料，也可以用于污水的深度处理，但不适合用于处理含氮废水。

6.3.2 钢渣

钢渣是炼钢过程中排出的废渣。炼钢的基本原理是利用空气或氧气去氧化生铁中的碳、硅、锰、磷等元素，并在高温下（1 500～1 700℃）与石灰石起反应，形成熔渣。钢渣主要来源于铁水与废钢中所含元素氧化后形成的氧化物，金属炉料带入的杂质，加入的造渣剂如石灰石、萤石、硅石等，以及氧化剂、脱硫产物和被侵蚀的炉衬材料等。根据炼钢所用炉型的不同，钢渣分为转炉钢渣、平炉钢渣和电炉钢渣，转炉渣和平炉渣一般为深灰、灰褐色，电炉渣一般为白色；按不同生产阶段，平炉钢渣又分为初期渣和后期渣，电炉钢渣分为氧化渣和还原渣；按钢渣性质，又可分为碱性渣和酸性渣等。钢渣的产量与生铁的杂质含量和冶炼方法有关，约占粗钢产量的15%～20%。

1. 钢渣的组成

钢渣是由钙、铁、硅、镁、铝、锰、磷等氧化物所组成，其中钙、铁、硅氧化物占绝大部分。各种成分的含量根据炉型钢种不同而异，有时相差很大。以氧化钙为例，一般平炉熔化时的前期渣中含量达20%左右，精炼和出钢时的渣中含量达40%以上；转炉渣中的含量常在50%左右；电炉氧化渣中约含30%～40%，电炉还原渣中则含50%以上。各种钢渣的化学成分见表6-10。

表6-10 钢渣的化学成分（%）

名称		SiO_2	Al_2O_3	CaO	MgO	MnO	FeO	S	P_2O_5	fCaO	碱度
转炉钢渣		15～25	3～7	46～60	5～20	0.8～4	12～25	<0.4	0～1	1.6～7	2.1～3.5
平炉钢渣	初期渣	21	2.55	25.25	6.55	2.17	31.64		1.21		0.88
	精炼渣	13.25	4.85	47.6	10.38	1.87	14.21		4.29		2.32
	出钢渣	10.06	2.98	46.27	12.47	0.92	20.42	0.10	4.85		3.12
电炉钢渣	前期渣	21.3	11.05	41.6	13.48	1.39	9.14	0.04			1.18
	后期渣	17.38	3.44	58.53	11.34	1.79	0.85	0.10			3.6

　　钢渣的主要矿物组成为硅酸三钙（$3CaO \cdot SiO_2$）、硅酸二钙（$2CaO \cdot SiO_2$）、钙镁橄榄石（$CaO \cdot MgO \cdot SiO_2$）、钙镁蔷薇灰石（$3CaO \cdot MgO \cdot 2SiO_2$）、铁酸二钙（$2CaO \cdot Fe_2O_3$）、RO（R代表铁、锰，RO为$MgO$、$FeO$、$MnO$形成的固熔体）、游离石灰（fCaO）等。

　　钢渣的矿物组成主要决定于其化学组成，特别是与其碱度有关。炼钢过程中需不断加入石灰，随着石灰加入量的增加，渣的矿物组成也随之变化。炼钢初期，渣的主要成分为钙镁橄榄石，其中的镁可以被铁和锰所代替。当碱度提高时，橄榄石吸收氧化钙变成蔷薇辉石，同时放出RO相，再进一步增加石灰含量，则生成硅酸三钙和硅酸二钙。

2．钢渣的性质

　　①钢渣的碱度：钢渣碱度是指其中的 CaO 与 SiO_2、P_2O_5 含量之比，即：

$$R = \frac{CaO}{SiO_2 + P_2O_5}$$

　　根据碱度的高低，可将钢渣分为：低碱度渣（$R = 1.3 \sim 1.8$），中碱度渣（$R = 1.8 \sim 2.5$）和高碱度渣（$R > 2.5$）。

　　②活性：硅酸三钙、硅酸二钙等为活性物质，具有水硬胶凝性。

　　③稳定性：钢渣含游离氧化钙 CaO、MgO、$3CaO \cdot SiO_2$、$2CaO \cdot SiO_2$ 等，这些组分在一定条件下都具有不稳定性，只有 CaO、MgO 基本消解完后才会稳定。

　　④耐磨性：钢渣的耐磨程度与其矿物组成和结构有关。若把标准砂的耐磨指数定位1，则高炉渣为1.04，钢渣为1.43，可见钢渣比高炉渣耐磨，因而钢渣能作路面材料。

3．钢渣的处理工艺

　　国内转炉钢渣预处理工艺较多，主要有热闷法、水淬法、风淬法、热泼或浅盘热泼法以及滚筒法，各有其优缺点。风淬法、水淬法和滚筒法处理工艺对钢渣的流动性要求较严，需要配备其他处理工艺，方能100%处理热态钢渣；热泼法、浅盘法处理工艺简单、处理能力大，但是在环保和钢渣处理效果方面还需要改进；热闷法处理兼顾了钢渣性能和环保要求，但是在投资和处理能力方面还有待改进。从近年来的生产实际看，以滚筒法工艺为主，配以热泼法或者浅盘法工艺对转炉钢渣进行预处理，在新建大型炼钢厂的应用越来越普遍，逐渐成为发展趋势之一。

　　（1）冷弃法

　　钢渣倒入渣罐缓冷后直接运至渣场抛弃，我国钢铁厂的排渣方法以此种工艺最多，国内外的渣山多数是由此工艺而形成的。这种工艺投资大，设备多，不利于钢渣的综合利用及加工，有时因排渣不畅而影响炼钢。因此，新建的钢厂不易采用此工艺。

　　（2）热泼法

　　热泼法是将炼钢渣倒入渣罐后，经车辆运到钢渣热泼车间，用吊车将渣罐的液态渣分层泼到在渣床上（或渣坑内）喷洒适量的水，使高温炉渣急冷破碎并加速冷却，然后用装载机、电铲等设备进行挖掘装车，再运至弃渣场。而需要加工利用的则运至钢渣处理车间进行破碎、筛分、磁选等工艺处理。

　　热泼法排渣速度快，安全可靠，但需大型转载挖掘设备，设备耗损大，占地面积大，破碎加工粉尘量大，钢渣加工量大。

　　（3）盘泼水冷法

　　盘泼水冷法是在钢渣车间设置高架泼渣盘，利用吊车将渣罐内液态钢渣泼在渣盘内，渣层厚度一般为 30～120 mm，然后喷淋适量的水促使钢渣急冷碎裂。再将碎渣翻倒在渣车上，驱车至池边喷水降温，再将渣卸至水池内进一步降温冷却。渣的粒度一般为 5～100 mm，最后用抓斗抓出装车，送至钢渣处理车间，进行磁选、破碎、筛分、精加工。该工艺安全可靠，对环境污染小、钢渣加工量少，但工艺繁琐，环节多，生产成本高。宝钢转炉厂从新日铁引进浅盘热泼水淬法用于 300 t 氧气转炉。武钢目前采用渣箱热泼法。

（4）钢渣水淬法

由于钢渣比高炉渣碱度高、黏度大，水淬难度也大。该工艺投入生产使用的主要是我国，我国在平炉、电炉上都有较成熟的水淬工艺，转炉钢渣水淬也已形成了生产线。

钢渣水淬生产工艺的特点是高温液态钢渣在流出、下降过程中，被压力水分割、击碎，再加上高温熔渣遇水急冷收缩产生应力集中而破裂，同时进行了热交换，使熔渣在水幕中进行粒化。

由于炼钢设备、工艺布置、排渣特点不同，水淬工艺有多种形式，一般有三种形式：

①倾翻罐－水池法。对于一些大、中型转炉车间，在钢渣物化性能比较稳定，渣流动性较好时，采用渣罐和水渣池水淬工艺。通过倾翻渣罐使钢渣徐徐落入水池水淬，同时还有一排压力水流在水面上冲散熔渣，起搅动池中水的作用，以避免局部过热。

②中间罐（开孔）－压力水－水池（或渣沟）法。对于平炉、电炉及小型转炉炼钢车间，采用渣罐打孔在水渣沟水淬工艺。钢渣从炉中流到炉下开孔的渣罐内，经节流入水淬槽内，与压力水流相遇，骤冷水淬成粒，并借水力把渣粒输送到车间外的急渣池中。此法的特点是用渣罐孔径限制最大渣流量，尽量做到水淬点靠近排渣点，提高水淬率。

③炉前直接水淬工艺。只能用于炼钢排渣量控制比较稳定、排渣量较少或连续排渣的工艺生产中。中、小平炉，电炉前期渣，小型转炉渣及铸锭渣可采用此工艺。炉前直接水淬工艺的特点是取消了带流渣孔的中间罐，改用导渣槽把熔渣导入水淬槽内，用冷却平炉的回水冲渣。

钢渣水淬工艺的优点是流程简单，占地少，排渣速度快，运输方便。这对提高炼钢生产能力，减少基建投资和降低生产成本都是有利的。

水淬钢渣因急冷，潜在较多的内能，并抑制了硅酸二钙（C_2S）晶形转变及硅酸三钙（C_3S）分解，性能稳定，产品质量好，为综合利用提供了方便的条件。制作水泥时加工简便，性能稳定，在建筑工程中既可代替河砂又方便回收钢粒，使用价值高。

（5）风淬法

风淬工艺流程如下：渣罐接渣后，运到风淬装置处，倾罐翻罐渣，熔渣经过中间罐流出，被一种特殊喷嘴喷出的空气吹散，破碎成微粒，在罩式锅炉内回收高温空气和微粒渣中所散发的热量并捕集渣粒。经过风淬而成微粒的转炉渣，成为 3 mm 以下的坚硬球体，目前主要用于灰浆的细骨料等建筑材料。

（6）滚筒法

俄罗斯乌拉尔钢铁研究院在实验室规模内研究开发了滚筒法液态钢渣处理技术。宝钢自1995 年购买了该项专利技术后，经过 3 年多的消化、吸收和创新，于 1998 年 5 月在宝钢三期工程的 250 t 转炉分厂建成了世界上第一台滚筒法处理液态钢渣的工业化装置。2 年多的生产实践表明，该套滚筒装置具有流程短、投资少、环保好、处理成本低，处理后渣子的游离CaO 低、粒度小、均匀且渣钢易分离等良好优点。

（7）热闷罐法

热闷罐法也称湿法。该方法是上钢五厂和宝钢钢铁公司研制开发的转炉钢渣闷罐处理工艺。该工艺的特点是机械化程度高，劳动强度低，投资少。钢渣经闷罐闷解处理，有利于钢渣分离，能回收部分废钢，还有利于钢渣综合利用。工艺充分利用钢渣余热作为粉碎动力，能耗低，作业环境较好，经济效益可观。经上钢五厂生产实践证明能配合炼钢生产及时有效地解决排渣问题。

（8）湿式磁选法

在我国用湿式磁选机磁选各种类型的磁铁矿工艺早已是成熟技术，但用湿式磁选机分选颗粒状的钢渣，在国内尚属首次。武汉钢铁公司根据钢渣中磁性矿物和非磁性矿物在理化性质上的明显差异，用丙级废钢进行了湿式磁选试验。其结果表明，该方法行之有效。

4. 钢渣的综合利用

钢渣的主要利用途径是在钢铁公司内部自行循环使用，代替石灰作熔剂，返回高炉或烧结炉内作为炼铁原料，也可以用于公路路基、铁路路基以及作为水泥原料，改良土壤等。我国钢渣的利用率较低，只有 10% 左右。

（1）钢渣在烧结生产中的应用。烧结矿中配入 5% ~ 10% 的小于 8 mm 的钢渣代替熔剂使用。不仅回收利用了渣中钢粒等有益成分，而且显著改善烧结矿的宏观及微观结构，提高了转鼓指数及结块率，使风化率降低，成品率增加。水淬钢渣松散，粒度均匀，料层透气性好，有利于烧结造球及提高烧结速度。高炉使用配入钢渣的烧结矿，可使高炉操作顺利，产量提高，焦比降低。

（2）钢渣可以作为熔剂使用。含磷低的钢渣可作为高炉、化铁炉熔剂，也可返回转炉利用。钢渣作高炉熔剂时，一般要求粒度在 8 ~ 30 mm 之间。钢渣返回高炉，既可节约熔剂（石灰石、白云石、萤石）消耗，又可以利用其中的钢粒和氧化铁成分，还可以改善高炉渣流动性。用转炉钢渣代替化铁炉石灰石和部分萤石熔剂，效果也比较好。将转炉渣直接返回转炉炼钢（$25 \text{ kg/t}_{钢}$），同时加入白云石，可使炼钢成渣早，减少初期渣对炉衬的侵蚀，有利于提高炉龄，降低耐火材料消耗。

（3）从钢渣中提取稀有元素，发挥二次资源的利用价值。用化学浸取的办法可以提取钢渣中的铌、钒等稀有元素。

（4）钢渣制砖。钢渣是以粉状钢渣或水淬钢渣为主要原料，掺入部分高炉水渣（或粉煤灰）和激发剂（石灰、石膏粉），加水搅拌，经轮碾，压制成型，蒸养而制成的建筑用砖。钢渣砖可用于民用建筑中砌筑墙体，柱子构造等。太钢生产的四种免烧钢渣砖，不仅价格低廉，而且性能好，技术指标均达到 GB5101—1985 标准。鞍钢用钢渣生产的耐火砖还可用于窑衬。钢渣砖性能见表 6 - 11。

表 6 - 11　钢渣砖性能

抗压强度 /MPa	抗折强度 /MPa	容重 /(kg·m^{-3})	吸水率 /%	软化系数	抗冻性	后期强化	碳化后强度
10 ~ 15	2.2 ~ 3.2	2 100 ~ 2 600	8 ~ 7	0.73 ~ 0.98	25 次冻融循环损失 <25%	增长	增长

（5）制作钢渣矿渣水泥。

钢渣矿渣水泥的发展基于碱矿渣水泥与钢渣石膏水泥两个方面。碱矿渣水泥是前苏联的乌克兰基辅建筑工程学院于 1957 年提出的，它用碱金属化合物与矿渣相混合而成。这种方法是模仿天然沸石的形成过程，即类似于地球表层中矿物的形成，如沸石、云母、水合云母等。地球表层主要由基于钙－钠－钾－铝硅酸盐形成的岩石矿物组成，它们非常稳定，具有强抗腐能力。前苏联于 1960 年开始了碱矿渣水泥及其混凝土的中间试验，并在 1964 年开始工业化生产，1977—1979 年间实现了碱矿渣水泥生产及性能检验的标准化。研究表明，可溶性的碱金属化合物（苛性钠、非硅酸盐、硅酸盐和铝酸盐）以及不含钙的铝硅酸盐系统（特定的矿渣和火山灰、烧岩石、烧黏土）和钙胶凝系统（石灰、硅酸盐和铝硅酸盐水泥，高炉矿渣及高钙火山灰、钢渣）都可以形成水泥胶凝体系，它在水里、自然条件及蒸养、蒸压下都可以凝结与硬化。这样就扩大了碱矿渣水泥的原料范围，粉煤灰、炉渣、磷渣、钢渣等许多工业废渣都可以加以利用，即凡天然或人工的铝硅酸盐原料，在强碱作用下能水解成稳定水化物的，原则上都可以作为碱激发的原料。当碱、矿渣两组分配合时称为碱矿渣水泥，当碱与更多的原料配合时则称为碱激发多组分水泥。而上述的胶凝系统中因为都含有碱金属组分，因而可以统称为碱胶凝材料。

钢渣石膏水泥则最早出现在我国，这种 20 世纪 60 年代出现的两组分水泥虽然有一定机械强度，但水化速度慢，早期强度低，凝结时间长，且钢渣中的游离氧化钙易导致水泥的安定性不良。20 世纪 70 年代初期，在上述水泥中加入了矿渣，解决了安定性问题，并提高了后期强度，但早期强度低、凝结缓慢的问题仍未解决。70 年代后期，又在钢渣、矿渣、石膏体系中加入了少量硅酸盐水泥熟料，提高了水泥的早期强度，统筹了其凝结时间，使得该水泥有了较大的发展。从 20 世纪 80 年代后期，研究人员结合碱胶凝材料的理论，在石膏、熟料两种激发剂的基础上，又引入了碱金属化物，即用硫酸钙、氢氧化钙、氢氧化钠（钾）进行联合激发，取得了良好的结果，并降低了熟料用量。进入 20 世纪 90 年代，由于激发剂技术的发展，即使不用熟料，也能使钢渣矿渣水泥获得良好的性能，使这类水泥发展到了一个新阶段。也即碱胶凝材料的物理化学基础理论，赋予了钢渣矿渣水泥新的生命力。

钢渣矿渣水泥在我国已形成一种新的水泥系列，包括钢渣矿渣水泥、钢渣浮石水泥、钢渣粉煤灰水泥等，其生产工艺和主要性能大致相近。钢渣矿渣水泥主要性能见表 6－12。这些水泥适于蒸汽养护，具有后期强度高、耐腐蚀、微膨胀、耐磨性好、水化热低等特点，并且生产简便、投资少、设备少、节约能源、成本低等优越性。其缺点是早期强度低、性能不稳定，因此，限制了它的使用和推广。

表 6－12　钢渣矿渣水泥的主要性能

密度 /(g·m⁻³)	容重 /(kg·m⁻³)	磨损量 /g	胀缩	综合以后强度	后期强度	钢筋腐蚀	抗冻性
3.0	900	1.99	早期有微膨胀硬化，14 天后趋于稳定	增长	增长	无锈	经 25 次冻融循环强化度合格

钢渣在水泥工业中的利用主要有 3 种方式：作为水泥生料配烧熟料；生产少熟料钢渣水

泥；用作水泥或混凝土的活性混合材。

水泥生料配料中的铁粉，通常含有较高的 Fe_2O_3，一般在 40% 以上，Al_2O_3 一般在 10% 以上，而钢渣中的 FeO 与 Fe_2O_3 含量和通常大于 25%，Al_2O_3 含量一般低于 5%，具有相对较高的 Fe_2O_3/Al_2O_3 比值。因而用钢渣替代铁粉配制水泥生料更便于调节生料化学成分。另外，钢渣中硅酸钙矿物(C_2S、C_3S)还可起晶种作用，加速熟料矿物的形成，有利于降低能耗，台时产量提高。

中高碱度的钢渣含有 C_2S、C_3S 等水硬性矿物以及铝硅酸盐玻璃体，粉碎即可直接生产钢渣水泥，如转炉钢渣与适量的水淬高炉渣、石膏、水泥熟料及少量激发剂混合球磨，生产复合硅酸盐水泥。

钢渣水泥可配 200 号和 400 号混凝土，具有耐磨性好、耐腐蚀、抗渗透力强、抗冻等特点，用于民用建筑的梁、板、楼梯、砌块等；也可用于工业建筑的设备基础、吊车梁、屋面板等。另外，钢渣水泥具有微膨胀性，抗渗透性能好，广泛应用于防水混凝土工程方面。我国已拥有 50 多家钢渣水泥生产厂，年生产能力超过 300 万 t。中高碱度的钢渣也作为混凝土活性混合材。钢渣掺入量为水泥重量的 40%（等量取代水泥），混凝土 28 d 强度提高。

钢渣中含有硅酸盐水泥熟料中所不具有的橄榄石、蔷薇辉石等矿物，因此钢渣水泥的耐腐蚀性、耐磨性、抗渗透性、抗冻性、抗碳化性等比普通硅酸盐水泥和矿渣硅酸盐水泥好。

(6) 钢渣代替碎石和细骨料。钢渣代替碎石和细骨料具有材料性能好、强度高、自然级配好的特点，并且对开发老渣山有意义。

(7) 钢渣在道路工程中的应用。

道路材料用量很大，是利用钢渣的一个主要途径。钢渣作为道路基础材料，其施工工艺路线是：钢渣破碎 → 摊铺 → 加湿碾压 → 找平 → 铺路面。由于钢渣是不均匀的混合料，施工时应严格掌握质量标准。

1937 年，英国已把钢渣作为沥青骨料来铺筑路面。经处理后的钢渣具有较好的稳定性，可用于道路的基层、垫层及面层。早在 1979 年美国 Harada G. 等人利用熔融钢渣与铝业红泥作用来改善钢渣的结构稳定性，使钢渣能满足作为路基或碎石的替代品。他们认为熔融钢渣与红泥在高温下能发生热化学反应，产生不膨胀、不破碎的成分，从而使冷却后的钢渣结构稳定。如果在出炉的高温熔融钢渣中加入一定的调节料，混合均匀后浇注到铸型中，直接得到任意形状的建筑制件。这样既消除了钢渣水淬工艺带来的污水等环境污染问题，又节省了大量的热能，而且简化了钢渣资源化的流程，由熔融钢渣直接获得高附加值的陶瓷产品。该钢渣热态资源化利用新技术投资小，非常适合我国的中小规模钢铁企业。

国内宝钢、武钢等多家企业已用钢渣铺筑了很多道路。钢渣与沥青有很好的亲合性，与部分天然石料相混可铺筑高质量柔性道路。磨光石试验表明钢渣沥青路面防滑性好，不易开裂、拉裂；轮碾试验表明，承重层变形小，道路工作寿命长。钢渣有很好的抗冻解冻性，适应寒冷气候开放道路的使用。

马峰高等级公路是京深高速公路在邯郸市马头镇的出口，全长 27 km。其中某段路基软土承载力低，压缩性高，强度小，变形大，且地处浅滞水区域，天然路基无法满足设计要求。施工方比较了 5 种方案，最终采取钢渣换土垫层处理方案。检验了 100 个检测点，结果全部符合设计要求。南京钢铁集团进行了钢渣桩处理南钢江边一次料场堆取料机试验，也达到了设计目标。1997 年 12 月在宝山杨行镇富杨路铺筑的一条长 2 422 m，路幅宽 14 m 的试验路，面层采用 7 cm 厚的 LH－35 粗粒式电炉钢渣混凝土沥青混合料和 3 cm 厚的 LH－15 细粒式电炉钢渣沥青混凝土二层式路面结构，该路段成为我国首条钢渣沥青混合料路面，经常有大型载重车和集装箱卡车出入，使用两年后，路面情况良好。武钢集团冶金渣公司的钢渣作耐磨沥青混凝土路面集料的可行性试验，发现水稳定性、马歇尔稳定度、混合料膨胀率等指标均符合相关的规范标准，证明该厂的钢渣是一种可用于高等级公路的优良集料。钢渣作铁路道渣，除了前述优点外，还具有导电性好、不会干扰铁路系统电讯工作的特点。

充分陈化钢渣广泛用于铁路、公路、工程回填、修筑堤坝、填海造地等工程。钢渣碎石作公路路基，道路的渗水、排水良好，对保证道路质量具有重要意义。由于钢渣具有一定的胶凝活性，固化沼泽、软淤土地效果很好。若将钢渣与炉渣、粉煤灰混合使用则效果更佳。

钢渣因其颗粒表面粗糙，经碾压密实后，由于颗粒相互嵌挤，以及活性成分发生的水化反应，使钢渣垫层的强度好于碎石垫层或砂垫层的强度，一个月后的抗拉强度达到 0.7～4.2 MPa，抗压强度达到 3～6 MPa，并具有抗冻性好，抗腐蚀能力强的优点。包钢用所产钢渣配制出了可满足任何等级公路路面强度要求的混合物料，其中钢渣占 70%～80%，粉煤灰 10%～20%，石灰 8%～10%。包钢利用混合钢渣代替黏土，对热电厂灰渣坝的坝体进行加固取得成功，钢渣渗水性能优于黏土，为坝体下部创造良好的排渗条件。充分陈化钢渣经破碎、磁选、筛分后，作沥青路面材料，具有强度高、稳定性好、不滑移、磨损率小、与沥青结合牢固的优点。钢渣中 Ca、Mg、Fe、Al、Mn 等阳离子，可与沥青中的某些物质(如沥青酸)发生化学反应，生成沥青酸盐，增加沥青与钢渣的粘结力，并增加水稳性。沥青中活性较高的沥青质吸附在钢渣表面，树脂吸附在钢渣表面层小孔中，而油分则沿着毛细管被吸附到钢渣内部，使钢渣表面的树脂和油分减少，沥青质相应增多，在一定程度上改善了热稳定性。

(8)钢渣在农业中的应用。

钢渣磷肥是采用中、高磷铁水炼钢时，在不加萤石造渣的情况下回收的初期含磷渣，将其直接破碎磨细而成。钢渣磷肥的密度为 3～3.33，为黑褐色粉末，是一种碱性磷肥。钢渣中的五氧化二磷虽不溶于水，但能在 2% 的柠檬酸(或柠檬酸铵)溶液中溶解，可以被植物吸收，磷的吸收率可达 80%～90%。由于钢渣中含有硅、钙、锰等养分，对植物早期和晚期都有肥效。其一般用作基肥，每亩可施用 100～130 g。此外钢渣中如含钙和硅较多，可作钙硅肥料。钢渣中所含有铁、铝、锰、钒等元素也是植物所需的养分。但在使用时要注意：①钢渣肥料宜作基肥不做追肥使用；②钢渣肥料宜与有机堆肥混拌后再施用；③钢渣肥料不宜与氮素化肥混合施用；④钢渣活性肥料要与土壤的酸碱性相配合，可以防止土壤变坏或者板结。

钢渣中含有较多的可被植物吸收的活性硅，作为硅肥施用具有极好的效果。水稻是典型的高需硅作物，稻谷中的 SiO_2 平均含量约为 3.8%，每生产 100 kg 稻谷大约吸收 13 kg 的 SiO_2，是水稻吸收氮、磷、钾的 2～3 倍，因此，日本等国已把硅肥列为仅次于氮磷钾之后的第 4 大肥料品种。SiO_2 是土壤的主要成分(约占 60%)，但其中 99% 以上是结晶态硅和不能很快被作物利用的无定形聚合态硅，能被植物吸收的单硅酸态硅的含量较少，当 100 g 土中含有效二氧化硅的量低于 915 mg 时，水稻的硅营养就供应不足，因此在水稻田中需施用含 SiO_2、CaO、MgO 等成分的肥料，这些成分与钢渣的成分相似。研究表明，在水稻田中施用钢渣肥对水稻的生长有极好的影响，在水稻拔节孕穗期施用效果十分显著，这一方面是因为拔节孕穗期水稻的功能根系大多集中在土壤表层，土壤的有效硅不能满足水稻生长的需要，追加硅肥可以迅速被作物吸收；另一方面是由于硅素能使水稻的植株叶片坚挺，与茎秆之间的角度减小，叶片受光面积增加，植株的光合作用增强，结实率与千粒重均有所提高，硅素肥对提高稻株的抗病，抗倒伏等性能具有特别显著的作用。在湖北丘陵黄土、黄红土水稻田中施用碱性平炉钢渣粉的试验表明，早、中、晚稻施用钢渣粉都有不同程度的增产效果，增产率可达 3.0% ~ 17.6%，一般可增产 8% ~ 12%。

有些钢铁冶金渣中含有较高含量的有效态磷，因此这类钢渣可以作为磷肥施用。在酸性土壤上施用，其效果比等量的过磷酸钙为好，如在土壤 pH 值为 5.15 的酸性白土上，按有效 P_2O_5 每亩 3 kg 施用。结果表明，对水稻的肥效显著优于过磷酸钙，施用钢渣可增产 40% 以上，而施用等磷量的过磷酸钙仅增产约 14%。除水稻之外，在酸性土壤上施用钢渣肥的其他农作物都可以收到良好的增产效果。有试验表明，在冲积土上施用钢渣，不论对油菜或小麦都有显著的增产作用，其肥效不仅超过磷矿粉，而且超过过磷酸钙，对油菜的肥效特别明显，增产 1 倍以上，对小麦的增产效果将近 1 倍。钢渣磷肥的优点是在土壤中施放缓慢，不易被土壤迅速固定，因此有着很好的后效作用。

钢铁冶金渣中除含有硅、磷等有效成分可直接用作农肥外，还利用钢渣中高含量的氧化钙和氧化镁，将钢渣作为助剂与矿石一起制备成钙镁磷肥。对于高硅含量的中低品位磷矿石（含 SiO_2 20% ~ 30%），可用钢渣替代部分的石灰石、蛇纹石生产钙镁磷肥，而对于那些硅质含量较低的中低品位磷矿石（含 SiO_2 15% 以下）和高品位的磷矿石，可以采用钢铁冶金渣代替部分蛇纹石生产钙镁磷肥。

钢渣中含有较高的 CaO 和 MgO，具有很好的改良酸性土壤和补充钙镁营养元素的作用，应用钢渣改良沿海咸酸田，具有良好的效果。钢铁冶金渣对咸酸田的改良效果主要表现在提高土壤的 pH 和提高土壤有效硅两个方面。试验表明，钢渣改良剂施于咸酸田后，可使土壤的 pH 由 3.5 升到 7.0，因而随之减轻了与低 pH 有密切联系的铝、铁及其他重金属的活性，降低重金属对作物的毒害作用，并且可以提高土壤中有效磷的水平。

我国南方土壤的酸害相当严重，有些地区因土壤酸性过大而造成麦类作物的产量很低，严重的会颗粒无收。如在湖北省黄冈地区由于长期施用品种单一的磷肥，如大量施用过磷酸钙，在土壤中积存大量的硫酸根离子，导致耕地土质进一步恶化，该地区的酸性土壤约占耕地面积的 75%，给农业生产构成潜在的威胁。研究表明，在酸性田中施用钢渣肥可提高土壤的碱性，也可提高可溶性硅的含量，从而使土壤中易被水稻吸收的活性镉与硅酸根和碳酸氢根离子结合成较为牢固的结构，使土壤有效镉的含量明显下降，达到抑制水稻对土壤镉的吸收作用。

除水稻外，其他的农作物如麦类、大白菜、菠菜、豆类以至棉花和果树等，在酸性土壤上施用钢渣肥都有良好的增产效果。钢渣对棉花的肥效，在苗期表现为叶绿苗状，后期植株高大，茎秆粗壮，成桃数有不同程度的增加，钢渣肥施用后，还有减少棉花凋枯病的作用，对低产田的改良效果尤为明显，增产率可达 30.6% 以上。钢渣改良土壤对油菜、黄豆之类都有明显的增产效果，并可提高产品的质量。

（9）用于生产凝石材料是钢铁尾渣的另一种用途。

高炉水渣和转炉钢渣可以作为生产凝石材料的主料，这是钢铁渣尾渣大规模利用的又一重要途径。国内柳钢、唐钢、通钢等企业已经建成了凝石生产线，并取得了良好的经济效益和社会效益。凝石材料生产技术是我国自行开发的，主体原料为钢铁渣、粉煤灰等单种或数种粉磨成的微粉，与普通水泥相比，其生产全过程只采用磨细、配料、混合工艺，不用煅烧、节省能源、不排放 CO_2、无粉尘，具有节能环保效果；"吃渣量大"，是大量使用钢铁渣尾渣最有效的方法之一；生产工艺简单，成本仅为水泥熟料的三分之一。因此，凝石材料将为钢铁渣尾渣有效利用开辟广阔前景。

(10)生产微晶玻璃和玻璃陶瓷。

矿渣微晶玻璃自20世纪60年代问世以来，在许多国家得到了迅速发展，形成了规模化生产。程金树等研究了以还原性钢渣为主要原料，添加其他辅助材料，利用表面成核析晶的烧结法研制出了色泽美观、花纹清晰的微晶玻璃花岗岩。张元志利用钢渣、粉煤灰研制微晶玻璃，利用率达到75%，性能良好。陈惠君等以钢渣和粉煤灰为主要原料，用熔融法研制出以钙、铁灰石为主晶相的微晶玻璃，其中钢渣、粉煤灰利用量达80%。

利用钢渣制备性能优良的微晶玻璃对于提高钢渣的利用率和附加值，减轻环境污染具有重要的意义。钢渣加入 SiO_2 校正原料、助熔剂和少量晶核剂，制造富 CaO 的微晶玻璃，具有比普通玻璃高2倍的耐磨性及较好的耐化学腐蚀性，可用作建筑装饰贴面或输送硬物料的管道。钢渣制备微晶玻璃还未实现工业化。将钢渣和矿渣以适当比例配合后熔化成熔融体，经高速离心或喷吹法还可制成质轻、保温、隔热、隔声、防震的钢渣纤维材料。美国的 Agarwal G 等人利用钢铁炉渣制造富 CaO 的微晶玻璃，具有比普通玻璃高2倍的耐磨性及较好的耐化学腐蚀性。西欧的 Goktas AA 用废钢铁炉渣制造出透明玻璃和彩色玻璃陶瓷，拟用作墙面装饰块及地面瓷砖。

(11)处理废水。

由于钢渣具有一定的碱性和较大的比表面积，因此可考虑用于吸附处理废水。粉碎后的钢渣对废水中污染物有吸附和化学沉淀作用。钢渣处理含 As 废水，对 pH1.5~9.0、As 10~200 mg/L 的废水，在 As/钢渣质量比为 1/2 000 的条件下，As 的去除率达98%以上。钢渣处理含 Ni 废水，在废水 pH 不低于3、Ni 不高于300 mg/L 范围内，按 Ni 与钢渣质量比为 1/15 投加钢渣进行处理，Ni 去除率大于99%。钢渣对废水中的 P 进行去除，当废水中 P 浓度为 10 mg/L，pH=7.5~7.6，钢渣用量 5 g/L 时，在 1 h 内就可使 P 浓度降低到 0.1 mg/L 以下，去除率达到99%以上。利用钢渣制备聚合硫酸铁(PFS)，质量达到国家标准。

郑礼胜等进行了用钢渣处理含铬废水的研究，认为钢渣具有化学沉淀和吸附作用。对质量浓度在 300 mg/L 以内的含铬废水，按铬/钢渣重量比为 1/30 投加钢渣进行处理，铬去除率达99%。王士龙等进行了用钢渣处理含锌废水的研究，发现对质量浓度在 200 mg/L 以内的含锌废水，按锌/钢渣重量比为 1/30 投加渣进行处理，锌去除率达98%以上，处理后的废水可达 GB-8978-88 污水综合排放标准。钢渣还可用于处理含磷废水及含其他重金属废水。此外，王献科等以钢渣、废硫酸为原料，经过配料、酸溶、过滤、氧化、中和、水解和聚合等步骤，生产出了优质聚合硫酸铁。

(12)地基材料和打桩散体填料。

钢渣膨胀粉化后，可与石料、土夹石等常规地基回填料等同使用。1991 年武钢采用钢渣大规模平整低硅地，面积约 110 万 m^2，特别是不清挖淤泥，直接钢渣回填压实挤淤，改造水塘面积 30 万 m^2，国内首创。压实施工数周后，发现钢渣已挤入淤泥中，起骨架作用，淤泥密实成粉质黏土。相对于天然材料，钢渣的透气性、及物理性能不差，经常规压实，地基承载可达 300 kPa。钢渣后期遇水板结，抗压强度、抗剪强度还会增加。可以认为，钢渣回填压实挤淤改良软淤土是个好办法。按武钢经验,施工要考虑:①回填料一定要用陈化处理后的老渣;②适当的粒度配合用于结构回填,其承载能力将会成倍提高;③作好分隔封闭及标高控制。钢渣的 pH 较高,不封闭高填会污染潜水层水质,影响植被绿化。一般在考虑后期开挖难度的基础上,铁路、公路、电缆沟等下面可全填钢渣,其他区域均控制在 -3 m 以下填渣。

利用膨胀性能,钢渣可作为基础打桩散体填料。1998 年安阳钢铁公司在生活区地基处理中,采用了钢渣填充重锤成孔挤密桩,取得良好效果。该生活区上层地基土是湿陷性黄土,承载力低且不均匀,最小值 70 kPa、最大值 140 kPa。重锤成孔深 315 ~ 410 m、孔径 450 mm,填入钢渣,反复重锤击实挤密钢渣。布桩形式正方形,桩距为 115 ~ 116 m。钢渣遇水膨胀,具有胶结性,桩体整体性能增强对地基土起加筋作用。当地面建筑完成后,地基的钢渣桩承受上部压应力远大于周围的地基土的侧应力,故桩体以水平横向膨胀为主,膨胀力挤密了桩周围的地基土,孔隙降低,密实度提高,湿陷性进一步降低,甚至消除。复合地基的承载力,抗剪强度有较大提高。加固后地基承载强度 250 kPa。

钢渣质硬,可用作喷丸清理的清洁剂。钢渣还可以作水体滤池的有效滤料;也是工业、医用发热剂、干燥剂的合适材料。除了上述利用方式外,钢渣还可与合成树脂表面层复合制造人造花岗石,生产免烧砖、铸造砂,作流态砂硬化剂、钢渣纤维材料、水泥膨胀剂等。

6.3.3 有色冶金炉渣利用

1. 有色冶金废渣现状

据国家环保局的统计,2004 年我国的有色冶炼废渣为 1 136 万 t(其中有色金属采矿业为 78 万 t;有色金属冶炼及延压加工业为 1 058 万 t),有色冶炼尾矿 11 987 万 t(有色金属采矿业为 9 870 万 t;有色金属冶炼及延压加工业为 2117 万 t)。总体来说,冶金废渣的数量巨大,成分相对复杂。有色金属冶炼废渣品种多,有价元素含量高,所能创造的经济效益较大。我国仅云锡、白银、金川等 5 个单位堆存的尾矿就合计 24 647 万 t,其中含铜 15.74 万 t、锡 24.75 万 t、镍 13.8 万 t、铁 262 万 t、硫 535.75 万 t、金 3.325t、银 108t,所含金属的潜在价值为 286 亿元。由此可见,现堆存的 15 亿 t 有色金属尾矿具有巨大的潜在价值。有色金属冶炼废渣品种多,有价元素含量高,所能创造的经济效益较大。因此,对冶金废渣和尾矿的二次资源利用是循环经济和构建和谐社会所必需的,将冶金废渣和尾矿中最有价值的各种金属提取出来,这是矿山及冶金固体废弃物资源化的最重要途径。

2. 铜冶炼渣的利用

(1)铜冶炼渣的处理

在火法炼铜中,不同的熔炼方式可产出不同的熔炼渣,如反射炉炉渣、密闭鼓风炉炉渣、电炉炉渣、闪速炉炉渣、诺兰达炉炉渣、瓦纽可夫炉炉渣等。以上熔炼炉产出的铜锍在转炉中吹炼成粗铜,并产出转炉渣。转炉粗铜经过火法精炼产出的阳极铜,并产出精炼渣。在火法炼铜不同工序中产出的铜冶炼渣化学成分见表 6 - 13。

铜冶炼渣是否可以废弃,取决于渣中含铜量(渣含铜)。各种炼铜所产弃渣中铜的损失见表 6 - 14。

从表 6 - 13 炉渣的含铜量可以看出,只有密闭鼓风炉炉渣、反射炉炉渣、白银炉炉渣,电炉炉渣的含 Cu 量在 0.31 ~ 0.57 间,它们可以作为弃渣,而其他熔炼炉渣都需要进行贫化处理,或用选矿方法回收铜,或用电炉贫化方法,加入硫化剂(黄铁矿等),熔炼出低品位铜銑来富集铜。贫化后的炉渣,才可以作为弃渣处理。转炉吹炼渣,一般能返回熔炼炉的都作配料返回,如密闭鼓风炉、反射炉、电炉等;不能返回的如闪速炉、转炉,炉渣缓冷后经磨矿浮选可回收渣中的铜。精炼炉炉渣含铜很高,一般返回转炉吹炼。因此,铜的弃渣主要是渣含铜低的熔炼渣。

表 6-13　典型冰铜熔炼炉渣组成

组　成 熔炼炉	炉渣化学成分/%							
	Cu	Fe	Fe$_3$O$_4$	SiO$_2$	S	Al$_2$O$_3$	CaO	MgO
敞开鼓风炉	0.42	34.4		34.9	0.91	3.4	7.6	0.74
密闭鼓风炉	0.20	29.0		38		7.5	12	3
反射炉								
生精炉	0.51	33.20	7.0	36.5	1.40	7.2	5.2	1.5
焙烧炉	0.37	35.1	11.0	38.1	1.30	6.5	1.1	
闪速炉								
奥托昆普闪速炉(不贫化)	1.5	44.4	11.8	26.6	1.6			
奥托昆普闪速炉(不贫化)	1.0	34.0		37.0		5.1	5.0	
印柯闪速炉	0.62	39.0	10.8	37.1	1.1	4.72	1.73	1.61
奥托昆普闪速炉(电炉贫化)	0.78	44.06		29.7	1.4	7.8	0.6	
诺兰达炉(产冰铜)	5.0	38.2	20.0	23.1	1.7	5.0	1.5	1.5
三菱法熔炼炉	0.6	38.2		32.2	0.6	2.9	5.9	
瓦纽柯夫炉	0.50	36.0	5.0	34.0			2.6	
白银炉	0.45	35.0	3.15	35.0	0.70	3.3	8.0	1.4
诺兰达炉(产粗铜)	10.6	34.0	25	20.0	2.4			

表 6-14　各种炼铜法所产弃渣中铜的损失

熔炼方法	1 t 渣中的铜量/kg
鼓风炉(风口喷燃料)	9
反射炉(熔砂)	12
反射炉(生精矿)	7
电炉(硫砂)	16
闪速炉(空气、带电炉贫化)	20
氧气闪速炉(印柯闪速炉)	12
诺兰达炉	15

(2)铜冶炼渣的应用

①铜冶炼渣在公路建设中的应用。采用铜冶炼渣作公路基层材料必须掺配一定量的石灰、石灰渣或电石渣等胶结材料,不能单独使用。铜冶炼渣基层具有较高的强度,有明显增强趋势,有较好的水稳定性。由于铜冶炼渣颗粒均匀,质地坚硬,表面粗糙多棱角,不易吸水,施工方便,不受雨天和工序间隔的影响,一经压实即可开放交通,不会发生弹簧翻浆的

现象。

②铜矿渣作铁路轨道底渣。铜冶炼渣作为铁路底渣曾广泛应用于沈阳、上海、武汉等铁路局，铁路铺设轨道时，作为底渣使用。铜冶炼渣水稳定好，强度高。

③用铜冶炼渣生产粒铁。

④用铜冶炼渣生产铸石。前苏联、波兰、德国很早就用铜冶炼渣生产铸石。德国早在100多年以前就用铜冶炼渣为荷兰生产铸石用来做海堤石。

⑤用铜冶炼渣生产矿渣棉。用铜冶炼渣生产的矿棉比一般矿渣棉细长而柔软。其平均粒径为 $4 \sim 5 \ \mu m$，渣球含量为 7% 左右，容重为 $100 \ kg/m^3$，导热系数为 $0.28 \ kJ/(m \cdot h \cdot \text{℃})$。

⑥铜冶炼渣微晶玻璃。据国外报道，用石英砂、铜矿渣、碳酸钙一起配料或用铜冶炼渣与石英砂、白云石、长石、纯碱一起配料均可制得铜冶炼渣微晶玻璃。这种微晶玻璃可作建筑饰面材料和耐磨管道材料。

3. 铅烟化炉水淬渣的综合利用

铅鼓风炉渣处理的方法很多，如鼓风炉、转炉和电炉熔炼法，悬浮熔炼法、氯化挥发法、回转窑挥发法、烟化法以及湿法碱处理等。但目前大多数工厂都采用烟化法处理。因为烟化法的生产能力大，金属回收率高，可用低级煤作燃料，燃料消耗少，易于实现机械化和自动化，废热可以利用等优点。

铅烟化炉产出的渣化学成分为：SiO_2 26.6% ~ 27.2%，Al_2O_3 9.3% ~ 9.7%，Fe_2O_3 38.6% ~ 38.7%，CaO 20.6% ~ 21.3%，MgO 2.1% ~ 2.2%，Cu 0.1% ~ 0.36%，Pb 0.06% ~ 0.37%，ZnO 0.8% ~ 1.3%，Cd 0.001% ~ 0.002%，Hg 微量，As 微量。

铅烟化炉水淬渣的利用如下：

（1）利用铅烟化炉水淬渣代替河砂生产灰渣瓦

株洲市某厂利用该厂水淬渣代替河砂作骨料生产灰渣瓦，不仅减少了工厂的原料费用，而且大大提高了灰渣瓦制品的质量，其抗折强度提高了 15% 以上。物理性能比较见表 6 - 15。

表 6 - 15 水淬渣与河砂物理性能比较

名称	干容重/(kg/m³)	密度/(g·cm⁻³)	平均粒径/mm	细度模数
水淬渣	1 580	2.86 ~ 2.70	0.67	3.52
河砂	1 500 ~ 1 600	2.60 ~ 2.70	> 0.50	3.20 ~ 4.00

据表可知铅烟化炉水淬渣的物理性能都接近河砂，并优于河砂。水淬渣的碱性系数和质量系数都符合要求。

（2）利用铅烟化炉水淬渣作为转动原料生产水泥

某水泥厂利用铅烟化炉水淬渣生产水泥，每年需水淬渣 700 t。其生产流程为：配料 → 干燥 → 球磨 → 制粒 → 竖窑煅烧 → 球磨 → 水泥仓库 → 包装出厂。该法生产的水泥性能良好（如表 6 - 16）。由此可知加入水淬渣后，可以提高和调整硅酸盐水泥的各化学成分，特别是 Fe_2O_3 外，除辅助原料中所需 Fe_2O_3 外，在煅烧中还有阻熔作用，降低作业温度。加上水淬渣粒度较细，有利于物料的均匀比。

表 6－16　水淬渣水泥的性能

标号	抗折强度/MPa		抗压强度/MPa	
	7 d	28 d	7 d	28 d
	5.0～5.2	6.9～7.1	28.3～32.4	42.7～49.4

（3）制造玻璃

据前苏联有关资料报道，用铅渣和钢渣作玻璃原料与其他玻璃原料混合成配合料，可以制成耐磨，耐腐蚀性好的矿渣微晶玻璃。不需另外加晶核剂，废渣的引入量可高达 60% ～ 62%。所设计的矿渣微晶玻璃组成（质量%）为：SiO_2 42.3～51.5、Al_2O_3 5.5～7、CaO 16.2～ 23.6、MgO 3～5、Na_2O 4.1～5.4、Cr_2O_3 0.2～0.4、$FeO + Fe_2O_3$ 15.2～21.7。由于该配方中铁含量较高，故制得的玻璃为黑色，熔制温度为 1 480℃。

（4）其他有色废渣应用

据前苏联有关资料报道，用铁镍合金废渣作原料与其他玻璃原料相配合，可生产玻璃制品和微晶玻璃制品。制成的玻璃为黑色，该种黑色玻璃可制成玻璃马赛克、玻璃大理石、饰面砖等饰面材料，也可作结构材料使用，用于耐磨、耐腐蚀的部位。用钛渣与石英砂、Na_2SO_4 等原料按不同配比配料，可制得黑色的矿渣玻璃，这种玻璃制成板材后可用于建筑业中。

4. 有色冶金废渣中金属回收技术

有色冶金废渣中金属回收主要采用选冶、火法冶炼和湿法冶炼这三种技术。

（1）选冶技术

选冶技术主要用于有色金属尾矿中有价金属、非金属的回收利用。尾矿中有色金属与金银品位普遍较低甚至很低，工业产品以粗精矿为主，回收率不高，经济效益不显著，矿山企业的积极性不高。因此，应该针对尾矿的表面物理化学性质，采用适合尾矿再选的新型选矿流程或新型药剂直接选出最终合格精矿，使尾矿再选产生显著的经济效益，使尾矿中伴存的有色金属和金银的综合回收工作步入良性循环发展。

吉林镍业公司选矿厂浮选尾矿含镍 0.3%～0.5%，通过采用北京矿冶研究总院研制的尾矿再选型螺旋溜槽 - BL1500 螺旋溜槽，有效地从浮选尾矿中回收镍金属。该厂采用了 16 台 BL1500 - B 型螺旋溜槽，通过增加一段重选工艺，对原直接用泵送往尾矿坝的浮选尾矿进行再选。设备配置成一次粗选（14 台）、一次精选（2 台），选别效果明显，可提高选矿厂总回收率 1.3%～3.2%，效益显著。

湿法炼锌浸出渣中含有大量的镓、锗，具有极高的综合回收价值。利用镓、锗所具有的亲铁特性，中南大学开发了浸锌渣还原分选富集镓、锗的新工艺。该工艺通过强化浸锌渣的还原过程，使镓、锗定向富集于金属铁中（金属铁是镓、锗的主要载体矿物相），进而采用磁选的方法从焙烧渣中分离富集镓、锗。研究表明，在温度为 1 100 ℃、恒温还原时间为 150 min 的条件下处理含 Ga 527 g/t、Ge 305 g/t 的湿法炼锌浸出渣，可得到镓品位为 2 164 g/t 回收率为 92.40%，锗品位为 1 600 g/t、回收率为 99.03% 的铁粉。湘西金矿从老尾矿和低度钨加工尾矿中回收金，老尾矿计有 35.27 万 t，含金 4.18 g/t，堆存达 30～40 年，采用浮选 + 尾矿氰化选冶联合流程，金回收率 74%。低度钨加工尾矿经浓缩脱液，一粗一扫一精、中矿顺序返回流程半工业性试验，给矿含金 6.12 g/t，精矿含金量 93.12 g/t，金回收率 79.24%。

　　铜绿山铜矿选矿采用浮选—弱磁选—强磁选工艺流程，生产出的尾矿中含：铜 0.8%、金 0.83 g/t、银 6 g/t、铁 22%，经再选回收获得含铜 15.4%、金 18.5 g/t、银 109 g/t 的铜精矿和含铁 55.24% 的铁精矿，铜、金、银、铁的回收率分别为 70.56%、79.33%、69.34%、56.68%。按日处理 900 t 尾矿，年生产 300 d 计算，每年综合回收铜 1 435.75 t、金 171.26 kg、银 1 055.92 kg、铁 33 757 t。

　　赣州有色金属冶炼厂采用浮–重–磁联合流程，对其尾矿库中堆存的钨精选尾矿进行铜、银、钨和锡矿物综合回收研究。尾矿中含 Cu 2.02%、Ag 0.025% 和 WO₃ 5.47%，小型试验、工业试验及工业生产的分选指标均较好：铜精矿含 Cu 13.41%，Ag 0.147 9%，铜和银的回收率分别为 83.88% 和 58.23%；钨细泥精矿含 WO₃ 23.64%，回收率为 41.16%。选厂在1994 年至 1996 年的两年时间内共回收铜金属 5 612 t、钨金属 4 716 t 和银 292 kg，创直接经济效益 52 196 万元。

　　甘肃省天水金矿金精矿氰化尾渣中含铅 5.96%、铜 1.93%、金 2.00 g/t、银 100.90 g/t，采用先铅后铜的优选浮选工艺综合回收尾渣中的铅、铜、金和银，铅、铜、金和银的回收率分别为 77.59%、71.04%、31.25% 和 81.04%，铅精矿含铅 42.15%，铜精矿含铜 17.82%。

　　(2) 湿法冶金技术

　　湿法冶金在金属提取中具有日益重要的地位。湿法冶金过程有较强的选择性，即在水溶液中控制适当条件使不同元素能有效地进行选择性分离，对物料中有价成分的分离、提取和综合回收利用率相对较高，可以有效地使原料中有价元素和脉石分离，对解决当前越来越迫切的低品位尾矿和冶金废渣处理问题有较大的优势，同时湿法冶金工艺劳动条件好、无高温及粉尘危害，一般有毒气体排放较少，能达到清洁生产的要求。因此，复杂的冶金废渣和尾矿的开发利用更多地依赖湿法冶金新技术的开发。

　　在铅锌精矿烧结焙烧时，精矿中铅、镉、铊、汞及其化合物易于挥发，富集在烟尘中，汞则绝大部分进入烟气中。这样的烧结烟尘年产约 17 000 t，主要组成质量分数(%) 为：Pb 50 ~ 60、Zn 1.5、Cd 5.0 ~ 6.0、Ti 0.12 ~ 0.15、Hg 0.1 ~ 0.2、Au 0.9 g/t 和 Ag 300 g/t。由于此类烟尘是在氧化性气氛下挥发，镉和铊的可溶率较高，从含镉烟尘中单独提取镉、铊可直接采用湿法流程处理，主要步骤是：酸性浸去—净化—锌粉两次置换—海绵镉、含铊海绵镉—氧化—水浸、净化、置换—海绵铊—压团熔铸—金属铊，海绵镉送精馏提纯产出精镉。

　　对于 Ni、Cu、Co 等含量较高的镍渣，其有价金属的提取方法是先酸浸，一次提取镍渣中的 Ni、Cu、Co 等，再结晶脱水，通过加入碳酸钠实现铜、镍和钴的分离，在分别加入硫酸，除杂过滤之后，结晶脱水，最终得到成品硫酸镍、硫酸铜和硫酸钴，整个工艺流程较简单，所用设备较少。

　　粗铜冶炼厂电收尘烟灰是经重力除尘后，再通过电收尘而获得的产物，一般含铜低于2.5%，含锌超过 10%，此外还含有铅、砷等挥发性杂质成分。这些烟灰按原设计经过配料、混捏，返回炼铜炉熔炼，不仅不经济还给炼铜带来危害。现用湿法回收烟灰中的有价金属，在低投资下获得明显经济和环境效益。具体的流程为：水浸取，Pb 和 Bi 等不溶物进入沉淀，得到铅渣，而 Zn、Cu、Cd 等元素进入溶液，通过锌粉除铜，净化除铁、砷、置换除镉，最后浓缩结晶得到硫酸锌产品。

　　江西贵溪冶炼厂每年产出转炉渣约 8.9 万 t，采用浮选工艺回收铜，同时富集渣中的金和银；采用选择性碱浸—酸中和—电积法从铜冶炼中和渣中提炼精碲，在浸出阶段抑制铅的溶出，通过净化除砷、硅和其他重金属，在浸出工序选择性溶浸碲，浸出率达 96% ~ 97%，铅、硅、砷很少溶出，大部分抑制在浸出渣中，全流程碲的直收率 80%。

（3）火法冶金技术

火法冶金因为其环境污染，耗能大而逐渐面临淘汰，目前多用火法冶炼技术与湿法技术相结合回收冶金废渣中的有价金属。

株洲硬质合金厂主要生产硬质合金、钨、钼、钽、铌及其加工产品。该厂钨冶炼系统采用碱压煮工艺生产仲钨酸铵及蓝钨时产出钨渣，钨渣用火法－湿法联合流程处理，即钨渣还原熔炼得到含铁、锰、钨、铌、钽等元素的多元铁合金（简称钨铁合金）和含铀、钍、钪等元素的熔炼渣。钨铁合金用于铸铁件，熔炼渣采用湿法处理，分别回收氧化钪、重铀酸和硝酸钍等产品。该厂在钨湿法冶炼工艺中，采用镁盐法除去钨酸钠溶液中的磷、砷等杂质时会产出磷砷渣，将此渣经过酸溶、萃取、反萃、沉砷等综合利用工艺，可回收钨的氧化物及硫酸镁。最后产出砷铁渣约为原磷砷渣的 10%，且其渣型稳定，不溶于强碱、弱酸，容易处理。

赣州冶炼厂从含钪炉渣中提取氧化钪。此厂以生产钨、钴系列产品为主，并生产工业氧化钪。在生产钨系列产品工艺中将黑钨精矿球磨、碱煮、压滤后会产出含铁、锰、钪的碱煮渣，此渣经反射炉焙烧，再经电炉还原熔炼后，得到钨铁锰合金和含钪炉渣。含钪炉渣经硫酸浸出，浸出渣作水泥原料，浸出液经萃取、反萃取、酸溶解、沉淀等一系列工艺后，可得到工业级氧化钪，再经一系列精炼后可得高纯氧化钪。

云南锡业公司二冶厂将一冶厂在锡冶炼过程中产出的有毒砷锑铝锡渣，经焙烧、水浸、熔炼、中频坩埚炉熔铸等工艺处理后得到锡铅焊料、锡锑铜轴承合金，砷渣用作生产白砷原料。该厂 1989 年处理砷锑铝锡渣 658.5 t，产出巴氏轴承合金 403 t，锡铅焊料 17 t。三冶厂锡铅阳极泥采用联合流程处理，产出的硝酸渣金银含量低，根据物料特性，先经氧化焙烧，焙砂再经硫酸化焙烧、浸出，从浸出液中提取银。浸出渣在硫酸及盐酸组成的低酸度混酸溶液中，加入氯化钠，使金优先浸出，得到的金粉、银粉都能达到 99.99%。金的回收率达 98%以上，银的回收率超过 95%。

总之，有色冶金废渣中有价金属的回收利用有着非常重要的经济、环境和社会意义。我国已经开始重视这个领域的发展，国家将资源的合理利用及环境保护列为"中国 21 世纪议程"的四个主要内容之一。目前，低污染、低能耗、技术及经济可行的新工艺仍然有待继续开发，同时新技术新流程的工业化应用应该得到充分的重视，使实验室的研究变成生产力。

6.4 赤泥的综合利用

赤泥是炼铝工业的废渣，是用碱浸出铝土矿以后所得的浸出渣。依矿石品位的不同，生产 1t 氧化铝排出 0.3 ~ 2t 赤泥。目前，我国每年约排 100 多万吨赤泥，全世界每年排放 2 000 多万吨。

赤泥中各元素主要以方钠石（$Na_2O \cdot Al_2O_3 \cdot 1.68SiO_2 \cdot 1.73H_2O$）、钙霞石（$3NaAlSiO_4 \cdot NaOH$）、赤铁矿（$Fe_2O_3$、一水硬铝石 [$AlO(OH)$]、金红石（$TiO_2$）、方解石（$CaCO_3$）、水化石榴石（$3CaO \cdot Al_2O_3 \cdot mSiO_2 \cdot nH_2O$）等矿物存在。赤泥的化学成分变动范围为：三氧化二铁 30% ~ 60%，氧化铝 10% ~ 20%，二氧化硅 3% ~ 20%，氧化钠 2% ~ 10%，氧化钙 2% ~ 8%。赤泥中的稀土稀有金属主要呈分散状态不均匀地分布。

世界各国对赤泥的利用都十分重视，做了不少研究工作，提出了几十种综合利用的方法，但大规模利用的较少，大部分是在低洼地堆存，或花费巨额投资，稍经干燥后倒入海中。由于赤泥含碱，长期堆放使堆场附近土地碱化，倒入海中污染海域。

6.4.1 利用赤泥生产水泥

我国利用赤泥生产水泥很有成效。目前赤泥可生产普通硅酸盐水泥、油井水泥、赤泥硫酸盐水泥等三种水泥。

用赤泥生产普通硅酸盐水泥。该工艺生产流程和技术条件与一般普通水泥厂基本相同，只是从氧化铝厂排出的赤泥浆，液固比一般在 3 ~ 4，含水率太高，增添脱水用的真空过滤机，使赤泥的含水率降至 60% 以下。以赤泥代替黏土，生产普通硅酸盐水泥，按常规配料率值要求，一般采用三元组分配料，及赤泥、石灰石和砂岩。控制配料率值范围是：石灰饱和率 0.88% ~ 0.92%，硅酸率 2.0% ~ 2.2%，铝氧率 0.7% ~ 1.2%。根据长期生产实践，用赤泥生产的普通硅酸盐水泥，其质量完全符合国家规定的 500$^{\#}$ 普通硅酸盐水泥标准。一般硅酸盐水泥熟料在常规的配料率值的范围内，生料中赤泥配比仅占 25% ~ 30%，即每生产 1 t 水泥，只能利用 350 ~ 400 kg，不能达到大量利用赤泥的目的。为了提高赤泥的利用率，降低硅酸率和铝氧率，适当地提高石灰饱和率，提出了用赤泥与石灰石二元组分配料新方案。这种配料方案，熟料矿物组成仍以硅酸盐矿物为主，但硅酸盐矿物总量较一般水泥熟料微低，而熔剂矿物组成，特别是 C_4AF 较一般水泥熟料微高，根据这一特点，称之为"低硅高铁"水泥新配方。下面是这种水泥配方与普通水泥配方的比较（表 6 – 17）。

表 6 – 17 水泥配方与普通水泥配方的比较

<配料率值>	普通配方	低硅高铁配方
石灰饱和率（%）	0.82 ~ 0.95	0.92 ~ 0.96
硅酸率（%）	1.7 ~ 3.5	1.3 ~ 3.6
铝氧率（%）	1.0 ~ 3.0	0.7 ~ 0.85
<熟料矿物组成>	%	%
C_1S	47 ~ 55	42 ~ 51
C_2S	17 ~ 31	14 ~ 24
$C_1S + C_2S$	72 ~ 75	65 ~ 67
C_2A	6 ~ 10	3 ~ 6
C_4AF	10 ~ 18	21 ~ 26
$C_3A + C_4AF$	20 ~ 22	25 ~ 27

这种"低硅高铁"配方水泥在技术性能（见表 6 – 18）上也达到国家规定的普通硅酸盐标准，赤泥配比提高到 50% ~ 60%。

表 6 – 18 低硅高铁水泥性能

编号	比面积 /(cm^2·g^{-1})	初凝 /min	终凝 /min	抗拉强度/MPa			抗压强度/MPa		
				3 d	7d	28 d	3 d	7 d	28 d
1$^{\#}$	3085	2:16	3:43	3.6	3.65	3.8	46.1	60.0	68.5
2$^{\#}$	3060	2:08	3:29	3.3	3.41	3.51	41.6	55.2	61.1

另外，还研制了油井水泥、赤泥硫酸盐水泥和赤泥硅酸盐水泥（以赤泥为混合材）等。

综合利用赤泥生产普通硅酸盐水泥，有以下好处：

①不占用农田。由于赤泥代替了普通水泥生产所需的全部黏土，故不需要因开掘黏土而占用或破坏农田。

②减少石灰开采量。由于赤泥中含有44% ~48% CaO，故生料配料中石灰石单位消耗可降低30% ~50%。

③节约能源。由于赤泥是氧化铝生产系统中经过煅烧的产物，同时生料中石灰石配入量又较普通水泥为少，故熟料反应的热耗低。

总之，综合利用赤泥生产水泥，从根本上解决了氧化铝生产工业废渣赤泥对环境的污染，更充分利用了铝矿资源。事实说明，用"烧结法"或"混合法"生产氧化铝，在赤泥利用方面，要优于"拜耳法"，从而使我国以"碱石灰烧结法"处理低品位铝土矿生产氧化铝的综合技术经济效果，更为显著。

6.4.2 从赤泥中回收有价金属

1. 从赤泥中回收铁

（1）预焙烧 – 沸腾炉还原

铁是赤泥中的主要成分，一般含有10% ~45%，但直接用作炼铁原料有时含量还低。因此，有些国家先将赤泥内，在温度700 ~800℃还原，使赤泥中的Fe_2O_3转变为Fe_3O_4。还原物再经冷却、粉碎后用湿式或干式磁选机分选，得到含铁63% ~81%磁性产品，铁回收率为83% ~93%，是一种高品位的炼铁精料。

（2）高炉或电炉熔炼

乌拉尔铝厂和前苏联科学院乌拉尔分院共同研究过用高炉或电炉熔炼赤泥并进行过大型试验室试验。试验采用的是乌拉尔铝厂堆积多年的赤泥，其化学成分（%）为：Fe 3.10、CaO 10.6、SiO_2 8.3、Al_2O_3 14.5、Na_2O_2 15、TiO_2 4.6。赤泥在熔炼前制粒、脱硫、脱去附着水和结合水。加5% ~6%的焦粉在电炉中熔炼制得炼钢生铁。

日本曾经试验过直接应用赤泥在高炉上炼铁。它是将含铁33%的赤泥与石灰石粉、焦粉烧结成块，然后入高炉熔炼。由于赤泥中的铁含量高，这种方法是可取的。

东北大学研究的处理贵港铝土矿的"先铁后铝"方案，以铝土矿（含Fe_2O_3 40%左右）为原料，配加石灰石先烧结成高碱度烧结矿再进行高炉冶炼，产出生铁和铝酸钙炉渣，实现铁铝分离，据说在冶炼过程中生铁与渣分离性能良好，铁回收率较高。山东铝厂提出平果铝土矿两段溶出工艺，先将矿石粗磨，在245℃下一段溶出，将赤泥分级，粗赤泥中富集了较多的铁和一水硬铝石，将粗赤泥再细磨，于260℃二段溶出，可以得到含Fe_2O_3近64%的赤泥，铁的回收率达50% ~60%。该方案的优点是回收赤泥中的铁矿物时，能给拜耳法溶出流程带来一些效益，但两段溶出，流程过长，回收的铁品位不高，只能掺在铁精矿中用作炼铁烧结矿原料，弃赤泥中含Fe_2O_3仍然很高（26%），不利于进一步烧结处理。

（3）回转窑熔炼

阿拉巴耶夫冶金联合企业和斯维尔德洛夫冶金研究所对用回转窑处理赤泥进行过半工业化试验。熔炼赤泥在串联的两台窑中进行。第一台的作用是烘干和还原，还原剂为焦粉和无烟煤等。第二台窑用于熔炼生产生铁和自碎渣，所用赤泥为乌拉尔氧化铝厂的赤泥。用回转窑处理赤泥的特点是不需要制粒而直接与石灰石、焦粉等配料进行熔炼。

巴甫洛达尔氧化铝厂将赤泥与磁铁精矿按 5:95～15:85 的比例配矿，再添加一定量的石灰石混合成球、烘干，加入一定量的焦炭在达蒙型高温炉内的石墨坩埚中进行还原冶炼，所用赤泥含 Fe_2O_3 22.8% 左右。熔炼得到的生铁含 Fe 90%～93%。另据 P.Г.ЧЕРНОВА 等人的研究证明，巴甫洛达尔氧化铝厂的赤泥不利于直接熔炼生产生铁，因为这样会增加熔化的能耗和每吨生铁的物料流量，而作为含铁添加料用于铁矿石精矿比较有前途。

匈牙利做过用回转窑处理赤泥生产铁的研究试验。它是将阿尔马什菲济特氧化铝厂的拜耳法赤泥(含 Fe_2O_3 40.76%)配无烟煤作还原剂，在捷克的耶依保维查厂 60 m 长的回转窑中还原焙烧。回转窑用的燃料为重油，煤粉和煤气，还原剂为焦炭或褐煤半焦炭，操作温度为 1 200～1 300℃。还原的铁在渣中呈铁粒状态。热还原处理后的物料经破碎和磁选分离，得到的铁精矿含 Fe 77%，铁回收率 81.5%～83.0%。这种精铁矿可以直接用于电炉炼钢。

(4)竖炉还原

A·A·米沙耶夫等人还进行了用天然气作还原剂还原赤泥中氧化铁制取金属铁的研究。试样采用基洛瓦巴德氧化铝厂的赤泥，其成分(%)为：SiO_2 6.48、Al_2O_3 24.7、Fe_2O_3 42.04、TiO_2 5.1、K_2O 0.286、Na_2O 3.076 等。还原剂用间断还原装置进行，方法如下：把粒度为 1～2 mm 的 10 g 赤泥置于管式竖炉炉膛($50\ cm^3$)内，加热至给定温度后充入惰性气体，然后，从下部通入天然气。实验结果表明，可利用天然气代替煤来还原赤泥中的氧化铁，而后在相对低的温度(800～850℃)下制取金属铁。此外，还做了用水蒸气作还原剂的试验。结果表明：采用水蒸气作为还原剂，可提高氧化铁还原率，从而改善还原物料的湿法磁选过程，提高了金属铁去除其他杂质的提纯率。

(5)磁化焙烧－磁选－烧结法

前苏联还曾研究过将铝土矿进行磁化焙烧，在铝土矿中能配入 2%～3% 的煤，在温度为 650～700℃ 的弱还原气氛中焙烧，拜耳法溶出后用磁选方法选出铁矿物，磁选尾矿再用烧结法处理。半工业试验取得了良好效果。

郑州轻研院和赣州冶金研究所合作，对平果铝土矿的赤泥综合利用进行试验研究，工艺流程是先将平果铝土矿矿石在 500～700℃ 低温下进行简单焙烧，拜耳法溶出后的赤泥用脉动高梯度磁选设备进行湿法强磁选，初步试验结果为：铁精矿含 Fe 54%～56%(折合 Fe_2O_3 近 80%)，回收率近 50%，磁选所得的铁精矿直接可以作为炼铁原料。预计，进一步试验，通过改进某些工艺条件，铁精矿中铁的回收率可达到 70%～80%，并争取尾矿中 Fe_2O_3 的含量降到 10%～15%。

(6)用作铁矿烧结配料

除了用赤泥作原料直接熔炼生产生铁外，在炼铁过程中加入适量的赤泥，也能获得显著的经济效益。如在铁矿石烧结时，添加 1%～2% 脱水后的赤泥可以使烧结机生产能力提高 5%，烧结料的粉料减少 3%～5%；在炼铁高炉中加入适量的赤泥可使焦比降低 6.9%，高炉生产能力提高 1.6%；熔炼铸铁时加入适量的赤泥可降低焦耗 6.25%，生产能力可提高 4.8%；在球团矿配料中加入适量的赤泥，工业试验的结果表明，优质球团矿的回收率可提高 5%～10%。

(7)还原焙烧处理

日本和美国专利还提出还原焙烧处理赤泥，将氧化铁转化为磁铁矿，其余部分用去回收氧化铝。先将赤泥过滤至含水率30%，再进行自然蒸发，然后在流化床中进行焙烧。在流化床中物料用还原气体还原，将氧化铁变成磁化铁。磁性物质经磁性分离、浓缩制成高纯冶金团块。试验中发现，在控制严格的条件下，焙烧赤泥的还原反应可一直进行到使赤泥中的赤铁矿完全转化为海绵铁，而后进行磁性分离。获得海绵铁制团后，可以直接用于电炉炼钢。这比使用磁铁矿更为简便而经济。

平果铝业公司和广西冶金研究院联合作了以平果铝土矿拜耳法赤泥为原料，以煤为还原剂，进行直接还原炼铁的试验研究。其工艺流程是将赤泥和煤混合、制团、干燥、然后进行还原焙烧，最后磁选制取海绵铁。按此工艺流程和技术，年处理35万t的平果铝厂拜耳法赤泥，每年可产海绵铁8.34万t。

中南大学研究提出一条合理利用高铁赤泥的新途径。即由高铁赤泥直接生产制备海绵铁，所用赤泥是广西贵港高铁三水型铝土矿拜耳法溶出所得残渣，其方法是配入A型催化剂赤泥煤基直接还原剂备海绵铁。实验取得了初步成果。海绵铁品位91.79%，金属化率91.15%，这种产品可代替废钢作电炉炼钢原料。由于所用赤泥原料含Fe近40%，其综合经济效益较好。

（8）回转窑 – 竖式熔炼炉两段熔炼法

德国格布尔·基里尼公司早期做过用两段熔炼法处理赤泥生产炼钢生铁的半工业试验。第一段是用100 m 长的。将含水赤泥与煤粉（或泥煤）和碎石灰石混合，送入回转窑在1 000℃下进行还原烧结，使80%以上的氧化铁还原成金属铁。第二段采用特殊结构的油加热竖式熔炼炉进行熔炼和进一步还原，使还原效率达到95%以上。熔融体中的铁和渣自动分离，渣子连续流出，在水中粒化。液态铁从炉中放出，经适当处理后，铸成生铁锭。

（9）圆盘烧结机处理赤泥

20世纪70年代，美国麦克道尔·韦尔曼（Mcdowell Wellman）工程公司发明了一种用圆盘烧结机处理赤泥生产铁的方法。赤泥经从辅助生产系统圆盘烧结机出来的废气加热干燥后，与湿赤泥和煤粉混合送圆盘制团机中制成9.5mm团料。团料送入烧结机进行烧结，表面上覆盖一层石灰石，温度为1 260℃。熟料从烧结机中卸出，温度为982℃。用绝热的铸铁翻斗车送往电弧炉熔炼，温度1 593℃，铁回收率达98%～99%。所得生铁在碱性顶吹转炉中熔炼成钢。试验表明生产1 t铁需要赤泥5～8 t。

①从赤泥中回收铝、钛、钒、铬、锰等多种金属。

将沸腾炉还原的赤泥，经磁选后的非磁性产品，加入Na_2CO_3或$CaCO_3$进行烧结，然后在pH为10的条件下，浸出形成的铝酸盐，再经加水稀释浸出，使铝酸盐水解析出，铝被分离后剩下的渣在80℃条件下用50%的硫酸处理，获得硫酸钛溶液，再经水解而得到TiO_2；分离钛后的残渣再经预处理、煅烧、水解等作业，可从中回收钒、铬、锰等金属氧化物。

②从赤泥中回收稀有金属。

赤泥含有较多的钙（CaO 达20%～40%）和钠（Na_2O高达8.30%），主要矿物成分是冶炼过程中生成的方钠石、钙霞石、方解石等。它的钪和稀土含量却大大高于铝土矿。赤泥中钪和稀土含量明显受铝土矿成分影响。贵州铝厂拜尔法赤泥Sc_2O_3为1.07×10^{-2}%，RE_2O_3（稀土元素总量）达1.40×10^{-1}%，烧结法赤泥Sc_2O_3为9.25×10^{-3}%，RE_2O_3为1.32×10^{-1}%。郑州铝厂赤泥Sc_2O_3为7.05×10^{-3}%，RE_2O_3为6.60×10^{-3}%。山西铝厂的赤泥Sc_2O_3为4.12×10^{-3}%，RE_2O_3为3.55×10^{-2}%。山东铝厂的赤泥Sc_2O_3为4.49×10^{-3}%，RE_2O_3为

$6.64 \times 10^{-2}\%$。

在氧化铝的生产过程中，在高 pH，即强碱状态下使稀土离子定量地转变成稀土氢氧化物，脱水后便生成稀土氧化物凝胶，干燥后变成氧化物分撒在赤泥中。国内的专家对赤泥中的 Sc 和 RE 的物相做了大量的研究表明，赤泥中的 Sc 和 RE 不是离子吸附型，也不存在于新形成的铝硅酸盐矿物相中，主要以类质同象形式分散于铝土矿及其副矿物，如金红石、钛铁矿、锐钛石、锆英石、独居石等中。稀有金属在赤泥中的赋存状况的确定，为从赤泥中提取稀土工艺的研究提供了有力的依据。

目前，从赤泥中提取稀土稀有元素的主要工艺是采用酸浸 - 提取工艺，酸浸包括盐酸浸出、硫酸浸出和硝酸浸出等。

希腊科学家研究了分别用不同浓度的盐酸、硫酸、硝酸及 SO_2 气体压力浸出时的浸出条件(如浸出时间、温度、液固比)及相对应的浸出效果 。研究表明，在浸出剂浓度均为 0.5 mol/L、温度 298 K、浸出时间 24 h 和固液比 1∶50 条件下，其浸出率依次为硝酸 > 盐酸 > 硫酸。但相差不是太大，其中硝酸浸出时，钪的浸出回收率为 80%，钇的浸出回收率达 90%，重稀土(Dy、Er、Yb)浸出回收率超过 70%，中稀土(Nd、Sm、Eu、Gd)浸出回收率超过 50%，轻稀土(La、Ce、Pr)浸出回收率超过 30%。由于硝酸具有较强的腐蚀性，且随之的提取工艺介质不能与之相衔接，因此，大多采用盐酸或硫酸浸出。此工艺侧重回收钪、钇，而稀土的回收率不高，特别是轻稀土的回收率较低。同时，他们还研究了赤泥用盐酸浸出 - 离子交换和溶剂萃取分离提取钪及钇与镧系元素(REE)。该工艺是将干燥赤泥与一定量的 Na_2CO_3、$Na_2B_4O_7$ 混合，在 1 100 ℃ 熔烧 20 min，用 1.5MHCl 浸出后，采用 Dowex 50 W 用 X8 离子交换树脂吸附，用 1.75MHCl 解吸，Fe、Al、Ca、Si、Ti、Na 等首先被解吸，Sc、Y、REE 则留在树脂中，再经 6M HCl 解吸后，在 pH = 0，相比为 5∶1 ~ 10∶1 的条件下用 0.05 M DEH - PA 进行萃取分离，有机相中的钪用 2 mol/L NaOH 反萃，经进一步提纯可制得纯度较高的 Sc_2O_3。

希腊科学家还研究了用稀硝酸浸出赤泥，采用离子交换法从其浸出液中分离钪、镧系元素。其工艺是：赤泥用稀硝酸(0.6 N)，液固比为 200∶1 混合，搅拌 1 h，在常温常压下浸出。在这个过程中赤泥中碱被酸中和溶解，酸度控制在 0.5N 左右，Sc、Y、La 系等稀有金属能从赤泥中溶解出 50% ~ 75%。然后，取出溶解液体，通过离子交换柱，进行离子交换。采用耐强酸阳离子型树脂，然后用 0.5 N 的 HNO_3 淋洗。在此研究中，笔者确定了酸浸过程中的固液比、硝酸的浓度和浸出液酸度控制等参数；而且进行溶剂萃取富集提纯钪和稀土的半工业化试验取得了成功。

俄罗斯的 Smirnov 等研究了一种树脂在赤泥矿浆中吸附 - 溶解新工艺回收富集钪、铀、钍。该工艺在硫酸介质中将赤泥矿浆与树脂搅拌混合，钪、铀、钍等被选择性吸附于树脂中，经筛网过滤，十级逆流吸附，进入树脂相中的钪为 50%、铀为 96%、钍为 17%、钛为 8%、铝为 0.3%、铁为 0.1%，提纯后可得 98% ~ 99% 的钪。

国内的尹中林对从平果铝矿的拜尔法赤泥中提取氧化钪进行了初步试验研究，其步骤如下：首先用盐酸浸出赤泥，接着用 P_{204} + 仲辛醇 + 煤油从酸浸液中萃取钪，盐酸反萃除杂后，用 NaOH 溶液反萃取，得氢氧化物沉淀。再用盐酸溶解，TBP + 仲辛醇 + 煤油萃取钪，经水反萃 ScO_2 产品，其产品纯度可达 95.25%。

国内的徐刚研究和总结了一些国内外专家在这方面的研究成果。提出了几种从赤泥中提钪的方法：

（1）还原熔炼法：赤泥＋碳粉＋石灰—生铁＋含铝硅炉渣—苏打浸出—钪进入浸出渣（白泥）；

（2）硫酸化焙烧：赤泥＋浓硫酸（200℃、1h）—2.5N 硫酸浸出（$s/l = 1:10$）—浸出液（含钪）；

（3）酸洗液浸出：赤泥—灼烧—废酸浸出—铝铁复盐（净水剂）＋浸出渣（高硅，保温材料）＋浸出液（Sc，10 mol/L）；

（4）硼酸盐或碳酸盐熔融：赤泥熔融—盐酸浸出—离子交换除 NON - RE - Sc/RE 分离。

以上提到的从赤泥中提取稀有金属的酸浸实验中有一个共同的出发点：从赤泥中直接提取稀有金属。这个方法对于含量只有 10^{-6} 数量级的微量元素提取，难度是可想而知的。另外，最后用萃取或离子交换来提取 Sc 和 RE 废水的处理量太大，不符合节能和环保的要求，没有经济效益。同时，考虑到赤泥的成分与铝土矿的成分有很大的关系，氧化铝的生产工艺也直接影响赤泥的成分。如山西铝厂烧结法工艺的赤泥中平均含有 CaO46.80% 和 SiO_2 21.43%；混联法工艺的赤泥中平均含有 CaO45.63% 和 SiO_2 20.63%。这两种生产工艺的赤泥中含有的稀有和稀土元素的总量差别不多：RE 含有 3.55×10^{-2}%，Sc 含有 4.12×10^{-3}%。针对山西铝厂的赤泥成分中 CaO 和 SiO_2 含量大的特点，如果直接用酸浸来直接分离和提纯赤泥中的稀有金属是非常困难的。即使实验取得了成功，考虑到工业化生产的经济效益的要求，用以上的工艺恐怕也很难达到。因此，可以从赤泥中 CaO 和 SiO_2 含量高入手研究，而稀土和钪作为一种副产品逐步富集提取的思路。首先，赤泥中温焙烧，破坏赤泥的物相结构。第二步，用浓度较高的 HCl 浸出，把 SiO_2 和金属氧化物分离。沉淀物经过处理后的 SiO_2 占到 60% 以上，可以用来生产水泥和耐火材料。第三步，取出溶液加入碱，沉淀。溶液是 $CaCl_2$，沉淀是 Fe、RE、Sc、Al 的氢氧化物。从溶液中提取的 $CaCl_2$ 纯度达到 90% 以上，可以作为工业生产高纯度 $CaCl_2$ 的原料。而沉淀中的稀土和钪的总含量达到 0.798%，比赤泥中的含量提高了 10^4 数量级。最后，再从沉淀中回收 Sc 和 RE，其回收率可以达到 80% 以上。

此工艺的优点是：①赤泥中的成分按一步分离一种的原则，能有效分离，充分利用；②每一步工艺都有现有的工业生产工艺，工业化生产易实现；③Sc 和 RE 的回收这一步的废水处理量大大地减少了，符合节能和环保的要求，整个工艺不会产生新的污染，很好地实现了冶金资源二次综合利用。但是，此工艺仅仅是在实验阶段，而且稀土和钪富集后的含量还是比较低，工业化后有否经济效益，尚有待实践证明。

前苏联等国将赤泥在电炉里熔炼，得到生铁和渣。再用 30% 的 H_2SO_4 在温度为 80～90℃ 条件下，将渣浸 1 h，浸出溶液再用萃取剂（含 5% 的二磷酸和 2% 的乙基乙醇）萃取钛、锆、铀、钍和稀土类等元素。

此外，中和的赤泥可直接用作筑路材料；干燥的赤泥可作为沥青填料、炼铁球团矿的粘结剂、混凝土轻骨料和绝缘材料。在塑料生产中还可以作为填充剂，生产塑料制品。

6.4.3 利用赤泥制备琉璃瓦

利用广西平果铝厂产出的赤泥制备红色琉璃瓦，研究了琉璃瓦的坯料配比及坯料的可塑性，以及釉料的组成，一次烧成制得合格的产品，为赤泥的开发利用开辟一条新途径。

琉璃制品一般为挤出成形，要求泥料有一定的可塑性及粘结性能，塑性原料用量过少会影响坯体的挤出，但塑性原料用量过多会导致坯体的收缩加大，造成变形与开裂。赤泥由于其粒度细、质软,有一定的塑性,其物理性质与黏土相似,可替代黏土用于琉璃瓦生产。但是赤泥的塑性与其堆存时间及风化程度有关。新鲜赤泥的塑性指数为16。但暴露于空气中的风化赤泥则基本没有塑性。而堆存的未暴露于空气中的赤泥的塑性指数则在10左右。因此为使坯料有良好的成形性能,需配入适量的黏土。

综合可塑度测试、坯体的烧结性能及考虑尽量加大赤泥的用量,坯料的配方确定为赤泥:黏土 =7:3。

传统的琉璃瓦均为二次烧成,使用的釉料为生铅釉,生铅釉的特点是光泽高、烧成温度低。近年来,为了简化生产工序和降低生产成本与能耗,多采用一次烧成工艺,为符合琉璃瓦的发展需要,试验采用生料配成铅釉。另一方面,坯体的颜色很大程度上影响着釉料的发色,尤其是对于一次烧成的琉璃瓦,主要原因是坯体中的 Fe_2O_3 和 MgO 与釉中显色离子发生反应后,使釉料中的色剂不能达到预期的发色效果。由于坯体中 Fe_2O_3 的含量很高,使用红色釉料烧成红色琉璃瓦来说,不会有大的影响,反而有促进作用。所以试验中用铁红作色料,并试制一次烧成。球磨时加入适当的添加剂,以调配釉料的黏度。

釉料的配方为铅丹(Pb_3O_4)65%、石英(SiO_2)23%、黄泥铁红(Fe_2O_3 、FeO)9%。釉料的原材料选用纯度较高的化工原料,釉料的加工工艺及参数:料:球:水 =1:1.5:0.8,球磨时间 8 ~12 h,球磨细度:325 目,筛余量:0.2%;釉浆密度: 1.55 ~1.65 g/cm^3。

主要工艺流程如下:坯料干燥粉碎 → 配料 → 球磨 → 陈腐 → 真空练泥 → 生坯成形 → 干燥 → 施釉 → 干燥 → 烧成。

试验结果表明,利用赤泥制备琉璃瓦,在坯料中加入适量的黏土,可以制得符合琉璃瓦坯体成型工艺及性能的泥料;试验中的坯料中含较高的 K、Na、Ca 等碱性成分,促使胎体的烧结,实现了制品的低温烧成。因泥料中 Fe_2O_3 含量较高,烧成的坯体是红色的,对制备红色琉璃瓦来说,坯体的红色促使釉料的显色。

6.4.4 赤泥作塑料填料

赤泥作塑料填料的试验研究已进行多年,近年来随着塑料加工及表面处理剂的不断改进,赤泥在塑料行业的应用再次成为热点。各种卓有成效的研究成果屡见报道,对赤泥性质及应用性能认识的深化,为赤泥利用提供了理论依据。

①赤泥含碱量的问题。由于赤泥含碱较高,在作为填料应用于塑料行业时,与塑料发生反应的机理以及对塑料制品的影响,以前一直没有明确结论。现有资料表明,碱性大的拜尔法赤泥性能优于碱性小的联合法赤泥,未酸洗的赤泥优于除去碱性的赤泥,赤泥对聚氯乙烯的热稳定作用随碱性增加而作用增大。其原因是赤泥中含有的大量游离碱与 PVC 热分解时放出的 HCl 发生反应,从而抑制了 PVC 分解老化反应的继续发展,起到了等同或稍高于常用稳定剂的效用。

②赤泥 – 聚氯乙烯塑料的抗老化性能。普通 PVC 在露天使用8年后强度完全失去,而赤泥 – 聚氯乙烯塑料依然保持着良好的力学性能,未见任何老化现象,甚至强度还有提高。

③赤泥既是对 PVC(聚氯乙烯)具有补强作用的填充剂,又是 PVC 的高效、廉价的热稳定剂。赤泥对 PVC 具有显著的热稳定作用,它与 PVC 常用的稳定剂并用时,具有协调效应,使填充后的 PVC 制品具有优良的抗老化性能,延长制品的寿命,可比普通的 PVC 制品寿命长 2 ~3 倍。

④尽管赤泥中含有微量有毒元素，但即使70%的赤泥作为填充剂带入的毒素也仅为常用稳定剂的 1/22~1/111。

⑤赤泥－聚氯乙烯复合塑料具有阻燃性，在燃烧时只要离开火源十几秒即自熄。利用赤泥良好的物理性能与阻燃性以及良好的电性能，生产赤泥－聚氯乙烯塑料阻燃膜；利用赤泥对塑料的抗老化性能可制作赤泥塑料太阳能热水器和塑料建筑型材。以上技术如能批量生产投放市场，则可解决赤泥加工成本过高问题，为企业增创效益。

⑥如果将赤泥进行一定的处理，则可增大赤泥在聚合物中的添加量，提高制品性能。另外，赤泥－聚氯乙烯复合塑料尽管具有阻燃性，但要达到国家标准，尚需添加一些阻燃剂。当用于塑料制品并在高温下成型时，仍有一些水分残留在制品内影响性能。因此，通常应在120℃下干燥 3 h 再应用。

6.4.5　赤泥做硅肥

硅肥是继氮、磷、钾肥之后的第四大元素肥料。对多种农作物具有较好的营养作用。它的主要作用机理是通过改善植物的细胞组织，使植物形成硅化细胞从而提高产量，改善作物果实的品质，使用在缺硅的土壤中可增产8%~15%。

近年国内一些研究单位对硅肥进行了深入研究，研制出了独特的硅肥添加剂和工艺流程。河南省已批准成立了省级硅肥工程中心，该省科学院近年开展的大面积试用表明，对作物增产作用十分明显。这为大规模综合利用赤泥，开辟了一条可行的途径。专家疾呼，要大力发展硅肥。铝行业要密切关注这一动态，争取协同攻关，开展相应的研究。

6.4.6　赤泥粉煤灰砖

1995 年以来，利用赤泥、粉煤灰做烧结砖的研究又有新的进展。对此课题的研究已列入国家"九五"科技攻关项目。赤泥、粉煤灰是生产中产生的两大废渣，其化学成分与物理性能类同于黏土，利用赤泥、粉煤灰、黏土、石灰石四组分配料，经成型、烧成试制的多孔砖，性能指标达到 GB13544—1992 多孔砖标准。烧制的砖样颜色呈淡黄色，外观质量很好，强度比普通砖高一、二个档次，可替代清水砖使用。利用赤泥、粉煤灰、煤矸石三组分配方制砖，不仅可以利用三大废渣，而且还可充分利用煤矸石的可燃成分，煅烧时燃烧费用很低，可比目前烧黏土砖节能70%。

将赤泥、煤灰、石渣等原材料以适当比例混合，通过添加固化剂加水搅拌，碾压后用挤砖机压制成型，养护后成为成品砖。其抗压、抗折强度均大于 7.5 级砖标准。

6.5　粉煤灰的综合利用

6.5.1　粉煤灰的来源与组成

1. 粉煤灰的来源

粉煤灰是煤粉经高温燃烧后形成的一种似火山灰质的混合材料。它是燃烧煤的发电厂将煤磨成 100 μm 以下的煤粉，它是从煤燃烧后的烟气中捕收下来的细灰。

2. 粉煤灰的组成

粉煤灰的化学组成与黏土类似，主要成分为二氧化硅（SiO_2）、三氧化二铝（Al_2O_3）、三氧化二铁（Fe_2O_3）、氧化钙（CaO）和未燃炭，其余为少量 K、P、S、Mg 等化合物和 As、Cu、Zn 等微量元素。我国一般低钙粉煤灰的化学组成如表 6-19。

表 6-19 我国一般低钙粉煤灰的化学成分

成分	SiO_2	Al_2O_3	Fe_2O_3	CaO	MgO	SO_3	Na_2O 及 K_2O	烧失量
含量/%	40~60	7~35	2~15	1~10	0.5~2	0.1~2	0.5~4	1~26

粉煤灰的矿物组成十分复杂，主要有无定形相和结晶相两类。无定形相主要为玻璃体，占粉煤灰总量的 50%~80%，此外，未燃尽的炭粒也属于无定形相。结晶相主要有莫来石、云母、长石、石英、磁铁矿、赤铁矿和少量钙长石、方镁石、硫酸盐矿物、石膏、金红石、方解石等。但结晶相往往被玻璃相包裹，因此，粉煤灰中以单体存在的结晶体较为少见，单独从粉煤灰中提纯结晶相将非常困难。

3. 粉煤灰的性质

粉煤灰的物理性质。粉煤灰是灰色或灰白色的粉状物，含大量水的粉煤灰为黑色，它具有较大内表面积的多孔结构，多半呈玻璃状，其物理性质有密度、堆密度、空隙率和细度。

①密度：是指在绝对密实状态下，单位体积的质量。粉煤灰的密度一般为 2~2.3 g/cm^3。

②堆密度：是指干粉煤灰在松散状态下的单位体积质量，一般为 550~650 kg/m^3。

③空隙率：指粉煤灰中空隙体积占总体积的百分率，一般为 60%~75%。

④细度：指粉煤灰颗粒的大小，常用 4 900 孔/cm^3 筛，筛余量或比表面积表示，粉煤灰细度一般为 4 900 孔/cm^3 筛，筛余量 10%~20%，或比表面积为 2 700~3 500 cm^2/g。

⑤活性：粉煤灰的活性是指当粉煤灰与石灰、水泥熟料等碱性物质混合加水后所显示的凝结硬化性能。

粉煤灰的活性物质含有较多的活性氧化物（SiO_2、Al_2O_3），它们分别能与氢氧化钙在常温下起化学反应，生成较硬的水化硅酸钙和水化铝酸钙。因此当粉煤灰与石灰、水泥熟料等碱性物质混合加水拌合成胶泥状态后，能凝结、硬化并具有一定的强度。粉煤灰的活性不仅决定于它的化学组成，而且与它的物相组成和结构特征有关，高温熔融并经过骤冷的粉煤灰含有大量的表面光滑的玻璃微珠，这些玻璃微珠含有较高的化学内能，是粉煤灰具有活性的主要矿物相。玻璃体中含的活性 SiO_2 和活性 Al_2O_3 含量越多，活性越高。

6.5.2 粉煤灰的处理及综合利用

1. 粉煤灰在水泥工业和混凝土工程中的应用

（1）粉煤灰代替黏土原料生产水泥

由硅酸水泥熟料和粉煤灰加入适量石膏磨细制成的水硬胶凝材料，成为粉煤灰硅酸盐水泥，简称煤灰水泥。粉煤灰的化学组成同黏土类似，可用它来代替黏土配制水泥生料。水泥工业采用粉煤灰配料可利用其中未燃尽的炭。如果粉煤灰中含 10% 的未燃尽炭，则每采用 10 万 t 粉煤灰，相当于节约了 1 万 t 燃料。另外，粉煤灰在熟料烧成窑的预热分解带中不需要消耗大量的热量,而很快就会生成液相,从而加速熟料矿物的形成。试验表明,采用粉煤灰代替黏土原料生产水泥,可以增加水泥窑的产量,降低燃料消耗量的16%～17%。

(2)粉煤灰作水泥混合材料

粉煤灰是一种人工火山灰质材料,它本身加水虽不硬化,但能与石灰、水泥熟料等碱性激发剂发生化学反应,生成具有水硬胶凝性能的化合物,因此可用作水泥的活性混合材料。许多国家都制定了用作水泥混合材料的粉煤灰品质标准。在配置粉煤灰水泥时,对于粉煤灰掺量的选择,应根据粉煤灰细度质量情况,以控制在20%～40%为宜。一般地,当粉煤灰掺量超过40%时,水泥的标准稠度需水量显著增大,凝结时间较长,早期强度过低,不利于粉煤灰水泥的质量与使用效果。用粉煤灰作混合材料时,其与水泥熟料的混合方法有两种,即可将粗粉煤灰预先磨细,再与波特兰水泥混合,也可将粗粉煤灰与熟料、石膏一起粉磨。矿渣粉煤灰硅酸盐水泥是将符合质量要求的粉煤灰和粒化高炉矿渣两种活性混合材料按一定比例复合加入水泥熟料中,并加入适量石膏共同磨制而成,这种水泥的后期强度、干燥收缩、抗硫酸盐等性能均比矿渣水泥和粉煤灰水泥优越。

(3)粉煤灰生产低温合成水泥

我国科技工作者研究成功用粉煤灰和生石灰生产低温合成水泥的生产工艺。其生产原理是将配合料先蒸汽养护(常压水热合成)生成水化物,然后经脱水和低温固相反应形成水泥矿物。低温合成水泥在煅烧过程中未产生液相,物相未被烧结。其生产工艺过程如下:第一步是石灰与少量晶种粉磨后与一定比例的粉煤灰混合均匀。配合料中石灰的加入量以石灰和粉煤灰中所含的有效氧化钙含量计算以(22±2)%为宜。配合料有效氧化钙含量过低,形成的水泥矿物相应减少,水泥强度下降;有效氧化钙含量过高,不能完全化合,形成游离氧化钙过多,对水泥强度不利。在配合料中加入少量晶种,在蒸汽养护过程中可促使水化物的生成和改变水化物的生成条件,对提高水泥的强度有一定作用,晶种可以采用蒸汽硅酸盐碎砖或低温合成水泥生产过程中的蒸汽物料,加入量为2%左右。第二步是石灰、粉煤灰混合料加水成型,进行蒸汽养护。蒸汽养护是低温合成水泥的关键工序之一,在蒸汽养护过程中,生成一定量的水化物,以保证在低温煅烧时形成水泥矿物,一般蒸汽养护时间为7～8h为宜。第三步是将蒸汽养护物料在适宜温度下煅烧,并在该温度下保持一定时间。燃烧温度以700～800℃为宜,煅烧时间随蒸汽物料的形状、尺寸、含碳量以及煅烧设备而异。第四步是将煅烧好的物料加入适量石膏,共同研磨成水泥。低温合成水泥具有块硬,强度大的特点,可制成喷射水泥等特种水泥,也可制作用于一般建筑工程的水泥。

(4)粉煤灰制作无熟料水泥

用粉煤灰制作无熟料水泥包括石灰粉煤灰水泥和纯粉煤灰水泥。石灰粉煤水泥是将干燥的粉煤灰掺入10%～30%的生石灰或消石灰和少量石膏混合粉磨,或分别磨细后再混合均匀制成的水硬性凝胶材料。其主要用于制造大型墙板、砌块和水泥瓦等;适用于农田水利基本建设和底层的民用建筑工程,如基础垫层、砌筑砂浆等。纯粉煤灰水泥是指在燃煤发电的火力发电厂中,采用炉内增钙的方法而获得的一种具有水硬性能的凝胶材料。该水泥可用于配置砂浆和混凝土,适用于地上、地下的一般民用、工业建筑和农村基本建设工程;由于该水泥耐蚀性、抗渗性较好,因而也可用于一些小型水利工程。

(5)粉煤灰作砂浆或混凝土的掺合料

在混凝土中掺加粉煤灰代替部分水泥或细骨料,不仅能降低成本,而且能提高混凝土的和易性、提高不透水性和不透气性、抗硫酸盐性能和耐化学腐蚀性能、降低水化热、改善混凝土的耐高温性能、减轻颗粒分离和析水现象。此法在国外的水坝建筑中得到广泛的应用。随着对粉煤灰性质的深入了解和电吸尘工艺的出现，粉煤灰在泵送混凝土、商品混凝土以及压浆、灌缝混凝土中也广泛掺用起来。国外在修造隧洞、地下铁路等工程中，也广泛采用掺粉煤灰的混凝土。

2. 粉煤灰在建筑制品中的应用

国外利用粉煤灰制作建筑材料已经有相当长的历史了，在发达国家粉煤灰利用在高速公路路堤、公路、机场和一些大型工程上。

（1）蒸制粉煤灰砖

蒸制粉煤灰砖是以电厂粉煤灰和生石灰或其他碱性激发剂为主要原料，也可掺入适量的石膏，并加入一定量的煤渣或水淬矿渣等骨料，经加工、搅拌、消化、轮碾、压制成型、常压或高压养护后制成的一种墙体材料。此砖在南方可以应用于一般工业厂房和民用建筑中。

（2）烧结粉煤灰砖

烧结粉煤灰砖是以粉煤灰、黏土以及其他工业废料为原料，经加工、搅拌、成型、干燥、焙烧制成的砖。其利用了工业废渣，节省了部分土地，而且粉煤灰中含有少量的炭，节省了燃料。

（3）蒸压生产泡沫粉煤灰保温砖

这种蒸压泡沫粉煤灰保温砖适用于1 000 ℃以下各种管道冷体表面，高温窑炉中保温绝热。

表6-20　保温砖的物理力学性能

项目	耐火度/℃	密度/(g·cm^{-3})	耐压强度/MPa	热导率/(W·m^{-1}·K^{-1})	抗折强度/MPa	吸水率/%	吸湿率/%
指标	1 370	0.5	3.20	0.098	1.10	59.3	0.42

（4）粉煤灰硅酸盐砌块

该砌块具有良好的耐久性，抗压强度为9.80~19.60 MPa，能节约水泥、减轻自重、缩短工期、造价低廉，并能提高生产效益。20世纪80年代，上海市曾用粉煤灰硅酸盐砌块建筑了数百平方米的五六层住宅。

（5）粉煤灰加气混凝土

其特点是质量轻又具有一定的强度，绝热性能好，有良好的防火性能，易于加工等，因此，它是一种良好的墙体材料。

（6）粉煤灰陶粒

粉煤灰陶粒是用粉煤灰作主要原料，掺入少量粘接剂和固体燃料，经混合、成球、高温焙烧而制得的一种人造轻质骨料。其特点是质量小，强度高，热导率低，耐火度高，化学稳定性好等，可用于配制各种用途的高强度轻质混凝土，可以应用于工业与民用建筑，桥梁等许多方面，特别是在大跨度和高层建筑中，陶粒混凝土的优越性更为显著。

（7）粉煤灰轻质耐热保温砖

其特点是保温效率高，耐火度高，热导率小，能减轻炉墙厚度，缩短烧成时间，降低燃料消耗，提高热效率，降低成本。现已被广泛应用于电力、钢铁、机械、军工、化工、石油、航运等工业方面。

3. 粉煤灰作农业肥料和土壤改良剂

（1）作农业化肥

粉煤灰含有大量枸溶性硅、钙、镁、磷等农作物所必需的营养元素。当其含有大量枸溶性硅时，可作硅钙肥；当含有较高枸溶性钙、镁时，可作为改良酸性土壤的钙镁肥；当含有一定磷、钾及微量元素组分时，可用于制造各种复合肥。在日本等一些国家利用粉煤灰加碳酸钾、补助剂氢氧化镁、煤粉，经焙烧研制成硅钾肥等。

（2）作土壤改良剂

粉煤灰具有良好的物理化学性质，能广泛应用于改造重黏土、生土、酸性土和盐碱土，弥补其酸、瘦、板、黏的缺点。其作用机理包括以下几点：①改善土壤的可耕性。黏土质土壤掺入粉煤灰，可变得疏松，黏粒减少，砂粒增加。②改善酸性土和盐碱土。一般土壤施用粉煤灰后空隙率增加，因而改善了土壤的透水透气性，促进了土壤的水、热、气的交换。粉煤灰中含有大量的 CaO、MgO、Al_2O_3 等有用组分，用于酸碱土能有效改变其酸碱性。③提高土壤温度。粉煤灰呈黑色，吸热性能好，施入土壤后，一般可使土层温度提高 $1\sim2℃$。土壤温度提高，地温升高对土壤养分的转化、微生物活动、种子萌芽和作物生长发育都有促进作用。④提高土壤保水能力。可以调节土壤的含水量，有利于植物正常生长。⑤增加土壤的有效成分，提高土壤肥力，对农作物的生长有良好的促进作用。

4. 回收工业原料

可从粉煤灰中回收煤炭资源和重金属（Fe_2O_3、Al_2O_3 和大量稀有金属）。另外，也可分选空心微珠，空心微珠是一种多功能的无机材料，主要应用于塑料工业、耐火材料、高效保温材料、石油化工业、航天航空设备表面的复合材料和防热系统材料等。

5. 做环保材料

（1）环保材料开发。 利用粉煤灰可制造分子筛、絮凝剂和吸附材料等环保材料。浮选回收的精煤具有活化性能，可用以制作活性炭或直接作吸附剂，直接用于印染、造纸、电镀等各行各业工业废水和有害废气的净化、脱色、吸附重金属离子，以及航天航空火箭燃烧剂的废水处理。

（2）用于废水处理。 粉煤灰也可用于处理含氟废水、电镀废水与含重金属离子废水和含油废水。电厂、化工厂、石化企业废水成分复杂，甚至会出现轻焦油、重焦油和原油混合乳化的现象，用一般的处理方法效果不太理想，而利用粉煤灰处理时，重焦油被吸附后与粉煤灰一起沉入水底，轻焦油被吸附后形成浮渣，乳化油被吸附、破乳，便于从水中除去，达到较好的效果。

6. 用作路基材料

粉煤灰属火山灰质材料，它与石灰、水混合后，产生水硬性胶结物质，从而使混合料具有强度，属半刚性材料。特别是在二灰混合料中再掺入液态渣、矿渣等工业废渣，对混合料的强度和其性能有很大的改善和提高。粉煤灰混合料用于路面基层与石灰土、天然砂砾、干压碎石、泥结碎石等道路基层材料相比，具有较好的水硬性、板体性。其标准试件 $\phi5\ m\times5\ m$ 标准条件下，养生28天的无侧限抗压强度可达 $40\ kg/cm^2$ 左右，远远超过石灰土。尤为显著的特点是随着龄期的增长，其后期强度继续增长。通过弯沉值的测定可以看出，二灰混合料半年龄期强度可为石灰土的 $2\sim3$ 倍。天然砂砾、干压碎石和泥结碎石等材料，如果碾压得好，初期具有一定的强度，但后期随着行车荷载的作用，强度不但没有增长反而下降。所以从路面的力学强度和路面的使用年限来看，粉煤灰混合料要优于石灰土、天然砂砾等基层材料。尤其粒状工业废渣掺砂效果更佳。

随着纳米技术和纳米材料的发展,近年来增添了粉煤灰新型球体超细空心微珠新材料用作一些制品的填料,以获取显著的效益。

6.6 煤矸石的综合利用

6.6.1 煤矸石的组成与危害

煤矸石是采煤过程和洗煤过程中排出的固体废物,是在成煤过程中与煤层伴生的一种含碳量较低,比煤坚硬的黑灰色岩石。一般每采 1 t 原煤排出矸石 0.2 t 左右。

1. 煤矸石的组成

煤矸石的化学成分较复杂,所包含的元素多达数十种。氧化硅和氧化铝是主要成分,另外还有数量不等的氧化钙、三氧化二铁、氧化镁、氧化钠、氧化钾以及磷、硫的氧化物(P_2O_5、SO_3)和微量的稀有元素(钛、钒、钴、镓等),煤矸石的烧失量一般大于 10%。其化学成分见表 6 – 21。

表 6 – 21　煤矸石的化学组成(%)

SiO_2	Al_2O_3	Fe_2O_3	CaO	MgO	TiO_2	P_2O_5	$K_2O + Na_2O$	V_2O_5
51~65	16~36	2.28 ~ 14.63	0.42 ~ 2.32	0.44 ~ 2.41	0.90 ~ 4	0.078 ~ 0.24	1.45 ~ 3.9	0.008 ~ 0.01

不同地区的煤矸石由不同种类的矿物组成,其含量也有所不同。煤矸石的矿物组成有高岭土、石英、蒙脱石、长石、伊利石、石灰石、硫化铁、氧化铝等。

2. 煤矸石的危害

煤矿经过多年的开采,废弃的煤矸石堆积如山。20 世纪 50 世纪以来,由于采掘机械化的发展和煤层开采条件的恶化,煤矿排出的煤矸石大量增加,我国煤炭系统多年积存下来的煤矸石达 10 亿 t 以上,现在每年还要排放 1.5 亿 t。煤矸石的堆积不仅占用大量土地,而且煤矸石中所含的硫化物散发后会污染大气和水源,造成严重的后果。煤矸石中所含的黄铁矿(FeS_2)易被空气氧化,放出的热量可促使煤矸石中所含煤炭风化以至自燃。煤矸石燃烧散发出难闻的气味和有害气体,使附近居民慢性气管炎和哮喘病患者增多,周围树木落叶,庄稼减产。煤矸石受雨水冲刷,可使附近的河水受到污染。

6.6.2 煤矸石的处理

煤矸石虽然对环境造成危害,但如果加以适当的处理和利用,则是一种有用的资源。煤矸石的处理和应用,在国外日益受到重视,特别是在 20 世纪 80 年代后,其在建筑材料领域的应用已经成为一种趋势,生产产品越来越多,应用范围越来越广,其生产的主要产品有:煤矸石烧结砖、煤矸石轻骨料、水泥混合材煤矸石砌块、采用煤矸石生产水泥,此外可以生产高硅矸石微晶玻璃产品等。

最近研究表明,煤矸石还可以作为一种原材料用于开发曝气生物滤池煤矸石滤料和建设曝气生物滤池，是一种具有广阔应用前景的新产业。

含碳量较高的煤矸石可直接供沸腾锅炉或其他工业作燃料；含碳量较低的煤矸石可用作生产水泥、砖瓦等；含碳量极少的煤矸石可用来填坑造地、露天矿回填和用作路基材料。自燃后的煤矸石经过破碎，筛分后，可以配制凝胶材料。氧化铝含量较高的煤矸石可用来提取聚合铝、氯化铝和硫酸铝等化工产品。

6.6.3　煤矸石的处理工艺及综合利用

1. 代替燃料

目前，采用煤矸石作燃料的工业生产有以下几个方面：

（1）化铁

铸造生产中一般都采用焦炭化铁，但根据实验证明，用焦炭和煤矸石的混合物作燃料化铁，可以获得良好的效果。但是，由于煤矸石灰分较高，则要求做到勤通风眼、勤出渣、勤出铁水。

（2）烧锅炉

使用沸腾锅炉燃烧是近年来发展的新燃烧技术之一。沸腾锅炉的工作原理：将破碎到一定粒度的煤末用风吹起，在炉膛内的一定高度上成沸腾状燃烧。煤在沸腾炉中的燃烧是在沸腾炉料床上进行的。沸腾炉的突出优点是对煤种适应性广，可燃烧烟煤、无烟煤、褐煤和煤矸石，沸腾炉料层的平均温度一般在 850～1 050℃，料层很厚，相当于一个大的蓄热池，其中燃料仅占 5% 左右，新加入的煤粒进入料层后就和数几十倍的灼热颗粒混合，因此很快就可燃烧，故可应用煤矸石代替。实践证明，利用含灰分高达 70%，发热量仅为 7.50 kJ/kg 的煤矸石，锅炉运行正常。40%～50% 的热可直接从床层接受。煤矸石应用于沸腾锅炉，为煤矸石的利用找到了一条新的途径，可大大节约燃料和降低成本。但是，由于沸腾锅炉要求将煤矸石粉碎至 8 mm 以下，故燃料的破碎量大。此外，煤灰渣量大，沸腾层埋管磨损较严重，耗电量也较大。

（3）烧石灰

通常，烧石灰都是利用煤炭作燃料，大约每生产 1 t 石灰需燃煤 370 kg 左右，而且煤炭还需破碎至 25～40 mm，因而生产成本较高。国内一些厂用煤矸石代替煤炭燃烧石灰取得成功。用煤矸石烧石灰时，粒径可以大一些，100 mm 以下的一般无需破碎，生产 1 t 石灰需煤矸石 600～700 kg。虽然消耗高一些，但用煤矸石代替煤炭，炉窑的生产操作正常稳定，生产能力有所提高，石灰质量也较好，生产成本也有了显著的降低。

（4）回收煤炭

煤矸石中混有一定数量的煤炭，可以利用现有的煤选技术加以回收，利用煤矸石生产水泥、陶瓷、砖瓦和轻骨料等建筑材料时，如果预先洗选煤矸石中的煤炭，可以保证煤矸石建筑材料的产品质量，稳定生产操作。

从经济上考虑，回收煤炭的煤矸石含碳量一般应大于 20%，国外一些国家建立了专门从煤矸石中回收煤炭的选煤厂。洗选工艺主要有两种，即水力旋流器分选和重介质分选。

（5）利用煤矸石造气

国内有些厂利用煤矸石作燃料，采用回转式自动排渣混合煤气发生炉造煤气。这是一种混合煤气(也叫半水煤气)，气化主要过程如下。

①与氧的反应。空气通过高温燃料层，生成一氧化碳和二氧化碳：

$$C + O_2 = CO_2 + 0.4MJ$$

$$2C + O_2 = 2CO + 0.24MJ$$

$$2CO + O_2 = 2CO_2 + 0.57MJ$$

$$CO_2 + C = 2CO - 0.16MJ$$

②与蒸汽的反应。灼热的碳使水蒸气中的氢还原：

$$C + 2H_2O = CO_2 + 2H_2 - 0.08MJ$$

$$C + H_2O = CO + H_2 - 0.12MJ$$

2. 生产水泥

①生产普通硅酸盐水泥。生产煤矸石普通硅酸盐水泥的主要原料是石灰石、煤矸石、铁粉混合磨成生料，与煤混拌均匀加水制成生料球，在1400~1450℃的温度下得到以硅酸三钙为主要成分的熟料。然后将烧成的熟料与石膏一起磨细制成。利用煤矸石生产普通硅酸盐水泥的配料比为：石灰石69%~82%，煤矸石13%~15%，铁3%~5%，煤13%左右，水16%~18%。

②生产特种水泥。利用煤矸石含三氧化铝高的特点，应用中、高铝煤矸石代替黏土和部分矾土，可以为水泥熟料提供足够的三氧化二铝，制造出具有不同凝结时间、快硬、早强的特种水泥以及普通水泥的早强掺合料和膨胀剂。我国某厂生产的煤矸石速凝早强水泥（原料配料如表6-22）28天抗压强度可达49~69 MPa，并具有微膨胀特性和良好的抗渗性能，在土建工程上应用能够缩短施工周期，提高水泥制品生产效率，尤其可以有效地用于地下铁道、隧道、井巷工程，作为墙面喷复材料以及抢修工程等。

表6-22 煤矸石速凝早强水泥原料配料

原料	石灰石	煤矸石	褐煤	白煤	萤石	石膏
配比/%	67	16.7	5.4	5.4	2.0	3.5

③生产无熟料水泥。煤矸石无熟料水泥是以自燃煤矸石经过800℃温度煅烧的煤矸石为主要原料，与石灰、石膏共同混合磨细制成的，这种水泥不需生料磨细和熟料煅烧，而是直接将活性材料和激发剂按比例配合混合磨细。煤矸石无熟料水泥的抗压强度为30~40 MPa，这种水泥的水化热较低，适宜作各种建筑砌块、大型板材及其预制构建的凝胶材料。

3. 生产建筑材料

（1）煤矸石烧结砖

煤矸石烧结砖是用煤矸石代替黏土作原料，经过粉碎、成型、干燥、烧结等工序加工而成，其工艺流程如图6-3。

煤矸石烧结砖质量较好，颜色均匀，其抗压强度一般为9.8~14.7 MPa，抗折强度为2.5~5 MPa，抗冻、耐火、耐酸、耐碱等性能较好，可用来代替黏土砖。利用煤矸石代替黏土制砖可化害为利，变废为宝，节约能源，节省土地，改善环境，创造利润，具有一定的环保、经济和社会效益。

（2）用煤矸石生产轻骨料

用煤矸石生产轻骨料的工艺大致分为两类：一类是用烧结剂生产烧结型的煤矸石多孔烧结料；另一类是用回转窑生产膨胀型的煤矸石陶粒。煤矸石陶粒的生产工艺包括破碎、磨细、加水搅拌、选粒成球、干燥、焙烧、冷却等工艺。

用煤矸石生产的轻骨料所配制的轻质混凝土具有密度小、强度高、吸水率低的特点，适于制作各种建筑的预制件。煤矸石陶粒是大有发展的轻骨料，它不仅为处理煤炭工业废料，减少环境污染找到了新途径，还为发展优质、轻质建筑材料提供了新资源，是煤矸石综合利用的重要途径。

（3）用煤矸石生产微孔吸音砖

用煤矸石可以生产微孔吸音砖。其工艺流程图如6-4所示。首先将粉碎了的各种干料同白云石、半水石膏混合，然后将混合物与硫酸溶液混合，约15 s后，将配制好的泥浆注入模。在泥浆中由于白云石和硫酸发生化学反应而产生气泡，使泥浆膨胀，并充满模具。最后，将浇注料经干燥、焙烧而制成成品。

这种微孔吸音砖具有隔热、保温、防潮、防火、防冻及耐化学腐蚀等特点，其吸声吸数及其他性能均达到了吸声材料的要求，其取材容易，生产简单，施工方便，价格便宜。

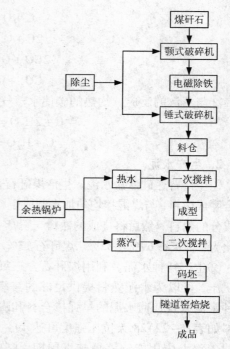

图6-3 煤矸石烧结砖生产工艺流程

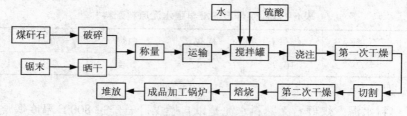

图6-4 微孔吸音砖生产工艺流程

（4）生产煤矸石棉

煤矸石棉是利用煤矸石和石灰石为原料，经过高温熔化，喷吹而成的一种建筑材料。其原料配比为：煤矸石60%、石灰石40%，或煤矸石60%、石灰石30%、萤石6%~10%。

4. 生产化工产品

从煤矸石中可生产多种化工产品及化学肥料，如结晶三氯化铝、固体聚合铝以及化学肥料硫酸铵和氨水等。

（1）结晶三氯化铝

结晶三氯化铝是以煤矸石和化工工业副产品盐酸为主要原料，经过破碎、焙烧、磨碎、酸浸、沉淀、浓缩和脱水等生产工艺而制成的。结晶三氯化铝的分子式为 $AlCl_3 \cdot 6H_2O$，外观为浅黄色结晶颗粒，易溶于水。结晶三氯化铝是一种新型净水剂，也是精密铸造型壳硬化剂和新型的造纸施胶沉淀剂。可广泛应用于石油、冶金、造纸、铸造、印染、医药和自来水等工业。

（2）生产固体聚合铝

聚合铝是近几年来发展起来的一种无机高分子铝盐。聚合铝可看成是 Al_2O_3 和 $Al(OH)_3$

的中间产物，我国的聚合铝生产可供选择的原料是铝矾土、硅藻土、高岭土、粉煤灰和煤矸石，而我国煤矸石资源丰富，是制作聚合铝最优的矿物原料，其生产方法是用煤矸石和盐酸为原料，生产出结晶三氯化铝（$AlCl_3 \cdot 6H_2O$）；结晶三氯化铝在一定温度下加热，分解析出一定量的氯化氢和水而变成粉末状的产品，即碱式氯化铝（聚合物单体），这些单体能溶于水，但溶解时间较长，又不易完全溶解，混凝效果较差，如将单体聚合，即可得到溶解于水、混凝效果好的固体聚合铝。固体聚合铝是一种高分子混凝剂，对于生活、生产用水及工业废水的处理，与一般铝盐相比具有很大的优越性。另外，它还被广泛应用于建材、机械、造纸、制糖等工业中。

（3）制氨水

氨水就是含氨的水溶液，是液体氮肥的一种，一般含氨约 17% ~20%。有的地方以煤矸石为原料，采用土法试生产农业上用的氨水，其工艺流程为：

①原料制备。选取带黑色的煤矸石（此种矸石含碳量多），将矸石粉碎为粒径为 50 ~100mm 大小为宜；②造气。煤矸石在 400 ~600℃ 条件下干馏制得氨气体。③脱焦除尘。气体在脱胶除尘器中减速，并吸收一部分煤焦油，除去一部分灰尘。④冷却。水蒸气在冷却器中变为液体，氨气被水吸收变为氨水。⑤接收。

（4）制水玻璃

用煤矸石制水玻璃的工艺流程如图 6 -5。将浓度为 42% 的液体烧碱、水、酸浸后的煤矸石按一定配比混合制浆进行碱解。再用蒸汽间接加热物料，当反应达到预定压力 0.2 ~0.25 MPa 和反应 1 h 后，放入沉降槽沉降，清液经真空抽滤即可得到水玻璃。用煤矸石制水玻璃的特点是煤矸石经盐酸处理后，渣中的二氧化硅活性提高，在较低压力或常压下即可于液体烧碱反应生成水玻璃。水玻璃可广泛应用于

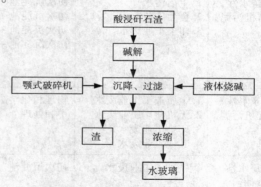

图 6 - 5 煤矸石生产水玻璃工艺

纸制品、建筑等行业，也可进一步经压蒸、碳酸化、中和等加工过程生产橡胶补强剂白炭黑。

（5）生产硫酸铵

用煤矸石生产硫酸铵的原理是煤矸石内部的硫化铁在高温下形成二氧化硫（SO_2），再氧化成三氧化硫（SO_3）。三氧化硫遇到水形成硫酸，并与氨的化合物形成硫酸铵。经过实验，这种硫酸铵效果较好。用煤矸石生产硫酸的工艺包括焙烧、选料和粉碎、浸泡和过滤、中和、浓缩结晶、干燥包装等过程，其工艺流程简述为：①焙烧。一般未经自燃的煤矸石要进行焙烧，即将煤矸石堆成 5 ~10 t 一堆，堆中放入木柴和煤，点燃后焖烧 10 ~20 d，并定期向堆表面喷水，保持堆内有一定潮湿层，待堆表面出现白色结晶时，焙烧完成；②选料、粉碎。选出那些已燃烧过但未烧透的、表面呈黑色的煤矸石，其燃烧层间和表面凝结了白色的为了提高浸泡率，选取的原料在浸泡前需破碎至 25 mm 以下。③浸泡、过滤。将粉碎物料在水池或陶瓷缸内进行浸泡，料水比为 2:1，浸泡时间约为 4 ~8 h，为了充分利用原料中的有用成分，可采用多次循环浸泡法。为了减少浸泡液中的杂质，必须经过过滤，浸泡液还要在沉淀池中经 5 ~10 h 澄清。④中和。为了防止酸破坏土壤结构，需向浸泡液中加入氨水或磷矿物进行中和，调溶液的 pH

为 6~7。⑤浓缩结晶。为了运输、贮存方便,将浸泡后的浓缩液进行蒸发、浓缩,将浓缩后的溶液倒入结晶池内,让其自然冷却结晶,结晶后未凝固的母液可滤出再结晶。⑥干燥包装。结晶后的土硫酸铵进行干燥,可自然晾干,也可人工烘干,干燥后的硫酸铵即为成品。

6.7 污泥的处理和利用

在废水处理过程中会产生许多沉淀物质,如废水中所含固体杂质、悬浮物质、胶体物质以及从水中分离出来形成的沉渣等称为污泥。

6.7.1 污泥的组成和性质

根据废水的来源不同,污泥的组成和性质也不同。见表 6 – 23。

表 6 – 23 污泥的组分

类别	来源	出处	组分
亲水性有机污泥	1. 生活污水 2. 食品工业废水 3. 印染工业废水	初次沉淀池 初次沉淀池 + 厌氧消化 初次沉淀池 + 生化处理 初次沉淀池 + 生化处理 + 厌氧处理	挥发性物质30% ~90% 蛋白质病原微生物 植物及动物废物 动物脂肪 金属氢氧化 物其他碳氢化合物
亲水性无机污泥	1. 金属加工工业废水 2. 无机化工工业废水 3. 印染工业废水 4. 其他工业废水	物理和化学法处理 中和处理	金属氢氧化物 挥发性物质约30% 动物脂肪和少量其他有机物
疏水性含油污泥	钢铁加工工业废水	初次沉淀池	大多为氧化铁,矿物油和油脂
疏水性无机污泥	钢铁工业等废水	中和池 混凝沉淀池 初次沉淀池	大部分为疏水性物质 亲水性氢氧化物小于5% 挥发性物质小于5%
纤维性污泥	造纸工业废水	初次沉淀池 混凝沉淀池 生化处理	赛璐珞纤维 亲水性氢氧化物 生化处理构筑物中的挥发性物质

污泥中含有有毒物质、细菌、病原微生物、寄生虫卵以及重金属等,如不经处理而任意堆放或排弃,将会污染水体、土壤和空气;但多数污泥还有植物营养素,如氮、磷、钾、有机物等,因此,污泥的处理和利用是固体废物处理中一个十分重要的内容。

6.7.2 污泥的处理

污泥处理的主要目的是减少水分;消除污染环境的有毒有害物质;回收能源和资源。污泥处理工艺包括污泥的浓缩、消化、脱水、干化及焚烧以及最终处理,工艺流程见图 6 – 6。

①浓缩:污泥浓缩的目的是使污泥初步脱水,缩小污泥体积。浓缩脱水法有重力沉降浓

缩、上浮浓缩及其他浓缩。

重力沉降浓缩：是指利用竖式或辐射式浓缩池，污泥在池中靠重力作用沉降与水分离。重力浓缩池可将活性污泥固体含量从 0.5% ~ 2.5% 浓缩到 1.5% ~ 4.0%，污泥体积约缩小 4 ~ 5 倍。

上浮浓缩：上浮浓缩主要有溶气上浮、真空上浮、分散上浮和生物上浮，应用较多的是溶气上浮浓缩。溶气上浮是把压缩空气引入污

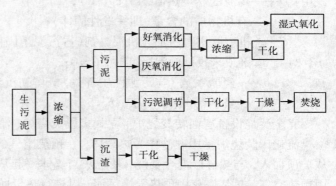

图 6-6　污泥处理过程示意图

泥中，空气在压力作用下一部分溶于水，污泥进入浓缩池后压力消失，溶入水中的空气成为微小气泡上升，携带污泥中的悬浮颗粒浮上水面，由刮浮传送器除去悬浮颗粒，上浮效果好，经过处理的污泥中固体含量可达7%，而处理时间仅为重力沉降的1/3。

对于轻质污泥，采用离心机浓缩获得了较好的效果。离心浓缩效率高、时间短、占地少、卫生条件好，但该法对管理水平要求高。此外，还有污泥震动凝聚法等。

②消化：污泥消化是借助微生物的代谢作用，使有机物质分解为稳定的物质，去除臭味，杀死寄生虫卵，减少污泥体积并回收利用消化过程所产生的沼气。

污泥消化分为好氧消化和厌氧消化过程，分别利用需氧微生物和厌氧微生物的代谢作用使污泥稳定化。好氧消化过程是在不断提供新鲜营养物质的前提下，对污泥进行曝气，特点是动力消耗大，费用高，实际上较少采用。厌氧消化过程可分为酸性阶段和碱性阶段。酸性阶段中，微生物将复杂的有机物分解为有机酸、醇类、二氧化碳、氨、硫化氢及其硫、磷化合物等，在此阶段中污泥呈酸性，参与的菌为产酸细菌。碱性阶段中，甲烷细菌的微生物分解有机酸和醇类，产生甲烷和二氧化碳，有机酸被分解，污泥变为碱性。消化后的污泥称为消化污泥或熟污泥。熟污泥体积减小，呈黑色粒状结构，易脱水，性质稳定，可作农田肥料，消化过程还会产生沼气，可收集起来作能源使用。

污泥厌氧消化的构筑物可用消化池，消化池多为圆形，池底为锥形，消化池内还有各种管道。

③脱水与干化：污泥经浓缩与消化之后，其含水率仍高，体积大，为了运输和使用的方便，需要进一步脱水干化处理，干化处理主要有自然蒸发法和机械机械法。自然蒸发法是将浓缩后的污泥在晒泥场上铺成薄层，污泥所含水分自然蒸发，部分渗入土壤。机械脱水常有真空过滤，加压过滤、离心分离等。

④焚烧：污泥干化后含水仍达 10% ~ 15%，体积仍较大，通过焚烧可将污泥中水分和有机杂质完全去除，并杀灭病原微生物，而有些污泥含有有毒物质不宜作肥料，为了防止污染，也可采用焚烧法。污泥焚烧的方法有完全燃烧和不完全燃烧两种。

完全燃烧法可将污泥中水分和有机杂质全部除去，杀灭一切病原微生物，并最大限度地降低污泥体积。完全燃烧的最终产物是二氧化碳、水、氮气等气体及焚烧灰。污泥的燃烧热值可用下式计算：

$$Q = 2.3a\left(\frac{100p_v}{100-G} - b\right)\left(\frac{100-G}{100}\right)$$

式中：Q——污泥的燃烧热值，kJ/kg(干)；

　　p_v——有机物质的含量(即挥发性固体)；

　　G——机械脱水时所加无机混凝剂(占污泥干固体质量的%计)，当用有机高分子混凝
　　　　剂或未投烟叶混凝剂时，$G=0$；

　　a，b——经验系数，与污泥性质有关，新鲜初沉池污泥与消化污泥：$a=131$，$b=10$；新
　　　　鲜活污泥：$a=107$，$b=5$。

完全焚烧设备有回转焚烧炉、立式多段焚烧炉、流化床焚烧炉等。

流化床焚烧炉是用硅砂作为热载体，在预热空气的喷射下，形成悬浮状态。干燥的污泥从炉顶加入，与热硅砂混合焚烧，焚烧灰与气体一起从炉顶经旋风分离器气固分离，热气体用预热空气，热焚烧灰用预热干燥污泥，以进行热量回收。

流化床的特点是结构简单；污泥的干燥与焚烧同时进行，可除臭；硅砂与污泥混合接触面积大，热效率高，节省能源；焚烧时间短，炉体小；可连续或间歇运行；操作可用自动仪器控制，其缺点是操作复杂，运行效果不稳定，动力消耗大，焚烧气体可能含有致癌物质二噁英，要配置二噁英处理装置，价格昂贵。

近年来发展了高温分解法，污泥经脱水后，在缺氧的情况下，被加热到370～870℃，有机物质遇热时不稳定，分解为气态、油状液体和残渣。气态物质有沼气、一氧化碳、二氧化碳和氢等，液态物质包括乙酸化合物和甲醇类等，固态残渣最后成为含碳2%～15%的灰分，分解时间为25 min。

不完全燃烧法是指利用水中杂质在高压、高温下可被氧化的性质，在装置适宜条件下，去除污泥中的有机物，通常又称湿式氧化、湿法燃烧。这种方法除适用于处理含大量有机物的污泥外，也适用于处理高浓度的有机废水。湿式燃烧法的优点是适应性强，难生物降解的有机物可被氧化；能达到完全杀菌；反应在密闭容器进行，无臭气产生，管理实现自动化；反应时间短，且有机物氧化彻底；残渣量小；分离水易于作生物处理。缺点是造价高，高压设备电耗大，噪声也大；在高温高压氧化过程中，产生有机酸与无机酸，对设备有腐蚀作用；排放的气体要进行处理。

6.7.3　污泥的综合利用

1. 农业上的应用

污泥中富含有机物和氮、磷、钾等营养元素，施用于农田能够改良土壤结构，促进作物生长。但污泥中重金属离子等有害物质的含量必须在容许范围内，以防止污染土壤和水体。

2. 在建筑上的利用

污泥可用于制砖与纤维板材两种建筑材料。污泥制砖可用污泥直接制砖，也可采用污泥焚烧制砖，制成的污泥砖强度与红砖基本相同。活性污泥加木屑、玻璃纤维可压成纤维板等。

3. 制取沼气

污泥发酵产生的沼气既可用作燃料，又可作为化工原料，是污泥综合利用。污泥沼气能完全燃烧，保存运输方便，无二次污染，是理想的燃料。污泥沼气在化学工业上也有广阔的应用。污泥沼气的主要成分是二氧化碳和甲烷，将污泥沼气净化，除去二氧化碳即可制得甲烷，以甲烷为原料可制成多种化学品。

第7章 冶金工业清洁生产的主要途径

7.1 概述

7.1.1 清洁生产的概念和特点

一些国家在提出转变传统的生产发展模式和污染控制战略时，曾采用了不同的提法，如废物最少量化、无废少废工艺、清洁工艺、污染预防等等。但是这些概念不能包容上述多重含义，尤其不能确切表达在现代生产中防治环境污染的可持续发展的新战略。

清洁生产的概念是联合国环境规划署于1989年5月提出的，它是以节约资源和能源、减轻消耗和污染为目标，通过排污审计、筛选工艺，并实施防治污染措施等技术和管理手段，达到防治工业污染、提高经济效益的生产过程。

1996年，UNEP(联合国环境规划署)将清洁生产的概念重新定义为：清洁生产意味着对生产过程、产品和服务持续运用整体预防的环境战略以期增加生态效率并减轻人类和环境的风险。对于生产过程，它意味着充分利用原料和能源，消除有毒物料，在各种废物排出前，尽量减少其毒性和数量。对于产品，它意味着减少从原材料选取到产品使用后最终处理处置整个生命周期过程对人体健康和环境构成的影响；对于服务，则意味着将环境的考虑纳入设计和所提供的服务中。

《中国21世纪议程》对清洁生产的定义是指：既可满足人们的需要又可合理使用自然资源和能源并保护环境的实用生产方法和措施，其实质是一种物料和能耗最少的人类生产活动的规划和管理，将废物减量化、资源化和无害化，或消灭于生产过程之中。同时对人体和环境无害的绿色产品的生产亦将随着可持续发展进程的深入而日益成为今后产品生产的主导方向。

污染预防和废物最小量化则是美国环保局提出的。废物最小量化是美国污染预防的初期表述，现一般已用"污染预防"一词所代替。美国对污染预防的定义为："污染预防是在可能的最大限度内减少生产厂地所产生的废物量，它包括通过源削减(源削减指：在进行再生利用、处理和处置以前，减少流入或释放到环境中的任何有害物质、污染物或污染成分的数量；减少与这些有害物质、污染物或组分相关的对公共健康与环境的危害)、提高能源效率、在生产中重复使用投入的原料以及降低水消耗量来合理利用资源。常用的两种源削减方法是改变产品和改进工艺(包括设备与技术更新、工艺与流程更新、产品的重组与设计更新、原材料的替代以及促进生产的科学管理、维护、培训或仓储控制)。污染预防不包括废物的厂外再生利用、废物处理、废物的浓缩或稀释以及减少其体积或有害性、毒性成分从一种环境介质转移到另一种环境介质中的活动。

简而言之，清洁生产可以概括为：采用清洁的能源、原材料、生产工艺和技术，制造清洁的产品。

清洁生产是一种新的生产模式和污染治理模式,它是企业实现经济与环境可持续发展的必由之路,也是我国工业可持续发展的一项重要战略,是实现我国污染控制重点由末端控制向生产全过程转变的重大措施。近年来,国内开展清洁生产的企业数呈逐年上升趋势。清洁生产(预防污染)已被世界工业界所接受,为进一步推动我国工业界的清洁生产工作,使我国冶金行业生产过程更清洁化、环保化,使清洁生产工作更标准化和规范化,并将带动其他行业的清洁生产工作。

与传统的末端治理污染相比,清洁生产具有三个显著特点:

①清洁生产体现了预防为主的思想。传统的末端治理与生产过程相脱节,即"先污染,后治理",重在"治"。清洁生产则要求通过不断改进技术、改善管理从产品设计开始,到选择原料、设备再到废物利用等各个环节减少乃至消除污染物的产生,重在"防"。

②清洁生产体现的是集约型的增长方式。传统的末端治理是建立在"高消耗、高污染"的粗放型增长方式的基础上,走的是不可持续发展的道路。与之相反,清洁生产则是走可持续发展道路,它要求最大限度地提高资源利用率,促进资源的循环利用,实现节能、降耗、减污、增效。

③清洁生产体现了环境效益与经济效益的统一。传统的末端治理不仅治理难度大,而且投入多,运行成本高,只有环境效益,没有经济效益。清洁生产则从源头抓起,实行生产全过程控制,将污染物最大限度消除在生产过程中,降低能源、原材料消耗和生产成本,从而提高企业的竞争力,实现经济与环境的"双赢"。

因此,清洁生产是人类污染治理方式和生产力发展方式上的一次革命。正如国家发改委环境资源司赵家荣司长所说,"清洁生产是对传统发展模式的根本变革,是对末端治理的污染防治模式的根本否定,是实现可持续发展的必由之路"。

7.1.2　中国清洁生产定义的内涵

中国由于多数企业目前尚未从根本上摆脱粗放经营方法,产业结构不合理,技术装备水平落后,能源、资源消耗高,浪费大,利用效率低,致使环境污染严重。出现这种情况,涉及两个关键要素。首先,工业企业必须转向清洁生产的观念,实施源头,生产过程控制,来降低原材料投入和减少污染物产生。通过多年清洁生产实践认识到,由于种种条件限制,即使采用了源头、生产过程控制,生产过程产生的废物仍难以达到国家或地方规定的排放标准。由此设计另一关键要素,即综合利用(废物循环和废物预处理)。对生产过程外的废物不应单纯视为一种要处理的污染,而应视为一种可利用的资源。废物再循环或综合利用是一种工业活动,而且是污染性的,所以在循环行业企业如同其他行业企业一样,也需要运用清洁生产方法和采取污染控制措施,使污染物排放达到国家或地方规定的排放标准。

7.1.3　与清洁生产相关的几个理念

自20世纪90年代以来,一些发达国家为实施可持续发展战略,先后提出了"污染预防"、"清洁生产"、"循环经济"等理念,并都得到中国的响应。

在全球经济发展不断扩张、资源耗竭及环境破坏日益严重的双重挑战形势下,联合国环境与发展大会确立了持续发展战略,并将清洁生产作为可持续发展的重要措施来推广。1992年,中国积极响应环发大会倡导的可持续发展的战略,将清洁生产列入《环境与发展十大对策》，要求新建、扩建、改建项目的技术起点要高，尽量采用能耗、物耗低，污染物排放量少的清洁生产工艺。1993 年召开的第二次全国工业污染防治工作会议，明确提出工业污染防治必须从单纯的末端治理向生产全过程控制转变，积极推行清洁生产，走可持续发展之路，从而确立了清洁生产成为中国工业污染防治的思想基础和重要地位，并制定颁布了《清洁生产促进法》。进入 21 世纪，一些学者和政府部门相继从发达国家引进了循环经济等理念来引导经济与环境可持续发展。提升到理念时，20 世纪 90 年代称清洁生产，进入 21 世纪称为循环经济。

1. 污染预防（或狭义清洁生产）

提倡优先通过改进产品设计，使用清洁原（燃）料，采用先进工艺，废物厂内利用等，它与生产工艺外废物循环（循环经济或废物综合利用）相比，在不增加装置而消耗能源资源情况下，提高产品吸收率、转化率，降低单位产品能耗，减少污染物产生量，节约成本，是实现保护环境和经济效益相统一的先进理念。

2. 循环经济（或广义清洁生产）

废物循环或广义清洁生产就是主张综合利用，可以使不可再生资源循环周期拉长，节约资源，促进自然资源和人类可持续发展。与末端治理相比，通过废物循环可提高和资源能源利用效率，减轻末端处理污染，降低末端治理成本。从环保角度考虑，通过废物循环，可以减轻末端治理压力，有利污染物达标排放。但废物循环（或综合利用）与污染防治（源头削减、全过程控制）相比，仍是一种事后被动的方法。因废物循环，尤其废物再生利用，需要增加装置消耗原材料，产生新污染。所以废物循环是在源头上削减、生产过程控制前提下，进一步提高资源利用率。末端治理是通过源头削减，生产过程控制，废物循环利用后，污染物排放仍不能满足国家或地方规定的环境保护要求时，采取必要的末端治理，最终使排入环境污染物达到国家或地方规定的排放标准。

7.1.4 冶金清洁生产的概念和特点

冶金清洁生产就是在冶金生产源头使废弃物消除或产生和排放量最小化，力求把废弃物消灭在产生之前，而不是在废弃物产生后进行处理。清洁生产的主要内容是自然资源和能源利用的最合理化，经济效益的最大化和对人类、环境危害的最小化。

冶金是污染严重的行业之一，推行清洁生产工作十分必要。能耗高、物耗大、废弃物多是冶金生产的主要特征，企业往往把控制污染的重点放在末端，希望通过末端治理达到排放标准。清洁生产则是在追求经济效益的情况下解决污染问题，要求在整个生产过程中预防或消减污染。冶金生产必须采取物耗最小化，废弃物减量化和效益最大化的清洁生产方式，实现资源化生产，走可持续发展之路。从清洁生产的概念来看，清洁生产的基本途径由二部分组成，即清洁的工艺和清洁的产品。清洁的工艺是指即能减少环境污染，又能提高经济效益的工艺技术，是多数企业技术改造和创新的目标。清洁的产品是指产品的可回收利用、可处置和可重新加工性等，要求技术人员在确定产品方案时，就要预防污染。

冶金生产过程清洁生产的实例还较少，近年来一些企业的成功经验如下：①在生产过程中尽可能实现资源综合利用，合理定位产品，采用清洁的能源；②优化生产过程，革新落后工艺和设备，采用高效设备和少废、无废工艺流程，更新产品体系；③审计、测算企业生产过程的物料循环，分析物料和能量损失原因；④不断强化管理，提高人员的素质和环保意识；

⑤采取必要的"末端三废"处理措施。

7.2 清洁生产的理论基础和实施清洁生产的主要途径

7.2.1 清洁生产的理论基础

1. 物流基础

即人与自然之间全面的物质变换过程，它不仅是产生使用价值的物质变换过程，而且也是废弃物的物质变换过程，尽管后者并不是人类进行生产劳动的目的。完整的物质变换过程应同时包含这两部分的物质变换。无数种物质变换的劳动过程构成人类所依赖的经济系统。物质平衡理论即是清洁生产的物流基础。在生产过程中，生产资料通过人类的具体劳动，一部分转变为具有价值的商品，一部分转变为废弃物，产生的废物越多，则生产资料的消耗越大。事实上，废弃物只是不符合生产目的、不具有价值的非产品产出，是放错了位置的资源。若合理利用，则变废为宝。非产品的产出是客观的，因为任一生产工艺的生产率（转化率）都不可能是百分之百；同样，经济活动中产生废弃物的现象也是客观的。但是，并不能据此而无视非产品产出的产生，因为人类无限制的向环境排放废弃物，超过自然界的自净力，自然界不仅无力全部同化废弃物，并且将遭受这些废弃物带来的危害。对废弃物的错误处置行为导致了环境污染与生态破坏，而且从废弃物中提取可用的资源（假定技术条件允许），需要消耗更多的资源，这在经济上是不合算的。所以减少废弃物，一方面可以提高生产资料的利用效率，使企业获利，另一方面可以减少环境污染。传统的末端治理主张在末端处置已经产生的废弃物，而不是注意在生产过程中减少废弃物的产生，由于处理技术有限，末端治理往往导致严重的二次污染。而清洁生产主张利用先进技术对废弃物进行调整和控制，以使其继续在经济系统内参与物质变化，直至成为自然界可以接受的形式。清洁生产致力于源削减，全过程控制，使生产过程的每一阶段都要尽力减少废弃物的产生。根据物质平衡定律，在生产过程的任何一个阶段，废弃物的减少都对企业提高生产资料利用率有促进作用。所以清洁生产最好的体现了生产资料利用最大化、废弃物产生最小化，环境污染无害化，是实现环境效益和经济效益的最佳模式。

2. 价值基础

商品的价值由生产资料的转移价值和新创造的价值两部分构成，商品的价值量取决于生产这种商品的社会必要劳动时间。如果个别商品生产者由于生产条件、劳动技能等原因，生产资料只有很少一部分转移到商品中，大部分形成废弃物，产生废弃物的这部分劳动与生产资料不能形成价值，得不到补偿，个别劳动时间高于社会必要劳动时间，因而该生产者在竞争中处于不利地位，将被市场淘汰。由于废弃物产生的客观性，生产资料不可能百分之百转化为商品，总会形成废弃物。因此，人类必须采取措施才能避免环境污染，所以不仅花费在使用价值生产上的劳动是人类所必需的，而且人类为减少废弃物排放、保护环境所付出的劳动，同样为社会发展所必需。全面的生产商品所需的社会必要劳动时间应是在现有的社会正常的生产条件下，在社会平均的劳动熟练程度和劳动强度下制造某种使用价值所需的劳动时间与补偿因制造这种使用价值而带来的资源、环境损害所需要的劳动时间的总和。即不仅包括传统意义上的社会必要劳动时间，而且还应包括花费在资源、环境上的社会必要劳动时间。不改变原有生产资料所需要的劳动时间前提下，忽视全过程控制，偏重末端治理，把控制污染与生产过程割裂开来，只重视污染排放量，不考虑资源、能源的最大限度的利用和减少污染物的产生量，必然增加生产商品所需的全部社会必要劳动时间。缩短社会必要劳动时间的最佳途径是从系统的观点出发，对商品全生命周期过程的所有因素均重新加以全面、系统的考虑，从整体上使生产商品所需全部社会必要劳动时间减到最少，即实施清洁生产。清洁生产把污染尽可能消除在生产过程中，大大减轻了末端治理费用，降低了治理技术开发的难度。实施清洁生产有效地缩短了社会必要劳动时间，能够促进社会生产力与商品经济的发展，是实现环境效益和经济效益的最佳模式。

3. 经济基础

环境污染会造成外部不经济性，所谓外部不经济性，指的是，当某人的生产或生活废弃物污染了环境，破坏了环境容量资源因而增加成本时，这笔费用没有由污染者负担，反而由社会负担。传统的末端治理偏重于处置末端产生的废弃物，如图7－1所示。往往处理难度与任务都很大，增加企业的负担，企业并不是自愿去实施，而是迫于环保部门的压力，有很多企业钻政策法规的空子，偷排偷放，造成了生态环境的进一步恶化。末端治理一

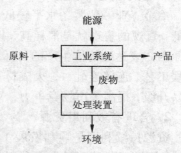

图7－1 末端治理的模式

定程度上加剧了外部不经济性。弱化外部不经济性的重要手段就是推行清洁生产。就单个企业来说，推行清洁生产有利于提高其经济效益。当产品市场的需求一定时，如果企业采取清洁生产方案，生产这些数量的产品只需要较少的生产资料，单位产品的成本将大大降低，所获得的收益就增加；当提供的生产资料一定时，采取清洁生产则使其产品的总量增加，同样受益增加；污染预防与生产过程相结合，企业将在生产过程中减少废弃物的产生，从而大大降低处理费用。就整个社会来说，当社会的总资源投入一定时，企业实施清洁生产使得社会产品总量增加，社会总效益增加；企业实施清洁生产减少废弃物产生，从而减少企业把治理成本转嫁给社会的成本，有效弱化外部不经济性。清洁生产体现了工业可持续发展的战略，能够保障环境与经济的协调发展，因此成为发展的优先领域。通过实施清洁生产，不仅可以减少、甚至消除污染物的排放，而且能够节约大量能源和原材料、降低废物处理和处置费用，从而在经济上有助于提高生产效率和产品质量，降低生产成本，使产品在市场上具有竞争力。

7.2.2 实施清洁生产的途径

清洁生产是一个系统工程，是对生产全过程以及产品的整个生命周期采取污染预防的综合措施。一项清洁生产技术要能够实施，首先必须在技术上可行；其次要达到节能、降耗、减污的目标，满足环境保护法规的要求；第三是在经济上能够获利，充分体现经济效益、环境效益、社会效益的高度统一。它要求人们综合地考虑和分析问题，以发展经济和保护环境一体化的原则为出发点，既要了解有关的环境保护法律法规的要求，又要熟悉部门和行业本身的特点以及生产、消费等情况。对于每个实施清洁生产的企业来说，对其具体的情况、具体的问题、需要进行具体的分析。它涉及产品的研究开发、设计、生产、使用和最终处置全过程。工业生产过程千差万别，生产工艺繁简不一。因此，应该从各行业的特点出发，在产品设计、原料选择、工艺流程、工艺参数、生产设备、操作规程等方面分析生产过程中减少污

染物产生的可能性，寻找清洁生产的机会和潜力，促进清洁生产的实施。

目前实施清洁生产的途径很多，主要是加强管理和工艺设备的更新改造。其中加强管理是当前中小企业容易实施的。节能降耗，污染物的回收利用和物料循环利用是冶金清洁生产的重要内容。在目前国内技术和经济水平下，原料全部变成产品，而不产生废料的工艺还不普遍，而且生产过程的废料，往往不适合就地处理，因此冶金生产实现无废生产的目标，除尽可能减少流程中废物量外，还可以组织跨行业的协作，即废弃物的资源化处理：

实施清洁生产主要途径有如下几种。

1. 改革工艺和设备

冶金工业一般装备水平较低，生产工艺落后陈旧，造成原料的转化率和产品的产出率均较低，直观的表现就是消耗高、损耗大、废弃物多。这是造成企业成本增加和污染严重的重要原因。要达到清洁生产的目标，就必须采用先进的生产工艺和技术装备，如负能炼钢、短流程工艺、连铸连轧、一火成材等先进的生产工艺和设备，这样既淘汰了落后工艺，带动了产品升级，提高了市场竞争力；又降低消耗，减少了污染，有利于企业的可持续发展。

2. 合理有效利用资源

资源持续利用是顺利发展工业的基本前提，在一般的工业产品中，原料费约占成本的70%，因此通过原料的综合利用可直接降低生产成本、提高经济效益，同时减少废弃物的产生和排放。如冶金企业的高炉、焦炉、转炉煤气的回收和综合利用，加热炉烧重油改烧煤气，钢渣的综合利用，共生矿的分选回收等，都是有效实现清洁生产的具体内容。首先，需要对原料进行正确的鉴别，在此基础上，对原料中的每个组分都应建立物料平衡，列出目前和将来有用的组分，制订其转变成产品的方案。要实现原料的综合利用，应组织跨部门、跨行业的综合开发。在宏观决策上，要从生态、经济大系统的整体优化出发，考虑资源的合理投向，使资源的利用发挥最大的效益。

3. 合理组织物料循环

企业内的物料循环分为下列几种情况：①将流失的物料回收后作为原料返回流程；②将生产过程中生成的废料经适当处理后作为原料或原料的替代物返回生产流程；③将生产中生成的废料经适当处理后作为原料返用于其他生产过程中。如冶金企业生产过程中的循环用水、含铁尘泥、钢渣、煤气等的综合利用，既节约了能源和资源，又大幅度减少了物料流失和"三废"的排放。

4. 产品体系改革

清洁产品的原则是节约原料和能源，少用昂贵或稀缺的原料；产品在使用过程中及使用后，不含危害人体健康和生态环境的因素；产品易于回收、复用和再生，易处置、易降解；赋予产品合理的寿命；简化包装，鼓励采用可再生的材料制成包装材料或便于多次使用的包装材料。清洁产品在生产过程、使用过程中甚至使用之后，都对环境无害。

5. 加强企业管理

根据全过程控制的概念，环境管理要贯穿于企业整个生产过程及落实到企业的各个层次，分解到企业生产过程的各个环节，与生产管理紧密结合起来。国外推行清洁生产时，常把强化企业的管理作为优先考虑的措施，而管理措施一般费用较低，但效果明显。加强管理的主要措施有：完善制度，严格执行；将环境目标层层分解，纳入岗位责任；加强设施维护，消除跑、冒、滴、漏；安装必要的监控仪表，强化计量监督；原料和成品的妥善存放，保持合理的原料库存量；组织安全文明生产，保持良好的企业形象。

6. 进行必要的末端治理

全过程控制中同样包括必要的末端治理，只不过其优先的次序有所变化。末端治理，只能成为一种采取其他措施之后的最后把关措施。这种企业内的末端治理，往往作为送往集中处理前的预处理措施。在这种情况下，它的目标不再是达标排放，而是只需处理到集中处理设施可以接纳的程度，如清浊分流、减量化处理(脱水、压缩、包装、焚烧)、预处理等。减少处理量有利于组织物料循环。污染物的控制应以源头为主，末端治理对保护环境是不得已而为之，因其存在不能从根本上消除污染、加大治理设施投入和运行费用、加重企业负担等弊端。

7. 深入开展创建清洁工厂活动

清洁工厂是企业通过对废水、废气、固体废弃物、噪声等污染源的治理，工业"三废"资源的回收利用，厂区绿化、美化的建设和环境的综合整治，而成为无污染或少污染的清洁文明企业。创建清洁工厂是清洁生产内容的具体体现，创建清洁工厂活动又是一项系统工程，涉及企业的生产管理、设备管理、现场管理和企业的两个文明建设。作为冶金企业，积极开展创建清洁工厂活动，并结合企业的技术改造、污染治理和环境管理，可极大地促进清洁生产推广。

7.3 冶金行业中清洁生产的实施

作为一项环保革命，企业在实施清洁生产过程中会有许多困难，要克服这些困难和障碍，主要应从以下方面着手：

①制定有效的清洁生产政策，加强清洁生产技术和设备的研究和推广；

②加强管理和人员培训，促进企业深化改革，由粗放型向集约型转化；

③研究开发无污染或少污染、低消耗的生产工艺和产品，更新产品结构；

④研究物质循环利用工艺；

⑤发展实用的环境保护技术，实行必要的末端污染控制技术。

需要说明的是，清洁生产是相对的，不等于生产过程没有污染物产生，在实行企业清洁生产全过程中必须包括必要的末端处理技术，使之成为一种在采取其他措施之后的最终辅助手段。冶金清洁生产的一般方法和步骤包括准备、环境审计、制订方案和实施几部分，主要内容有两个方面。

(1)源头消减

即在生产过程废物产生之前最大限度地减少和降低废物的产生量和毒性，具体可分为加强管理和改进生产过程两部分。加强管理是指规范例行检测，分析物料流向、产品状况和废物损耗，科学调整生产计划，合理安排生产进度，改进操作程序等。如例行检测生产过程和原料投放，防止物料和能量损耗，分流、分类、分置废物，合理安排生产进度，改进原料处理方法，总结生产管理经验，开展设备操作培训。改进生产过程是指重新定位，设计产品，改进落后生产工艺，调整原材料、资源的使用等。如原材料的提纯和开发原材料替代品，改进生产工艺和流程，调整车间布局，提高生产自动化水平。

(2)生产过程循环回收利用

指在生产现场对能源、原材料和水资源等进行循环回收和重复利用，包括建立闭路循环回收系统，循环回收利用物料和能量，建立厂内物料和能量回收系统，加工回收物料，开发副产品。

7.3.1 有色金属行业中清洁生产的实施

1. 有色金属行业中实施清洁生产取得的成效

随着市场需求量加大，有色金属产品产量持续快速增长，推行清洁生产显得尤为重要，加强节能降耗，强化污染治理，使主要污染物的产生量、排放量得到基本控制，部分污染物的排放量呈下降趋势，环境质量有所改善。主要表现在以下两个方面：

①节能降耗、污染治理为目标的技术改造和清洁生产的推行，对资源利用率的提高和污染物排放量的减少做出了重要贡献。例如：多数有色金属企业的技术改造和清洁生产项目主要以铜、铅、锌重金属冶炼、自焙槽电解铝改造为主，技术起点高、生产规模大、工艺先进。铜冶炼采用先进的闪速熔炼、熔池熔炼技术代替鼓风炉熔炼、反射炉熔炼；实现铅冶炼烟气制酸，氧气侧吹熔池熔炼环保炼铅新技术有望将炼铅工业从污染型转向清洁型。

②强化污染源治理，减少"三废"排放。据86家主要有色金属工业企业的统计，2002年安排环境治理项目255个，其中废水治理项目94个，废气治理项目66个，固体废物治理项目42个；污染治理资金5.15亿元，综合利用产品产值12.6亿元，综合利用产品利润1 977万元。

2. 有色金属行业中实施清洁生产的主要问题

有色金属工业是以开发利用矿产资源为主的传统工业，有色金属不仅作为功能材料，而且也为结构材料渗入到人类生活和国民经济的各个领域，其发展速度一直与国民经济的总体增长速度和人民生活的提高保持同步发展，充分显示出在国民经济发展中的重要地位。但我国有色金属资源的特点是贫矿多，富矿少；小矿多，大矿少；共生矿物多，单一矿物少。由此造成生产工艺复杂，生产流程长，单位产品能耗高，三废产生量大等问题，有色金属工业是环境污染比较严重的行业之一。为了解决生产发展和污染环境的矛盾，走可持续发展的道路，必须在有色金属行业大力推行清洁生产。在有色金属工业产品产量持续、快速增长的情况下，会增加新的污染物排放点。因此，总的污染形势不容乐观。目前主要在思想认识上、经济上、技术与知识上存在问题。

随着对环境污染控制的日趋严格，近20年来，冶炼烟气制酸从源头入手，采用先进的冶炼技术，提高烟气中的SO_2浓度，走烟气直接制酸的工艺路线。目前，除铅冶炼、钼冶炼烟气SO_2浓度较低，不能采用两转两吸流程外，其他重金属冶炼烟气均逐渐改造为两转两吸流程，以减少SO_2的排放。

3. 氧化铝行业的清洁生产现状分析

针对氧化铝资源短缺、高能耗、高污染的特点，近年来我国加强了在清洁生产技术方面的研究，取得了一些进展，并成功将一些清洁生产技术应用于工业实践。据统计，1999年与1995年相比，氧化铝综合能耗降低了23.9%。

（1）源头削减技术

源头削减是有效利用资源、控制废物产生、降低能耗的最有效技术，可以实现本质化的治理，减少工艺过程中的能耗、成本。2004年1月，中国铝业股份有限公司中州分公司开发并投入生产的选矿拜尔法技术就是通过选矿方法将铝土矿中的含铝矿物与含硅矿物有效地分离，使得高A/S比的含铝矿物能够用拜尔法经济地处理，能耗降低50%以上，投资减少15%~20%，氧化铝成本可以降低5%~10%，实现了清洁生产技术在源头的应用。

（2）过程控制技术

过程控制是开展清洁生产技术最重要也是最困难的环节，一方面通过开发清洁生产技术，将成熟的清洁生产技术应用于工业实践，像中国铝业股份有限公司下属的多家氧化铝厂引进开发的流态化焙烧炉，使焙烧能耗降低到 $3.0 \sim 3.3$ GJ/t/Al_2O_3，吨氧化铝焙烧成本降低约 26.3 元，年节约运行费用 1 340 万元，由于采用煤气为燃料，消除了"煤烟型"污染和无组织排放，工艺物料经高效回收，粉尘浓度远远低于排放标准，达到了清洁生产工艺的要求，该项技术已被列入《国家重点行业清洁生产技术导向目录》（第二批）进行广泛推广；2003 年国际上最新的氧化铝生产蒸发技术 MVR 蒸发系统在中国铝业股份有限公司广西分公司建成投用，使每小时的蒸水量从 170 t 提升到 190 t，MVR 蒸发系统风机电耗每小时小于 1 200 kW，汽耗将由技改前的每吨热水耗汽 0.334 t 下降到 0.275 t，大大减少了能源的消耗。另一方面通过完善环境管理制度，开展 ISO9000 质量体系和 ISO14000 环境管理体系的认证，建立全过程的环境管理体系，强化职工的环境意识，提倡全员参与，人人负责，杜绝各类污染事故的发生。

（3）末端治理技术

对必须排放的污染物，采用低费用、高效能的净化处理设备和"三废"综合利用的措施进行最终的处理和处置，目前国内已在氧化铝行业末端治理方面取得可喜成果。中国有色工程设计研究总院等单位利用工业生态学原理和工程科学方法，开发出了赤泥胶结充填技术，如果这项技术能够成功地应用于实践，无疑对推动赤泥的综合利用将起到积极的作用。中国铝业股份有限公司山东分公司利用氧化铝生产过程中的废弃物——赤泥，研究开发了生产微孔硅酸钙绝热制品的科研成果。应用该项成果生产的微孔硅酸钙绝热制品中赤泥的掺配比例可达到 30% 以上。这种新型节能材料，可广泛用于建筑、热电、石油、化工、冶金等领域，需求量巨大，市场前景广阔。

中国铝业股份有限公司中州分公司实施的工业含碱废水零排放工程，将工业废水与生产用循环水混合后进入生产流程，一方面减少了直接排入环境造成的污染，另一方面利用了有限的水源和其中含有的碱，减少了污水处理费用，节约了成本，预计每年可创造约 40 万元的经济效益。

（4）氧化铝工业清洁生产工艺展望

按照《国家环境保护"十五"计划》和《有色金属工业"十五"规划》的要求，氧化铝工业必须实施可持续发展战略，加强技术创新，推进清洁生产，不断降低氧化铝生产成本。在 2000 年的基础上，2005 年工业污染物排放总量再削减 10%；工业水复用率由 2000 年的 79% 提高到 2005 年的 85% 以上。

①系统化运筹、阶段化推进清洁生产。由于氧化铝生产流程的复杂、流水线作业的特点，需要从全局利益出发，用系统化理论对氧化铝生产进行管理，即采用对源头进行削减、对过程进行控制、对末端进行治理"三管齐下"的方法，系统化运筹，阶段化推进清洁生产技术，使各个环节都得到最优的配合，从而减少资源的浪费，降低能耗和成本。

②合理地利用铝土矿资源。作为一次性资源，具有不可再生性的铝土矿，由于生产工艺方法的限制、市场竞争的需要和管理的不到位，弃贫挑富现象非常严重，造成铝土矿资源的极大浪费，铝土矿利用率仅有 30%，远低于其他行业 50% 的水平，因此必须一方面加大国家对资源的调控力度，从宏观上进行控制，引导市场合理开发资源；另一方面加快清洁生产技术的研究与应用，有效利用资源，提高资源利用率。

③制订氧化铝行业清洁生产标准。清洁生产标准是进一步推进清洁生产技术、促进经济发展的有效手段，因此在氧化铝行业应建立一套有效的清洁生产标准，对氧化铝企业按生产工艺与装备要求、资源能源利用指标、产品指标、污染物产生指标(末端处理前)、废物回收利用指标、环境管理要求等六类清洁生产指标进行分级管理。

④建立清洁生产"四大"机制。建立促进清洁生产的激励、约束、监督、服务机制，运用经济和市场手段调动企业实施清洁生产的自觉性和积极性。

4.我国闪速炼铜厂的清洁生产

传统的敞开式鼓风炉、反射炉、电炉等熔炼设备效率低，能耗高，反射炉烟气难治理，环境污染严重，劳动强度大，劳动条件差。围绕解决大气污染和节能两个中心课题，铜冶炼工艺得到了不断改进，淘汰了能耗高、环境污染严重的落后工艺。铜冶炼是集废气、废水、废渣和噪声等污染相对较重的行业，存在较大的清洁生产潜力。清洁生产的基本要点是清洁的能源和原料、清洁的生产过程、清洁的产品。闪速熔炼和传统熔炼比较，则有明显的环保优势，是铜冶炼实现清洁生产的发展趋势。

(1)清洁的原料和能源

①原料方面。铜精矿的清洁程度影响着工厂的能耗和As、F等杂质元素的排放量。与国外铜精矿相比，国内铜精矿多表现为含水高，Cu品位低，As、F等杂质含量高，造成单位产品能耗和污染物排放指标较高。如：进口铜精矿平均含水小于10%，不需进行预干燥，根据贵溪冶炼厂一期工程年产10万t铜的生产情况，每年可减少预干燥燃煤烟尘和SO_2排放量分别约30 t和256 t；国外进口混合铜精矿含铜品位达到28%，国内混合铜精矿铜品位在25%左右，以年产20万t铜计算，铜精矿含铜品位提高3%，可减少8.75万t/a的投料量，相应节约单位产品的辅助材料和燃料消耗，减少精矿运输量；铜精矿中As、F等杂质含量的降低，可减少冶炼烟气中烟尘的杂质含量，相应降低制酸系统稀酸洗涤工序的废酸产生量以及其中的杂质含量，进而减少废酸处理工段砷滤饼和废液的排放量，减小末端处理负荷，As、F等杂质含量的降低可使制酸系统触媒中毒的可能性减小，从而减小烟气事故排放的可能性。

②能源方面。尽可能地回收熔炼、吹炼和制酸系统的余热产生蒸汽或发电，回用于厂内生产，减小锅炉供热规模和能量消耗。以年产20万t铜的闪速炼铜厂为例，回收余热可产蒸汽80 t/h，与燃煤产蒸汽相比，每年可减少烟尘和SO_2排放量分别约200 t和2 080 t(按煤含硫0.8%，不脱硫计算)。

(2)清洁的生产工艺

精矿干燥方面取消了能耗高、污染重的预干燥工艺。精矿干燥主要有蒸汽干燥和气流干燥2种。蒸汽干燥与气流干燥相比具有如下清洁生产特点。

1)流程短。一台蒸汽干燥机取代气流干燥的圆筒干燥机、鼠笼打散机、气流干燥管三段干燥过程，并省去一套复杂的重油/粉煤燃烧装置。烟气处理系统也很简单，省去了结构庞大，造价高的电收尘、排风机和高烟囱。蒸汽干燥与气流干燥相比可节省投资5%~10%。

2)气流干燥需采用重油或粉煤作燃料，增加环境污染；而蒸汽干燥可以采用余热锅炉的蒸汽作热源，有利于减轻环境污染，充分利用能源，减少SO_2和烟尘排放量。

熔炼工艺方面：采用较为先进的富氧密闭鼓风炉炼铜法、诺兰达炼铜法、瓦纽柯夫炼铜法、改进型白银炼铜法、艾萨炼铜法和闪速炼铜法。尤其闪速熔炼和艾萨熔炼两种工艺选择较多。

闪速熔炼的特点：①技术先进成熟可靠；②可以进行高富氧熔炼，且炉子密闭性好，烟气量小，SO_2 浓度高，有利于制酸，硫的利用率大于 95%；③精矿经过深度干燥，显著节能；烟气含湿量低，熔炼烟气处理容易；④环境保护及劳动条件好。

艾萨熔炼的特点：原料预处理比较简单，不需要深度干燥，对入炉物料的要求不太高，炉体简单，投资略低，比较适合中小型冶炼厂。缺点是：①由于精矿未进行深度干燥，精矿中的水分在熔炼炉内 1 200 ℃以上脱除，消耗燃料大，产出的烟气多，湿度高，对烟气后续处理不利；②需要高压风机，动力消耗大，总能耗高；③目前只能与转炉配套，加料口是敞开的，炉内负压波动会造成炉口冒烟，如果负压控制太大，又会造成大量的漏风，环保效果差。

从工厂大型化、操作运行平稳，能耗和环境保护等方面综合比较，闪速熔炼技术具有明显的优势。

冰铜吹炼方面：采用最新的闪速吹炼技术工艺，已成功应用了 8 年。闪速吹炼炉主要具有如下优点：闪速吹炼是强化吹炼过程，年产铜 40 万 t 冶炼厂只需一台吹炼炉则可取代 6 台常规 PS 转炉，设备数量少、占地小。采用高浓度的富氧空气吹炼，烟气量小且 SO_2 浓度高，闪速吹炼烟气量大约只有 PS 转炉的 1/10，后续的余热系统和烟气制酸系统设备小，投资省，运行费用低。车间内无吊车和包子运输，炉体密闭性好，车间内无低空污染，环保效果好。炉体寿命长，耐火材料消耗量低。

闪速吹炼炉已成为世界上最有望取代 PS 转炉的吹炼工艺，使低空污染问题得到显著改善。以年产 20 万 t 铜为例，与 PS 转炉工艺相比，每年可减少烟尘和 SO_2 排放量分别约 377 t 和 1 690 t。我国正在建设的山东阳谷祥光铜业有限公司闪速炼铜厂将采用闪速吹炼工艺。

综上所述，目前世界上最先进清洁的闪速炼铜厂应是集铜精矿蒸汽干燥、闪速熔炼、闪速吹炼、回转式阳极炉精炼、永久性不锈钢阴极电解、卡尔多炉处理阳极泥和动力波烟气净化、两转两吸制酸工艺于一体的流程，该流程的突出特点是节能、环保、高效。这些技术在国内几个大型铜冶炼厂都分别被采用，但还没有一个工厂能够如此完美地集中以上所有技术，主要是由于这些厂在建设初期对国外先进技术了解不够未能先期采用，而后期扩产改造时由于受场地、停产时间等因素的限制无法实施。随着国家改革开放政策的落实，铜冶炼行业引进了大量国外的先进技术和设备，并在此基础上不断消化、吸收，以上工艺流程除了少数关键设备需从国外引进，大部分设备都已实现国产化，而且我国在大型铜冶炼厂的设计、设备制造、工程施工都积累了丰富的经验，依靠国内力量建成世界上最先进清洁的铜冶炼厂是完全可以实现的。

（3）清洁生产措施

除采用上述先进的清洁工艺外，闪速炼铜厂尚可从以下各方面进一步提高清洁生产水平：

①实行清污分流，一水多用。热污染废水和污染较重废水分开处理，减轻废水处理难度，减少废水处理设施投资和运行费用。热污染废水经冷却后可用于缓冷场渣冷却，减少外排水量，水循环利用率可提高。

②积极开发废渣利用新工艺，尽可能地对生产过程中产生的废渣加以利用，减少固废排放和处置量，提高资源利用率，如对砷滤饼、铅滤饼、铜滤饼等进行综合利用。

③根据国内的贵溪冶炼厂、铜陵冶炼厂监测资料，以后建设闪速炼铜厂每吨铜的主要特征污染物排放量建议按下述指标控制：SO_2 11.06 kg、Cu 1.19 g、Pb 2.36 g、Zn 4.70 g、Cd 0.24 g、As 1.19 g、烟尘 1.33 g。

④重视设备选型和生产管理，选择耐腐蚀性强和密闭性好的设备，减少跑、冒、滴、漏对环境的污染。

⑤综合能耗。根据《有色金属工业节能设计技术规定》，从精矿到阴极铜的二级指标为每吨产品折合标准煤 970 kg，根据国内的贵溪冶炼厂、铜陵冶炼厂的运行情况，以后建设闪速炼铜厂的能耗指标建议按标准煤 870 kg 控制。

（4）清洁的产品

主要产品——高纯度阴极铜（Cu 99.99%）、硫酸（H_2SO_4 98%）、电金（Au 99.99%）和电银（Ag 99.99%）等均是高纯度产品，二次使用过程中废料少。并且高纯度阴极铜、电金和电银均为固体产品，便于运输，不会对沿途的运输线路造成二次污，但硫酸为液态，具有强腐蚀性，需考虑运输防范应急措施。

尽管我国闪速炼铜厂环保工作的不断改进使人们改变了对原来铜冶炼厂环保工作的不良印象，但与国外同样的闪速炼铜厂相比，我们的环保工作仍存在不小的差距，持续改进的清洁生产潜力仍较大、任务仍很重，应引起各企业的足够重视，为此行业的清洁生产作出更大的贡献。

5. 加拿大有色金属工业清洁生产

（1）清洁生产工艺

①诺兰达锌厂

湿法炼锌于 1916 年开始工业应用，至 1998 年，全世界 802 万 t 锌中的 70% 以上是由湿法炼锌工艺生产的，发展很快。在我国年产锌万吨以上的湿法炼锌厂有 15 家，生产能力为火法炼锌的 2 倍。

诺兰达锌厂位于蒙特利尔市郊，是加拿大最大的锌厂，生产规模为电解锌 25 万 t/a。诺兰达锌厂采用湿法工艺生产电解锌。该厂设备自动化程度高，生产操作实现了在线控制。SO_2 浓度高的焙烧烟气经除尘后制成硫酸，浓度低的 SO_2 烟气采用"Cansolv"技术富集成浓度高的 SO_2，然后制成液体二氧化硫，制酸尾气排放达标；冶炼废水采用 HDS 高密度石灰法处理后达标排放，浸出渣送渣场堆置。不存在"三废"，特别是 SO_2 烟气污染的环境问题。

②INCO 镍冶炼厂

INCO 镍冶炼厂位于多伦多市西北部 400 km 的萨特伯尔市。INCO 公司是世界上最早的矿业冶金公司，也是世界上最大的镍冶炼厂。主要产品有铜、镍、钴、贵金属及镍系列产品，目前镍产量 10 万 t/a、铜 12 万 t/a。

我国冶炼镍企业大部分采用电炉工艺。金川集团有限公司于 20 世纪 90 年代建设的炼镍闪速炉工艺，是目前世界上最先进的工艺之一。与电炉炼镍工艺相比较，具有节能、降耗、减少 SO_2 污染等清洁工艺的特征。

INCO 公司所有原矿为硫化镍矿，采用闪速炉富氧炼镍工艺，冶炼过程进行在线控制，装备自动化程度高。其工艺过程是镍精矿在闪速炉经富氧熔炼、转炉吹炼获得高冰镍，经磨浮分离铜、镍。分离的铜硫化物经阳极炉熔炼生产阳极铜，经电解获得产品电解铜。分离的镍经熔炼生产低冰镍销售或进一步电解精炼。

闪速炉熔炼烟气 SO_2 浓度为 60%，制备液体二氧化硫和硫酸两种产品，冶炼 SO_2 烟气制液体二氧化硫供应给造纸厂。制硫酸采用二转二吸制酸工艺。硫酸有 93% H_2SO_4、98% H_2SO_4、104% 发烟 H_2SO_4 三种产品，年产量 68 万 t。关于 SO_2 烟气的排放，政府规定 INCO 镍厂允许排放 2 615 万 t/a，2003 年实际排放 2 217 万 t/a；到 2007 年，政府要求排放量减至 1 715 万 t/a，企业计划做到 5 万 t/a。主要措施是将目前直接排放的转炉和焙烧炉的烟气进行回收并制酸。制酸尾气经 400 m 烟囱高空达标排放。

冶炼废水主要是制酸过程中的酸性废水，每小时约 60 m³，中和剂采用氢氧化镁，主要考虑到中和沉淀渣容易过滤。经过滤的水返回加药罐重新使用，沉淀渣送尾矿库。

③INCO 电解铜厂

INCO 电解铜厂生产电解铜 10.4 万 t/a。从总体说，铜电解精炼过程在"采矿—选矿—冶炼—电解精炼"的生产链条中的"三废"污染负荷的百分数是很小的，INCO 电解铜在阳极炉精炼过程采用甲烷和氧气，烟气含 SO_2 很低，直接由烟囱排放。采取环保措施，不存在 SO_2 烟气污染的环境问题。

（2）环保清洁生产技术

"CANSOLV" SO_2 净化技术是加拿大"CANSOLV"公司在 20 世纪 80 年代发明的一种用二步法从烟气中捕获 SO_2 的新技术，广泛应用于冶炼厂、发电厂及炼油厂等低浓度 SO_2 的回收利用，使排放烟气中的 SO_2 浓度小于 10×10^{-6}，从而达到既利用又治理的目的。

①化学工艺。吸附剂为二元胺水溶剂，具有吸附和解吸能力。吸附剂不具挥发性，在处理过程中以盐溶液的形式存在。吸附剂再生后产生纯的 SO_2 饱和水溶液作为副产品。

②二元胺吸附剂。该吸附剂是 CANSOLV SO_2 净化技术的关键。第 1 个胺基团在吸附剂中的作用是使吸附剂以盐的形式存在，并提供非挥发性吸附作用；第 2 个胺基团的作用是为吸附剂提供吸附平衡和再生能力。

HDS 是加拿大在传统石灰法的基础上经改造后的一种处理酸性废水的新方法。HDS 法的优点是我国常用的传统石灰法所不具备的，是传统石灰法的新发展。在 2002 年，加拿大和北京矿冶研究总院专家在德兴铜矿进行半工业试验结果表明，HDS 法与常规的石灰法相比较，其优点是降低石灰消耗量、节省沉淀渣输送费、扩大处理水的能力 5 ~ 10 倍，可较大地节省设备投资费用，减少设备、管道的结垢现象，保证处理设施的正常运行。用最少的投资在短时间内将德兴铜矿现有的常规水处理设备改造为 HDS 工艺是可行的，排放水质稳定，满足国家废水排放标准要求。随着我国的《清洁生产促进法》的实施，许多企业为了发展生产要大幅度提高水的重复利用率，提高排放烟气 SO_2 的达标率，对新技术的需求将会日趋迫切。CANSOLV 和 HDS 技术在我国具有广阔的市场需求前景。

7.3.2　钢铁行业中清洁生产的实施

1. 钢铁行业清洁生产发展的必然性

随着社会的发展，人们对生存环境的要求日益提高（包括当代和后代发展的需求），各国已明确地向钢铁工业这一高消耗、高排放的行业亮起了红灯。除非优化工艺，最大限度地降低能源，水资源消耗，不产生危害生态的污染排放（包括二次资源的有效回收利用）；否则，即使钢铁产品有市场需求也不能发展、不能生产。我国 80% 以上钢铁企业位于对生态环境最敏感的首都、直辖市、省会、100 万人口以上的大中城市，这几年来的压力已越来越大，紧迫感也越来越强了。而当前，钢铁工业流程的优化，一批清洁生产新技术的开发应用，已不仅比 10 年、20 年前更能满足减轻资源负荷和环境负荷的要求，而且还体现了清洁生产更有利于全面降低生产成本、提高产品性能、增强企业市场竞争能力的优势，成为钢铁工业可持续发展的必然之路。最近我国将出台包括"清洁生产促进法"、"第二批清洁生产技术导向目录"等法律和法规性文件,我们应当据此来加快促进全行业提高清洁生产理念和实践的水平,以应对入世以来日益严峻的国内外市场挑战。

2. 钢铁行业中实施清洁生产的途径

调整能源结构、开发利用清洁能源和替代能源是实现钢铁冶金清洁生产的有效途径。薄板坯连铸连轧与超高功率电炉配套的短流程工艺,无论是从环境保护,还是从节能降耗来说都是一种非常理想可行的方案;综合利用钢铁工业生产过程中的二次能源是实现清洁生产的必要措施;新技术新工艺是推行清洁生产的根本动力(见表7-1)。21世纪的钢铁冶金必将推行清洁生产,新技术、新工艺、新流程的开发利用使冶金生产过程更合理、资源环境更优化、产品质量更完美。除此以外,提高生产管理及员工的思想意识也是实施清洁生产的必要措施。

表 7-1 转炉炼钢清洁生产技术指标

指标名称与等级	一级	二级	三级
一、生产工艺装备与技术指标			
转炉溅渣护炉	采用该技术		
连铸比(%)	100	≥95	≥90
连铸坯热装热送	热装温度≥600℃	热装比≥50%	热装温度≥400℃ 热装比50%
二、资源、能源利用指标			
钢铁料消耗(kg/t 钢)	≤1 070	≤1 080	≤1 090
取水量(m³ 水/t 钢)	≤6.0	≤10.0	≤16.0
三、污染物排放指标			
废水(m³/t 钢)	≤2.0	≤4.0	≤6.0
COD(kg/t 钢)	≤0.2	≤0.5	≤0.9
石油类(kg/t 钢)	≤0.015	≤0.040	≤0.12
烟/烟尘(kg/t 钢)	≤1.0	≤2.0	≤4.0
SO_2(kg/t 钢)	≤1.0	≤2.0	≤2.5
转炉废水(m³/t 钢)	≤17	≤20	≤25
连铸废水(m³/t 钢)	≤18	≤20	≤25
四、产品指标			
钢材综合成材率(%)	≥96	≥92	≥90
钢材质量合格率(%)	≥99.5	≥99.0	≥98
钢材质量等级品率(%)	≥110	≥100	≥90
五、废物回收利用指标			
生产水(m³/t 钢)	≥95	≥93	≥90
转炉煤气回收热量(kgce/t 钢)	≥23	≥21	≥18
含尘铁泥回收利用率(%)	≥100	≥95	≥90
炉渣利用率(%)	≥100	≥85	≥70

2. 钢铁行业清洁生产各个组成环节及关键内容

钢铁行业清洁生产的内容，大致归结为 5 个组成环节，即：①钢铁产品设计；②产品制造原材料准备；③产品的制造过程；④排放物无害化资源化处理；⑤产品的使用、再使用和回收。

（1）钢铁产品设计

一般来说，钢铁产品设计包括成分、使用性能和最佳生产工艺，而且有清洁生产概念的钢铁产品设计，其关键是在这一阶段要充分注意产品制造、使用和回收利用注意生产周期全过程中无害化、生态化的要素，而不是只注意其使用性能。

（2）钢铁产品制造所需资源的开采，提纯、加工和输送

主要包括能源、水、金属和非金属矿物与其他钢铁生产相关原材料。这一环节的关键是"精料"与制造过程的无污染。例如，采用清洁能源；必须充分关注开拓新的水资源与避免浪费；矿产资源有用成分的富集和综合利用；尾矿的无害处理与再资源化处理等。

（3）钢铁产品的制造过程

主要包括冶炼、炉外精炼凝固和加工四个工序。关键则是高效率、高质量合格率，最低的消耗，以"零排放"为目标和污染物尽量在生产过程内被吸收、被利用。决定这四个关键因素能否很好发挥，则主要看流程优化的程度和大批先进技术、装备的开发与应用程度。例如以近终形连铸为基础、为核心的连铸－连轧(甚至是直轧)紧凑流程的诞生开创了现代钢铁生产崭新的阶段。这种流程因投资额和占地面积大大减少，生产高度连续、无间断而大大提高了生产效率。连续是由高质量、过程无事故、无废品的高精度生产过程控制来实现的，表现为资源最大限度地被充分利用及最大限度地提高了产品的合格率。由于整个流程几乎封闭，最大限度地直接利用了凝固铸坯的余热，减少了因间断而必须重新加热及对环境热辐射的影响，使得凝固到加工成产品所消耗的能量和对环境的热、尘、水污染度都在现有技术条件下降到了最低点。毫无疑问，这种流程是钢铁生产最清洁、最具有可持续发展能力的流程，它首先在薄板坯生产领域中得到实现，而后在型、线材生产领域中得到完善与优化，逐渐向产业化方向发展。可以说，现代钢铁生产工艺和装备的各项技术的优化，都是适应流程连续、紧凑化的要求不断发展起来的。21 世纪中，当熔融还原、各种近终形连铸和半凝固态加工等钢铁前沿技术朝着生产周期最少，工艺过程最简单，流程最短、完全连续的全新流程方向发展的前景实现时，这种绿色制造、可持续发展的钢铁生产流程将为人类造福。

（4）排放物无害化、资源化处理

这就是通常人们所说的环保或环境治理。主要内容有钢铁生产排出的大量气体、粉尘、水、炉渣和其他废液、废物的处理，关键是无害化、资源化。钢铁生产排放物中很多是其他行业的原料，排放物的高附加值利用是尤其应予以关注的。

（5）产品的使用、再使用和回收

主要内容是钢材的再加工使用及最后的回收。

关键是这一阶段要充分体现产品的"绿色度"，要合理使用并充分关注再加工后更好的应用性能。钢材是最能 100% 回收的"绿色"材料，但钢铁厂要充分重视废钢使用的分类与配送。

钢铁行业清洁生产的各个组成环节是一个整体，是缺一不可的，而且应当从这个整体的统一要求上去发挥对实现清洁生产的有效作用。其关系可以概括地描述如下：产品的理念是

整个钢铁清洁生产的基础，资源的开发水平与程度则是清洁生产实现的前提条件；钢铁产品的制造过程是整个清洁生产的关键；排放物无害化、资源化处理是钢铁行业清洁生产的必要补充；产品的"绿色度"则是钢铁清洁生产水平的衡量标准。

7.3.3 绿色炼铁工艺

钢铁工业绿色制造是从生态工业链的观点出发，并与经济学和生态学有效结合，研究钢铁材料从采矿到钢铁制造、使用直至废弃、回收、再生的整个过程，进一步认识和评价钢铁生产方法、工艺流程，提供面向绿色制造的钢铁生产流程技术、生产过程中的各类排放及其过程控制技术、有害排放的一系列环保治理专业技术。钢铁工业的环境负荷，包括资源的摄取度、能源消耗量、污染物排放量及其危害、废弃物产生量及其回收和处理的难易程度等。

一般地讲，环境友好的钢铁工业是指对环境的负荷最小、甚至希望不污染环境。因此，可以看成是最佳能源效率与最小环境负荷的钢材生产体系。广义地讲是要"改善环境"和"创造优良环境"，也可以理解为兼顾社会整体节能、降低社会环境负荷的协同优化生产体系——绿色钢材生命周期体系。

炼铁工艺是钢铁生产中首要的关键技术，是为炼钢提供合格原料的重要工艺。但是，炼铁生产也一直是钢铁工业中的资源和能源的消耗大户，在消耗资源和能源的同时又产生大量的废气、废水和废渣，严重污染着环境。随着 ISO14000 环境管理体系系列标准、OHSAS18000 职业健康与安全卫生标准系列、绿色产品标志认证等的颁布，以及人们环境意识的增强，钢铁工业为了取得市场竞争力，面向 21 世纪的重要命题（也是根本性的命题）之一是利用先进的绿色制造技术和信息技术走可持续发展的道路。

目前的炼铁工艺中，高炉占有统治地位，以矿石为原料，以焦炭和煤为燃料和还原剂，但燃料燃烧或还原排放的 CO_2 给人类的生存环境和生产带来灾难性后果。国际社会对节能和环保日益重视，1992 年世界环境首脑会议上，发达国家承诺到 2000 年，其温室气体排放量不超过 1990 年的水平。我国政府规定，工业企业的 CO_2 及其他污染物的排放量不得超过 1995 年的水平。冶金行业作为 CO_2 的主要来源之一，人们呼唤洁净的钢铁生产工艺，渴望实现 CO_2 零排放的绿色炼铁。

1. 熔盐电解法工艺

美国麻省理工学院的研究人员开发了一种熔盐电解法炼钢，虽然目前此方法仅仅完成了小试，但由于它不排放 CO_2 及 SO_2，产生的副产品主要是氧气，因此该法将成为一种绿色炼铁工艺。21 世纪核能发电及可再生能源发电使电力成本大幅度下降后，此工艺将获得迅猛发展。

2. H_2 作还原剂的工艺

20 世纪 80 年代国际实用系统分析协会（IIASA）的一项研究报告中，将氢称为未来的冶金能源。一种熔融还原生产装置采用 H_2 等离子燃烧器提供热量和还原剂，熔融铁矿石还原成氧饱和的液态铁。由于这种方法产生大量高温尾气未充分利用，使热效率不高，炉衬侵蚀问题尚待解决，因此还仅是一种设想。为了解决耐火材料寿命问题，有人提出采用氢气直接还原铁矿石的工艺流程。

上述绿色炼铁工艺要求使用高品位铁精矿粉，这样不仅使能耗最低，外排废渣最少，而且可以获得高纯铁（粉）等高价值产品。

3. 制氢技术的开发及应用

实现绿色炼铁工艺的主要障碍是氢气的成本是否具有竞争力，近年来科学技术的进步已使这个问题逐步得到解决。实际上，在水力发电资源十分丰富，或核电十分价廉的加拿大、瑞典、法国及我国西南、西北，就可以经济地进行用电解水制氢气的生产工艺。德国与加拿大合作，计划利用加拿大的廉价电力生产液氢(115 万 t/d)，用船运到汉堡供汽车使用。1 个 45 kg 液氢的燃料箱，可供大型客车运行 300 km。最近德国汉堡已建成 1 座完全用氢作燃料的 200 kW 小型发电厂。德国奔驰集团已展示了一种新型带有高效氢燃料电池的电动汽车。日本、美国、法国均在投巨资开发氢气汽车。制取氢气的工艺方法近年来已取得长足进步。最常用的电解水制氢法，我国苏州已有单台生产 H_2 能力 200 m^3/h 的设备销售，每立方米 H_2 电耗为 4 147 kW·h。

目前工业上最经济的氢气来自天然气转化法，但受到资源限制，未能广泛采用。用变压吸附法从冶金或化工厂工艺流程中吸附制 H_2 的生产设备已推广了上千套，国内已有百余套。

近年来热化学循环法制 H_2 的研究工作取得较大进展。用 R. H. Wentorf 等热化学循环法生产的氢气成本仅为由石油或煤气化制 H_2 的三分之一，还额外获得副产品氧气。据美国国家宇航局(NASA)推测，21 世纪用热化学循环法生产的氢气可能成为工业上最廉价的能源产品，因此，这项研究引起了国外能源部门极大的重视。

英美科学家在利用植物类纤维作原料再生制氢的技术上取得了重大突破。他们使用了两种从海底火山口生存的微生物中分离出的酶作催化剂，作用于葡萄糖的氧化反应中，产物为葡萄糖酸盐和纯氢，反应洁净而高效，氢气转化率为 100%。由于地球上绝大多数植物的纤维素都可以制成葡萄糖类单糖，这对利用自然界廉价野生植物为原料，大量低成本制氢提供了一种应用前景广阔的新方法。

欧洲与加拿大联合开发出一项提取氢的新技术，利用高性能的分子离子交换膜对水进行电解分离制氢，据说使氢的成本降低到与天然气大体相同的水平。

美国夏威夷大学开发出光电化学制氢技术，即把一片很薄的半导体悬在水中，仅利用太阳能就可生产出氢，美国能源部的官员说，这项技术已由实验室走向生产。此外，美国还开发出一种生物制氢技术，即利用光照射某种海藻或悬于水蒸气中的细菌，使这些有机物像一个自发的活反应体一样从水中生产氢气。

20 世纪 90 年代，日本制造业开始普及"回收(分解)—再利用—设计—生产"这样的逆生产方式，并提出了"3R"的观念：减少废弃物排出、废弃物再利用、循环利用。日本钢铁企业不仅积极研究废弃物、有害物质的处理和利用技术，而且把这些技术系统应用到产品制造的全过程中，甚至提出了建设"零排放工厂"的目标。

日本钢铁企业的节能技术大多集中在铁烧焦系统，包括干熄焦(CDQ)、炉顶煤气余压回收透平发电(TRT)、煤炭调湿、烧结余热回收、高炉喷煤等，这些技术在日本都得到了普遍使用。目前，日本 46 座焦炉中有 37 座采用了干熄焦技术，约占 80%，而 2005 年中国钢铁企业的 CDQ 普及率仅有 36% 左右。

日本钢铁工业能源费用占生产成本的比重从 20 世纪 70 年代末的 36% 降低到目前的 12% 左右。据中国钢协有关专家分析，我国钢铁工业能源费用占生产成本的比重比国外先进企业高 10% 左右。

7.4 冶金工业环境管理

环境保护是我国的一项基本国策，传统的污染控制并不能从根本上解决环境污染问题。清洁生产优越性突出，是实施可持续发展的有效途径。推行清洁生产，需要转变观念，改变过去那种只是进行末端治理或削减污染物的产生量。推行清洁生产又是一个不间断的过程，随着技术进步和管理水平的提高，清洁生产应用于环境保护中所发挥的作用将越来越突出。

7.4.1 清洁生产与环境管理体系—ISO14000

清洁生产与环境管理体系是世纪之交环境保护的新思路，备受人们关注，二者既有不同点又密切相关，相辅相成。

1. 清洁生产

清洁生产是联合国环境规划署提出的环境保护由末端治理转向生产的全过程控制的全新污染预防策略。清洁生产是以科学管理、技术进步为手段，通过节约能源、降低原材料消耗、减少污染物排放量，提高污染防治效果，降低污染防治费用，消除、减少工业生产对人类健康和环境的影响。故清洁生产可作为工业发展的一种目标模式，即利用清洁能源、原材料，采用清洁的生产工艺技术，生产出清洁的产品。

清洁生产也是从生态经济的角度出发，遵循合理利用资源、保护生态环境的原则，考察工业产品从研究设计、生产到消费的全过程，以协调社会与自然的关系。

2. ISO14000 系列标准

该标准是集近年来世界环境管理领域的最新经验与实践于一体的先进管理体系，包括环境管理体系(EMS)、环境审计(EA)、生命周期评估(LCA)和环境标志(EL)等方面的系列国际标准。旨在指导并规范企业建立先进的体系，帮助企业实现环境目标与经济目标。

3. 清洁生产与 ISO14000 的不同点

①侧重点不同。清洁生产着眼于生产本身，以改进生产、减少污染产出为直接目标；而 ISO14000 侧重于管理，是集团内外环境管理经验于一体的、标准的、先进的管理模式。

②实施目标不同。清洁生产是直接采用技术改造，辅以加强管理；而 ISO14000 标准是以国家法律、法规为依据，采用优良的管理，促进技术改造。

③审核方法不同。清洁生产重视以工艺流程分析、物料和能量平衡等方法入手，确定最大污染源和最佳改进方法；环境管理体系审核侧重于检查企业自我管理状况。

④产生的作用不同。清洁生产向技术人员和管理人员提供了一种新的环保思想，使企业环保工作重点转移到生产中来；ISO14000 标准为管理层提供一种先进的管理模式，将环境管理纳入其他的管理之中，让所有的职工提高环保意识并明确自己的职责。

总之，清洁生产虽已强调管理，但生产技术含量高；ISO14000 管理体系强调污染预防技术，但管理色彩较浓，为清洁生产提供了的实行提供了机制、组织保证。清洁生产为 ISO14000 的实行提供了技术支持。

7.4.2 运用创新理念建立环境管理体系

1. 导入 CIS 理念，策划公司环境方针

CIS 即"企业形象战略"，其出发点是突出企业的个性与特征，强调企业形象识别和形象

传播的统一性，以对内增强企业的凝聚力，对外树立企业独特的良好形象。环境方针是企业对遵守法律法规并承诺持续改进的声明。在策划环境方针时，导入 CIS 理念，分析公司经营战略、产品特点、发展目标，力求使环境方针与公司工作方针相对应，树立即将上市公司的良好公众形象。"三纲"环保方针提出"在致力于创造一流企业的同时，努力改善区域环境质量，本着"更清洁、更优美、更健康"的环保理念，坚持可持续发展战略，建设花园式工厂，使公司的环保工作走在全国同行业的前列，承诺"遵守法律法规，大力推行清洁生产、节能降耗、综合利用的集约型发展模式，全过程、全方位开展环保工作，控制污染负荷，努力实现全面达标排放"。方针体现了"三纲"作为大型钢铁联合企业的社会责任，体现了以人为本、全员参与环保的思想，通过提高全体员工环境意识，建立高品位的企业环境文化，体现了环境管理体系与清洁生产的辩证关系，有助于提高企业的整体素质和综合竞争能力，体现了公司经营活动特点，并提出切实可行具有先进性的环境建设目标，通过建设"花园式"工厂，不断绿化、美化厂区环境，改善员工的身心健康，增强企业的凝聚力、创造力。

2. 在环境因素识别过程中，采用生产周期评价思想

在初始环境评审中，全面识别环境因素，并准确判定重要环境因素是企业建立环境管理体系的基础。作为现代钢铁联合企业，从炼焦、烧结、炼铁、炼钢、轧钢，形成一条龙生产，并配套原燃料采购、铁路公路运输、安装维修、质量计量、基建技改、办公后勤等多种运营管理，其活动、产品和服务的种类繁多、规模较大、过程也较复杂。只有全面而准确地识别出所有"能够控制"的直接环境因素以及"可望施加影响"间接的环境因素，才能使环境管理体系有的放矢。

开展工艺过程、原燃料消耗、环境监测、"三废"综合利用等信息资料的收集和现场调查评审。组织各有关单位技术人员运用生产周期评价思想，在识别环境因素过程中，对钢铁生产的生命周期各个环节和各个方面进行全方位的考虑和排查，将着眼点从生产现场拓宽到更为广泛的社会领域。即按生命周期分析方法，分为 5 个阶段来考虑环境因素，如矿粉及原煤的采购与运输、铁水及钢材等产品的生产与加工、钢材及焦油等产品的运输与销售、钢材的使用、钢渣及煤气等副产品的综合利用、产品的报废和再利用。在体系建立过程中，结合过程分析及生命周期矩阵分析，认真区别环境因素过去、现在和将来"三种状态"，如企业历史遗留的渣场，计划新建高炉工程带来的环境影响；综合考虑环境因素正常、异常和紧急状态，如设备停机、检修或停电，煤气的放散、泄漏或爆炸、雷击、地震、滑坡可能对环境造成的影响；仔细分析环境因素的"七种类型"，如生产对水体、大气的污染、矿粉及原煤的消耗、地下水的开采、固体废弃物存放、放射性物质的使用、钢材腐蚀对土壤的污染、危险化学品的运输存贮以及对周围社区噪声污染等各类环境影响问题。

3. 运用清洁生产方法学建立环境管理体系

在环境体系策划的初始环境评审阶段，利用环评相关数据，用清洁生产审核中物料平衡和输入输出物流的方法，识别烧结工序的环境因素，评价二氧化硫排放为重要环境因素；在环境方针中承诺推行清洁生产，而不仅仅是末端控制，在环境职责划分方面，将清洁生产内容纳入科技、总调、新品办、质量计量、环保、设备、供应、培训等部门的职责范围；在文件编制阶段，将清洁生产思想写入《能源管理程序》、《新扩改建项目环保管理程序》以及焦炉、加热炉操作规程等文件中；在环境目标、指标的制定环节，将各单位工序物耗、能耗列为改进的方向；在制订环境管理方案中，优先开发和实施无消费或低费清洁生产方案，如转炉煤气的回收利用、淘汰落后的轧钢生产线、吨钢新水耗降至 10 t 以下等方案；在培训方面，把《清洁生产促进法》的学习纳入培训计划并作为处级领导干部培训的重点；在信息交流方面，把清洁生产的要求写入相关方环境协议中，影响供方和承包方实施清洁生产；在运行控制过程，将杜绝设备的跑、冒、滴、漏纳入企管现场管理范畴，在内部审核和管理评审中，将清洁生产作为重要的审核和评审内容。

7.4.3 策划及建立体系应注意的问题

1. 明确各部门环境职责划分，各负其责

环境体系涵盖了企业的所有管理层次，全面地构成整个企业的管理构架，正确的规定，使体系标准进入企业深层管理，直接作用于现场操作与控制。因此全面提高员工的环境意识，明确责任与分工是环境管理体系建立与运行的关键。应将环境职责划分给各有关职能部门，将履行环境职责作为环境内审核及管理评审的重要依据，使各层次人员明确自己所承担的环境责任和义务。环境职责的划分从整体上应清晰、明确，接口明确，确定信息交流的途径以及监督运行方式，避免与实际脱节，在补充、调整、完善的基础上最终融入公司整体管理机制。

2. 先科学化再规范化，先结构后运行

根据企业规模、行业性质、环境敏感点的变化，生产发展，贯标工作的深入等情况，建立符合企业特点的动态环境管理体系，要力求在各专业管理工作科学化的基础上再考虑如何规范化，对各部门相关体系文件尽量采用或开发可操作的科学方法，不能满足于原有管理实践经验的简单总结或机械转化。在把握规范化"度"的基础上，分阶段地、适时地制定新的环境目标和新的实施方案，以调整相关要素的功能，使环境管理体系日趋完善，达到一个新的运行状态。如危险化学品的管理，公司在其安全规程都有相应的描述，但是缺乏从采购、运输、生产、储存、使用、废弃全过程的系统控制规定，尤其普遍缺乏安全数据性能表（MSDS）规范。必须按照法律法规要求，科学合理地修订相关控制规范。

实施 ISO14001 标准是个系统工程，体系运行只有在良好结构的基础上才能发挥整体作用。建立体系的各个阶段均应树立整体优化的思想，对体系要素进行处理和协调，发挥各要素、部门、资源的相互作用，从而达到环境体系动态适应和全局优化的效应。

3. 环境管理体系与企业全面管理体系的合理衔接

如何使环境管理体系与企业全面管理体系融为一个有机的整体，共享原有的管理资源和操作惯例，是提高体系效率和降低管理成本的关键。首先分析各体系在文件控制、培训、记录、纠正和预防、内审和管理评审等功能模式相近的要素，把握各层次文件之间的路径引导和内容接口，在适当调整的基础上，编制相互兼容的控制程序文件。全面策划、整理和完善公司原有三大规程，组织修订作业指导书，使认证工作效率大大提高。

4. 提高应急准备与响应能力

污染预防是贯穿标准始终的主导思想。认真分析企业潜在的事故和紧急情况：危险化学品及其他危险物品的泄漏；油脂类物品的大量泄漏；含有毒有害气体的压力容器爆炸或泄漏；火灾、地震等自然灾害。按照重大危险源辨识与评价原则，确定甲类、乙类应急救援危险源点，设立应急指挥机构及救援专业队伍的组成，明确指挥、通讯、救援、处置、演练等职责分工。在制定总体事故应急预案的基础上，编制煤气预案、消防预案、地震预案、油库预案等分预案，建立事故处理应急网络体系，使公司事故应急救援实现统一指挥，条块结合，以块为主，各分厂自我应急和集团公司统一应急相结合。日常做好重大危险源的登记、巡检、监控和应急预案的演练、培训、修订完善工作，做到事前准备、事中应急、事后总结。

5．加强体系日常监控，保持并持续改进管理体系

除了环境内审及管理评审，体系的日常监测与测量对于保持与维护体系的有效运行是至关重要。监测和测量可分为技术性监测与管理性监测。技术监测有环境监测、能源监测、资源利用监测等。环境监测根据公司年度环境监测计划，对各类排放因子、环境质量、环保设备的运行情况进行监测，并建立实验室质量保证制度，对监测设备按照规定周期进行校准，以保证监测和测量的有效性。由于企业环境体系覆盖部门多，日常管理性监测仅靠环保部门是难以独立承担，体系规定各管理部门要各自履行监督职能，如企管部门负责生产现场管理督查，能源部门负责能源利用考核，环卫绿化部门负责厂容卫生的督促落实，环保部门负责污染防治情况、环境管理方案执行情况、法律法规遵循情况的检查、考核、评审，各二级分厂、车间负责做好环保设施的日常运行、点检、维护工作，企业分管领导定期主持召开调度早会、安全环保例会、经营例会，及时沟通、协调、纠正解决有关问题。按照环境职责分配要求，各管理部门、管理层次在正确的矢量上形成合力，加强体系日常监控力度，有效地确保环境体系的良好运行。

7.4.4　实施 ISO14001 环境管理体系的意义

企业建立和实施 ISO14001 环境管理体系具有以下若干方面的意义：①有助于提高组织的环境意识和管理水平；②有助于推行清洁生产，实现污染预防；③有助于企业节能降耗，降低成本；④减少污染物排放，降低环境事故风险；⑤保证符合法律、法规要求，避免环境刑事责任；⑥满足顾客要求，提高市场份额；⑦取得绿色通行证，走向国际贸易市场。

ISO14001 环境管理体系的实施，对市场型企业提供了一个有效的环境管理工具和平台，实施 ISO14001 的企业普遍反映在提高管理水平、节能降耗、降低成本方面取得了不小的成绩，提高了企业产品在国内和国际市场上的竞争力。实施 ISO14001 环境管理体系在一定程度上消除了国际贸易技术壁垒，如果企业漠视 ISO14001 标准的巨大作用，很可能使 ISO14001 标准由潜在的国际贸易技术壁垒转化为企业在国际市场上真正的贸易壁垒，使企业遭受巨大损失。

第 8 章　环境质量评价

8.1　环境问题与环境质量评价

　　如前所述,所谓环境,即我们每个人在日常生活中面对的一切。人类的环境可分为自然环境和社会环境。自然环境包括大气环境、水环境、生物环境、地质和土壤环境以及其他自然环境;社会环境包括居住环境、生产环境、交通环境、文化环境和其他社会环境。我们面对的空间提供给我们呼吸所需要的空气;江河湖泊或地下水,成为可供我们饮用的淡水。我们吃的瓜菜果粮从土地中生长出来。仔细想想每天从早到晚的生活,从起床、洗漱、早餐、上班、工作、下班、买菜、做饭、刷碗、洗衣,到看电视、看书、睡觉,我们消耗的有水、电、煤(或天然气、柴火)、汽油(乘车的人)、食物及洗涤用品等等;我们使用的有棉制品(如床单、衣服)、木制品(如家具)、金属制品(如菜刀)、玻璃制品(如杯子)、石油制品(如塑料)、黏土制品(如住房用砖),甚至生活用品(如中草药)等等。这些我们习以为常的生活用品都是用大自然中的原料比如棉花、森林、矿物等制成的。在它们的生产、加工过程中,往往还需要耗用大量淡水和煤炭、石油等能源。随着社会的发展,人们逐渐认识到盲目追求效益的发展带来环境的恶化是难以弥补的,环境的好坏直接影响着整个世界人类的生存。试想一下,一旦大自然停止了原料的供给,我们的生活就会变得十分困难,人类就会失去生存条件,所以说"破坏环境就是破坏人类自身的生存基础"。

　　环境通常是指围绕人群的空间和作用于人类这一对象的所有外界影响与力量的总和。环境保护法所保护的环境与通常意义上所说的环境有所不同,它是有一定范围的,是能够通过法律手段来保护的环境。我国《环境保护法》第 2 条给环境所下的定义为:"本法所称的环境,是指影响人类生存和发展的各种天然的和经过人工改造的自然因素的总体,包括大气、水、海洋、土地、矿藏、森林,草原,野生生物、自然遗迹、人文遗迹、自然保护区、风景名胜区、城市和乡村等。"这一定义把环境分为两大类:一类是"天然的自然因素总体"也就是人们通常所说的自然环境,其特点是天然形成,无人工干预;一类是"经过人工改造的自然因素总体",即在天然的自然因素基础上,人类经过有意识地劳动而构造出的有别于原有自然环境的新环境。如人文遗迹、风景名胜区、城市和乡村等。我国环境保护法对这两类环境均予以保护。

　　环境问题是指全球环境或区域环境中出现的不利于人类生存和发展的各种现象。环境问题是目前人类面临的几个主要问题之一。环境问题是多方面的,但大致可分为两类:原生环境问题和次生环境问题。由自然力引起的为原生环境问题,也称第一环境问题,如火山喷发、地震、洪涝、干旱、滑坡等等引起的环境问题。由于人类的生产活动和生活引起生态系统破坏和环境污染,反过来又威胁人类自身的生存和发展的现象,为次生环境问题,也叫第二环境问题。次生环境问题包括生态破坏、环境污染和资源浪费等方面。

　　生态环境是指由生物群落及非生物自然因素组成的各种生态系统所构成的整体,主要或完全由自然因素形成,并间接地、潜在地、长远地对人类的生存和发展产生影响。生态环境的破坏,最终会导致人类生活环境的恶化。因此,要保护和改善生活环境,就必须保护和改善生态环境。我国环境保护法把保护和改善生态环境作为其主要任务之一,正是基于生态环境与生活环境的这一密切关系。生态环境与自然环境是两个在含义上十分相近的概念,有时人们容易将其混用,但严格说来,生态环境并不等同于自然环境。自然环境的外延比较广,各种天然因素的总体都可以说是自然环境,但只有具有一定生态关系构成的系统整体才能称为生态环境。仅有非生物因素组成的整体,虽然可以称为自然环境,但并不能叫做生态环境。从这个意义上说,生态环境仅是自然环境的一种,二者具有包含关系。生态破坏是指人类活动直接作用于自然生态系统,造成生态系统的生产能力显著减少和结构显著改变,从而引起的环境问题,如过度放牧引起草原退化,滥采滥捕使珍稀物种灭绝和生态系统的生产能力下降等等。环境污染则指人类活动的副产品和废弃物进入物理环境后,对生态系统产生的一系列扰乱和侵害,特别是当由此引起的环境质量的恶化反过来又影响人类自己的生活质量。环境污染不仅包括物质造成的直接污染,如工业"三废"和生活"三废",也包括由物质的物理性质和运动性质引起的污染,如热污染、噪声污染、电磁污染和放射性污染。由环境污染还会衍生出许多环境效应,例如二氧化硫造成的大气污染,除了使大气环境质量下降,甚至还会造成酸雨。

一种状态由洁净变污浊的过程叫污染。环境污染即指环境变得不清洁、污浊、肮脏或其他方面的不洁净的状态。环境污染源主要有以下几方面:①工厂排出的废烟、废气、废水、废渣和噪音;②人们生活中排出的废烟、废气、噪音、脏水、垃圾;③交通工具(所有的燃油车辆、轮船、飞机等)排出的废气和噪音;④大量使用化肥、杀虫剂、除草剂等化学物质的农田灌溉后流出的水;⑤矿山废水、废渣。

当污染发展得更为严重时就形成公害。公害是指由于人类活动引起的环境污染与破坏对公众的生命、健康、财产的安全和生活环境的舒适性等造成的危害。公害在英美法系国家是与私害相对而言的。也就是对他人可行使或可享受的权益造成妨碍的行为;如果只影响到个别人(3人以下),并只侵害专属其所有的权益,就称为私害;如果其行为影响到3人以上并侵害其作为公众成员而享有的权益,就称为公害。由于大气污染、水体污染、噪声污染、振动、恶臭等所影响和侵害的是不特定的公众,所以由此产生的危害一般均称为公害。在大陆法系国家,公害通常与公益相对应。例如日本的《公害对策基本法》将公害定义为:由于事业活动和人类其他活动产生的相当范围内的大气污染、水质污染(包括水的状态以及江河湖海及其他水域的底质情况的恶化)、土壤污染、噪声、振动、地面沉降(采掘矿物所造成的下陷除外)以及恶臭,对人体健康和生活环境带来的损害。后来,妨碍日照、通风等,也被法律规定为公害。我国宪法和环境保护法都把"防治污染和其他公害"作为环境保护的一项重要内容。现在,人们通常把环境污染和环境破坏而对公众和社会所造成的危害都叫做公害。

所谓的环境保护指人类为解决现实的或潜在的环境问题,协调人类与环境的关系,保障经济社会的持续发展而采取的各种行动的总称。我国把环境保护作为我国的一项基本国策,并制定和颁布了一系列环境保护的法律、法规,以保证这一基本国策的贯彻执行。环境保护的方法和手段有工程技术的、行政管理的,也有法律的、经济的、宣传教育的等。其内容主要有:①防治由生产和生活活动引起的环境污染,包括防治工业生产排放的"三废"(废水、废气、废渣)、粉尘、放射性物质以及产生的噪声、振动、恶臭和电磁微波辐射,交通运输活动产生的有害气体、废液、噪声,海上船舶运输排出的污染物,工农业生产和人民生活使用的有毒有害化学品,城镇生活排放的烟尘、污水和垃圾等造成的污染;②防止由建设和开发活动引起的环境破坏,包括防止由大型水利工程、铁路、公路干线、大型港口码头、机场和大型工业项目等工程建设对环境造成的污染和破坏,农垦和围湖造田活动、海上油田、海岸带和沼泽地的开发、森林和矿产资源的开发对环境的破坏和影响,新工业区、新城镇的设置和建设等对环境的破坏、污染和影响;③保护有特殊价值的自然环境,包括对珍稀物种及其生活环境、特殊的自然发展史遗迹、地质现象、地貌景观等提供有效的保护。另外,城乡规划,控制水土流失和沙漠化、植树造林、控制人口的增长和分布、合理配置生产力等,也都属于环境保护的内容。环境保护已成为当今世界各国政府和人民的共同行动和主要任务之一。

作为环境保护工作的基础和重要部分就是环境质量评价。环境影响评价(简称环评)是作为各国预防和控制环境污染的一项制度和技术,也是实现我国提出科学发展观的具体保证,体现"环评在先,项目决策在后"的原则。环境质量评价是对环境要素优劣的定量描述。按照一定评价标准和方法,对一定区域范围内的环境质量进行说明、评定和预测,是认识和研究环境的一种科学方法。环境质量是在一个具体的环境内,环境总体或环境的某些要素对人群的生存和繁衍以及社会经济发展的适宜程度,包括自然环境质量和社会环境质量。当前,通常指因工农业生产发展带来的污染所造成的环境质量下降,即污染环境质量。

8.2 环境质量评价的目的、作用和类型

通过环境质量评价,可以弄清区域环境质量变化发展的规律,进而制定区域环境污染综合防治方案,实施区域环境质量管理和区域环境规划,达到环境区域和质量的目标。环境质量评价的根本目的是为各级政府和有关部门制定经济发展计划及能源政策、确定大型工程项目及区域规划提供依据,为环保部门制定环境规划、实施环境管理提供服务。

环境质量评价按时间、环境要素、地域、职能等可有不同的类型:
、 按评价时间段不同可分为:环境回顾评价、环境质量现状评价、环境影响评价;按环境要素分,则有:单要素评价、联合评价、综合评价等;按地域范围可分为:局地环境、区域环境、全国环境、全球环境、海洋环境、山地环境、森林环境等;按职能分类,可分为:城市环境质量评价、工业环境质量评价、农业环境质量评价、交通环境质量评价等。

环评工作的基本程序可归纳为:①确定发展目标和环境目标;② 环境现状调查与评价;③环境问题的识别与筛选;④ 预测对社会环境和自然环境可能造成的影响,并与环境目标做比较分析,提出对环境影响最小的整体优化方案和综合防治对策;⑤向环境权威部门咨询及公众参与;⑥提出评价结论;⑦ 政府部门根据评价结果,综合各方面的信息进行决策;建立持续性的环境监测机制,连续监测,跟踪评价,提出改进措施。目前,由于环评尚未形成一个成熟的评价过程和框架体系,这可以说是环评的一般程序,但对不同领域的还有待于进一步研究和实践。

我国目前主要推行和施行的是环境影响评价。《中华人民共和国环境影响评价法》于2002年10月28日经第九届全国人民代表大会常务委员会第三十次会议通过,并于2003年9月1日开始实施。该法共分5章38条,明确了环评工作的法律地位及相应的法律责任,加强了对环评工作的监督力度。有关环境影响评价其后进行论述。下面先主要介绍环境质量现状评价的内容。

1．环境质量现状评价的程序

环境质量现状评价大体有以下环节：①准备；②环境监测；③分析研究与评价；④防治对策研究；⑤环境质量评价报告书。

环境质量报告书应包含下列内容：评价区域地理位置、环境概况；环境背景值研究；污染源调查及评价；环境污染的影响及效应；环境质量现状评价结果；环境质量预测结果；环境污染综合防治对策及措施。

2．环境质量现状评价的方法

（1）环境背景调查

环境背景指未受人类活动干扰的自然状况，可用相对清洁区代表；环境背景指项目实施前的状况。

环境背景调查的主要内容有：气象、水文资料；地质、地貌资料；土壤及生物背景资料；社会经济结构调查；经济及社会发展规划调查。

调查方法可采用查阅资料、文献，参观、采样、实测、计算等。

环境污染源的调查内容有：生产管理概况；污染物排放及管理；污染危害及事故；生产发展计划等。

污染源评价可以采用等标污染负荷法、排毒系数法、等标排放量法、潜在污染能力指数法、环境潜在影响指数法。

（2）环境质量现状评价的评价因子和指数

①常用评价因子有以下几方面：

大气：SO_2、NO_x、粒子状污染物（总悬浮颗粒物 TSP、自然降尘和飘尘）、酸雨、其他；

水体：pH、悬浮物、DO、COD、BOD、酚、氰、汞、铬、砷、大肠菌群等；

土壤：重金属及无机毒物、有机毒物、酸碱度、总氮、总磷等。

②质量指数有分指数和综合指数（算术平均、几何平均、加权平均）。

1969 年美国环境政策法提出环境影响评价以后，到目前为止世界上有 80 多个国家和地区在进行环境影响评价研究，很多国家已经将环境影响评价纳入了法律程序，成为环境管理的一种重要手段。环境影响评价是工程咨询的一个内容，作为各国预防和控制环境污染的一项制度和技术，它大致经历了三个发展时期：20 世纪 70 年代为发展初期，由美国环境保护局提出，当时在经济发达的美国，也正是环境污染最严重的时期；20 世纪 70～90 年代为技术积累与政策综合性发展期；20 世纪 90 代中期到 90 年代末期为可持续发展期。

我国是最早实施建设项目环境影响评价制度的国家之一。自 1979 年颁布《中华人民共和国环境保护法（试行）》，环境影响评价已成为一项制度初步确定了下来。其后 2002 年《中华人民共和国环境影响评价法》正式实施，使环境影响评价制度正式纳入了法律程序。

随着环境影响评价（EIA）工作不断发展，一方面评价工作本身的水平在提高，程序、方法、技术等愈加趋于完善和统一；另一方面也日益发挥着保护自然环境、控制环境污染的作用。随着环境问题的不断出现和人们对 EIA 工作的不断深入，EIA 在范围和层次上扩展，相继出现了区域环境影响评价（RDEIA）、累积影响评价（CIA）和战略环境评价（SEA），这些 EIA 类型的产生是符合可持续发展要求的。不同类型的 EIA，既有相似之处，又有不同之点。相似之处在于它们都是采用定性与定量相结合的研究方法预测人类活动对环境的影响，都是有预测性和参与性特点的环境管理手段，目的是为了保护环境。

战略环境评价(SEA)比环境影响评价(EIA)在产生和发展上滞后 15 年的时间。SEA 是一种为实现环境保护的规划手段和决策手段,它不能取代传统的 EIA,而是将 EIA 向更高层次的拓展,覆盖到政策、计划和方案上。用于 SEA 的方法大体上包括以下两大类:①已用于项目层次 EIA 的方法,如影响识别、现状分析和多源污染影响预测的方法,可通过修正后用于 SEA;②已用于政策研究与规划分析的方法,包括方案模拟分析、区域预测与投入－产出技术、选址与适宜度分析、地理信息系统(GIS)、系统模拟、政策与计划评估技术等,这些方法通过修正后可用于 SEA。

8.2.1　环境影响评价的目的

1．促进经济、社会和环境协调发展

环境污染所带来的危害是可怕的,不仅降低生活质量,还降低生命质量;不仅危及当代,而且还危及子孙后代;不仅危害人类自身,而且还危及生活种群。我国生态保护的现状和发展趋势令人担忧,尤其是法制建设、行政管理、社会关注方面显得先天不足。因为经济发展对于生态环境影响的滞后性,生态变化的后果也是最近几年才真正显现。

据世界银行测算,20 世纪 90 代中期,我国每年仅空气和水污染带来的损失占 GDP 比重就达 8% 以上。这说明我们的经济增长,在某种程序是以生态环境成本为代价的,是得不偿失的,盲目单纯追求 GDP 的增长指标是不科学的。所以我国研究新的绿色 GDP 核算体系,将注入社会、人文、基础教育、公共设施、能耗、环境生态多项新指标,这些指标也可理解目前提出的科学发展观。

2．预防新建项目对环境造成的不良影响

预防为主,也是环境保护的基本原则。如果等到环境污染后再去治理,不但在经济上要付出很大代价,而且很多环境污染一旦发生,即使花费再大的代价也难以恢复,对于某些生态系统的不可逆转性,一旦遭到破坏,根本无法恢复。因此,对新建项目进行环境影响评价,使其在动工兴建之前 就能根据环境影响评价的要求,修改和完善设计方案,提出相应的环境保护对策和措施,达到预防和减轻项目实施对环境造成的不良影响。

3．保障和促进国家可持续发展战略的实施

目前,可持续发展战略已经成为国策,并已成为我国国民经济和社会发展的基本方针,把环境保护纳入综合决策,转变传统的经济增长模式,从源头上预防或减轻对环境的污染,从而保障和促进可持续发展战略的实施。

8.2.2　环境影响评价的内容

建设项目环评工作的内容取决于建设项目对环境所产生的影响,由于建设项目的类型千差万别,所产生的环境影响各阶层有明显区别。但就评价工作而言,可根据工程项目的类型及其产生的影响,按照国家对建设项目的环境影响评价实行分类管理的规定,确定评价内容和深度,分别编制和上报环境影响评价报告书、环境影响报告表或环境影响登记表。具体评价的基本内容如下:

1．建设项目环境影响评价报告书的主要内容

建设项目概况、周围环境现状,建设项目对环境可能造成影响的分析、预测和评估,建设项目对环境保护措施及其技术、经济论证,建设项目对环境影响的经济损益分析,对建设

项目实施环境监测的建议，环境影响评价的结论。

按照相关法规的规定，专项规划的环境影响报告书的主要内容有：实施该规划对环境可能造成影响的分析、预测和评估，预防或者减轻不良环境影响的对策和措施，环境影响评价的结论。

2．环境影响报告表的主要内容

建设项目基本情况、所在地自然社会环境简况、环境质量状况，主要环境保护目标、评价适用标准、工程内容及规模，与本项目有关的原有污染情况及主要环境问题，建设项目工程分析、主要污染物产生及预计排放情况，环境影响分析，建设项目拟采取的防治措施及预期治理效果，结论与建议等。

3．环境影响登记表的主要内容

环境影响登记表的格式是由国家环境保护总局统一监制，包括四个表：表一为项目基本情况，表二为项目地理位置示意图和平面布置示意图，表三为周围环境概况和工艺流程与污染流程，表四为项目排污情况及环境措施简述。

4．环境条件调查内容

大气环境、水环境、土壤环境、生态环境、噪声环境、视觉影响环境、社会经济环境。

5．环境评价标准

环境影响评价，必须按规定的标准进行，所以评价适用的标准应为环评的工作内容之一。适用的标准主要包括环境质量标准、污染物排放标准和总量控制指标三类。这些标准随着时间的推移，可能会有所调整。例：国家标准 GB13223—1996 火电厂大气污染物排放标准的第Ⅲ时段最高 SO_2 排放浓度为 1 200 mg/m（低硫煤基硫分≤1.0%的最高 SO_2 排放浓度为 2 100 mg/m）；而新颁布的 2004 年 1 月 1 日实施的国家标准 GB13223—2003（代替 GB13223—1996）火电厂大气污染物排放标准的第Ⅲ时段最高 SO_2 排放浓度仅为 400 mg/m³（煤矸石等低位发热量小于等于 12 550 kJ/kg 的综合利用火电锅炉最高 SO_2 排放浓度为 800 mg/m，位于西部非两控区低硫煤入炉收到基硫分<0.5%的坑口电厂最高 SO_2 排放浓度为 1 200 mg/m）。

6．工程分析

工程分析通常包括：工程概况描述、污染影响因素分析、污染源分布的调查方法，事故和异常排污的源强分析、污染因子的筛选、污染物排放水平的检验，环境保护方案和工程总图分析，对生产过程和污染防治的建设，工程分析小结。

7．找出主要影响因素，进行环境影响程序分析并制订措施

8.2.3　环境影响评价的要求

①环境影响评价要符合政策法规。

②新建、扩建、改建项目和技术改造项目以及一切可能对环境造成污染的项目，必须坚持同时设计、同时施工、同时投产。

③实行预防为主、防治结合的政策。而不是等环境污染和资源破坏产生以后再想办法治理，这是接受了西方"先污染、后治理"的教训。

④实行污染者负担、受益者补偿、开发者恢复的政策。

⑤环境影响评价与项目建设程序的关系见表 8-1。

表 8 – 1　环境影响评价与项目建设程序的关系

项目建设程序	对应的环境影响评价工作
项目建议书阶段	编制环境影响评价大纲
可行性研究阶段	进行环境影响评价
工程设计	监督设计、落实评价结论
施工	监督环保设施在施工中实施
运行	进行环境检测

8.2.4　工程环境影响评价的工作程序

工程环境影响评价的工作程序见图 8 – 1。

8.2.5　环境影响评价的方法

采用费用和效益的评价方法。根据所考虑的问题不同，衡量环境质量价值可从效益和费用两个方面去评价：一是从环境质量的效用，从它们满足人类需要的能力以及从得到的好处的角度进行评价，具体采用市场价值法、人力资本法、资产价值法、工资差额法四种环境质量效益评价方法；二是从环境质量遭到污染并进行治理所花费多少进行评价，采用防护费用法和恢复费用法。

8.2.6　环境影响评价与环境保护

环境影响评价是环境保护工作的一个重要组成部分，在社会与经济发展中发挥着重要作用。在工程设计中的环境影响评价与环境保护既有联系又有区别。两者都基本遵循同样的法规和标准，都要从环境的现状开始进行调查研究。而且两者具有互为依存的关系，环境影响评价的工程分析基于建设项目的方案设计（也就是建设项目的可行性研究阶段），同时建设项目的治理措施方案又应该落实环境影响评价提出的要求。

总之，环境影响评价是为了落实科学发展观，实施可持续发展战略，预防因规划和投资项目实施后对环境造成不良影响，促进社会、经济和环境的协调发展。应该牢记进入工业化以来追求经济增长，有意无意的无视生态、践踏环境、浪费资源所留下的沉痛教训。应该坚持全面发展、协调发展和可持续发展的战略思维，真正走出一条科技含量高，经济效益好，资源消耗低，环境污染少，人力资源优势得到充分发挥的新型工业路子，达到全社会经济效益、社会和生态效益的统一和协调发展。

1. 规划的环境影响评价

国务院有关部门、设区的市级以上地方人民政府及其有关部门，土地利用规划，区域、流域、海域的建设、开发利用规划，在规划编制中进行环境影响评价一并报送规划审批机关。

专项规划的环境影响报告书应当包括下列内容：

(1)实施该规划对环境可能造成影响的分析、预测和评估；

(2)预防或者减轻不良环境影响的对策和措施；

(3)环境影响评价的结论。

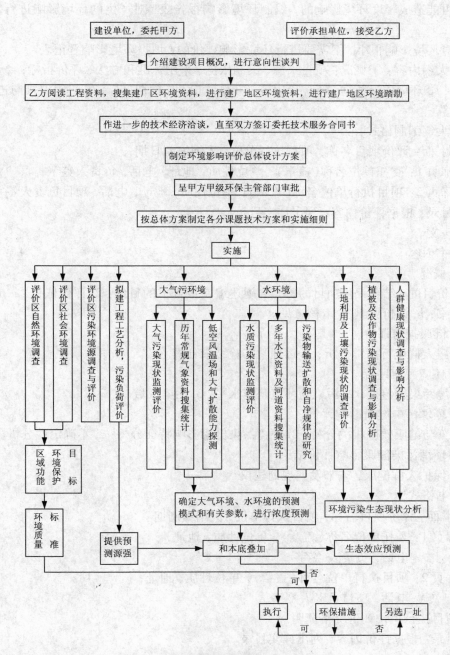

图8-1 工程环境影响评价工作程序框图

2. 建设项目的环境影响评价

根据影响程度,环境影响评价实行分类管理。

建设单位按照下列规定组织编制环境影响报告书、环境影响报告表或者填报环境影响登记表:

(1)可能造成重大环境影响的,编制环境影响报告书,对产生的环境影响进行全面评价;

（2）可能造成轻度环境影响的，编制环境影响报告表，对产生的环境影响进行分析或者专项评价；

（3）对环境影响很小、不需要进行环境影响评价的，填报环境影响登记表。

评价大纲内容：①概况：项目来源、编制依据、采用标准和方法、评价指标；②健康影响状况数据；③环境质量数据；④评价内容及步骤；⑤工作预期目标；⑥组织安排与进展计划；⑦经费概算。

评价大纲编制格式：

（1）封　面：评价项目名称，项目执行单位，大纲编制日期；

（2）扉页1：委托单位名称（盖章），单位性质，地址，电话，负责人签字；

（3）扉页2：项目执行单位名称（盖章），单位性质，地址，电话，项目负责人签字；

（4）目录：根据评价内容，列出详实目录；

（5）正文。

报告书内容

（一）概况

1.评价目的：结合评价项目的特点，阐述编制报告书的目的；2.评价依据：a.评价委托书或任务书；b.评价大纲及 审核意见。

（二）健康损害评价

1.暴露人群流行病学分析；2.毒理学实验结果分析。

（三）环境污染评价

1.环境污染物鉴定；2.污染物环境暴露水平；3.污染区域。

（四）环境污染健康影响评价

1.污染与健康效应相关分析；2.环境污染健康影响特征分析；3.不确定性分析。

（五）环境污染健康影响评价结论

（六）保护人群健康，未来发展规划建议

报告书格式

1. 封　面：评价项目名称，项目执行单位，大纲编制期

2. 扉页1：委托单位名称（盖章），单位性质，地址，
　　　　　电话，负责人 签字

3. 扉页2：项目执行单位名称（盖章），单位性质，地址，
　　　　　电话，项目负责人签字

4. 项目执行单位评价资格证明

5. 目录：根据评价内容，列出详实目录

6. 正文

7. 参考文献

8. 附录

第9章　钢铁冶金工业的节能减排

冶金能源是冶金工业的物质基础，直接影响冶金工业的生产成本、利润和环境负荷，是近些年来冶金工业高速发展的瓶颈和主要矛盾之一。能源消耗，还与冶金工业对环境的污染程度密切相关。各种燃料燃烧后，向环境排放污染物，如 CO_2、CO、NO_x、SO_x、粉尘等。为了降低对环境的污染程度，必须降低能源消耗，这是"治本"之策。因此，冶金节能不仅是缓解我国能源供需缺口的迫切需要，而是实现经济社会全面协调和可持续发展的需要，更是实现人与环境协调发展的科学发展观、走新型工业化道路的迫切需要。21 世纪头 20 年，是我国经济社会发展的重要战略机遇期，面临许多新的重要变化和挑战。按照党的"十六大"提出的全面建设小康社会的目标，到 2020 年实现经济总量翻两番，届时我国的人均 GDP 将超过 1 万美元。根据国际经验，这一时期是实现工业化的关键时期，钢铁冶金节能领域将面临着一系列挑战：

①能源供需矛盾尖锐，可持续发展面临巨大压力；

②经济发展对能源的依赖度增加，节能虽有潜力，但难度远大于前 20 年；

③黑色冶金工业系统的集成度低、企业间参差不齐，节能技术落后；

④面对环境保护和国际合作机制的挑战。

我国以贫矿为主的原料结构和以煤为主的能源结构，给冶金工业带来了一系列不利于节能降耗和环保问题，造成了严重的环境污染。估计到 2020 年左右我国的 CO_2 排放量将会超过美国，而成为世界第一排放大国。到那时，我国钢铁冶金工业在履行全球气候变化框架公约面前，将面临更大的压力，节能减排责无旁贷！

9.1　钢铁冶金的节能减排方向、途径

9.1.1　节能减排方向

系统节能是围绕"载能体"和"系统"两个概念展开的，凡是在制备过程中消耗了能量的物体，以及本身能产生能量的物体，都是载能体。生产过程中的载能体可划分为两类：①第一类载能体，包括各种原材料、辅助原材料、中间产品、零部件，其他消耗品（简称原材料）以及水、压缩空气、O_2、电等（以下简称"动力"）。②第二类载能体，是各种燃料。燃料的能值，取决于它的发热值和它在开采、精制、改制过程中所耗费的能量。

系统是由相互作用和相互依赖的若干组成部分、结合成的、具有特定功能的整体。

由载能体概念可知，节能减排方向有三：

①降低各生产环节中第一类载能体的单耗和载能量——尤其要注意能值高的，通常叫降耗。

②降低各生产环节中第二类载能体的单耗和载能量——主要是高热值燃料。

③回收各生产环节散失的载能体和各种能量——为回收烟气余热，回收含硅废物。可沿以上三个方向去考虑各方面的潜力，只有这样才能做到全面节能减排，收到明显效果。

9.1.2 节能减排途径

1. 优化生产流程，调整产品结构

（1）产品结构调整

科学分析国内外钢铁市场的发展态势，广泛吸收国内外先进技术，消化集成再创新，生产高质量、高技术含量、高附加值、市场急需的精品板材。

（2）优化生产流程

按照冶金流程工程学原理和现代化钢铁厂工艺流程的发展趋势，在吸取日本君津、大分、韩国光阳等国外先进钢铁厂典型工艺流程的基础上，生产流程都要尽可能地做到紧凑合理、物流顺畅、能源消耗少，构建高效率、低能耗、低成本、无污染的钢铁生产运行系统，体现 21 世纪钢铁工业的科技发展水平，顺应中国钢铁工业先进生产力的发展方向。具体途径是淘汰落后工艺和装备，如小焦炉、小高炉、小型烧结机和小转炉，建设大型焦炉、高炉、烧结机、球团焙烧机和转炉；优化铁钢界面模式，取消混铁炉，缩短铁水运输时间，提高入转炉的铁水温度；轧钢系统优化产品结构，淘汰落后的轧制生产线，加强钢坯热装热送，提高热轧工序综合成材率。

2. 立足精料方针，优化原料结构

改善高炉原料结构，提高入炉矿和焦炭质量。研究表明，精料技术对高炉炼铁的科技进步的影响率达 70%，而高炉操作和设备等方面的影响率只占 30%。所以说，高炉炼铁必须以精料为基础的。

加强铁水预处理，提高入转炉的铁水质量。随着市场对高纯净度钢水的需求日益增长，铁水预处理得到了迅速的发展。铁水预处理是指铁水的"三脱"工艺，即铁水预处理脱硅、脱磷和脱硫。在铁水"三脱"的工艺条件下，铁水的脱硅、脱磷和脱硫从转炉冶炼负荷中分化出来，转炉的冶炼功能进一步简化为脱碳和升温。对于转炉炼钢工序，带来以下好处：提高钢水纯净度，大批量生产低磷低硫钢成为可能；降低全工序的成本，减少了合金料和耐材的消耗；由于转炉操作的简化和标准化，提高了转炉产能；成分命中率提高。

3. 调整能源结构，提高能源转换效率

优化利用煤气资源，提高煤气使用效率，减少煤气放散。一般地说，企业中各种用能设备可选择不同的煤气作燃料。但是，受企业煤气总量、热值和煤气供需平衡的限制，企业所有用能设备在能源的使用方面将彼此制约、相互影响。所以，在能源可替换的情况下，及时有效地调整煤气用户，增大煤气缓冲设备，尽可能地保持煤气系统的供需平衡，可减少煤气的放散损失。

组建燃气–蒸汽联合循环发电机组。锅炉燃烧纯高炉煤气，是钢铁企业利用大量低热值高炉煤气进行发电的一项新技术，在不影响锅炉安全运行的情况下可通过调整发电负荷来增减高炉煤气的使用量，既有效地利用了高炉煤气资源，又能及时地调整煤气管网的压力波动，减少煤气放散。建燃气–蒸汽联合循环发电机，既可减少高炉煤气的放散，减轻大气环境的污染，又能获得大量的电能，还可利用此装置汽轮机抽汽供热的优点提供生产用蒸汽，具有显著的节能效果、经济和环境效益。

4. 高效回收余热余能，提高能源品质，力争做到"热尽其用"

钢铁企业的余热余能，主要指用能设备排放的或产品携带的有回收利用价值的余热或余能，包括余热、余压、蒸汽以及各种燃料和物料载有的显热等。为了降低吨钢能耗，钢铁企业一方面要提高能源转换效率，另一方面也要及时、充分地回收加工过程中排放的热量和能量，尽可能地在钢铁联合企业内部形成不同形式的能量流循环，特别是余热余能的小循环利用。回收利用余热余能时应遵循如下原则：节能第一，回收第二的原则；小循环为主，大循环为辅的原则，回收的余热余能要首先用于装置本身，以便缩短余热余能从回收到使用环节的路径，实现能量消耗最小化、能量流耗散最小化；余热温度对口，梯级利用的原则。

在回收利用余热余能时，要根据余热余能资源的"数量"和"质量"，以及用户对能量品质的需求，在供需之间尽量做到能级匹配、温度对口、梯级利用，在符合技术经济要求的条件下，选择适宜的用能系统和设备，使回收的余热余能发挥最大的经济和环境效益。

5. 消纳废弃物，节约资源，建设环境友好型企业

利用钢铁生产工艺和高温设备的优势，可以回收、利用、处理一定量的社会废弃物。利用各种不同来源的废钢铁 150 ~ 200 kg/t 钢作为原料，促进铁素资源的循环利用。不仅可以节约铁矿资源和能源，而且可以减轻废弃物对社会造成的污染。对社会回收的废弃塑料进行加工处理，通过高炉喷吹或装入焦炉与煤共焦化等方法加以利用。不仅可以处理废弃物，而且节能，在减轻环境负荷的同时也得到了能源。处理大宗尾矿、转炉渣等含铁废渣，含铁废渣可以通过再选进入烧结、高炉配料。不仅可以提高铁素资源效率，而且可以减轻固体废弃物对社会造成的污染。

9.2 钢铁冶金的先进的节能技术

9.2.1 干熄焦（CDQ—Coke Dry Quenching）技术

干法熄焦（CDQ）是相对于用水熄灭炽热焦炭的湿熄焦而言的。其基本原理是利用冷的惰性气体（燃烧后的废气）在密闭的干熄炉中与赤热红焦换热从而冷却红焦。焦化生产中，出炉红焦显热占焦炉能耗的 35% ~ 40%，采用干熄焦可回收约 80% 的红焦显热。采用 CDQ 对于节能、改善环境、提高生产率和提高焦炭质量具有显著的效果。

根据日本钢铁工业对高炉联合企业的余热余能利用（不含煤气）的节能项目的效果的分析，干熄焦（CDQ）装置回收红焦显热，降低焦化工序能源消耗；减少环境污染，同时，由于干熄焦能够产生蒸汽，避免了产生等量蒸汽的锅炉对大气的污染，吨焦可带来 80 ~ 100 kg 动力煤燃烧对大气 SO_2、CO_2 排放的间接环境效益。干熄焦节水效果显而易见，实践表明，吨产品可节约熄焦用水约 0.5 t，折合吨钢节约用水 0.2 ~ 0.25 t/t 钢。改善焦炭质量，降低炼铁焦比，提高高炉产量，焦炭 M40 提高 3 ~ 8 个百分点，M10 改善 0.3 ~ 0.8 个百分点，焦炭粒度均匀、焦末含量少、含水量低。可降低入炉焦比 2% 左右，从而使高炉生产能力提高 1% 左右。

9.2.2 焦化煤调湿

采用蒸汽煤调湿技术，所用蒸汽可以采用干熄焦发电后的二级蒸汽，蒸汽常用压力为

0.5 MPa，每吨调湿煤使用的蒸汽量为 70 kg 左右。

煤调湿装置一般是将装炉煤水分由 10% 左右降到 5% ~ 6%。其主要效益体现在焦炉生产能力提高 11%、炼焦耗热量减少 15%，焦炭粒度分布均匀，焦炭强度提高 1% ~ 1.5%，或可多配弱粘结性煤 8% ~ 10%，生产稳定和便于自动化管理等方面。

9.2.3 高炉炉顶余压发电 TRT

TRT 高炉炉顶煤气余压透平发电是国际上公认的在高炉上应用的很有价值的二次能源回收装置。TRT 利用高炉炉顶排出的具有一定压力和温度的高炉煤气，推动透平膨胀机旋转做功、驱动发电机发电的一种能量回收装置。通过将高炉煤气中蕴含的压力能和热能予以回收，达到节能、降噪、环保的目的，具有很好的经济和社会效益。TRT 发电不消耗任何燃料就可回收大量电力，在运行良好的情况下，吨铁回收电力 30 ~ 54 kWh/t 铁，可满足高炉鼓风机电耗的 30%。国内目前多用的是湿式除尘装置与 TRT 相配，但总的发展趋势是干式除尘配 TRT，最高可回收电力可达到 54 kW·h/t 铁。

截至 2004 年 3 月，日本的 29 座高炉(基本都在 2 000 m³ 以上，5 000 m³ 以上的高炉 8座)全部配备 TRT，2004 年的普及率已达到 100%。中国是产铁大国，现有 1 000 m³ 以上大高炉中有 34 座已装备 TRT 系统，32 座正在建设中，高炉炉顶余压发电技术 TRT 迅速推广。杭钢 420M3 高炉 TRT 开创了世界 < 1 000 m³ 高炉 TRT 的先例，运行良好。

采用 TRT 装置后的节能环保效果：采用 TRT 装置后，高炉煤气减压过程产生的噪声由原采用减压阀组的 110 ~ 140 dB 降低到 80 dB 以下；采用 TRT 发电，可减少等量燃煤火力发电的发电量，可以减少向大气中排放大量的二氧化碳气体，这对改善日益严重的温室效应和酸雨的环境污染都将发挥积极的作用。

9.2.4 既节水又节能的技术——干法除尘技术

主要包括：高炉煤气的"干法"净化和转炉烟气的"干法"除尘。

1. 高炉干法除尘技术

高炉煤气静电除尘技术是 20 世纪 20 年代发展起来的一项新技术，它首次将干式静电除尘技术应用于高炉煤气的净化。系统阻力损失小，设备维修量少，节省占地面积，安全可靠，耐压、耐温、无污染、寿命长、效率高，可节电 70%，节约工艺用水 9 m³/t 铁，回收显热节能 11.3 ~ 21.7 kgce/t 铁，提高风温而节能 8 ~ 8 kgce/t 铁，除尘效率达 99% 以上，出口煤气含尘浓度(标态)10 mg/m³ 左右，而且可以与 TRT 技术配套使用，降低 TRT 入口粉尘量，提高发电效率。曾在日本高炉使用干式静电除尘技术，我国武钢曾引进一套。但是当喷煤量大或在后期使用效果不好。目前，国内莱钢和首钢开发了布袋除尘技术，在小于 2 000 m³ 的高炉上使用，效果不错。进一步还需要在改进滤气材料、煤气温度控制及除尘系统集约化、长寿化的方向开发。

2. 转炉煤气干法除尘技术

转炉烟气干法除尘目前常用的是 LT 法，即电除尘器在转炉烟气净化工程中应用的除尘工艺。经除尘器后的转炉煤气含尘量(标态)可降至 < 10 mg/m³，大大低于湿法处理系统 < 100 mg/m³(标)标准。但是 LT 法难以有效利用烟气的显热(1 000 ℃左右)，投资大，控制系统复杂。为此，需在此基础上开发适应现有转炉节能、环保和资源利用要求的新型干法除尘

技术。

9.2.5 蓄热式轧钢加热炉技术

轧钢工序能源消耗最多的是轧钢加热炉,约占轧钢工序能耗的50%以上,从轧钢工序上考虑节能,首先应从加热炉节能技术入手。

蓄热式加热炉技术的核心是高风温燃烧技术,它具有高效烟气余热回收(排烟温度低于150℃),高预热空气温度(空气预热温度高于800℃)和低NO_x排放等多重优越性。

采用蓄热式加热炉技术,具有如下优点:可将加热炉排放的高温烟气降至150℃以下,热回收率达80%以上,节能30%以上;可将煤气和空气预热到1 000 ℃以上;加热能力提高,生产效率可提高10% ~15%;减少氧化烧损,使氧化烧损小于0.7%;有害废气量(如CO_2、NO_x、SO_x等)的排放大大减少。

9.2.6 能源管理中心

钢铁企业的煤气、蒸汽、水、氧气、氮气和电等能源介质的需求量总是在不断地变化,供应量过多会造成浪费,过少则影响生产。因此,实时收集和处理各种能源信息,及时协调各部门之间的能源介质供需量是相当重要的。

能源管理以信息技术为手段,实现钢铁企业能源数据的采集、收集与处理,能流的实时监控,采取在线、离线有机结合的方式,对全厂能源信息进行集中监控和管理,实现数据和信息共享。其功能主要包括一次能源和二次能源介质的生产、转换、输送,特别是能源管网的稳定运行和各种能源介质的分配平衡、优化和统一调配。

能源管理中心不仅可以确保生产用能稳定供应,还能充分优化能源系统,利用低价能源代替高价能源,实现能源成本最低化,以求实现能源的合理配置、提高能源效率,同时做到能源集中管理和自动化操作,提高劳动生产率。

9.2.7 开发低温余热回收、炉渣显热回收等技术

烧结热平衡计算表明,热烧结矿的显热和废气带走的显热约占总支出的60%。从节省能源,改善环境,提高企业经济效益出发,应尽可能回收利用。

当烧结进行到最后,烟气温度明显上升,机尾风箱排出的废气温度可达300 ~400℃,含氧量可达18% ~20%,这部分所含显热占总热耗的20%左右。从烧结机尾部卸出的烧结饼温度平均为500 ~800℃,其显热占总热耗的35% ~45%。热烧结矿在冷却过程中其显热变为冷却废气显热,废气温度随冷却方式和冷却机部位的不同在100 ~450℃之间变化,其显热约占总热耗的30%,相当于380 ~600 ×103 kJ/t 烧结矿的热量由冷却机废气带走。因此,冷却机废气和机尾风箱废气是烧结余热回收的重点。

目前大多采用烧结机烟气和冷却机废气余热锅炉回收蒸汽方式,每吨烧结矿余热回收低压蒸汽可达70 kg 左右,折合约7.4 kgce/t$_{烧结矿}$。

9.3 钢铁冶金先进的减排技术及措施

我国钢铁工业CO_2排放主要是由于大量使用以煤为主的一次能源引起的,在一定意义

上，节能与 CO_2 减排是同义语。节能降耗使得污染物的生成量和排放量大大减少，环境负荷大大改善。二氧化碳排放量与一次能源消费量成正比，吨钢能耗的下降也减轻了温室气体的排放量。

2005 年 2 月 16 日，《京都议定书》正式生效。在 6 种温室气体中，CO_2 由于数量巨大，约占温室气体效应的 50%。尽管 CO_2 的温室效应最低，但由于其排放量最大，且降解时间长达 50~200 年，因此它对全球温室效应的贡献占 55%。因此，是 CO_2 排放是引起全球变暖的主要原因。

中国的温室气体排放正在急剧增长，2001 年，中国人均 CO_2 排放量为 2.43t，为世界平均水平 3.88t 的 63%，但 CO_2 排放总量达到了 31 亿 t，仅次于美国，居世界第二位。1990 年至 2000 年我国温室气体排放量由 6.66 亿 t 碳增值 8.81 t 碳，由占全球排放量的 11.6% 增至 13.7%。据国际能源机构预测到 2020 年中国的二氧化碳排放量将占全球的 17.2%。

钢铁工业由于以煤为主的能源结构和石灰石的大量应用，其 CO_2 排放量仅次于电力、建材（水泥），在工业类 CO_2 排放中居第三位。降低 CO_2 排放已成为钢铁工业亟待解决的问题。

9.3.1 世界钢铁工业 CO_2 减排及趋势

钢铁工业 CO_2 排放主要是由于大量使用以煤为主的一次能源引起的，在一定意义上，节能与 CO_2 减排是同义语。自第一次能源危机以来，节能成为钢铁工业降低成本、增强竞争力的动力，由此，也带来了 CO_2 排放降低。

钢铁工业 CO_2 排放量降低主要原因包括：转炉钢、电炉钢产量的不断增加和平炉的逐步淘汰，2003 年，世界转炉钢比达到 63.7%、电炉钢比 32.6%，而平炉钢比仅为 3.6%，大部分国家已彻底淘汰平炉；连铸技术的发展和应用：2003 年，世界平均连铸比已达到 88.8%，先进国家已达到 96% 以上（如日本 97.7%，德国 96.2%，韩国 98.5%）；淘汰落后工艺、装备，采用节能新工艺、新技术，如 CDQ、TRT、高炉喷煤、转炉煤气回收、超高功率电弧炉、直流电弧炉、连铸坯热装热送、直接轧制、半无头轧制等技术。

9.3.2 钢铁工业 CO_2 减排措施

欧洲各国积极响应京都议定书，制订了到 2005 年 CO_2 排放量在 1990 年基础上减少 25% 的目标；奥钢联和阿塞洛与水泥等行业结合正在实施名为"避免固体副产品和二氧化碳"的合作项目。

近期内，我国钢铁工业 CO_2 减排有赖于技术的进一步开发和应用，进一步降低资源和能源消耗，同时，加强固体废弃物的再资源化综合利用和二次能源的充分回收。同时，钢铁工业与发电、水泥等行业联合，形成生态产业链，促进资源、能源的社会大循环，从整体上提高资源、能源利用率，也将有助于降低 CO_2 排放。此外，从钢材的全生命周期考虑，提高钢材的性能和使用寿命，也将降低 CO_2 排放。

（1）进一步改进现有生产工艺，节能减排

在可预见的将来，高炉－转炉流程和电炉流程仍将具有绝对优势。通过采用各种措施，进一步提高资源、能源使用效率，可实现 CO_2 减排。淘汰落后工艺、技术和设备是节能的最直接体现；不断优化流程中各工序的工艺水平及工序间的衔接，使钢铁生产流程向有序化、协调化、高效化和连续化方向发展，从而减少物料损失，提高物料转化率，从源头减少污染物的产生，过程中控制污染物的排放，实现铁素资源收得率最大、资源能源效率最高、排放最少；改进现有工艺、技术，优化界面技术，开发新一代钢铁制造流程；进一步推广采用节能降耗的工艺技术，加强二次资源、二次能源的再资源化、再能源化回收利用，进一步降低钢铁工业的资源、能源消耗。

（2）充分利用高炉渣用于水泥工业

2002年我国钢铁工业产生的钢铁渣约8 500万t，其中高炉渣约6 000万t，利用率为85%。目前我国高炉渣约有90%以上用于水泥工业。

高炉渣用于水泥不仅可以节约石灰石等天然矿产资源，减少工业废弃物的占地面积，对于建材工业节能和减排CO_2也具有重要的意义。使用高炉渣生产的水泥与普通水泥相比，每吨水泥可节约石灰石原料45%，节约能源50%，减少CO_2排放44%。

随着钢产量的增加，2010年钢铁渣将产生约1.2亿t（其中高炉渣约9 300万t）；2020年的钢铁渣量约9 500万t（其中高炉渣约7 200万t）。若2020年高炉渣全部用做水泥，将可减排CO_2 3 600万t/a。

（3）生产高性能钢材

生产高性能钢材可以节约资源，降低环境负荷：减少最终产品生产的原料消耗；延长产品使用年限，从而减少物质消耗；改善设备性能、工艺参数，从而提高能源效率。如，以高强度结构钢替代普通结构钢，可节约钢材使用量。更为突出、明显的是，汽车、火车等运输工具使用高强度钢材，可减少自身制造过程的钢材消耗，同时由于车身重量减少，从而在使用中减少能源消耗。

（4）形成工业生态链，推进循环经济

钢是最容易回收循环的可再生金属资源，比纸、塑料、玻璃和铝材料的回收总和还要多。废钢的循环使用不但可以节约天然铁矿资源，而且由于废钢已经被还原，使用废钢冶炼可以降低能源消耗。与用铁矿石生产1 t钢相比，用废钢生产1 t钢可节约铁矿石1.3 t，能耗减少350 kg标准煤，减排CO_2 1.4 t。同时，如果废钢分类处理得好，还可以节省大量矿产资源。世界上有30%的含铬不锈钢是由循环的含铬不锈钢生产的。如果我国废钢分类做得好，按15%的废旧含铬不锈钢用于不锈钢的生产中，则每年可节省50~130万t的铬矿消耗，节约的量远远大于国内铬矿产量（10万t）。

预计2020年国内废钢产生量约9 200万t，钢铁工业废钢用量占钢产量的比例可达30%左右，与2000年相比，可多用废钢4 500万t左右，相当于节约铁矿石约7 000万t（品位64%），节能1 600万t标煤，减少CO_2排放6 400万t。

促进、推动钢厂与发电、水泥、石化等行业形成工业生态链：发电厂利用钢厂剩余煤气发电，水泥利用炉渣，利用钢厂煤气制氢、二甲醚等与石化行业链接；同时，钢厂还可处理社会大宗废弃物，如：废钢、废水、废塑料等。这些都有利于整个社会资源的充分循环、能源的充分利用，从而推动循环经济的发展，促进节约型社会的建设。

（5）CO_2分离、储存与再资源化

分离、回收、处置或利用CO_2也是实现减排的一个重要途径。CO_2可作为制冷剂（干冰——固态CO_2），用于食品保鲜和储存，用作灭火剂等。

目前，钢厂中石灰焙烧窑尾气中由于CO_2浓度高，已开始采用变压吸附方法对CO_2进行回收。如，宝钢建成了采用变压吸附法回收纯度为 99.99% 的液态 CO_2 1 万 t/a 的装置。

(6)非碳能源的使用

钢铁工业可以看成是"铁－煤"化工：碳在高炉－转炉流程主要作为发热剂和还原剂使用；在电炉流程中，由于部分电力来源于燃煤电厂。

目前，从工艺技术角度，氢冶金是比较成熟的，但由于资源条件限制和经济因素而不能实现工业化。将来，如果核能、水电、太阳能等可再生能源在技术上成熟、经济上合理，则氢冶金将有一定程度的发展。采用电解、生物方法进行冶金业正在实验室研究中。

第 10 章 有色冶金工业的节能减排

10.1 氧化铝工业的节能减排

10.1.1 氧化铝工业节能减排的方向及途径

1. 节能方向及途径

(1)加强能源管理,防止浪费和流失

首先制定科学合理的设备开车和备用方案,合理限定开车数量和设备负荷,严禁开空车,以保证既定产量和既定物料输送量下的能耗最低。其次,合理使用设备,不使用不达产和运行不经济的设备,要格外重视设备的内外泄漏,并及时加以解决;还要充分发挥专用设备的作用,不能把大窑当作蒸发器使用,这样既不经济也不利于大窑的提产;最后,要注重设备、管道等设施的保温措施,要像抓设备无泄漏、设备点巡检一样抓好保温措施的实施和管理。

(2)降低蒸发系统的能耗

对拜尔法生产氧化铝来说,矿石的溶出是生产氧化铝的一个重要环节,也是蒸汽消耗较高的工序,因此要强化管道化溶出技术的应用及改进,提高产能,节约蒸汽。对烧结法生产氧化铝来说,进一步吸收强化烧结法技术,高浓度溶出分离,提高粗液及精液氧化铝浓度,从而降低粗液脱硅的液量,达到降低蒸发的蒸水量和减少气耗的目的。

(3)加快老化设备的更新淘汰

(4)对烧结法而言,尽量提高蒸发排盐固含,从而达到降低煤耗的目的

(5)合理安排检修周期保障检修质量,从而提高设备产能

(6)降低熟料烧结过程的能耗

提高熟料品位是烧结法厂提高产能,降低消耗和增加效益的重要措施之一,但由于熟料A/S 的增高会使其烧结温度升高,熟料窑操作难度增大,因此要尽量提高熟料品位。

2. 减排方向及途径

(1)赤泥的综合利用

赤泥是氧化铝生产中的废弃物,其化学成分与矿物组成取决于生产方法和配料成分及过程控制。赤泥中含有大量的氧化铁、氧化铝、氧化硅、氧化钙、氧化锌等碱性氧化物,此外还含有微量元素 Ti、Ni、Cd、K、Pb、As 等。利用赤泥为主要原料可生产多种砖,如免蒸烧砖、粉煤灰砖、黑色颗粒料装饰砖、陶瓷釉面砖等。其中以烧结法赤泥制釉面砖为例,采用的原料组分较少,除赤泥作为基本原料外,仅辅以黏土质和硅质材料。其主要工艺过程为:

原料 → 预加工 → 配料 → 料浆制备(加稀释剂) → 喷雾干燥 → 压型 → 干燥 → 施釉 → 煅烧 → 成品。以该法生产的陶瓷釉面砖,以工业废渣和劣质原料取代了传统的陶瓷原

料；配料组分少，价格低，有利于降低原材料费用，可用于生产黄色素面砖以节省化工原料和颜料。

另外进行赤泥的综合应用：如充分利用赤泥的碱性中和酸性废水、吸收酸性气体（如 SO_2）；提取赤泥中的有价元素，如 Al、Ti、Ni 等。

（2）提高工业用水利用率，尽量做到"零"排放

复用率反映企业对水的利用程度，企业可以通过不断完善循环水系统的建设，加强循环水运行管理，提高水的复用率。企业可以根据各生产工序对水质的不同要求，把部分工序外排水收集起来，返回生产流程再用。如在实际操作中，把氧化铝设备冷却水收集起来，提供给氧化铝洗涤工序使用，把热电厂外排的设备冷却水、冷凝水及部分蒸发回水通过回用泵房冷却回收，返回供水管网再利用。经过这样的回收利用，使生产工艺过程的新水用量大大减少，节水效果明显。

氧化铝工业外排废水成分复杂，含碱度、铝离子及悬浮物高，其中所含的大部分污染物是未被企业利用的资源或能源，甚至本身就是生产的原辅材料、中间产品，具有一定的经济价值。因此，氧化铝工业废水的治理应当废水回用和达标排放两者并重，从长远看，废水回用对氧化铝企业具有极高的经济效益，同时又可在一定程度上提高企业所在地区的环境容量。

（3）热电厂减排

氧化铝生产过程中所需的蒸汽全部由热电厂供应，热电厂使用高热值的优质低硫煤可以提高热效率，减少温室气体的排放和 SO_2 的排放。进行锅炉烟气的脱硫处理，如采用赤泥进行烟气脱硫可以实现氧化铝生产的以废治废，综合利用。

10.1.2　氧化铝工业推荐工艺及技术

1. 采用新的蒸发工艺

（1）降膜蒸发器和高效闪蒸器结合应用

降膜蒸发器和高效闪蒸器的有机结合，同时也是膜技术的结合应用。利用了降膜蒸发器传热效率好、蒸发强度高、能耗低和高效闪速蒸发器蒸发面积大、单位产能高的优点。

降膜蒸发是借助外力的作用下，蒸发介质从蒸发器的顶部进入，经布膜器均匀分配后，在重力的作用下在加热管内向下流动，受热后靠自身产生二次蒸汽高速流动的拉膜作用和液体本身的张力，在加热管内形成管状的薄膜，快速下移到分离室，进行汽、液两相分离。这两大优点是其他蒸发器所不能比拟的：①自身产生的二次蒸汽直接与被加热液体接触，传热效率高；②加热介质在加热管内高速下移，减少结垢生成的机会。高效闪蒸器是以来料的温度差、压力差为动力进行蒸发。在高温、高压物料进入中央循环管的底部时，物料很快以喷射状喷向循环管的出口，在出口倒锥帽的作用下，物料以滴状、薄膜状向出口的周围迅速扩散、蒸发。降膜蒸发器和高效闪蒸器的结合，控制物料在蒸发器和闪蒸器内的浓缩梯度，使 Na_2CO_3、Na_2SO_3 在闪蒸器中结晶、析出，保证了蒸发器具有较高的传热效率，有效提高了蒸发器的单位产能，起到了节能降耗的作用。

（2）超声波防垢技术的应用

超声波防垢器主要是利用超声波声场处理液体，使液体中成垢物质在强声场作用下分散、松散、粉碎、脱落，不易附着在管壁上，从而达到防垢、除垢的效果，改善、提高蒸发器

热传导效率。超声波防垢的主要机理如下：

① 空化作用：超声波能量可使被处理液体中产生大量空穴和气泡，当这些空穴和小气泡迅速破灭时，在特定范围内形成强大的压力峰，使成垢物质迅速被粉碎成细小的垢粒而悬浮于液体中，并且导致已形成的垢物破碎和脱落。实验表明：对水施以 25 kHz 的超声波时，1 mL 的水中可产生 30 000 ~ 50 000 个小气泡，当这些小气泡迅速破灭时，其局部压力峰可达上千个大气压。

② 活化作用：通过超声波的作用，可提高液体和成垢物质的分子活性，改变了垢晶生成和沉积的条件，降低了液体的分子表面张力，改善了流变性。

③ 剪切作用：由于超声波在液体、垢质和加热管壁中的吸收和传导速率不同，靠在不同介质中产生不同传播速度，在液体、垢层和管壁之间形成剪切力，直接导致垢层疲劳、松动、脱落。因此通过超声波处理，对液体中成垢物质特性产生了明显影响。

2. 变频技术的应用

变频是依靠改变电机频率和改变电压来达到电机调速、调节蒸发器物料流量的目的。蒸发器组系统配套附属设备电机一般采用普通的供电保护系统，运行效率低。这是因为系统选型匹配不当、系数裕度大和不合理的调节方式所造成。参数裕度过大有两个原因：一是设计规范的裕度系数，"宽打窄用"；另一是随着蒸发器的运行，蒸发效率有一个衰退过程，蒸发器的物料流量也要随其效率变化而人为的控制、调节。最终造成整套系统的电气"大马拉小车"欠载运行的不合理状况。由于后一原因，每次蒸发器的过料量都要靠控制泵进出口阀门来调节流量，人为地增加管网阻力以减小流量，因此阻力损失相应增加，而此时泵的特性曲线不变，叶片转速不变，系统输入功率并无减少，而是白白地损失在流量调节过程中。所以在蒸发器中、后期，就泵系统而言，会浪费大量的电能。另外，在流量调节方式中，电动机、泵等长期处于高速、大负载下运行，造成维护工作量大，设备寿命低，并且运行现场噪声大，影响环境。经测算，当机泵的流量由 100% 降到 50% 时，若分别采用出口和入口阀门的节流调节方式，则此时电机的输入功率分别为额定功率的 84% 和 60%，而此时机泵的轴功率仅为 12.5%，即损失功率分别为 71.5% 和 47.5%，这说明即使机泵的设计效率为 100%，在不采用先进的调节措施时，其实际的运行效率可能只有百分之十几或更低。改变这种状况的最好方法是采用目前在电气领域已广泛运用的节能变频调速技术，用改变电机频率和改变电压来调节电机转速，达到调节泵流量的目的。

10.2　电解铝工业的节能减排

10.2.1　电解铝工业节能减排的方向及途径

1. 节能方向及途径

①加快大容量预焙阳极铝电解槽成套技术与装备的开发与优化，并尽快进行产业化实施，全面提高电解铝技术装备水平。

②进一步完善和推广应用物理场技术、浓相与超浓相输送技术、智能模糊控制技术、直降式可控硅整流技术、干法净化技术等。

③组织开展提高铝电解槽寿命综合技术、强化电流技术、低温铝电解技术等重大关键技

术的科技攻关。

④改善和提高铝用炭素材料与制品的质量,研究开发铝用炭素制品生产中的节能环保技术、铝电解槽废旧内衬环保、碳阳极各种添加剂等。

⑤开展新型阴极、新型阳极、铝电解过程仿真技术、低温铝电解技术、传感元件与控制方法等基础理论研究。

⑥开发碳阳极中微量元素在电解过程中的作用机理研究,为进一步改善和提高阳极质量提供理论根据。

2. 减排方向及途径

(1)控制电解槽含氟烟气排放,提高电解烟气净化水平

电解铝最大的污染是电解槽含氟烟气。目前,国际铝电解行业均采用氧化铝吸附净化系统净化电解烟气,电解烟气净化系统的净化效率可达98.5%以上,有效控制了电解含氟烟气的排放,以及氟的回收利用。而要实现电解烟气集中净化处理的关键在于电解槽的集气效率。电解槽集气效率越高,越有利于电解烟气的集中控制处理,单位产品的氟化物排放量越低。在电解槽集气效率为98%的情况下,电解槽无组织散发的氟化物一般占最终总排氟量的60%左右,而国内电解槽集气效率一般很难达到98%。因此,电解槽集气效率的高低是控制氟化物排放总量的关键。

提高电解槽集气效率可以从以下几个方面来考虑:

①提高电解槽控制技术水平,减少电解槽打开的次数和时间;

②缩短更换阳极的时间,减少槽盖板打开时间;

③延长阳极的使用寿命,减少更换阳极次数;

④加强槽盖板的维护,保证槽盖板的完好不变形;

⑤保证排烟管网均匀排烟,特别是远离净化系统的末端电解槽排烟;

(2)减少阳极效应,控制氟化物和过氟化物的排放

由于阳极效应而产生的过氟化碳,是一种强劲的温室气体,超过二氧化碳6 500～9 200倍,在大气中的寿命以万年计。实践证明,只有减低阳极效应频率和阳极效应持续时间,才可能大幅度降低过氟化碳的产生。

世界上许多产铝大国,近年在减低阳极效应频率和阳极效应持续时间方面,开展了大量的工作,采用新开发的计算机控制技术,达到大幅减少阳极效应持续时间的成效。国外阳极效应频率最低已降低到0.007,阳极效应持续时间已降低为1.6 min,而我国阳极效应频率普遍大于0.3,最好的0.1也为数不多,而且效应持续时间一般在4～6 min,甚至更长。

(3)提高电解槽寿命,减少电解槽大修渣的产生量

电解槽寿命的长短,直接影响到电解槽大修渣的产生量。大修渣的堆存不仅占用了土地,增加了堆场处置费用,而且增加了污染地下水的几率。

目前,我国电解槽使用的阴极材料,基本上都是以电煅无烟煤加10%左右的石墨生产的半石墨质阴极炭块,与国际上普遍采用的半石墨化和石墨化阴极相比,存在抗热震性差、抗腐蚀性差、电阻率偏高、导热系数低等问题,导致电解槽寿命与国外相比相差很大。在我国,半石墨质阴极炭块属高档炭块,现在和今后相当长的一个时期内,将在我国阴极炭块市场上占据主导地位。我国的半石墨质阴极炭块质量远低于西方国家使用的半石墨质阴极炭块,半石墨质阴极炭块在西方国家虽属低档炭块,但质量好,可以取得300天较长的槽寿命。改变

这种状况的根本措施之一，就是采用新一代的阴极内衬材料或提高阴极炭块质量。目前，半石墨化阴极材料的生产和应用，在我国尚属空白，提高阴极材料质量或采用新一代的阴极内衬材料是赶上国际先进电解铝技术的需要，也是我国铝工业发展的必然趋势。

10.2.2 电解铝工业推荐的工艺及技术

1. 硼化钛－胶体氧化铝涂层阴极新技术

硼化钛是一种新的工程陶瓷材料。它的熔点高、导电率高、致密性能好、硬度大、耐熔融铝液和冰晶石熔体的侵蚀，能被铝液良好地润湿。研究表明，TiB 也是唯一在铝中溶解度很小、导电率高，并且能为铝润湿的材料。用硼化钛涂层阴极的电解槽进行生产显示了节能降耗、提高电流效率和延长槽寿命的良好效果。据资料表明，有硼化钛涂层阴极的电解槽寿命可达 2 000 天以上。

2. 与氮化硅结合的碳化硅耐火材料用作铝电解槽侧壁内衬新技术

随着大型预焙槽的广泛采用，侧部炭块破损的问题日益严重，影响正常电解制度，降低了槽寿命，因此，国内外均在研究用新型侧壁材料部分或全部地代替炭素侧壁材料。据资料表明，在模拟工业电解条件下对 $Si_3N_4 - SiC$ 耐火材料在铝水和电解质中进行热腐蚀，年腐蚀最大深度只有 2.76 mm。研究表明，$Si_3N_4 - SiC$ 耐火材料具有良好的抗蚀能力和较大的高温电阻，比炭素材料优越，可以代替炭素侧部炭块，具有推广价值，前景可观。

3. 在大型预焙槽清洁生产工艺基础上采用的新技术

①采用先进的电、磁及磁流体动力学数学模型、计算机模拟技术设计母线配置，使电解槽获得最佳磁流体动力学效果和稳定性，并用采（当量优化法）模型对母线系统的断面和电流分别进行优化，获得最低的母线投资和电能消耗。

②电解槽在应用（氧化铝点式下料）技术基础上，采用新开发的"一高四低"（高极距、低氧化铝浓度、低 AE 系数、低分子比、低电解温度）工艺技术和氧化铝超浓相输送技术，以提高电流效率、降低电耗。

③半石墨质阴极炭块的应用。开发应用耐冲刷、防渗漏槽内衬结构，加强底部保温和侧部散热，以稳定槽况和延长槽寿命。

④采用先进的计算机集中管理分散控制方式，应用电解槽智能模糊控制技术，通过对全面反映槽况特征参数的采集，实现电解槽的槽况诊断、信息传输、报警、保护的自动化。打壳、加料、效应处理等作业均由计算机自动控制。

⑤采用成熟可靠的电解烟气干法净化技术，VRI 反应器的使用以及用新鲜氧化铝吸附烟气中的氟后再返回生产系统，实现了降耗、减污、保护环境的目的。

10.3 铅锌工业的节能减排

10.3.1 铅锌工业节能减排的方向及途径

1. 节能方向及途径

（1）对工艺、技术进行改造

逐步淘汰矿山高耗能设备，推广应用高效电机，大功率变频调速技术，多碎少磨工艺和大型采选机，努力降低采矿、选矿的能耗。铅和锌的冶炼采用强化冶炼工艺、连续吹炼工艺和湿法冶金技术等。

所有火法炼锌及湿法炼锌的精矿焙烧和浸出渣挥发过程，都是在冶金炉窑中完成的。冶金炉窑的热效率高低直接影响炼锌的能耗水平。旧式冶金炉窑的热效率普遍很低，其主要原因是占总热量的 65% 左右的余热没有得到有效的回收利用；其次是燃料的燃烧状况不好，燃烧设备落后，没有采用富氧或热风等措施，物料和燃料没有余热；第三是炉窑的保温性能差。因此，要实行炉窑和余热装置的一体化设计，从而提高冶金炉窑的余热回收率。

（2）实行生产规模和设备大型化

生产规模的大型化，有利于提高生产过程的机械化、自动化、能源计量、炉温检测和余热利用水平。

（3）提高生产管理水平和操作技术水平

加强节能管理、实行标准计量和目标控制。提高工人的操作技术水平和节能意识。

（4）进行电平衡测试，提高电能利用率

通过电平衡测试将全面揭示出企业在用电管理上各环节的电能损失，针对这些问题制定出各种规章制度，为企业进行科学的计划用电，合理用电，节约用电管理奠定基础。

2．减排方向及途径

传统铅冶炼厂的精矿冶炼过程包括一系列的步骤，而其中有一些是在露天或没有完全封闭的建筑中进行的。在铅冶炼厂的附近地区产生的固体沉积物，除了一些来自于堆栈中直接产生的排放物，还有冶炼中产生的含铅灰尘。

在冶炼过程中，从烧结炉、鼓风炉和渣处理炉的烟囱和排风管道系统中释放的烟尘物，从渣处理炉的炉料场所，鼓风炉和渣处理炉的出渣位置，烧结机的装料出料位置，炉料破碎等设备中产生的易挥发物，其铅含量合计不能超过 500 g/t 金属铅。

建议将烧结机封闭在一个建筑物中，然后通过出口将灰尘排入袋式吸尘器中进行收集。为了连续监控袋式吸尘器排气装置中的微粒状粉尘物，越来越多的"袋漏"式探测系统被安装到这个工序中。

10.3.2 铅锌工业推荐工艺及技术

1．直接炼铅工艺

（1）基夫赛特法

这种方法的核心设备是基夫赛特炉，由带火焰喷嘴的反应塔、填有焦炭过滤层的熔池、立式余热锅炉、铅锌氧化物的还原挥发电热区组成。基夫赛特法具有产出的烟气二氧化硫浓度高、体积少；易于烟气净化和制酸；生产环节少；焦耗少，精矿热能利用率高，能耗低，资源综合利用水平高；生产成本低；对原料的适应性强等优点。它的不足之处在于对原材料的制备要求较高，入炉的入料粒度需要小于 1 mm，水分需要小于 1%，这就增加了备料的复杂程度。此外，该工艺需要用到含氧浓度大于 90% 的工业氧气，因此必须配套制氧厂。

（2）氧气底吹炼铅法（QSL 法）

该法将铅精矿加入炉内，鼓入富氧氧化，硫化铅被氧化成氧化铅时，会放出大量的热使过程自热，氧化铅和硫化铅交互反应生成金属铅，硫被氧化成二氧化硫。因采用富氧熔炼，烟气中的二氧化硫浓度高达 15% 左右，有利于制酸。该工艺具有熔炼烟尘率低；自动化水平高；能耗低等优点。

2. 炼锌新工艺

湿法炼锌由焙烧、浸出、净化和电积 4 个工序组成。湿法炼锌所得到的电解锌质量较高，无需精炼，生产环境卫生、劳动条件好，能够综合回收金属，金属回收率高，易于实现大规模、连续化、自动化生产。但在湿法炼锌过程中常规浸出及预处理方法存在如下缺点：浸出渣含锌高，一般达 20% ～22%，一部分锌损失在浸出渣中，锌的直接回收率只有 80% 左右，需要进一步用回转窑挥发焙烧，回收残余铅锌等金属。此外，挥发窑维修工作量大，耐火材料消耗高，作业环境差，贵金属难回收。

下面按湿法炼锌工序分别介绍湿法炼锌新工艺及技术。

（1）沸腾焙烧

目前鲁奇式沸腾焙烧炉已取代了道尔型沸腾焙烧炉，已成为硫化锌精矿焙烧的主流设备。鲁奇式炉的特点是上部直径与沸腾层之比约等于 1.33 ～1.5，空间高度提高了 12 ～17 cm。这样有利于提高气体流速，减少烟尘率和延长烟尘在炉膛内的停留时间，以保证烟气质量，提高生产率，加料方式采用抛摔干法加料，通过料枪或抛料皮带将精矿均匀抛在沸腾层上面。另外，富氧在锌精矿沸腾焙烧中得到了应用，大大强化了焙烧过程，提高了焙砂质量和烟气中的二氧化硫温度。

（2）浸出

连续浸出技术在锌焙烧浸出中得到了广泛应用。目前，提高浸出率的方法主要是两段浸出法，其中以黄钾铁矾法应用最广，针铁矿法次之，针铁矿法由于需采用高压设备，投资较大，尽管在有价金属的回收、铁渣的利用方面具有优势，但应用并不广泛。黄钾铁矾法是用热浓硫酸浸出渣中的难溶锌，然后再以黄钾铁矾的形式从溶液中出去有害的铁，得到富含锌的浸出液。此法使得浸出过程中的损失大大减少了。

氧压浸出技术是往压煮器中通入氧气，并用稀硫酸使硫化锌精矿中的锌和硫分别转变为水溶性硫酸锌及元素硫的锌浸出方法。其优点在于可处理低品味矿石、环保好、浸出率高，锌生产不受硫酸工艺的制约，流程简单。

（3）溶液净化

目前较新的技术为反向锑盐法和铅锑合金锌粉法除钴。反向锑盐法是先在较低温度下除铜、镉（冷净化），然后在高温（80～90℃）下加锌粉和锑盐除钴、镍、砷、锑、锗等杂质（热净化）。这种净化方式可以较好的得到铜镉渣和钴渣，有利于有价金属的回收，镉的损失较少，采用锑盐法避免了砷盐法生产过程中产生剧毒的砷化氢，处理杂质高的溶液仍可得到满意的净化效果。铅锑合金粉法也是采用铅锑合金粉除钴，合金锌粉含锑 0.02% ～0.05%，铅 0.05% ～1.0%，采用合金锌粉净液，与砷盐法相比，可避免剧毒砷化氢的产生，与锑盐法相比，可避免锑额外带入溶液中。

（4）锌电积

锌电积的主要目标是产出高质量电锌和减少电能消耗，目前国内外都达到了较高水平，因此不再叙述。

10.4　海绵钛工业的节能减排

10.4.1　钛工业节能减排的方向及途径

1. 节能方向及途径

（1）对工艺设备进行更新换代

逐步淘汰高耗能设备，推广应用高效电机，大功率变频调速技术等。镁还原真空蒸馏法是目前全球生产海绵钛的唯一方法，高钛渣的生产、加炭氯化、精制和还原蒸馏都是在冶金炉窑中完成的。冶金炉窑的热效率高低直接影响海绵钛的能耗水平。小型矿热炉、沸腾炉的热效率普遍很低，其主要原因是占总热量的50%左右的余热没有得到有效的回收利用；其次精制的工艺与设备落后；第三是炉窑的保温性能差。因此，提高冶金炉窑的余热回收率，要实行炉窑和余热装置的一体化设计。

（2）实行生产规模和设备大型化

生产规模的大型化，如采用大型的矿热炉、沸腾炉和大型还原蒸馏设备有利于提高生产过程的机械化、自动化、能源计量、炉温检测和余热利用水平。

（3）提高生产管理水平和操作技术水平

加强节能管理、实行标准计量和目标控制，提高工人的操作技术水平和节能意识。

2. 减排方向及途径

（1）富钛料

使用高品位的钛渣，国外使用含 TiO_2 95% 以上、粒度组成控制范围 40~150 目之内高钛渣或天然金红石，而国内富钛料普遍为主体 TiO_2 含量 90% 左右，粒度组成范围 40~320 目，极不适宜大型沸腾氯化生产，因此提高钛渣的反应性能，改善钛渣的粒度分布，可降低原材料的消耗。

（2）氯化方面

在氯化生产中产生大量的 $TiCl_4$ 泥浆、含氯废气、炉渣、含 HCl 废水未能有效回收其中的有价物如 $TiCl_4$、HCl、金属物（如钪）等，因此加强生产管理，降低氯化过程无组织排放，并对氯化尾气进行综合治理。

（3）$TiCl_4$ 精制方面

采用铜丝除钒精制四氯化钛是成熟的工艺，但在清洗和更换铜丝会产生大量的酸水与 HCl 废气，操作强度大、成本高，可改进采用矿物油除钒和铝粉除钒等。另外要对精制过程中有价废弃物钒、铜、低沸点物（如 $SiCl_4$ 等）要进行回收利用。

（4）镁电解方面

目前国内镁电解技术水平与国际相比差距较大（直流电耗、电流效率、金属损耗等），生产成本较高，改进镁电解技术水平对海绵钛乃至我国金属镁行业意义重大。镁电解氯气浓度低（Cl_2 浓度 70% 左右），对氯化生产影响巨大，不利于沸腾氯化工艺控制与生产组织，加重沸腾氯化环境保护难度。采用大型的无隔板镁电解槽、镁连续精炼等技术，可提高镁电解电流效率、降低电耗、降低镁金属损耗，实现海绵钛生产物料平衡和 Cl_2 - Mg 循环的关键工序。

（5）镁电解氯气提纯技术及装备

目前国内海绵钛生产企业的镁电解氯气浓度最高仅能达到70%左右，低浓度的氯气导致沸腾氯化工序生产不稳定，氯耗增加、氯化尾气增加。采用 $TiCl_4$ 做吸收介质对镁电解氯气进行吸附后解析并提纯，不仅能够保障氯化工序的稳定生产、降低氯耗、减少环境污染，也是实现海绵钛生产物料平衡和 $Cl_2 - Mg$ 循环的关键工序。

（6）还原－蒸馏方面

使用大型反应器进一步提高还原－蒸馏的生产效率，如遵义钛厂的12 t联合炉大幅度降低了海绵钛生产过程中的电耗、物耗，提高金属收得率，可以进行热能的综合回收。但也存在夹心钛处理增加，工艺控制要求更严等。

10.4.2 钛工业推荐工艺及技术

①高钛渣石油焦混合方式的改造，使原料混合更加均匀，可使反应效率得到明显提高，同时减少废物的产生量。

②通过氯压站卧式管改造的实施，降低了企业生产的环保风险，同时降低因检修对生产带来的负面影响，降低氯气的消耗量。

③通过加强了车间生产管理，设备维护责任落实到人，确保了生产的稳定、连续，从而提高了电流利用效率。

10.5 工业硅的节能减排

10.5.1 硅工业节能减排的方向及途径

1. 节能方向及途径

（1）对工艺设备进行更新换代，提高装备水平，符合国家的准入条件

严格按照国家《铁合金行业准入条件》的规定，必须采用容量在25 000 kVA及以上的矮烟罩半封闭型或全封闭型矿热电炉；对于目前大多数采用6 300 kVA工业硅电炉的企业，要抓住机遇，适时扩大规模，降低能源、资源的消耗，提高企业的综合竞争能力。

（2）减少工业硅电炉的副反应

工业硅电炉生产的特点是：副反应强度大，这给冶炼的进行造成困难，同时也增加了能量的损失。通过提高入炉矿石品位、选择合理粒度和优质石油焦等途径减少副反应。

（2）减排方向及途径

工业硅企业的电炉冶炼过程的烟尘污染受工业硅电炉装料、加料、出硅和电极升降等操作的影响，电炉密闭困难，电炉冶炼过程中逸散出来的高温烟气难以收集到除尘净化系统，烟气密闭捕集效率低。另外工业硅烟尘还具有温度高（450～650℃）、比重轻、粒径细、不易收集等特点。

采用矮烟罩半封闭型或全封闭型电炉，密闭集气效率80%以上；采用空气或水冷却器降低烟气温度；采用大型正压内滤式布袋除尘器，采用耐高温玻璃纤维覆膜滤料布袋，过滤风速一般小于0.8 m/min，除尘效率99%以上。回收粒度细微的、活性极强的和良好的保温性能及耐高温性能的硅微粉，同时对电炉余热进行回收利用。

10.5.2 硅工业推荐工艺及技术

1. 无木炭全油焦新工艺

随着国家对森林资源的保护，工业硅传统工艺配料带来的木炭资源的减少和价格的提高，传统工艺很难延续。许多企业寻求变通手段，如提高石油焦的比例，加入煤和木屑来解决工艺和原料的矛盾，一些企业用玉米芯或松球来代替，效果也不错。基于上述情况而采用新工艺，即无木炭全油焦生产工艺，采用石油焦、烟煤和木屑作为还原剂。

2. 炭素电极的应用

石墨电极作为电流的载体和部分还原剂在传统冶炼工艺中一直沿用至今，由于受石墨电极直径的限制，电炉变压器的增容以 φ500 mm 直径电极的电流密度为上限，制约了工业硅炉向大型化方向发展。所以，寻求比石墨电极直径更大，并能有效降低电极电流密度和更经济廉价的炭素电极在工业硅冶炼上的应用解决了上述问题。

3. 低频电源、二次低压补偿技术

低频电源是加装在变压器和短网之间的低频发生器。通过交－交变频原理将供电频率为 50 Hz 的电源改为 0.005～12.5 Hz 的供电频率。采用低频电源熔炼工业硅比 50 Hz 电流冶炼工业硅更能适应无木炭全油焦和炭素电极新工艺，低频电源通过感应生成磁场力、使熔池内硅液受到强烈搅拌。使炉内温度更加均匀，温升加快。因此，抵消了因应用无木炭全油焦生产使炉料透气性差的缺陷。同时不易产生炉底结渣，降低了炉底上升的可能性，搅拌使炉内还原速度加快，降低硅石烧损。

由于低频电源集检测、控制、功率补偿、工艺调整、炉况监控、保护操作及管理于一身，并与电网监测、电极调节、电路控制为一体化系统，可以使工业硅炉实现大型化、控制自动化和管理现代化。同时，在主回路中加装大电容来补偿系统的功率因数，这样既可提高电极端部的有效电压，又可以使炉内的有效功率增加 8%～10%，是新建或改建工业硅炉，降低成本、节能增效的首选方案。目前，低压侧和高压侧的无功补偿技术已趋成熟，虽然增加设备投资，但在 1～2 年内由于节电而可望收回投资。

4. 复合板水冷铜瓦与大截面水冷电缆

采用铜钢复合材质的铜瓦替代传统的铜瓦，即把铜钢复合板的紫铜面作为导电面，钢板面作为冷却面。这种新型铜瓦的使用证实：其导电率高，接触电阻小，刚度好，冷却效果佳，使用寿命长等特点。

大截面水冷电缆与普通的软铜丝绞线(辫子线)相比，它是把多股铜纹线按一定的螺距扭转于一个芯管上，外面套以外套，牢固地连接到两个电缆接头上。它具有以下特点：①电缆的各根铜绞线系螺旋形氛围，可使各根绞线中的电流均匀，提高导体利用率；②铜绞线与电缆接头的连接采用了独特的冷挤压工艺，压接后形成一体，接触电阻近似为零，而且连接牢固，每根铜纹线与电缆接头之间的抗拉力达 8 t 以上；③弯曲半径小，可适当缩短电缆长度，从而减少了阻抗并可使电炉布置紧凑、美观；④电缆接头与母线等的连接采用平板连接，不仅接触电阻小，而且连接可靠、装拆方便；⑤水冷电缆耐温、耐磨、抗老化、强度高、运行可靠，使用安全、寿命长；⑥电缆接头上设有特殊的冷却水导流孔，可在芯管与外套之间形成合理的冷却水通道，冷却效果好。

5. 旋转炉体及低热辐射砌炉方法

采用旋转炉体，使炉体绕炉子中心缓慢往复旋转，尤其是对难熔炼合金，显得更具有优势。让炉内的冷区和热区缓慢交换可保证热交换均匀，加快了炉内还原过程，从而提高了生产率、增加产量。同时，在砌炉时，增加新型绝热材料，具有反射远红外能量的效能，保证炉壁温度较低，减少热辐射，降低能源消耗。

10.6 国家有色行业推荐的清洁生产技术

10.6.1 选矿厂清洁生产技术

①简化碎矿工艺，减少中间环节，降低电耗；
②采用多碎少磨技术降低碎矿产品粒径；
③采用新型选矿药剂 CTP 部分代替石灰，提高选别指标；
④安装用水计量装置降低吨矿耗水量；
⑤将防尘水及厂前废水经处理后重复利用，提高选矿回水率；
⑥采用大型高效除尘系统替代小型分散除尘器，减少水耗、电耗，提高除尘效率。

10.6.2 氢氧化铝气态悬浮焙烧技术

焙烧系统是由一台稀相闪速焙烧主炉和一组内衬耐火材料的高效旋风换热设备组成。其主要工作原理为：含水 10% 的氢氧化铝经文丘里预热干燥器及两级旋风预热器预热至 425℃ 左右后，进入焙烧炉锥部。在焙烧炉内与高热气流（1 100 ℃）进行快速热交换。由于炉体结构及物料、高温气流的合理配置，使得氢氧化铝始终处于悬浮状态，从而能够快速完成焙烧过程。经焙烧后的氧化铝经高温旋风筒分离，进入由四级旋风筒和一级硫化床组成的冷却系统。冷却后的氧化铝（低于 80℃）进入下一道工序。废气经一级预热旋风分离后进入电除尘器，经除尘后（含尘浓度低于 50 mg/m³）排入大气。其主要特点是热效率高，能耗低，不产生燃烧烟尘。

10.6.3 低浓度二氧化硫烟气制酸技术

工业生产过程中排放的低浓度二氧化硫烟气，经过湿法动力波洗涤净化，经加热达到转化器的操作温度后，在转化器内转化为三氧化硫，经冷却形成部分硫酸蒸汽。在 WSA 冷凝器内，硫酸蒸汽与三氧化硫气体全部冷凝成硫酸。产酸浓度大于 96%，制酸尾气二氧化硫浓度小于 200 mg/m³ 标态，尾气达标排放。

10.6.4 电解铝、炭素生产废水综合利用技术

电解铝及炭素生产废水主要污染物是悬浮物、氟化物、石油类等，污水经格栅除去杂物后，进入隔油池除去大部浮油，加入药剂经反应池和平流沉淀池沉降浮油，渣进入储油池，底泥浓缩压滤，澄清水经超效气浮，投加药剂深度处理，再经高效纤维过滤，送各车间循环利用。

10.6.5　氧化铝含碱废水综合利用技术

含碱污水经格栅、沉砂池除去杂物及泥沙后，进入两个平流沉淀池进行沉淀处理，底流由虹吸泥机吸出送脱硅热水槽加热后再送二沉降赤泥洗涤，溢流进入三个清水缓冲池，再用泵送高效纤维过滤器进一步除去悬浮物，净化后得到再生水送厂内各工序回用。避免了生产原料碱的浪费，节约水资源，而且降低了废水的处理成本。

10.6.6　300 kA 大型预焙槽加锂盐铝电解生产技术

在铝电介质预焙槽电解工艺中加入锂盐，降低电解质的初晶点，提高电解质导电率，降低电解质密度，使生产条件优化，产量提高。

10.6.7　管–板式降膜蒸发器装备及工艺技术

采取科学的流场和热力场设计，开发应用方管结构，改善了受力状况，提高蒸发效率的同时大幅度降低制造费用；利用分散、均化技术，简化布膜结构，实现免清理；利用蒸发表面积和合理的结构配置，实现了汽水比 $0.21 \sim 0.23$ 的国际领先水平，大幅度降低了系统能耗；引入外循环系统改变蒸发溶液参数，从而避免了碳酸钠在蒸发器内结晶析出。

参 考 文 献

[1] 气候危机或将导致经济危机——中国如何应对. 中国经济网, 2007. 2. 9

[2] 郎晓珍, 杨毅宏编著. 冶金环境保护及三废治理技术. 沈阳: 东北大学出版社, 2004

[3] 郭怀成, 陆根法主编. 环境科学基础教程. 北京: 中国环境科学出版社, 2003

[4] 国家环境保护局自然保护司编. 自然资源的合理利用与保护. 北京: 中国环境科学出版社, 1993

[5] Mackenzie L. Davis David A. Cornwell. 环境工程导论(第3版). 王建龙译. 北京: 清华大学出版社

[6] 柳劲松, 王丽华, 宋秀娟编. 环境生态学基础. 北京: 化学工业出版社, 2003

[8] 尚玉昌编著. 生态学概论. 北京: 北京大学出版社, 2003

[9] 高大文, 梁红主编. 环境工程学. 沈阳: 东北林业大学出版社, 2004

[10] 成兰伯. 高炉炼铁工艺及计算. 北京: 冶金工业出版社, 1991

[11] 黄希祜. 钢铁冶金原理(第3版). 北京: 冶金工业出版社, 2002

[12] 傅崇悦. 有色冶金原理. 北京: 冶金工业出版社, 1993

[13] 张树勋. 钢铁厂设计原理(上册). 北京: 冶金工业出版社. 1994

[14] 李传薪. 钢铁厂设计原理(下册). 北京: 冶金工业出版社, 1995

[15] 谭牧田. 氧气转炉炼钢设备. 北京: 机械工业出版社, 1983

[16] 王社斌, 宋秀安. 转炉炼钢生产技术. 北京: 化学工业出版社, 2008

[17] 王雅贞, 张岩, 张红文. 氧气顶吹转炉炼钢工艺与设备(第2版). 北京: 冶金工业出版社, 2001

[18] 罗庆文. 有色冶金概论. 北京: 冶金工业出版社, 1986

[19] 屠海令, 赵国权, 郭青蔚. 有色金属冶金、材料、再生与环保. 北京: 化学工业出版社, 2003

[20] 郭逵, 郑明. 冶金工艺导论. 长沙: 中南工业大学出版社, 1991

[21] 《炼焦工艺学》编写组. 炼焦工艺学. 北京: 冶金工业出版社, 1978

[22] 台炳华编. 工业烟气净化(第2版). 北京, 冶金工业出版社, 2000

[23] 薛建军. 环境工程. 北京: 中国林业出版社, 2002

[24] 高子忠编. 环境保护及三废处理. 武汉: 华中理工大学出版社, 1990

[25] 国家环境保护局编. 有色冶金工业废气治理. 北京: 中国环境科学出版社, 1993

[26] 王守信, 郭亚兵, 李自贵等编著. 环境污染控制工程. 北京: 冶金工业出版社, 2004

[27] 彭容秋, 张训鹏, 鲁君乐. 重金属冶金学. 北京: 冶金工业出版社, 1990

[28] 崔志澂, 何为庆编著. 工业废水处理(第2版). 北京: 冶金工业出版社, 2000

[29] 赵由才, 牛东杰主编. 湿法冶金污染控制技术. 北京: 冶金工业出版社, 2003

[30] 王筱留. 钢铁冶金学. 北京: 冶金工业出版社, 1991

[31] 徐新华, 吴忠标, 陈红等. 环境保护与可持续发展. 北京: 化学工业出版社, 2000

[32] 杜洪作. 生态平衡的核心是什么. 四川草原, 1980(2): 10 – 27

[33] 张玉柱, 边妙莲, 刘鹏君. 膨润土理化性能对球团性能影响的研究. 烧结球, 2006(2): 21

[34] 牛京考, 王雄, 杨景玲等. 炼钢生产中的环保技术. 炼钢, 1998(1): 56 – 60

[35] 胡爽. 烧结原料场大面积扬尘的控制措施. 烧结球团, 2003(2): 57 – 59

[36] 蒋国林. 有色金属冶炼低浓度 SO_2 烟气治理. 工程设计与研究, 2007(6): 18 – 22

[37] 黄祥华. 我国冶炼烟气制酸进展. 有色冶炼, 2001(3): 1 – 3

[38] 舒余德,李红剑,尹玉麟. 二氧化硫冶炼烟气制硫粉的研究——二氧化硫的吸收. 有色金属(冶炼部分), 1997(2): 6 - 8

[39] 关红普,张晓亮. 安钢高炉煤气干式净化长袋脉冲除尘技术. 工业安全与环保, 2007(11): 10 - 11

[40] 李忠于. 国外烟气脱硫技术. 硫酸工业, 1996(4): 1 - 13

[41] 徐长香,傅国光. 氨法烟气脱硫技术综述. 电力环境保护, 2005(2): 17 - 20

[42] 杨火明,任恩平. 106 kA 上插自焙阳极电解槽烟气的干法净化. 轻金属, 1999(1): 26 - 32

[43] 陈临韬,丁晓新. 3 200 m³高炉炼铁工艺及新技术简介. 天津冶金, 2007(增刊): 18 - 20

[44] 张立志,潘宗德,赵俊杰. 3 t电炉烟尘治理设计方案的选择. 包钢科技, 2007(4): 80 - 81, 89

[45] 刘圣. 12 500 kVA硅铁电炉除尘及投资效益. 环境工程, 2005(1): 38 - 40

[46] 胥杰. 焙烧炉烟气污染防治对策的探讨. 湖南有色金属, 2007(3): 42 - 45

[47] 邓茂忠,郭亮. 大型高炉纯干法布袋除尘技术的研究. 南方金属, 2005(12): 29 - 30

[48] 金奎序,瞿华. 大型转炉煤气干法与湿法净化回收工艺的技术经济比较. 钢铁, 1998(1): 64 - 67

[49] 刘章现,蔡宝森,张胜华. 电捕法净化焙烧炉沥青烟气. 环境科学与技术, 2006(7): 92 - 94

[50] 江得厚,郝党强,王勤等. 钙法烟气脱硫工艺技术问题探讨. 电力环境保护, 2006(6): 26 - 28

[51] 谭鑫,钟儒刚,甄岩. 钙法烟气脱硫技术研究进展. 化工环保, 2003(6): 322 - 328

[52] 马尧,胡宝群,孙占学. 矿山废水处理的研究综述. 铀矿冶, 2006(4): 200 - 203

[53] 王钧扬. 矿山废水的治理与利用. 中国资源综合利用, 2000(3): 4 - 7

[54] 董丽芳. 浅谈金属矿山选矿尾矿及废水处理. 云南冶金, 2001(1): 61 - 64

[55] 王方汉,缪建成,孙水裕. 铅锌硫化矿选矿过程清洁生产技术的研究与应用. 有色金属(选矿部分), 2004(6): 5 - 9

[56] 肖吉平,汤琦. 尾矿废水及其金、银的综合利用工业实践. 湖南有色金属, 2001(5): 10 - 11

[57] 雷兆武,孙颖,杨高英. 有色金属矿山废水管理与资源化研究. 矿业安全与环保, 2006(4): 40 - 42

[58] 雷兆武,刘茉,郭静. 某金铜矿山含铜酸性废水处理研究. 中国环境管理干部学院学报, 2006(1): 65 - 67

[59] 葛平,李增强. 连铸机含油污水处理新工艺及其应用. 工业水处理, 2006(6): 90 - 92

[60] 孙凤琴. 炼铁厂煤气洗涤废水净化处理技术与实践. 环境工程, 1999(1): 25 - 26

[61] 李志同. 轧钢生产废水的循环使用. 工业用水与废水, 2000(3): 16 - 17

[62] 张小波,隋勇. 氧化铝厂污水处理与回用工程简述. 节能, 2006(5): 51 - 53

[63] 汪文凌. 利用赤泥制备琉璃瓦. 山东陶瓷, 2006(4): 30 - 31

[64] 董风芝,刘心中. 粉煤灰和赤泥的综合利用. 矿产综合利用, 2004, 12(6): 37 - 39

[65] 梁华. 赤泥利用的近期研究动态. 有色金属世界, 1999(3): 32 - 34

[66] 姜平国,梁勇,王鸿振. 赤泥中回收稀有金属. 上海有色金属, 2006, 27(1): 36 - 39

[67] 肖金凯,雷剑泉. 贵州铝厂赤泥中的钪和稀土. 科学通报, 1996, 49(1): 1248 - 1251

[68] 林小英,李玉林. 等离子体技术在固体废弃物处理中的应用. 资源调查与环境, 2005(2): 128 - 131

[69] 曹志栋,谢良德. 宝钢滚筒法液态钢渣处理装置及生产实绩. 宝钢技术, 2001(3): 1 - 3

[70] 陈泉源,柳欢欢. 钢铁工业固体废弃物资源化途径. 矿冶工程, 2007(3): 49 - 56

[71] 杨智宽. 钢铁冶金渣在农业上的应用. 再生资源研究, 1999(2): 29 - 30

[72] 黄晓燕,王芳群. 钢渣的湿法处理与综合利用述评. 中国锰业, 2001(8): 39 - 41

[73] 宋坚民. 钢渣的综合利用. 上海金属, 1999(6): 45 - 49

[74] 张德成,谢英,丁铸. 钢渣矿渣水泥的发展与现状. 山东建材, 1998(2): 12 - 15

[75] 吴启兵,杨家宽,肖波等. 钢渣热态资源化利用新技术. 工业安全与环保, 2001(9): 11 - 13

[76] 黄勇刚,狄焕芬,祝春水. 钢渣综合利用的途径. 工业安全与环保, 2005(1): 44 - 46

[77] 林杰. 高炉液渣含热回收利用技术探讨. 资源与环境, 2005(2): 46 - 48

[78] 刘建忠,李天艳. 工业废渣建材资源化. 福建建设科技, 2001(2): 38 - 39

[79] 刘士江. 工业废渣在路面基层中的应用. 辽宁省交通高等专科学校学报, 2003(1): 27 – 29

[80] 刘志全, 宋秀杰. 固体废弃物处理处置技术设备的发展及产业化方向. 中国环保产业, 1999(8): 14 – 15

[81] 任启芳, 张东华. 工业固体废弃物在建筑材料领域的应用及前景研究与探讨. 广东建材, 2006(9): 17 – 19

[82] 何波. 关于回收赤泥中铁的研究现状. 轻金属, 1996(2): 23 – 26

[83] 单志峰. 国内外钢渣处理技术与综合利用技术的发展分析. 工业安全与防尘, 2000(2): 27 – 32

[84] 龚明树, 刘黔蜀. 铁渣在水处理中应用的初步研究. 四川建筑, 2004(5): 91 – 92

[85] 陈芳艳, 付薛红, 唐玉斌. 微波技术在固体废弃物处理中的应用. 工业安全与环保, 2006(7): 38 – 40

[86] 邱显冰. 冶金含铁尘泥的基本特征与再资源化. 安徽冶金科技职业学院学报, 2004(3): 54 – 62

[86] 刘清, 招国栋, 赵由才. 有色冶金废渣中有价金属回收的技术及现状. 有色冶金设计与研究, 2007(3): 22 – 26

[87] 王丹. 环境生物技术与环境保护. 安徽农学通报, 2007(3): 46 – 48

[88] 谢小兵, 欧阳小琴, 唐本义. 固体废弃物的热裂解技术处理. 江西能源, 2004(1): 27 – 29

[89] 梁忠友, 廉荣. 利用冶金工业废渣制备建材玻璃. 山东建材, 1997(2): 25 – 26

[90] 郑礼胜, 王士龙, 刘辉. 用钢渣处理含铬废水. 材料保护, 1999(5): 40 – 41

[92] 杨洁, 毕军, 周鲸波等. 从委托代理理论谈中国的环境影响评价制度. 环境污染与防治, 2004, 26(4): 304 – 311

[93] 贾生元. 关于环境影响评价报告书编制版本的思考. 新疆环境保护, 2005, 27(2): 39 – 42

[94] 国家旅游局, 国家环保总局, 国家环境保护总局办公厅关于进一步明确规划环境影响评价工作有关问题的通知, 环办[2005] 83 号

[95] 安玉祥, 环境影响评价简介. 中国工程咨询, 2005(9): 17 – 28

[96] 丁疆华, 舒强. 环境影响评价类型的发展. 环境开发, 2000, 15(2): 34 – 35

[97] 陈南洋. 国内有色冶炼低浓度二氧化硫烟气制酸技术的应用与进展. 工程设计与研究, 2005(2): 19 – 23

[98] 王小民. 经济发展与环境保护的可持续发展之路. 东亚纵横, 2005(7): 72 – 75

[99] 戴秀丽. 论环境保护与政治文明. 北京林业大学学报(社会科学版), 2005, 4(3): 7 – 9

[100] 陈蓉. 浅论我国规划环境影响评价制度及其完善. Planning Digest, 2004, 28(8): 1 – 3

[101] 彭应登. 战略环境评价与项目环境影响评价. 中国环境科学, 1995, 15(6): 152 – 454

[102] 牟锐, 张振明, 战略环境影响评价——实现可持续发展的保证, 水土保持科技情报, 2005(3): 17 – 19

[103] 郝臣. 中小企业成长制度环境评价研究. 现代管理科学, 2005(10): 50 – 51

[104] 王学军, 赵鹏高. 清洁生产概论. 北京: 中国检查出版社, 2000: 136 – 137

[105] 刘清, 吕航. 末端处理与清洁生产的比较评述. 环境污染与防治, 2000, 22(4): 34 – 37

[106] 王巍娜, 龚远星. 我国推行清洁生产存在的问题及对策. 再生资源研究, 2005(1): 20 – 23

[107] 魏飞, 李淑民. "污染预防"、"清洁生产"、"循环经济"等不同理念的关系. 中国环境管理干部学院学报, 2005(3): 22 – 24

[108] 石芝玲, 侯晓珉, 包景岭等. 清洁生产理论基础. 城市环境与城市生态, 2004(6): 38 – 40

[109] 霍斯特·西伯特著. 环境经济学. 蒋敏元译. 北京: 中国林业出版社, 2002: 7 – 9

[110] 朱军. 冶金清洁生产的基本特征与方法. 有色金属, 2002(7): 173 – 175

[111] 史捍民, 庄树春. 企业清洁生产实施指南. 北京: 化学工业出版社, 1997

[112] 杨利均. 浅析有色金属行业中的清洁生产. 四川有色冶金, 2006, 3(1): 43 – 46

[113] 苏天森. 浅谈钢铁行业的清洁生产. 冶金信息导刊, 2002(1): 3 – 5

[114] 苏天森. 中国钢铁工业的清洁生产. 炼钢, 2003(40): 1 – 5

[115] 陈乃怀. 企业管理更新教程. 福州: 福建人民出版社, 1985

[116] 黄进. ISO14000 环境管理体系认证实战案例与最新环保规范全书. 北京：中国环境科学出版社，2003

[117] 林军等. 长效管理机制与城市政府环境管理体系. 环境保护，2002，8(1)：13 – 15

[118] 贺朝铸. 环保企业建立一体化管理体系初探. 中国环保产业，2002，12(5)：18 – 19

[119] 田红献. 氧化铝清洁生产工艺现状及展望. 安阳师范学院学报，2004(2)：22 – 24

[120] 牛琳霞. 新日铁清洁生产的发展. 武钢技术，2007(6)：45 – 50

[121] 邓志文，黎剑华，陈静娟. 我国闪速炼铜厂的清洁生产. 有色金属(冶炼部分)，2006 (3)：16 – 18，22

[122] 吴义千，梁永顺. 加拿大有色金属工业企业清洁生产考察体会. 矿冶，2004(3)：86 – 90

[123] 周渝生. 绿色炼铁工艺. 宝钢技术，1997(1)：55 – 57

[124] 江志刚. 绿色炼铁工艺特性分析及前景展望. 冶金设备，2007(5)：38 – 41

[125] 殷瑞钰. 绿色制造与钢铁工业. 钢铁，2000(6)：61 – 65

[126] Г·М·莱温. 钢铁企业污水污染水体的防治. 北京：冶金工业出版社，1984

[127] 国家环境保护局科技标准司环境工程科技协调委员会. 高炉煤气净化与洗气水处理技术. 北京：中国环境科学出版社，1991

[128]《钢铁企业给水排水设计参考资料》编写组. 钢铁企业给水排水涉及参考资料. 北京：冶金工业出版社，1979

[129] 吴万荣，胡世恩，吴建初. 高炉渣处理综述及螺旋法水渣处理工艺的应用. 冶金设备，2006(4)：51 – 53

[130] 王茂华，汪保平，惠志刚. 高炉炉渣处理工艺. 钢铁研究，2005(4)：31 – 34

[131] 南雪丽，傅希圣，周琦. 高炉矿渣微晶玻璃的研制. 玻璃，2005(3)：15 – 18

[132] 赵庆杰. 高炉炼铁生产的清洁化. 鞍钢技术，2003(4)：1 – 4

图书在版编目(CIP)数据

冶金环境工程/陈津,王克勤主编. —长沙:中南大学出版社,2009.4
ISBN 978 - 7 - 81105 - 798 - 0

Ⅰ.冶... Ⅱ.①陈...②王... Ⅲ.冶金工业 - 环境工程
Ⅳ.X756

中国版本图书馆 CIP 数据核字(2008)第 052862 号

冶金环境工程

主编　陈　津　王克勤

□责任编辑	刘　辉	
□责任印制	易红卫	
□出版发行	中南大学出版社	
	社址:长沙市麓山南路	邮编:410083
	发行科电话:0731-8876770	传真:0731-8710482
□印　　装	长沙德三印刷有限公司	

□开　　本	787×1092　1/16	□印张 19.25	□字数 464 千字	□插页
□版　　次	2009 年 4 月第 1 版	□2016 年 8 月第 3 次印刷		
□书　　号	ISBN 978 - 7 - 81105 - 798 - 0			
□定　　价	40.00 元			

图书出现印装问题,请与经销商调换